GENUS IONICUM

Forme, storia e modelli del capitello ionico-italico

Sabrina Batino

BAR International Series 1579
2006

Published in 2019 by
BAR Publishing, Oxford

BAR International Series 1579

GENUS IONICUM

ISBN 9781841717678 paperback
ISBN 9781407330396 e-book

DOI https://doi.org/10.30861/9781841717678

A catalogue record for this book is available from the British Library

This book is available at www.barpublishing.com

BAR Publishing is the trading name of British Archaeological Reports (Oxford) Ltd. British Archaeological Reports was first incorporated in 1974 to publish the BAR Series, International and British. In 1992 Hadrian Books Ltd became part of the BAR group. This volume was originally published by John and Erica Hedges Ltd. in conjunction with British Archaeological Reports (Oxford) Ltd / Hadrian Books Ltd, the Series principal publisher, in 2006. This present volume is published by BAR Publishing, 2019.

BAR
PUBLISHING

BAR titles are available from:

BAR Publishing
122 Banbury Rd, Oxford, OX2 7BP, UK
EMAIL info@barpublishing.com
PHONE +44 (0)1865 310431
FAX +44 (0)1865 316916
www.barpublishing.com

Ai miei cari

INDICE GENERALE

Premessa

Definita, a ragione, come la più "politica" delle arti visive, si può asserire senza alcuna esitazione che l'architettura costituisce, di per sé, un accentuatissimo dominio d'affermazione culturale, rappresentando un terreno da esplorare con cura e, con la sua fenomenologia, da inserire *de iure* nelle dinamiche evolutive non soltanto della storia dell'arte ma anche dei complessi percorsi politici, sociali e mentali di una comunità. Configurandosi come un'espressione a tutto tondo del *milieu* socio-culturale e delle modalità di vita di artisti, artigiani, committenti e fruitori, questa disciplina rispecchia *in toto* il divenire di gusti estetici e strutture del pensiero, abbattendo radicalmente o, a seconda dei casi, rinforzando e perpetuando caratteri e legami con il passato, per partecipare attivamente, prima ancora che alla sua definizione, alla creazione di una coscienza identitaria collettiva. Certo è che alla comprensione della "verità di un monumento" ci si accosta solo attraverso la costruzione di una *synergasia* in cui l'ottica dell'indagine storico-artistica, letteraria e culturale procede di pari passo con un approccio di natura più tecnica, che privilegia la lettura analitica della realtà materiale, dalle sue logiche statico-strutturali all'"abito" che riveste l'armatura di quello stesso monumento[1].

Nel campo "ancillare" della decorazione architettonica - argomento alquanto articolato da investigare, per le svariate componenti che si trovano ad essere fuse in un linguaggio non sempre canonico, ma spesso generoso di vividezza ed espressività - il capitello rappresenta proprio una di quelle parti della forma dei monumenti che, a dispetto dell'intrinseca inclinazione a fornire un ampio spettro di informazioni allo studioso del mondo antico, in fin dei conti non ha goduto di così grande favore nella serie di temi fatti oggetto di dettagliati approfondimenti. Configurandosi, non di rado, come una delle poche testimonianze del passato che siano riuscite a sopravvivere fino a noi in molti di quei luoghi in cui la continuità d'insediamento ha decretato il quasi completo dissolvimento materiale delle strutture edilizie più antiche, un'analisi attenta delle diverse tipologie di questo specifico elemento architettonico, con le sue *macro* e *micro* storie interne, permette di rispondere con più facilità di quanto non consentano di fare altri generi di partiture al tentativo di individuare orientamenti e preferenze della committenza, modelli adottati in una data officina, formazione culturale di progettisti e scalpellini; a seguito di riscontri e somiglianze tipologiche in ambiti spaziali e cronologici distinti, è possibile ravvisare le traiettorie di trasferimento degli schemi artistici e delle maestranze, cogliendo l'influenza che i centri più vitali e creativi esercitavano, a gradazioni differenti, tanto sulle aree limitrofe che su quelle più lontane, non solo per discontinuità geografica e/o temporale, ma anche per diverso retaggio culturale.

Anche se, ovviamente, non sono pochi i progressi compiuti sull'argomento rispetto a ciò che auspicava L. Crema nel lontano 1938, quando, cogliendo pienamente il valore determinante insito nello studio delle porzioni decorative dei monumenti, proponeva al III Convegno Nazionale di Storia dell'Architettura l'avvio di ricerche che approdassero

---

[1] A. Carandini, *Storie dalla terra. Manuale di scavo archeologico*, Torino 1991.

alla creazione di un *Corpus* dei capitelli romani, la letteratura a nostra disposizione è ad oggi ancora piuttosto ristretta - per quanto valida in alcune trattazioni ormai datate ma sempre basilari, come quelle del Delbrück e del Von Mercklin -, e può apparire addirittura insufficiente di fronte al sequenziale evolversi delle esplorazioni, che esigono con sempre maggior frequenza conoscenze a vasto raggio, che siano il prodotto di visioni comparative, anziché di approcci troppo settoriali e rigidamente circoscritti al mero dato materiale. Ciò nonostante, la raccolta e l'analisi sistemica dei manufatti restano, nondimeno, un passo imprescindibile da compiere nell'intenzione di "andare oltre", verso una intelligibilità quanto più possibile globale del mondo antico nei suoi massimi sistemi.

Nel panorama degli studi sull'architettura dell'Ellenismo italico, alcune fruttuose ricerche hanno posto l'accento sulla variegata gamma di soluzioni che nella Penisola elaborano con successo un lessico artistico originale, coerente ed omogeneo[2]; d'altro canto, è indubbio che gran parte dell'interesse degli "addetti ai lavori" si sia finora concentrato - ed è, in fin dei conti, comprensibile - verso la classe di capitelli ellenistici di maggior *éclat* nei contenuti individuali, vale a dire quella corinzio-italica con i suoi addentellati di tipo figurato e a sofà[3]. Ma, ed anche questo è stato giustamente rilevato[4], si avverte la legittima esigenza di colmare un effettivo *gap* conoscitivo concernente l'architettura romano-italica in relazione alla voce "capitello ionico-italico", rappresentato da un quantitativo di esemplari forse più ridotto rispetto ai tipi sopra menzionati, ma non per questo meno carico di potenzialità da esprimere per contribuire a far luce ulteriore sulle dinamiche sociali, politiche ed economiche sia delle *élites* dominanti che delle realtà locali, inquadrandole nella ricomposizione delle grandi linee della storia.

Nelle pagine che seguono ho cercato, dunque, di impostare uno studio d'insieme della categoria architettonica dello ionico-italico, articolato in un catalogo di tutti gli esemplari conosciuti, a cui, tenendo conto di valutazioni di ordine morfologico-stilistico e delle contestualizzazioni geografiche, architettoniche e topografiche degli esemplari stessi, si affiancheranno considerazioni di natura socio-culturale e storico-cronologica. A tal proposito, mi sembra importante ribadire che valori attendibili di datazione e seriazione possono scaturire soltanto dall'analisi sinergica di tutti gli elementi costitutivi che partecipano alla formazione di un determinato fenomeno architettonico (modanature, decorazione architettonica, capitelli e così via), nelle loro dinamiche stilistiche ma anche, soprattutto direi, nei contesti d'appartenenza.

Infatti, senza voler togliere validità alla formulazione di classificazioni tipologiche che scaturiscono dalla pur accuratissima registrazione di dati raccolti sulla base di criteri

---

2 Dopo la mostra su Roma medio-repubblicana del 1973, ed il Colloquio di Göttingen del 1976 *Hellenismus in Mittelitalien*, intorno alla metà degli anni '80 assumono rilievo le monografie di H. Lauter, J.J. Pollitt, e W. Höpfner ed E.L. Schwandner (Lauter 1986; Pollitt 1986; Höpfner-Schwandner 1986). Più recentemente cfr., ad esempio, *Italici* 1990; Mertens-Lambrechts 1991; Guldager-Nielsen-Nielsen 1993; Keay-Terrenato 2001.

3 Weickert 1944, 205 ss.; Von Mercklin 1962; Lauter 1972, 323 ss.; Cocco 1975, 155-158; Cocco 1977, 57-155; Lauter Bufe 1987.

4 Gros 2001, 148.

analitici e formali - come, per restare nell'ambito degli studi sui capitelli, già a suo tempo la Gütschow e più recentemente la Lauter Bufe hanno fatto per la seriazione corinzio-italica -, non si potrà tuttavia ignorare che anche questo settore è, per così dire, caduto vittima di impostazioni metodologiche governate da principi evoluzionistici, in base ai quali tutti gli elementi dovrebbero necessariamente integrarsi in una curva coerente e progressiva, irreversibilmente proiettata verso una complessità crescente, frutto dell'unione indissolubile, ma talvolta arbitrariamente costituita, del parametro tipologico e di quello cronologico. Fondandosi sugli elementi stilistici oppure sui rapporti reciproci esistenti tra le varie parti del capitello, tali classificazioni non risultano pienamente convincenti, se non nella misura di indicatori molto generali di tendenze ed orientamenti[5].

Una volta prese le distanze dall'autorità dell'insidioso "démon évolutionniste"[6], la sfida più intrigante sarà, invece, quella di imparare a captare fin nel dettaglio decorativo di un capitello, più o meno articolato che sia, la sintesi pietrificata di dinamiche talora assai complesse e raramente lineari, espressioni di altrettanto complessi sistemi di relazione: imitazioni fedeli, importazioni trasformate dalle tradizioni locali, velocità di sviluppo e capacità ricettive disomogenee da zona a zona, convivenza di più tipi, risorgenza dei modelli, creazione di espressioni nuove ed originali.

Sulla scorta dei termini di valutazione appena individuati si potrà giungere ad ipotizzare, dunque, filiazioni parallele tra loro, scaturite non necessariamente da un unico canale di contatti ed ispirazioni, ma semmai da una rete più ampia di connessioni, anche nell'ambito di un circuito territoriale relativamente piccolo come la penisola italica e la Sicilia, da sempre zone di intensa circolazione e teatri di feconde miscele culturali; proprio quest'ultima osservazione lascia spazio, inoltre, a riflessioni volte ad indagare, nell'ambito della fase cronologico-culturale in cui si inserisce con la propria formazione l'uno o l'altro *atelier*, l'eventuale libertà del singolo artigiano ed il suo modo più o meno personale di confrontarsi con le questioni della creazione originale e della fedeltà o deroga rispetto ai modelli.

Alla luce delle problematiche appena evidenziate, pertanto, nel corso della trattazione si è ritenuto opportuno attribuire uno specifico rilievo, ancor più che agli aspetti prettamente formali e classificatori - via via affrontati, ma alla sostanza dei fatti, "stagnanti" proprio a causa degli ostacoli derivanti dalla decontestualizzazione di molti manufatti - a quelle situazioni che potrebbero rispondere con elementi materiali più articolati ed argomentazioni storiche di maggior respiro a certe domande: è giocoforza, dunque, che diventi una pietra miliare di riferimento per noi il caso di Pompei, dove il censimento dei reperti in questione, impiegati sia nell'ambito di edifici pubblici che in residenze private, consente di redigere una seriazione cronologica dei capitelli, supportata da elementi di datazione intrinseci agli edifici stessi in cui essi furono

---

5 Del resto la stessa Gütschow non riconosceva alla propria proposta sulla serie corinzio-italica alcun valore di indicazione cronologica per i tipi considerati (cfr. Gütschow 1921, 73, nota 4). Per lo ionico-italico, considerando le evoluzioni formali in fin dei conti modeste a fronte di una cristallizzazione morfologica marcata, la spiccata variabilità di rapporti proporzionali tra gli elementi compositivi non è da ritenere particolarmente significativa. Si vedano le considerazioni riportate in De Maria 1981, 584-585.

6 Espressione molto efficace usata da Coarelli nella prefazione ad A. Barbet, *La peinture murale romaine. Les styles décoratifs pompéiens*, Paris 1985.

utilizzati, per cercare, infine, di ricollocare il repertorio esaminato in un arco di tempo preciso dello sviluppo edilizio e storico della città vesuviana.

Se già da soli gli esempi dell'architettura monumentale, civile e religiosa, sarebbero senz'altro sufficienti a dimostrare che il capitello ionico-italico fu per un certo periodo un tipo molto in voga, il medesimo orientamento viene parallelamente confermato da una serie di attestazioni relative ad apparati decorativi della plastica minore diffusi, dall'Etruria alla Calabria, lungo tutto l'arco peninsulare, in grado di agevolare la comprensione dell'intero *dossier*, includendolo con ancora maggior pertinenza nello scenario artistico complessivo della *koinè* artistica mediterranea.

Pur nella consapevolezza dei margini di arbitrarietà che vanno ad intaccare i contenuti del regesto e delle due appendici, la scelta di non limitare comunque la catalogazione ai soli esemplari di capitelli ionico-italici *stricto sensu*, estendendola ad una selezione di manufatti tipologicamente diversi, ma per altri versi senza dubbio affini, nasce dalla convinzione che fermarsi al primo livello avrebbe, se non compromesso la validità delle conclusioni, di certo ostacolato, almeno parzialmente, una corretta valutazione ed un pieno apprezzamento del fenomeno nella sua integrità. D'altro canto, il raffronto della serie reale con i documenti delle decorazioni minori, nelle loro funzioni fittizie di immagini, concorre altrettanto utilmente a codificare meglio le sfere d'impiego della tipologia, illuminando ulteriormente l'articolato quadro dei processi di ellenizzazione delle forme a Roma e nell'intera compagine italica, in considerazione del fatto che proprio nel settore degli ordini decorativi si manifestano peculiari "rivisitazioni" dell'arte ellenistica, dense di estro e spirito creativo.

Seppur dinanzi ad un panorama in frammenti, l'obiettivo è, insomma, quello di non rinunciare al tentativo di ricomporre una visione d'insieme, ritessendo nelle trame della storia i fili sottilissimi di questa documentazione, che, unitariamente, torna così ad acquistare forza espressiva e significato.

******

Desidero esprimere la mia più sentita riconoscenza al Prof. Filippo Coarelli, che ha suggerito ed incoraggiato il presente lavoro fin dal suo inizio, senza risparmiarsi mai in insegnamenti e consigli preziosi.

Con grande piacere voglio poi ringraziare: il Prof. Emanuele Greco, Direttore della Scuola Archeologica Italiana di Atene, dove, in virtù dell'assegnazione di una borsa di perfezionamento nell'anno 2004 ho avuto l'opportunità di elaborare gran parte della ricerca; il Prof. D. Mertens, Direttore del Deutsches Archäologische Institut di Roma, grazie alla cui generosità ho potuto concludere lo studio; non ultimo, l'editore, che ha voluto accogliere questo lavoro nei propri titoli.

Sono inoltre debitrice nei confronti di tutto il personale di Soprintendenze e Musei che ha manifestato non solo professionalità, ma anche tanta disponibilità e cortesia nell'acconsentire alle mie richieste; non può che farmi piacere constatare che, per fortuna, si tratta di una schiera ben più nutrita di quella da cui attendo ancora una qualsivoglia risposta in merito a domande di autorizzazione ripetutamente inoltrate.

Le ultime parole di sincera, infinita gratitudine vanno, ancora una volta, alla mia famiglia, che, si tratti di vasi greci, di acque di lago o di capitelli, non mi ha lasciato mai sola, accompagnandomi con tutto l'affetto possibile in tutte le strade reali o immaginarie che, vagando per "sassi polverosi" spesso con la testa fra le nuvole, ho deciso di percorrere.

Note per la consultazione del catalogo

Il catalogo dei reperti architettonici si struttura di due parti: nella prima sezione (cap. II) sono schedati i capitelli ionico-italici propriamente detti, ordinati in senso topografico, partendo dalla Sicilia per risalire idealmente lungo l'asse peninsulare, seguendo, dove possibile, anche una successione cronologica, e chiudere con le aree di cultura punica; una seconda sezione (Appendice A) è invece dedicata al censimento di una serie di esemplari, soprattutto di provenienza africana, ma anche italica, provenzale e iberica, che, pur non possedendo caratteristiche tali da giustificarne un rigoroso inserimento nella classe ionico-italica *tout court*, sono comunque utili per lo studio della tipologia in questione nei suoi differenti aspetti, morfologici, storici, cronologici (nel testo, tali ricorrenze vengono indicate da una sigla composta da un numero arabo preceduto dalla lettera A: es. A1). Nell'Appendice B si raccolgono invece alcune testimonianze della plastica minore che arricchiscono il *range* di attestazioni in cui il tipo viene ad essere impiegato (tali *records* sono indicati nel testo da una sigla composta da un numero arabo preceduto dalla lettera B: es. B1).

Modulo di scheda-catalogo

Numero di catalogo/provenienza/riferimento tavole
Tipo di capitello
Luogo di conservazione

Materiale
Misure
Stato di conservazione

Descrizione
Datazione

Riferimenti bibliografici e fotografici

Abbreviazioni

N. inv.	– Numero d'inventario
prov.	- provenienza
ab.	- abaco
can.	– canale
coll.	– collarino
cons.	– conservato/a
d.	- diametro
diag.	– diagonale
ech.	- echino
fr.	– frammento
framm.	– frammmentario
h.	– altezza
inf.	- inferiore

l.	- larghezza
max.	– massimo/a
som.	- sommoscapo
scam.	- scamillo
tot.	- totale
vol.	– voluta/e

I

INTRODUZIONE

Come in più di una circostanza non si è mancato di puntualizzare, l'architettura ellenistica non deve considerarsi esente da premesse; spesso, infatti, le sue manifestazioni si collocano sulla scia di una significativa tradizione preesistente, anche se i risultati sono frutto di modificazioni talvolta radicali. Le evoluzioni di cui è protagonista l'ordine ionico stigmatizzano con particolare efficacia questo concetto[1].

Nel proposito di sondare preliminarmente la problematica concernente l'individuazione delle origini relative alla classe di capitelli ionico-italici, ai fini di una quanto più possibile esauriente trattazione del fenomeno è sembrato fruttuoso, pertanto, orientare l'indagine in ambito ellenico, presentando un *excursus* sulle ascendenze storico-artistiche propriamente greche della forma che è qui oggetto di studio, per puntare l'attenzione su quelli che possono a buon diritto considerarsi i primi segnali della nascita della tipologia ionica a quattro facce, che riscuoterà una discreta fortuna nella nostra Penisola e nell'area del Mediterraneo occidentale.

Tuttavia, prima ancora di approdare a questo, credo che possa ritenersi di una qualche rilevanza richiamare alla mente - senza scendere ovviamente nel dettaglio, perché non è consentito fare qui altrimenti; ma del resto la tematica è stata affrontata da indigni studiosi ed in sedi più opportune -, alcuni riferimenti della trattatistica vitruviana riguardo al *genus ionicum*.

In un passo del *De Architettura* si è conservata, infatti, l'eco dei dibattiti e delle preferenze denunciate dagli architetti ellenistici, propensi a decretare una superiorità dell'ordine ionico sugli altri, avversando con decisione l'ordine dorico per le difficoltà da questo create nella modulazione delle architetture:

> *Nonnulli antiqui architecti negaverunt dorico genere aedes sacras oportere fieri, quod mendosae et disconuenientes in his symmetriae conficiebantur. Itaque negauit Arcesius item Pytheos, non minus Hermogenes. Nam is cum paratam habuisset marmoris copiam in doricae aedis perfectionem, <rationem> commutauit ex eadem copia et eam ionicam Libero Patri fecit. Sed tamen non quod inuenusta est species aut genus aut formae dignitas sed quod inpedita est distributio et incommoda in opere triglyphorum et lacunariorum distributione* .

> "Alcuni architetti antichi sostennero che non si dovevano fare i templi d'ordine dorico, in quanto le simmetrie di questi templi erano piene di mende e discordanze: lo diceva Arcesio, così pure Piteo e non meno degli altri Ermogene. Infatti quest'ultimo, avendo già pronta tutta la provvista di marmi per il compimento di un tempio dorico, con lo stesso materiale, mutato il progetto, ne fece uno ionico a Liber Pater. In verità

[1] Una serie di interessanti riflessioni a partire dal problema delle origini degli ordini a volute, ionico ed eolico si legge in Martin 1955-56, 117-132 (con indicazioni bibliografiche precedenti). Per il capitello ionico classico, cfr. in part. Vallois 1966, 133-212; Höpfner 1968; Martin 1973; Bingöl 1980; Kirchhoff 1988; Gruben 1989; altri riferimenti in Ginouves 1992, 85. Una sintesi recente in Barletta 2001, in part. 84-153, con ampia bibliografia.

non può dirsi invenusto l'aspetto di un tempio dorico, né che manchi ad esso la dignità della forma; soltanto è legata nell'assegnazione dei membri, e quindi scomoda e disarmonica la distribuzione dei triglifi e dei lacunari"[2].

E' senz'altro evidente che Vitruvio abbia fatto ricorso a più di una fonte per la stesura del suo trattato, e ciò contribuisce, naturalmente, a rendere piuttosto difficoltosa la strada da percorrere per risalire all'origine storico-geografica delle teorie di cui egli si fa portavoce. Gli indizi sembrano tuttavia confluire concordemente verso una preminenza data alle fonti orientali e ai modelli architettonici elaborati nell'Asia Minore di epoca ellenistica, tra cui spiccherebbero in particolare le filiere pergamena e caria[3].

Certo è che in seno allo stesso ordine ionico - descritto, al pari degli altri *genera*, in termini antropometrici, e paragonato nell'eleganza e flessuosità delle sue forme alle fattezze del corpo femminile, in netto contrasto con la strutturazione più schiettamente virile, vigorosa e massiccia, del severo ordine dorico[4]-, il trattatista non prende neppure in considerazione l'effettiva dialettica esistente tra il tipo classico "ermogeniano" e quello a quattro facce, che sembra essere radicalmente rifiutata, in completa sintonia con quel ritorno al "purismo" artistico caldeggiato dalla coeva propaganda augustea.

Si può ad ogni buon conto osservare che, nonostante la "dimenticanza" vitruviana, il tipo diagonale, dopo aver conosciuto un'epoca di indubbio successo tra IV e II sec. a.C., quando viene apprezzato per una propria immagine indipendente, di fatto non abbandona le scene, ma prosegue il suo percorso nella storia dell'arte, prima nella stessa Roma, recuperato in qualità di modulo superiore dell'ordine composito, e poi dopo il Rinascimento, quando rivive una fortunata stagione per opera di Vincenzo Scamozzi, teorico del Manierismo italiano (1552-1616)[5] e *protegé* del Palladio, che, pur seguendo il grande maestro veneto negli elementi essenziali, illustra e pubblicizza di nuovo un capitello ionico improntato all'antico modello peloponnesiaco per le volute diagonali fortemente inclinate, e rivisitato attraverso i dettagli decorativi introdotti in epoca ellenistica, come per esempio il fiore nascente al centro dell'abaco.

I.1 Alle origini dello ionico-italico: il capitello diagonale in ambito greco e microasiatico

Introdotto da Bathycles di Magnesia nel trono di Apollo ad Amicle, l'ordine ionico torna ad essere attestato in Peloponneso soltanto dopo aver superato un *vacuum* cronologico di circa un secolo, nelle forme assolutamente originali di una struttura con quattro facce a volute, impostata su volumi che si generano a partire da una base quadrata; è in questa veste del tutto nuova che nel corso della seconda metà del V sec.

---

2 Vitr. *De Arch.* IV, 3, 1 (con commento di Gros 1992). Per le discussioni e riflessioni su questo argomento si vedano, tra gli altri, i preziosi contributi di Gros e Coarelli.

3 Sul problema delle fonti di Vitruvio, cfr. in part. Gros 1992, XLI-LII, 117-118; Pensabene-Barresi 2003, 188-211 (entrambi con indicazioni bibliografiche).

4 Vitr. *De Arch.* IV, 1, 6.

5 Si veda il suo trattato *L'idea dell'architettura universale*, Venezia 1615.

a.C. lo si trova applicato nel tempio di Apollo Epikourios a Bassae, come coronamento del colonnato laterale che scandisce lo spazio interno della cella[6]. Si tratta di un tipo che, pur riallacciandosi innegabilmente ai modelli attici della prima metà del secolo, induceva già il Puchstein a parlare di una famiglia di capitelli "peloponnesiaci", individuando in essi il valore di un esperimento archetipico nei confronti delle realizzazioni architettoniche posteriori[7].

Se all'epoca del Puchstein la documentazione di cui lo studioso poteva far conto per sostenere le proprie intuizioni era tutto sommato molto circoscritta, trovando un valido supporto solo negli esemplari a volute diagonali e grande foglia centrale ascrivibili alla Palestra di Olimpia[8], in seguito il novero di testimonianze di estrazione peloponnesiaca afferenti a questa specifica tipologia si è ampliato notevolmente, incrementando la serie con i rinvenimenti di Epidauro, Argo, Corinto, Sicione, Egina, e Calauria, cui dovranno sommarsi alcuni altri pezzi recuperati nella Grecia continentale, specialmente in Macedonia ed Epiro[9] .

Nei capitelli derivanti per struttura e volumi da quelli di Bassae, che forniscono ad oggi i più antichi esempi del tipo a volute diagonali, le quattro facce presentano coppie di volute simmetriche che si dispongono congiungendosi agli angoli secondo la traiettoria indicata dalle diagonali dell'abaco. Le volute tendono, di solito, a seguire un andamento curvo in direzione degli angoli, inclinandosi verso il suolo. Al pari delle basi classificabili nel cd. "style libre" e dei fusti di colonna a venti scanalature, cui si trovano abbinati in maniera ricorrente, è proprio a Figalia che bisogna cercare i precursori di questa categoria di capitelli, che nello specifico del contesto arcade mostrano, in versione "dimezzata", i seguenti tratti peculiari: volute addossate a due a due ai quattro angoli ed inclinate verso il basso; canale convesso, sia alla sua sommità che nella porzione inferiore; echino profilato, privo di decorazione scolpita; assenza della palmetta d'angolo e assenza dell'abaco - usanza, questa, che si rifà ad una tradizione molto antica di ambito orientale che prevedeva la messa in posa dell'architrave a diretto contatto con le volute del capitello -. A ben guardare, tuttavia, alcuni altri aspetti - e non potrebbe essere cosa più naturale, se è vero, come si ritiene, che il progettista del tempio arcade possa essere stato lo stesso ingegnoso Ictinos dell'Acropoli ateniese - riconducono all'Attica, per esempio la banda quasi piatta delle volute, che al contrario, tanto in area microasiatica quanto in ambito insulare, almeno nel periodo più antico tende ad assumere una forma bombata. Si può dunque affermare con verosimiglianza che l'Attica abbia fornito un repertorio di elementi morfologici che poi, sotto la spinta di una nuova ispirazione, sono stati ricombinati con libertà ed autonomia in una struttura sintattica diversa, dall'esito fortemente originale.

Un elemento inopinabile di cui tener necessariamente conto è fornito dalla constatazione che l'attestazione architettonica ionico-diagonale di Bassae si pone, effettivamente, all'origine di una lunga tradizione peloponnesiaca che, in un modo o nell'altro, si riflette in seguito su diversi monumenti, sebbene, a giustificazione di un

---

6 Sul tempio di Bassae, cfr. Dinsmoor 1933, 204-227; Roux 1961, 21-56, 342 ss.; Knell 1968, 100-117; Mallwitz 1962, 140-177. Da ultimo, cfr. Cooper 1996, in part. I, 297-304.

7 Puchstein 1887, 29-34.

8 Olympia II, tav. LXXV; Weickert 1944, 210-214.

9 Roux 1961, in part. 333-357.

quadro generale in cui si riscontra un numero tutto sommato scarso di imitazioni realmente prodotte del capitello in questione, il Roux sottolinei in maniera opportuna quanto esso, con la gamma di prerogative sopra evidenziate, diverga notevolmente dai canoni estetici dell'epoca cui cronologicamente risale, configurandosi in sostanza come un'esperienza decisamente atipica, troppo distante dai gusti e dalle regole del classico per guadagnarsi spazi concreti d'applicazione su ampia scala.

Possono considerarsi dei saggi intermedi tra l'attestazione di Figalia ed i manufatti ellenistici oggetto dell'indagine condotta in questa sede una sequenza di testimonianze dell'impiego di capitelli ionici diagonali, tra cui, in un ideale diagramma temporale, il primo da ricordare è il Monumento delle Nereidi di Xanthos[10].

L'intuizione del capitello ionico a quattro facce, che nel sito peloponnesiaco rimane un'invenzione per certi versi confinata ad uno stadio embrionale, ancora in attesa di più compiuti sviluppi, poco più tardi troverà nel famoso sepolcro licio un'applicazione a tutto tondo: osserviamo qui il più antico esempio completo a noi noto di capitello ionico d'angolo, felice soluzione che risolve con successo l'annoso scoglio costituito dal problema architettonico dell'impiego di un capitello di quest'ordine in tale posizione[11], e grazie alla quale si imprime una svolta determinante alla storia dell'ordine ionico e all'importanza da questo acquisita nel campo architettonico. L'artificio di un capitello eretto su pianta quadrata con quattro volute oblique poste in corrispondenza degli estremi delle diagonali dell'abaco eliminava finalmente una delle difficoltà maggiori cui erano stati costretti a far fronte gli architetti adottando tale ordine nei porticati: si annullava, infatti, in modo egregio il problema costituito dall'accentuata bifaccialità del capitello ionico canonico, che in sede di colonne angolari risultava realmente incongruo e disarmonico.

Varrà inoltre la pena calamitare l'attenzione sul fatto che il fastoso edificio funebre, cronologicamente ancora ascrivibile alla piena età classica (la datazione accettata si assesta intorno al 400 a.C. o poco dopo), opera di ignoti artisti della Ionia greca, evidentemente debitori nello stile alle maestranze che lavorarono alla realizzazione dei capitelli ionici dell'Eretteo, sintetizza e preannuncia, indicandoli con estrema eloquenza, alcuni indirizzi non solo formali, ma anche geografici ed ideologici che contraddistingueranno l'architettura di età ellenistica, marcando, insieme ad una brillante sensibilità innovatrice, il punto di partenza per un peculiare sviluppo dell'edilizia funeraria che, dalla Macedonia ad Alicarnasso a Belevi, si riscontra a partire dal IV secolo in poi.

Ma per tornare nuovamente al distretto peloponnesiaco, l'utilizzo dello stesso tipo di capitello ionico diagonale si riscontra a Kalauria, nel portico IV del santuario di Poseidone[12]. Attirano interesse per la curiosa soluzione adottata anche gli esempi più o meno coevi tra loro provenienti, rispettivamente, dalla Casa della Fontana e dalla *stoà* del porto di Perachora: in quest'ultimo caso il capitello d'angolo non si presenta con una forma simmetrica, poiché mentre la faccia frontale consta di due identiche volute, il lato destro si caratterizza per un pulvino troncato a metà, il sinistro possiede una voluta

---

[10] Xanthos III, in part. 77-78, figg. 34-35; Martin 1971, 327-337.

[11] Una dettagliata analisi tecnica delle implicazioni problematiche relative all'uso del capitello ionico nelle zone d'angolo si legge in Roux 1961, 343-345.

[12] Cfr. Welter 1941, tav. 42a.

che si affianca a quella del prospetto principale secondo lo schema diagonale, incurvandosi e inclinandosi verso il suolo[13]. Come viene rimarcato sia dal Roux che dal Coulton, il capitello di Perachora possiede una morfologia tale da legittimare un paragone abbastanza diretto con gli esemplari a quattro facce pertinenti al colonnato assiale dell'Abaton di Epidauro: questi ultimi, pur condividendo con la forma pioniera di Figalia tratti come la voluta a nastro piatto e piegata verso il basso, il sottile listello a disegnare il percorso delle spire, la convessità del canale e l'assenza di palmette angolari, in verità rappresentano insieme al manufatto di Perachora una chiara evoluzione, segnata in primo luogo dalla presenza dell'abaco[14].

Quasi contemporanei a quelli dei propilei nord di Epidauro[15], tra fine IV e inizio III sec. a.C. si datano gli esemplari del santuario argivo di Apollo Pizio sull'Aspis[16]; sono altresì collocabili nel corso del primo quarto del III sec. a.C. i capitelli del tempio L di Epidauro[17].

A questo punto dell'*excursus* si impone un salto geografico - se non cronologico -, rivolgendo lo sguardo alla Grecia continentale, più specificatamente alle regioni settentrionali della Macedonia e dell'Epiro. Mi sembra utile porre fin d'ora l'accento sul fatto che, per quanto indiscutibile sia il peso esercitato nell'Egeo settentrionale dalla tradizione ionico-attica, in fin dei conti essa ha lasciato in questa compagine dei segnali alquanto deboli, mentre, per contro, risulta incisivo l'influsso dell'area dorica. Così, se l'esempio dei capitelli ionici arcaici di Therme non vanta alcuna successione in Macedonia, proprio qui a partire dal IV sec. a.C. ricevono una calorosa accoglienza le innovazioni architettoniche messe a frutto nel Peloponneso, che anzi verranno adottate assurgendo, in qualche misura, al rango di veri e propri "marchi di fabbrica" delle attività costruttive patrocinate dal potere macedone anche al di fuori dei confini propriamente regionali. Sulle motivazioni storiche riconducibili a tale scelta sarà conveniente tornare in seguito con altre precisazioni: è sufficiente per ora far menzione, con il riferimento al diffuso impiego dell'ordine ionico nella facciate delle tombe aristocratiche, all'utilizzo di capitelli ionici diagonali nei Propilei del palazzo reale di Palatitza[18]. La specificità di questo sottotipo macedone rispetto ai prodotti

---

[13] Per la *stoà* del porto a Perachora, cfr. Coulton 1964, 100-131, in part. 114-116 e 126, figg. 7-8, tav. 24 per il capitello. Cfr. anche la descrizione in Roux 1961, 346-347.

[14] Roux 1961, 346-347, tav. 92, 1- 4, in part. 92, 2 (Roux associa a questo esemplare uno identico, non pubblicato, proveniente dal colonnato assiale della palestra, a nord dello Stadio). Per precisione, i capitelli dell'Abaton di Epidauro sono stati classificati dal Cavvadias (in Praktika 1905, 63 ss.) in quattro categorie:

1) capitello a pulvino per il colonnato di facciata (Roux 1961, tav. 92, 1);
2) capitello angolare di facciata a tre facce e un solo pulvino (1 solo esemplare; Roux 1961, tav. 92, 4);
3) semicapitello a pulvino su pilastro d'anta (estremità del muro del lato ovest; Roux 1961, tav. 92, 3);
4) capitello a quattro facce proveniente dal colonnato assiale della *stoà* greca (Roux 1961, tav. 92, 2).

Il Roux segnala anche due capitelli ionici di tipo peloponnesiaco, non contestualizzati, provenienti, rispettivamente, da Sicione ed Egina, ancora databili nell'ambito del IV sec. a.C.: cfr. Roux 1961, 420.

[15] Roux 1961, 253-274, in part. 258-265, figg. 68-69, tav. 75.

[16] Roux 1961, 65-82, fig. 11, tav. 25.

[17] Roux 1961, 232-234, fig. 54, tav. 68, 1-3.

[18] Heuzey-Daumet 1876, tav. 10-12; esemplari che, come quelli di Kassope, non presentano volute arcuate, ma piatte e verticali.

peloponnesiaci si riconosce nella dissimile resa delle volute, che sono rigidamente piatte e non ripiegate verso il basso, ma verticali, mentre il nastro disegna un canale abbastanza stretto e perfettamente rettilineo; l'abaco è basso ma presenta delle modanature; assente è la decorazione con *kymation* ad ovoli dell'echino (è tuttavia da precisare a questo riguardo che, come ci insegnano le splendide ornamentazioni della Tomba di Euridice e di altri sepolcri, essa non infrequentemente poteva essere realizzata grazie all'ausilio di stucco e colore)[19].

Nell'area epirota, si pongono sulla stessa scia del modello di Palatitza gli esempi riscontrati nel santuario di Rhodotopi[20], nonché quelli di Kassope, dove il peristilio dell'edificio denominato *katagogion* era composto da un colonnato ionico coronato da capitelli sia nella versione a volute su quattro facce che in quella con cuscini laterali a calice[21], associazione che, forse, vede anch'essa la propria nascita in ambiente macedone.

E' soltanto con la fine del III sec. a.C. che si riscontra in ambito insulare, a Delo, la diffusione di capitelli ionici diagonali. Nella Sala Ipostila, databile secondo dati storico-epigrafici nell'ultimo quarto del III sec. a.C. (220 a.C.)[22], è documentata la stravagante messa in opera simultanea di una triplice versione di capitelli di ordine ionico: quello canonico, quello biangolare con due volute diagonali e un solo cuscino, ed un terzo, rappresentato in due esemplari, che presenta tre facce con volute diagonali e la quarta con un normale cuscino[23]. Questa variegata gamma di espressioni alternative dell'ordine ionico combinate in un unico edificio sembra in qualche modo riecheggiare la pluralità già registrata nell'Abaton di Epidauro[24]. Ulteriori esempi di capitelli ionici a quattro facce sono documentati nello stesso periodo in alcune abitazioni con schema a peristilio, come la Maison du Lac, la Casa del Diadumeno e la casa II nell'Ilot des Bijoux, cui può aggiungersi la "série quadrangulaire" riconosciuta dal Vallois nella Palestre du Lac[25].

Meritano un preciso richiamo in questa sede anche tre manufatti di ambito alessandrino, di cui uno sicuramente ascrivibile ad un monumento funerario della necropoli di Kom esch-Shogafa, nei quali è dato osservare alcune caratteristiche di rilievo, che tradiscono da una parte la persistenza di un influsso diretto giocato dalla tradizione architettonica alto-ellenistica peloponnesiaca, dall'altra la presenza di dettagli

---

19 Martin 1968,171-184; Martin 1982, 247-262.

20 Evangelides 1952, 308-310, figg. 2-3; Roux 1961, 347, 420.

21 Evangelides 1952a, 356, fig. 40; cfr. BCH 79, 1955, 263, figg; 3-4. Il motivo del calice laterale nel capitello ionico è un'altra elegante soluzione che si sviluppa pressoché contemporaneamente al tipo ionico diagonale, e si riscontra a Delo, Alessandria, Olimpia, Delfi, in Etolia ed Epiro, nonché a Pompei: cfr. Weickert 1944, 205-219.

22 Cfr. Delos II.

23 Cfr. Delos I; Delos II. Napoli (Napoli 1950) afferma che l'ultimo tipo non sembra trovare paralleli in altri contesti.

24 Cfr. *supra*, nota 14.

25 Per la Maison du Lac, cfr. Delos VIII/2, 253, fig. 248. Per la Maison du Diadumene, Delos VIII, 254, fig. 121. Per la Casa II, cfr. Delos XXXVIII, 26-30, fig. 85. Per la Palestra, cfr. Delos XXV, 124 e n. 4. In Delos XXXVI, 339-346, gli autori riprendono criticamente l'esame del materiale a suo tempo studiato dal Vallois, apportando qualche revisione alle precedenti attribuzioni.

derivanti dalle esperienze elaborate in ambito microasiatico[26]. Per ciò che concerne le questioni di datazione, può considerarsi corretto attribuire a questi capitelli una cronologia compresa tra la seconda metà del III ed il II sec. a.C.; il termine più antico deve riferirsi all'esemplare di Kom esch-Shogafa, sia per gli elementi morfologico-stilistici che per la sua appartenza ad un contesto sepolcrale; dato, questo, che invita ad

---

26 Pensabene 1993, 338-339, nn. 114-116, tav. 18. Il n. 114 è conservato nei giardini d'ingresso alla necropoli, i nn. 115-116 sono invece esposti al Museo Archeologico di Alessandria (nn. inv. 18416 e 18827).

I nn. 114-115 sono inquadrati dallo studioso nel tipo 1 della sua classificazione (echino decorato da un *kyma* ionico ad ovoli e lancette, canale delle volute molto incurvato nella porzione inferiore), mentre il n. 116 è inserito nel tipo 2 (in cui, al di sopra del consueto *kyma* ionico ad ovoli e lancette, si svolge un canale delle volute ad andamento orizzontale, caratteristico del gusto predominante nel tardo ellenismo, per quanto già presente alla fine del III sec. a.C. negli esemplari delii del Portico di Filippo: cfr. Delos VII, 1, 93, fig. 136; EAA Atlante, tav. 333, 34).

Nel capitello n. 114, unito al sommoscapo della colonna liscia, l'echino è intagliato da un *kyma* ionico a quattro ovoli con sottili sgusci sporgenti e separati da lancette a sezione angolare. Le spaziose volute sono composte da un nastro concavo profilato da un astragalo liscio tra due sottili listelli. Dalle volute nascono semipalmette a tre foglie uncinate che lambiscono gli ovoli laterali. L'abaco presenta lati arcuati e modanati con listello e cavetto piatto. La forma a quattro facce, come l'ampio spazio dato al canale delle volute, la sottigliezza dell'echino e l'altezza del sommoscapo attaccato al capitello, permettono di avvicinare l'esemplare ad un capitello alto-ellenistico argivo, proveniente forse dal santuario di Apollo Piteo (Roux 1961, 80, tav. 25; cfr. *supra*, nota 16). Tale dato indica la presenza di tratti conservatori nel capitello alessandrino, nonché il persistere dell'influenza esercitata dalla tradizione architettonica peloponnesiaca, evidenziata in particolare dal canale delle volute (Roux 1961, 352). Sono altresì presenti delle componenti di origine microasiatica, riconoscibili nella distanza degli occhi delle volute, superiore al diametro del sommoscapo, come si osserva negli esemplari a quattro facce della *stoa* del santuario pergameno di Atena Polias (Pensabene 1993, 338).

Per la datazione del reperto alessandrino n. 114 nella seconda metà del III sec. a.C. sono indizi validi gli elementi sopra indicati, insieme all'attestazione molto antica dell'impiego dell'ordine ionico nelle necropoli di Alessandria, in particolare nell'ipogeo A di Shatbi (Adriani 1966, 124, n. 79)

Al medesimo tipo1 appartiene anche il capitello del Museo Archeologico di Alessandria proveniente da Canopo (N. inv. 18416; Pensabene 1993, 339, n. 115, tav. 18): presenta un canale delle volute con margine inferiore concavo e non delimitato tramite alcun listello dall'echino, decorato con il consueto *kyma* ionico e coperto parzialmente dalle semipalmette laterali. Che il capitello non sia rifinito sembrano indicarlo tanto la schematizzazione del nastro della voluta, quanto i due collari lisci sotto al capitello, corrispondenti al sommoscapo e allo spazio per un *hypotrachelion* decorato. Elemento distintivo nell'esemplare è il canale delle volute incurvato inferiormente, secondo modalità rilevabili ancora negli esemplari medio-ellenistici, come quelli della *stoa* di Atena e il tempio del ginnasio di Pergamo del II sec. a.C., periodo in cui si ricorre a tipi formatisi nel IV sec. a.C. (Bingöl 1980, 223, n. 232). Una datazione compresa tra la seconda metà del III e la prima metà II sec. a.C. sembra verosimile.

L'altro capitello ionico a quattro facce del Museo Archeologico (N. inv. 18827), in mediocre stato di conservazione, presenta un echino decorato da cinque ovoli interi contenuti da sottili sgusci e separati da lancette. Larghe semipalmette nascenti dalle volute coprono quasi integralmente gli ovoli laterali. Le volute presentano un canale rettilineo e concavo, separato dall'abaco modanato attraverso un listello. Il collare liscio forse doveva essere decorato da un nastro di foglie o un meandro, come farebbe pensare il confronto con un capitello simile da Tolemaide, sulla base di una tradizione antica (Heraion di Samo, Eretteo; cfr. EAA Atlante, tavv. 320-324) ripresa in epoca ellenistica (*stoa* del santuario della Polias a Pergamo: cfr. EAA Atlante, tav. 335, 37). Elemento cronologico di riferimento può considerarsi in questo caso il canale delle volute ad andamento rettilineo, caratteristico del gusto predominante nel tardo ellenismo (Lezine 1959, 151) ma già presente alla fine del III sec. a.C. negli esemplari del Portico di Filippo a Delo (216-211 a.C.; cfr. Delos VII, 1, 93, fig. 136; EAA Atlante, tav. 333, 34). L'esemplare è databile nel corso del II sec. a.C. (Pensabene 1993, 339, n. 116, tav. 18).

istituire un paragone con l'ipogeo A di Shatbi, prezioso indizio a dimostrazione di un impiego molto antico dell'ordine ionico in ambito funerario alessandrino[27].

In virtù delle considerazioni appena espresse sarà allora quantomai opportuno revisionare le valutazioni cronologiche che a suo tempo Bacchielli aveva fornito per un gruppo di monumenti di Cirene caratterizzati, per l'appunto, dalla presenza di capitelli ionico-diagonali. La più importante di queste attestazioni è costituita dal sepolcro rupestre N 228 della necropoli settentrionale di Cirene, noto con il nome di "Tomba delle Cariatidi" per le due figure femminili scolpite a rilievo nel costone roccioso ed immortalate nell'atto di sorreggere la trabeazione[28].

---

27 Cfr. Adriani 1966, 124 n. 79.

28 Bacchielli 1980, 11-34, figg. 2, 5, 6. La tomba è ricavata interamente nella roccia; le due figure femminili che sostengono la trabeazione della facciata, lavorate a rilievo nel costone litico, sono purtroppo gravemente danneggiate. La fronte del sepolcro si estende per una lunghezza di quasi 7 m ed è inquadrata agli angoli da due quarti di colonna ionica addossati a due pilastri. Nello spazio intermedio si aprono quattro porte, di cui tre notevolmente ravvicinate e uguali tra loro. La facciata è scandita in alto da una trabeazione essenzialmente dorica, e riproduce un portico addossato alla parete rocciosa. Negli angoli, dove è utilizzato il dispositivo della semicolonna cirenaica (cioé la semicolonna addossata ad un pilastro lungo il lato rivolto verso il centro dell'edificio), si trovano logicamente due quarti di colonna, solcati da cinque scanalature, separate da dorsi listati e coronati da porzioni di capitelli ionici diagonali. Il raggio della colonna al sommoscapo misura m. 0,145. L'innesto del capitello sul fusto è mediato da un collarino liscio, alto m. 0,09, delimitato al bordo superiore ed inferiore da un tondino in rilievo (che dovrebbe rappresentare l'astragalo). Il capitello presenta un discreto sviluppo in altezza (0,19 m) ed è costituito da un ovolo completamente liscio e rigonfio, dal canale alto e delimitato inferiormente da un listello, incurvato nella parte centrale verso il basso, e da un abaco modanato. Nel punto di incontro tra il listello che delimita il canale e le elici si trova una piccola foglia. La parasta, alla quale si addossa il quarto di colonna, è larga m 0,14. Preliminare alla definizione stilistica ed alla determinazione cronologica del monumento è l'analisi di alcuni elementi architettonici e della decorazione scultorea, che adotta il piede tolemaico (unità di misura usata a Cirene solo in età tardo-ellenistica). Per quanto riguarda la colonna ionica, vale la pena puntualizzare due elementi: il numero di scanalature ed il capitello. Dal momento che il quarto di colonna angolare presenta cinque scanalature, ci si trova evidentemente di fronte al tipo "peloponnesiaco" della colonna ionica a 20 anziché 24 scanalature, adottata frequentemente in quelle regioni in cui predominava l'uso di calcare o *poros*, materiali molto friabili e da sottoporre dunque a meno pressioni del marmo nella lavorazione. La caratteristica è riscontrabile a Cirene in tutti e tre gli edifici ellenistici di cui si conservano colonne ioniche scanalate: nei Portici nord ed ovest dell'Agora e nella Tomba S 201. Poiché i capitelli ionici sono scarsamente documentati in Cirenaica, per la datazione ci si deve avvalere di confronti esterni. Il collarino liscio si trova in esemplari dell'ultimo quarto del II sec. a.C. come quelli della Basilica di Pompei e del santuario della Fortuna Primigenia a Palestrina (per Bacchielli di inizio I sec. a.C.). Il rilevante sviluppo dei capitelli in altezza e l'abaco ricco di modanature trovano un valido confronto in un capitello della Palestra di Olimpia (Olympia II, 119, tav. LXXV, 3-5). Bacchielli sostiene che l'analisi delle membrature architettoniche e della tipologia delle figure femminili di sostegno suggerisce, in definitiva, una datazione alla fine del II-inizi I sec. a.C. Ad ogni modo, poiché si presentano formalmente analoghi, dovranno essere datati alla stessa epoca del sepolcro N 228 anche gli esemplari della tomba S 201 e dei portici settentrionale ed occidentale dell'Agorà, le cui cronologie erano invece ribassate all'età augustea o addirittura adrianea (Tomlinson 1967, 245, 248 ss., tav. 45 a; Stucchi 1965, 246 ss. fig. 155; Stucchi 1975, 160 ss.; Bacchielli 1980, 11-34, fig. 20; Bacchielli 1980a; Bacchielli 1981, 171-172, figg. 121-124), nonostante si ammettesse una datazione nel III-II sec. a.C. per l'impianto originario. Facendo perno sull'eventuale accettazione di un inquadramento in epoca ieroniana per le cariatidi dei teatri di Monte Iato, Segesta, Solunto e Siracusa, con cui le figure della tomba cirenea sono direttamente confrontabili, resta comunque aperta la possibilità di un ulteriore rialzamento cronologico della struttura architettonica in questione al III sec. a.C.
Le caratteristiche fondamentali riscontrate nei capitelli ionici diagonali di Cirene si ritrovano anche nell'esemplare superstite proveniente dagli scavi di un'abitazione dotata di peristilio della città di

Facendo leva su una serie di argomentazioni basate su confronti stilisticamente congrui ma valutati erroneamente in termini di datazioni, come il sepolcro di Terone ad Agrigento riportato al I sec. a.C. o il tempio del Foro di Paestum nella presunta fase di inizio I sec. a.C., lo studioso colloca tra la fine del II e l'inizio del I sec. a.C. sia la tomba N 228 (delle Cariatidi) che quella del tutto similare (ad eccezione della decorazione scolpita) S 201[29]. Ma è piuttosto nell'orizzonte del pieno ellenismo che queste testimonianze si inquadrano con maggior pertinenza, come del resto risulta suggerito dai confronti rintracciabili per le figure di sostegno della N 228, delle quali Bacchielli compie, peraltro, un accurato esame, pur rigettando la datazione al III sec. a.C. precedentemente attribuita alle stesse figure da Schmidt-Colinet[30].

Tornando ad insistere ancora su un ambito territoriale propriamente greco, tra le realizzazioni monumentali di II sec. a C. che valgono una citazione per la presenza di capitelli ionico-diagonali, va senz'altro ricordata l'imponente *stoa* di Filippo II a Megalopolis (Paus. VIII, 30, 6), eretta probabilmente nel corso della decade 190-180 a.C.[31]. La struttura attualmente ricostruibile, nella quale il Settis ravvisa una stringente analogia planimetrica con la basilica di Cosa, è quella di un portico a tre navate, nella cui parete di fondo si aprono, in prossimità degli angoli, due grandi esedre con ingressi scanditi da colonne[32]. E' verosimile ritenere che vi sia stato un primitivo impianto risalente alla fase iniziale dell'Ellenismo (IV sec. a.C.), al quale si sovrappose un secondo momento edilizio, testimoniato proprio dai resti architettonici tutt'ora conservati, che ben si accordano dal punto di vista cronologico con un passaggio di Livio, importante nel tentativo di circoscrivere con maggior precisione il periodo costruttivo più recente. Lo storico, infatti, riferisce che nel 189 a.C. Filopemene, *permissu Achaeorum,* impiegò parte del bottino di guerra proveniente dalla vendita dei prigionieri catturati nel corso del conflitto con Sparta nella ricostruzione di uno dei colonnati che erano andati distrutti durante l'attacco sferrato nel 222 a.C. dai Lacedemoni di Cleomene[33], riconsegnando nello stesso frangente alla *polis* arcade l'*ager Belbinates* sulla frontiera lacone, che già al tempo di Filippo era stato dichiarato territorio pertinente alla giurisdizione di Megalopolis[34]. In relazione agli eventi appena ricordati, la fase costruttiva più recente del monumento è quindi da collocare con buone probabilità nel corso del primo quarto del II sec. a.C.

Berenice (quartiere di Sidi Krebish, abitazione P). Lo Stucchi dichiara che il pezzo è "evidentemente appartenente ad un rifacimento dell'architettura del peristilio dopo il 117 d.C." (cfr. Stucchi 1975, 312, 326 e nota 4); in realtà, viste le somiglianze con gli esemplari ellenistici, anche questo capitello potrebbe risalire alla prima età romana, quando non addirittura ad epoca precedente.

29 Le caratteristiche dei capitelli ionici della tomba S 201 sono identiche a quelle della N 228: collarino liscio, ovolo che si trova al di sotto delle volute, abaco che presenta, in proporzione, lo stesso sviluppo in altezza e le stesse modanature. Bacchielli 1980, 11-34, figg. 19 e 23.

30 Cfr. Schmidt-Colinet 1977, 32 ss., 71, 91, 229. Confronti particolarmente calzanti possono considerarsi le cariatidi di Monte Iato e Taranto (cfr. Schmidt-Colinet 1977, 31, 69, 111 ss., 144, 227 ss.).

31 Sul grandioso edificio, dopo Coulton 1976, 255-256, si vedano in part. i contributi in AA 1996, 269-286; AA 1997, 389-405; AA 1998, 415-451.

32 Cfr. Settis 1973, 661-754.

33 Liv. XXXVIII, 34.

34 Cfr. Plut. *Philop*. 16.

Per chiudere questa stringatissima carrellata prima di passare ad una ricognizione più approfondita del materiale ascrivibile all'areale italico, è giusto dedicare un'ultima menzione agli eleganti capitelli ionici del *propylon* nel santuario pergameno di Atena Polias (197-159 a.C.), nei quali spicca, con l'accentuata inflessione disegnata dal bordo inferiore del canale, il preziosismo dell'elaborato collarino, che reca scolpiti otto elementi floreali, formati ciascuno da sedici petali disposti su due giri sovrapposti intorno ad un bottone centrale, nonché il sottile abaco ad angoli tagliati, decorato da un fregio a *kyma* ionico[35].

[35] Pergamon II, tav. 23, 30; EAA Atlante, tav. 335, 37; Roux 1963, 350 con bibliografia (calcare; h. tot. cap. 0, 22; l. max. alle volute 0,59; h. ech., 0,07; h. ab. 0,035; l. ab. 0,55; h. coll. 0,08; d. som. 0,34). Si possono richiamare utili confronti con gli esemplari alessandrini di Kom esch-Shogafa e Canopo.

II

CATALOGO

II.1 Sicilia

1. Solunto (Solous/Soluntum) Tav. IV, 1
Capitello di colonna - Tipo B Casteels, Tipo I Villa
Palermo - Museo Archeologico Regionale "A. Salinas", chiostro maggiore (N. inv. 5577)

Calcarenite fossilifera di colore grigio ("tufo calcareo")
h. tot. 0,26; h. tot. cap. 0,18; l. ab. 0,29; d. vol. 0,14; d. base 0,29; h. scam. 0,02
Esemplare intero in discreto stato di conservazione; abrasa una voluta e smussature nelle parti sporgenti; una lacuna danneggia il sommoscapo. Tracce di stucco

Capitello di piccole dimensioni con sommoscapo lavorato con venti scanalature a spigolo vivo, con linguette iscritte nella parte superiore; il collarino è caratterizzato da due anelli degradanti piuttosto appiattiti. L'echino è decorato da un *kyma* ad ovoli decurtati di un terzo, contenuti da sottili sgusci e separati da lancette. Gli ovoli adiacenti alle volute sono ricoperti da una foglia d'acanto, che nasce al di sotto della voluta e genera una palmetta verticale a nove petali con bocciolo alla base. Le due palmette di ciascuna faccia interrompono l'andamento del canale, raggiungendo il livello superiore dell'abaco. Le volute, opposte diagonalmente, presentano spire molto ravvicinate e compatte, con il nastro leggermente convesso e delimitato da un bordino a sottile listello. I lati dell'abaco mostrano un'accentuata linea concava e sono modanati superiormente ad ovolo. Anche lo scamillo, di forma quadrangolare, presenta lati concavi. L'esemplare è inquadrabile nel tipo I della classificazione redatta dalla Villa (Villa 1988).

Ferri 1941-42, 250-258, fig. 15; Pace 1945, fig. 263; Gabrici 1935, 282-286, fig. 4; Villa 1988, 109-110, n. 150

2. Solunto (Solous/Soluntum) Tav. IV, 2
Capitello di colonna - Tipo B Casteels, Tipo I Villa
Palermo - Museo Archeologico Regionale "A. Salinas", chiostro maggiore (N. inv. 5578)

Calcarenite fossilifera di colore grigio ("tufo calcareo")
h. tot. 0,26; h. tot. cap. 0,22; l. ab. 0,34; d. vol. 0,19; d. base 0,32; h. scam. 0,005; d. scam. 0,33
Esemplare di cui solo una faccia è ben conservata, mentre le altre sono molto deteriorate e lacunose; una voluta è abrasa.

Il piccolo capitello, proveniente da scavi del 1800, è tipologicamente affine al n. 1 ma presenta sommoscapo liscio, rifinito in alto dal consueto collarino a due anelli degradanti, con profilo lavorato a spigolo vivo. Le palmette, sottili e allungate, di forma nettamente diversa dall'esemplare precedente, nascono da foglie d'acanto incavate nella parte centrale e convergono lievemente verso il centro; recano una nervatura centrale e sono composte da nove petali separati da incisioni oblique. Il loro rendimento appare comunque diversificato su ciascuna faccia del capitello. Il *kyma* ionico, estremamente basso, risulta schiacciato su un piano quasi perpendicolare all'altezza; tale conformazione va a tutto vantaggio dello spazio occupato dall'altissimo canale. L'esemplare è inquadrabile nel tipo I della classificazione Villa 1988.

Ferri 1941-42, 250-258, fig. 16; Villa 1988, 110, n. 151

3. Solunto (Solous/Soluntum) - Is. 4 b, peristilio, ordine superiore (?) Tav. IV, 3
Capitello di colonna - Tipo B Casteels, Tipo I Villa
Solunto - Antiquarium, sala III (N. inv. 21931)

Calcarenite fossilifera di colore grigio ("tufo calcareo")
h. tot. 0,24; h. tot. cap. 0,18; l. ab. 0,38; d. vol. 0,18; d. base 0,35; h. scam. 0,01; d. scam. 0,34
Esemplare intero in mediocre stato di conservazione. Tracce di stucco

Il capitello, tipologicamente affine al n. 1, presenta un sommoscapo costituito da un'alta fascia liscia, all'estremità inferiore della quale si osserva scolpita la parte iniziale delle venti scanalature del fusto; il collarino ha due anelli degradanti, profilati a listello. Gli ovoli del *kyma* hanno forma molto allungata e piegano verso l'interno ad angolo retto, secondo una moda arcaizzante. Le palmette originano da foglie incavate nella parte centrale; come si osserva nella faccia meglio conservata sono collocate in posizione verticale e recano una nervatura mediana intorno a cui si dispongono sei petali arrotondati. Nella faccia contigua, invece esse sono oblique e più vicine. Il nastro delle volute è concavo, ma doveva essere ricoperto per intero dallo stucco bianco, di cui si conservano ancora delle tracce. L'esemplare è inquadrabile nel tipo I della classificazione Villa 1988.

Villa 1988, 110, n. 152

4. Solunto (Solous/Soluntum) - Via degli Ulivi Tav. IV, 4
Capitello di semicolonna - Tipo B Casteels, Tipo I Villa
Solunto - Antiquarium, sala IV (N. inv. 21932)

Calcarenite fossilifera di colore grigio ("tufo calcareo")
h. tot. 0,39; h. tot. cap. 0,31; l. ab. 0,47; d. vol. 0,12; d. base 0,35
Esemplare intero in mediocre stato di conservazione; abrasa una faccia laterale e uno spigolo dell'abaco. Si notano i segni della lavorazione a gradina sulla faccia superiore e sulla parte di ammorsatura. Tracce di stucco

Il capitello, tipologicamente affine ad 1 e 3 (nonchè, per qualche particolare, a 7-9, che tuttavia sono ascritti dalla Villa nel tipo II) presenta sommoscapo liscio e collarino ad anello profilato a tondino. Le palmette, rese in maniera disegnativa, hanno sette petali; le facce laterali presentano scolpita una sola palmetta. Il nastro delle volute è piatto; l'abaco è modanato da un leggero cavetto e profilato in alto da un listello. Tracce di stucco si conservano su volute e palmette.
L'esemplare, che è inquadrabile nel tipo I della classificazione Villa 1988, proviene da una zona non scavata a NO di via degli Ulivi, in cui sono stati recuperati anche alcuni tra i capitelli corinzi di migliore qualità. Tale area, che già in superficie lascia intravedere strutture murarie, resti di mosaici ed elementi architettonici di grande mole, doveva sicuramente rivestire, all'interno della città, un ruolo di notevole importanza (cfr. Villa 1988, 8).

Villa 1988, 111, n. 153

5. Solunto (Solous/Soluntum) Tav. IV, 5
Capitello di colonna - Tipo B Casteels, Tipo I Villa
Solunto - Antiquarium, sala III (N. inv. 21941)

Calcarenite fossilifera di colore grigio ("tufo calcareo")
h. tot. 0,35; h. tot. cap. 0,265; l. ab. 0,38; d. vol. 0,14; d. base 0,39; h. scam. 0,04
Esemplare intero in mediocre stato di conservazione: superficie corrosa, collarino e sommoscapo lacunosi.

Il capitello, tipologicamente affine a 1, 3 e 4, presenta sommoscapo liscio e collarino ad anello sottile profilato a listello, sormontato da uno spesso tondino. Le palmette sono rese in maniera diseguale; lo stretto spazio compreso tra loro reca una foglia d'acanto malamente abbozzata, con l'estremità superiore rovesciata. Lo scamillo ha una forma rettangolare. Per dimensioni e tipologia il capitello, abbastanza vicino all'esemplare n. 6, si inquadra ancora nel tipo I della classificazione Villa 1988.

Villa 1988, 111, n. 154

6. Solunto (Solous/Soluntum) Tav. IV, 6
Capitello di colonna - Tipo B Casteels, Tipo II Villa
Solunto - Antiquarium, sala II (N. inv. 21940)

Calcarenite fossilifera di colore grigio ("tufo calcareo")
h. tot. 0,35; h. tot. cap. 0,24; l. ab. 0,46; d. vol. 0,16; d. base 0,445
Esemplare intero in mediocre stato di conservazione; evidenti segni di reimpiego: una parte angolare tagliata, tre volute abrase, parti sporgenti deteriorate.

Il capitello presenta sommoscapo liscio e collarino con sottile listello, sormontato da uno spesso tondino. L'echino è decorato da un *kyma* ad ovoli decurtati di un terzo, contenuti in gusci e separati da lancette. Il *kyma*, scolpito molto profondamente, si svolge, appena accennato, anche sotto le volute; gli ovoli adiacenti alle volute sono ricoperti, in parte, da una foglia d'acanto nascente al di sotto delle volute; dalla cima rovesciata di ciascuna foglia s'innalza una palmetta con bocciolo alla base. Tali palmette (due su ogni faccia) sono assolutamente verticali, basse e ben distanziate fra loro. La fascia del canale è profilata in alto da un sottile listello. Le volute, opposte diagonalmente, sono costituite da spire a nastro convesso, delimitato da un bordino a listello, le quali si snodano aggettando progressivamente in fuori e lasciando aperto l'occhio centrale. L'abaco è scolpito con una modanatura ad ovolo e presenta lati concavi. La convessità del nastro delle volute che si riscontra in questo esemplare, congiuntamente alla convessità del canale, è un tratto di ricercata arcaicità, prerogativa dellla produzione ionica arcaica (cfr. Bingöl 1980, 19). Per dimensioni e tipologia il capitello, somigliante per certi aspetti al n. 5, è il pezzo più rappresentativo del tipo II della classificazione Villa 1988.

Villa 1988, 111-112, n. 155

7. Solunto (Solous/Soluntum) Tav. IV, 7
Capitello di colonna - Tipo B Casteels, Tipo II Villa
Solunto - Antiquarium, sala II (N. inv. 21938)

Calcare bianco
h. tot. 0,175; h. tot. cap. 0, 127; h. ab. 0, 035; l. ab. 0,252; d. base 0,22; h. scam. 0,01; d. scam. 0,225
Esemplare intero in mediocre stato di conservazione, ricostituito da due metà fratturate: abrase due volute, scheggiate le palmette e la base

Il capitello è tipologicamente vicino al n. 6. Le palmette in questo esemplare sono però disposte obliquamente e risultano formate da sette petali a spigolo vivo, dei quali quelli inferiori, rigirandosi in fuori, danno origine ad un piccolo occhio. Una faccia del capitello risulta non finita; in essa sono state abbozzate le spire delle volute, mentre la parte centrale è costituita da una sporgenza di forma trapezoidale liscia, dalla quale sarebbero state ricavate le palmette e il *kyma*. Lo scamillo reca, oltre al foro centrale, un piccolo incavo decentrato, da cui si origina un canaletto per la colatura del piombo. Il pezzo appartiene al tipo II della classificazione Villa 1988

Villa 1988, 112, n. 156

8. Solunto (Solous/Soluntum) Tav. IV, 8
Capitello di colonna - Tipo B Casteels, Tipo II Villa
Solunto - Antiquarium, sala II (N. inv. 21944)

Calcare bianco
h. tot. 0,15; h. tot. cap. 0,11; l. ab. 0,215; d. base 0,20
Esemplare conservato per metà, tagliato per un reimpiego; tagliate le volute e abrasa una palmetta

Tipologicamente identico al n. 7. Sulla faccia superiore, che risulta scalpellata, si notano tracce di una linea di circonferenza incisa, che delimitava probabilmente lo scamillo.

Oltre al foro centrale, è presente un piccolo incavo stretto e allungato. Il pezzo appartiene al tipo II della classificazione Villa 1988.

Villa 1988, 112, n. 157

9. Solunto (Solous/Soluntum) Tav. IV, 9
Capitello di colonna - Tipo B Casteels, Tipo II Villa
Solunto - Antiquarium, sala III (N. inv. 21942)

Calcarenite fossilifera di colore grigio ("tufo calcareo")
h. tot. 0,345; h. tot. cap. 0,25; l. ab. 0,54; d. base 0,40; h. scam. 0,015; d. scam. 0,42
Esemplare di cui si conserva solo una metà, tagliata forse per un reimpiego. Abrase le volute e parte dell'abaco

Tipologicamente simile al n. 6. Il profilo del canale è convesso; le palmette, caratterizzate da un margine leggermente ondulato, presentano sottili nervature verticali incise. Il pezzo appartiene al tipo II della classificazione Villa 1988.

Villa 1988, 112-113, n. 158

10. Solunto (Solous/Soluntum) - Zona A Tav. IV, 10
Capitello di colonna - Tipo B Casteels, Tipo II Villa
in situ (N. inv. 21936)

Calcarenite fossilifera di colore grigio ("tufo calcareo")
h. tot. 0,34; h. tot. cap. 0,275; l. ab. 0,47; d. base 0,44; h. scam. 0,016
Esemplare conservato solo per metà. Particolarmente lacunosa la faccia superiore; abrase le volute, palmette illeggibili

Tipologicamente simile al n. 6. In fase di reimpiego il capitello venne dimezzato e sulla faccia superiore, incavata al centro, fu praticato un lungo e stretto foro in posizione decentrata. Il pezzo appartiene al tipo II della classificazione Villa 1988.

Villa 1988, 113, n. 159

11. Solunto (Solous/Soluntum) - Via dell'agorà, di fronte all'isolato 8 Tav. IV, 11
Capitello di colonna - Tipo B Casteels, Tipo IIA Villa
in situ (N. inv. 21935)

Calcarenite fossilifera di colore grigio ("tufo calcareo")
h. tot. 0,29; h. tot. cap. 0,24; l. ab. 0,50; d. base 0,42
Esemplare in mediocre stato di conservazione, mancante di circa un quarto, probabilmente asportato per motivi di reimpiego. Superficie molto corrosa; abrase le volute.

Tipologicamente simile al n. 6. Il pezzo appartiene al tipo II della classificazione Villa 1988.

Villa 1988, 113, n. 160

12. Solunto (Solous/Soluntum) Tav. IV, 12
Capitello di colonna - Tipo B Casteels, Tipo IIA Villa
Palermo - Museo Archeologico Regionale "A. Salinas", chiostro maggiore (N. inv. 5568)

Calcarenite fossilifera di colore grigio ("tufo calcareo")
h. tot. 0,46; h. tot. 0,46; h. tot. cap. 0,32; l. ab. 0,58; d. vol. 0,25; d. base 0,53; h. scam. 0,015; d. scam. 0,54
Esemplare in mediocre stato di conservazione, molto deteriorato ad eccezione di una faccia mantenuta discretamente: abrase tre volute, sbrecciato il sommoscapo.

Pur presentandosi nel complesso assai simile al capitello n. 6, in questo esemplare di grandi dimensioni, tuttavia, la fascia superiore del sommoscapo è liscia, mentre quella inferiore mostra venti scanalature. Il *kyma*, ad ovoli piuttosto piatti e decurtati a metà, è scolpito superficialmente senza proseguire sotto le volute. Le palmette sottili, alte fino a lambire il livello superiore dell'abaco, sono composte da undici petali e nascono da un cespo di foglie con bocciolo centrale. Una delle facce, però, reca scolpite palmette di tipo diverso, costituite da nove sottili nervature a spigolo vivo, verticali e parallele fra di loro. Il nastro delle volute è piatto, orlato da un bordino a spigolo vivo.
Secondo l'opinione del Delbrück il pezzo in questione, caratterizzato dalla forma piatta ed allargata degli ovoli e dalle volute che si arrotolano su se stesse quasi completamente in piano, sembrerebbe tra quelli di aspetto più antico della serie siciliana (cfr. Delbrück 1907-1912, 156), datandosi ancora al IV secolo e comunque non più tardi del III sec. a.C. La Villa propende per far scendere il manufatto alla seconda metà del III sec. a.C. (cfr. Villa 1988, 30). Un confronto abbastanza puntuale per la trattazione piuttosto asciutta delle palmette si riscontra in un capitello frammentario recuperato nello scavo di una casa nel quartiere orientale di Monte Iato (n. 23).
Fine IV-inizio III sec. a.C. (per Delbrück 1907-1912, 156); seconda metà III sec. a.C. (per Villa 1988, 30)

Delbrück 1907-1912, 156, fig. 92,1; Gabrici 1935, 282-286, tav. XLI, fig. 3; Ziino 1941, 106, fig. 16; Villa 1988, 113-114, n. 161

13. Solunto (Solous/Soluntum) Tav. IV, 13
Capitello di colonna - Tipo B Casteels, Tipo IIB Villa
Palermo - Museo Archeologico Regionale "A. Salinas", chiostro maggiore (N. inv. 5567)

Calcarenite fossilifera di colore grigio ("tufo calcareo")
h. tot. 0,40; h. tot. cap. 0,355; l. ab. 0,59; d. vol. 0,25; d. base 0,58; h. scam.; d. scam. 0,57

Esemplare intero in mediocre stato di conservazione, privo di gran parte delle volute, molto corrosa la superficie lapidea

Il grande capitello, tipologicamente affine ad altri esemplari soluntini, si distingue nondimeno per le seguenti specificità: le palmette, strette e oblique, ben distanziate l'una dall'altra, sono suddivise in petali da sottili nervature incise; gli ovoli del *kyma* risultano ben incisi ed appuntiti nella parte inferiore, allungati e piatti; tra le palmette è scolpita una larga foglia acantizzante, suddivisa in ciuffi trilobati e dalla costolatura centrale fortemente rilevata. Quest'ultimo elemento decorativo merita di essere segnalato perché, a dispetto del fatto di risultare una presenza non troppo frequente nella serie ionico italica, testimonia la stretta interazione con i modelli corinzio-italici. Nell'esemplare in questione, appartenente per le caratteristiche sopra elencate al tipo IIB della classificazione Villa 1988, ciascuna faccia differisce dalle altre non solo riguardo alle dimensioni, ma anche nel rendimento delle palmette e della foglia centrale. Il rigoglio vegetale è enfatizzato dalle foglie protezionali che ricoprono gli spigoli delle volute; sembra inoltre che possano interpretarsi come altre foglioline disposte obliquamente le sporgenze estremamente corrose osservabili a lato di ciascuna voluta, come suggeriscono i confronti con la produzione siracusana.
III sec. a C.

Ferri 1941-42, 250-258; Gabrici 1935, 282-286; Villa 1988, 114, n. 162.

14. Solunto (Solous/Soluntum) - Zona A Tav. IV, 14
Capitello di colonna - Tipo B Casteels, Tipo II Villa
in situ (Nn. inv. 21911, 21939)

Calcarenite fossilifera di colore grigio ("tufo calcareo")
h. tot. 0,285; h. tot. cap. 0,225; l. ab. 0,29
Due frammenti; superficie molto corrosa; abrasa la voluta.

I due frammenti, appartenenti ad un capitello tipologicamente affine a 6, sono relativi ad una parte angolare. Nonostante il cattivo stato di conservazione, si può notare l'intaglio aguzzo del *kyma*. Sulla faccia superiore rimane qualche traccia dello scamillo, appena rilevato e iscritto in una linea di circonferenza incisa. Il pezzo si inquadra nel tipo II della classificazione Villa 1988.

Villa 1988, 114, nn. 163, 163 bis

15. Solunto (Solous/Soluntum) - Zona A Tav. IV, 15
Capitello di colonna - Tipo B Casteels, Tipo II Villa
in situ (N. inv. 21898)

Calcarenite fossilifera di colore grigio ("tufo calcareo")
h. tot. 0,28; h. tot. cap. 0,19; h. scam. 0,015
Fr. dalla superficie molto corrosa; abrasa la voluta.

Il frammento, consistente in una parte angolare, appartiene ad un capitello tipologicamente affine al n. 6. Nonostante il cattivo stato di conservazione, si può notare l'intaglio aguzzo del *kyma*. Il pezzo appartiene al tipo II della classificazione Villa 1988.

Villa 1988, 115, n. 164

16. Solunto (Solous/Soluntum) Tav. V, 16
Capitello di colonna - Tipo B Casteels, Tipo II Villa
Palermo - Museo Archeologico Regionale "A. Salinas" (N. inv. 1231, vetrina 231)

Conglomerato di calce e minutissima ghiaia marina
d. voluta 0,115
Frammento

Il frammento è relativo alla voluta di un capitello ionico di tipo italico. Il nastro delle spire è convesso e delimitato da un bordino a spigolo vivo. Nel complesso sembra possibile vedere qualche analogia con il repertorio di Lilibeo.
III-II sec. a.C.

Villa 1988, 115, n. 165

17. Marsala (Lilybaion/Lilybaeum) - Ipogeo n. 1 (scavi 1979, via A.De Gasperi, propr. Lentini) Tav. V, 17 a-c
Capitello di colonna - Tipo B Casteels, Tipo I Villa Palermo - Museo Archeologico Regionale "A. Salinas" (N. inv. 24293)

Calcarenite fossilifera
h. tot. cap. 0,115; l. ab. 0,23; d. base 0,19; h. scam. 0,015
Esemplare mancante di circa la metà; si conserva intera solo una faccia

Il capitello proviene dalla decorazione architettonica di un ipogeo; una faccia è stuccata come il resto della superficie del pezzo, ma non è decorata in alcun modo. Le spire delle volute si chiudono in un piccolo occhio aperto; accanto alla voluta si ergono palmette a sette petali carnosi che nascono da un bocciolo sostenuto da una foglia d'acanto con estremità rovesciata in avanti. Si osservano ancora le tracce abbondanti di una ricca policromia originaria. Confronti abbastanza stretti si possono stabilire in particolare con l'esemplare soluntino n. 5, nonché con un capitello frammentario da Taormina al Museo Archeologico di Palermo (n. 38) ed altri due manufatti da Tindari (nn. 40-41).
Fine III-II sec. a.C.

Per 17 a, cfr. Villa in Lilibeo 1984, 157, n. 182; Villa 1988, 28-29, tav. XL, 4; per 17 b–c, cfr. Villa 1988, 29 nota 72, tav. XL, 2, 3.

18. Marsala (Lilybaion/Lilybaeum) Tav. V, 18 a-b
Capitello di colonna - Tipo B Casteels, Tipo I Villa
Palermo - Museo Archeologico Regionale "A. Salinas" (N. inv. 5601)

Calcare
h. tot. cap. 0,19
Esemplare intero restaurato. Tracce di stucco e colore.

Il capitello, già a suo tempo riassemblato da due grandi frammenti con reintegri in malta cementizia nella porzione mancante e fatto oggetto di un più accurato restauro operato in tempi recenti, è intagliato su un monoblocco di calcarenite ricoperto di stucco dipinto. Lo strato di stucco, aderendo al supporto lapideo con uno spessore di circa 2 mm, è costituito da un impasto di calce e polvere di marmo, rifinito a fresco con una decorazione policroma. I principali pigmenti riscontrati sono: rosso, blu egizio, giallo limonite e verde (le tracce di pigmento rosso sono localizzate sulle volute e sulle palmette, quelle di pigmento verde sugli ovoli, sulle palmette e sulle decorazioni angolari dell'acanto; il pigmento giallo sulle volute e sulle palmette).
Dal punto di vista morfologico, nonostante le piccole dimensioni il capitello si presenta caratterizzato da linee piuttosto massicce nell'insieme. Il sommoscapo liscio è delimitato superiormente da un collarino doppio modanato. L'echino è decorato da un *kyma* ionico con ovolo tondeggiante centrale affiancato da palmette nascenti da un bocciolo incavato al centro. Le volute angolari sono a nastro convesso, ornate superiormente da una foglia d'acanto; seguono un andamento decisamente rigonfio nella parte alta che si unisce al canale. L'abaco presenta lati convessi; al centro del piano di posa circolare è intagliato un foro per l'incasso.
L'esemplare, che rivela un'esecuzione piuttosto approssimativa e trascurata, anche se non priva di vivacità, da confrontare con alcuni pezzi soluntini, tra cui i nn. 3 e 5, è inseribile nel tipo I della classificazione Villa 1988, cui si accostano anche i quattro agrigentini della Tomba di Terone (29) e quello dell'ipogeo n. 1 di via De Gasperi a Lilibeo (17). Si notino, al pari di questi ultimi esempi, le palmette che assumono una posizione inclinata verso l'asse mediano; ed a tale proposito è interessante precisare che i lavori di ripulitura hanno reso leggibile su una delle volute la scritta "R.P. 9 Marsala", che ha consentito di ravvisare proprio in Lilibeo il luogo di provenienza del manufatto, mentre negli inventari del Museo esso veniva attribuito alla necropoli selinuntina di Manicalunga (un contesto archeologico che, in effetti, non appare troppo compatibile con questo tipo di elemento architettonico).
III-II sec. a.C.

Villa 1988, 28, tav. XL, 5 (dove si indica Tindari come luogo di provenienza del pezzo).

19. Marsala (Lilybaion/Lilybaeum) Tav. V, 19 a-d
Capitello di colonna - Tipo B Casteels, Tipo II Villa
Marsala - Deposito comunale, Palazzo VII aprile

Calcarenite fossilifera
h. tot. cap. 0,26; l. ab. 0,23; h. ab. 0,045; h. scam. 0,005

Elementi in stato frammentario. Tracce di stucco e colore

Si tratta di tre esemplari, ridotti in stato frammentario, che erano in origine stuccati e colorati. Un frammento angolare (19 a) si distingue ancora per la vivace cromia di azzurro e rosso, in parte ancora conservata, che disegna anche il fregio ionico dell'abaco, particolare non altrimenti riscontrato nel repertorio siciliano. Al medesimo capitello cui si riferisce il frammento appena citato appartengono con ogni probabilità altri due lacerti di palmette ed una ulteriore coppia angolare di volute (19 b-c), conservati al Museo archeologico di Palermo (Villa 1988, tav. XLI, 3-4). Un frammento pertinente ad un secondo capitello è caratterizzato da corpose palmette con punte arrotondate di tipo arcaizzante (19 d; Villa 1988, tav. XLI, 5). Del terzo capitello sopravvive una sola voluta, che tuttavia è sufficiente per affermare che il pezzo era del tutto simile al precedente, se non si vuol addirittura pensare che i due elementi siano pertinenti al medesimo esemplare, considerata anche la coincidenza nelle misure (h. tot. 0,28; h. ab. 0,06) (Villa 1988, tav. XLI, 6). I tre capitelli sono raggruppabili all'interno del tipo II della classificazione Villa 1988.
Fine III-II sec. a.C.

Villa in Lilibeo 1984, 157, n. 183; Villa 1988, 31, tav. XLI, 2-6

20. Monte Iato (Iaitas) - Quartiere O, casa a peristilio 1, esedra distila e secondo ordine del peristilio Tav. V, 20 a-d
Capitello di colonna - Tipo B Casteels, Tipo IIB Villa
S. Cipirello - Antiquarium (Nn. inv. A20/126, A89, A/90, A95/97, A719, A775)

Calcare
h. tot. 0,39; h. tot. cap. 0,30; d. som. 0,36-0,38
Esemplari interi e frammentari in mediocre/discreto stato di conservazione

La casa 1 nel quartiere occidentale dell'abitato di Monte Iato è composta da una serie di ambienti articolati intorno ad un peristilio di sedici colonne, innalzato su due piani, almeno nel suo lato settentrionale. Parte dell'ordine dorico del pianterreno in fase di scavo risultava ancora in piedi, mentre molti frammenti dell'ordine ionico del livello superiore furono trovati in posizione di crollo nel cortile. Con tutta probabilità i capitelli A719 e A775 costituivano parte dell'elaborato allestimento architettonico-decorativo di una lussuosa esedra distila che si affacciava sul lato nord del cortile porticato, al di sopra del vano 16; di essa è stata ricomposta per intero la colonna pertinente al capitello A719, alta 3,62 m (cfr. Isler 1983, 24-26, fig. 18).
Dei sette esemplari di capitelli ionico-italici recuperati, tutti appartenenti al tipo II della classificazione Villa 1988, ben cinque mostrano una chiara contaminazione con gli elementi tipici dell'ordine corinzio, testimoniata in particolare dalla foglia acantiforme che sporge al centro di ciascuna faccia, in corrispondenza dell'ovolo mediano dell'echino, superiormente ad esso. Tali prodotti risultano, pertanto, inquadrabili a pieno titolo nella variante IIB della classificazione Villa 1988 (cfr. n. 13). Il motivo dell'acanto ritorna altresì nel peculiarissimo aspetto di cauli assunto dalle volute, nonché nelle foglie protezionali ad esse soprastanti. Tutti i manufatti mostrano

nell'echino un *kyma* ionico con ovoli interi dai contorni molto tondeggianti e canale assai sviluppato in altezza.
Secondo gli scavatori l'impianto originario dell'abitazione, che nella configurazione ripropone schemi distintivi dell'architettura palaziale macedone, risale al periodo intorno al 300 a.C. Ulteriori testimonianze archeologiche permettono di riconoscere, inoltre, delle fasi intermedie di vita del complesso abitativo, prima del momento della sua distruzione, fissato nel periodo intorno alla metà del I sec. d.C.
Fine IV-II sec. a.C.

Dalcher 1994, 53-54, 69-70, tavv. 20-22, 55, 56 (con bibliografia precedente).

21. Monte Iato (Iaitas) - Quartiere O, casa a peristilio 1, secondo ordine del peristilio
Capitello di colonna - Tipo B Casteels, Tipo II Villa Tav. VI, 21 a-b
S. Cipirello - Antiquarium (Nn. inv. A20, A559, A571)

Calcare
h. tot. 0,39; h. tot. cap. 0,28; d. som. 0,37-0,39
Esemplari interi e frammentari in mediocre stato di conservazione

Questi esemplari, recuperati insieme ai precedenti nello scavo della casa a peristilio 1, risultano anch'essi inquadrabili nel tipo II della classificazione Villa 1988; risulta tuttavia assente l'elemento ornamentale della foglia d'acanto centrale, ed il nastro delle volute appare liscio.
Fine IV-II sec. a.C.

Dalcher 1994, 53-54, 69-70, tavv. 21, 55 (con bibliografia precedente).

22. Monte Iato (Iaitas) - Quartiere O, casa a peristilio 2, secondo ordine del peristilio
Capitello di colonna - Tipo B Casteels, Tipo II Villa Tav. VI, 22
S. Cipirello - Antiquarium (N. inv. A 1135)

Calcare
h. tot. fr. 0,17
Esemplare frammentario in mediocre stato di conservazione. Delle palmette verticali si conserva solo l'attacco

Nelle esplorazioni degli anni '90 sul sito di Monte Iato venne identificata una seconda casa a peristilio, parzialmente obliterata da costruzioni medievali. Le indagini hanno permesso di definire per questa abitazione una pianta del tutto simile alla casa 1, seppure di più modeste proporzioni. In particolare, oltre alla presenza del peristilio, deve considerarsi degno di attenzione, sul lato occidentale, lo schema esedra-sale da banchetto laterali, già riscontrato in forma più ricca nell'altra abitazione. Il peristilio della casa 2 si presenta, analogamente a quello della vicina casa 1, come un porticato a due livelli, pianoterra di ordine dorico e piano superiore di ordine ionico-italico (per lo meno sul lato in cui si apre la terna di stanze di ricevimento). Il frammento di capitello

A1135 pertinente a questo settore, pur essendo stato recuperato in mediocri condizioni di conservazione, denota tuttavia una tecnica d'esecuzione molto accurata, del tutto analoga a quella degli esemplari pertinenti all'altra residenza. E come nell'edificio più antico, stando all'osservazione della posizione di crollo di certi elementi architettonici e decorativi (frammenti di intonaci con ricca policromia, cornici profilate in stucco), anche nella casa a peristilio 2 è verosimile che i vani di rappresentanza di maggior rilievo fossero ubicati al piano superiore.
Fine IV-II sec. a.C.

Isler 1993, 7-30; Isler 1994, 7-34; Isler 1994 a, 31-42, tav. 8, 6; Fuchs 1997, 45-48.

23. Monte Iato (Iaitas) - Quartiere E, casa a terrazze con *laconicum* Tav. VI, 23
Capitello di colonna - Tipo B Casteels, Tipo IIA Villa
S. Cipirello - Antiquarium (N. inv. A1320)

Calcare
h. tot. fr. 0,252
Esemplare frammentario in mediocre stato di conservazione

L'abitazione, disposta, a differenza delle case 1 e 2, su livelli diversi, presenta come le altre un cortile lastricato, circondato da un peristilio di 3x4 colonne in pietra arenaria ricoperte di stucco. L'ordine architettonico del pianterreno era dorico; ma esistono altri elementi in calcare verosimilmente collocabili al piano superiore del portico, tra cui il frammento di balaustra A1307, simile a reperti rinvenuti nelle altre abitazioni, nonché il capitello ionico-italico frammentario A1320, paragonabile nell'opinione degli scavatori a quelli di tipo II senza foglia d'acanto centrale trovati nella casa 1 (n. 21). Tuttavia il manufatto si differenzia sensibilmente per la forma delle palmette, molto "sintetiche" nel rendimento, simili a quelle dei pezzi nn. 2 e 12 da Solunto, oltre che per la presenza dell'astragalo a perline e fuseruole, elemento sporadicamente attestato nella produzione di ambito insulare. Altra notazione riguarda il *kyma* ionico ad ovoli decurtati di un terzo, che si mostra accentuatamente inclinato rispetto alla verticale della fronte del capitello. L'altezza del canale si mantiene, come negli altri esemplari ietini e siciliani in genere, alquanto sviluppata.
Fine IV-II sec. a.C.

Isler 1999, 28-29, fig. 60

24. Monte Iato (Iaitas) - Zona del saggio 1550, casa a peristilio, esedra Tav. VI, 24
Capitello di colonna - Tipo B Casteels
S. Cipirello - Antiquarium

Stucco
fr. più grande l. 0, 064

Nel resoconto della 31a campagna di scavo a Monte Iato si dà notizia dell'apertura di un saggio che ha condotto all'identificazione di una nuova abitazione, il cui peristilio non si è conservato a causa della posizione su un terreno in forte declino. Sono invece stati scoperti quattro vani nel settore nordoccidentale del portico, cui si attribuisce verosimilmente la definizione di esedre e sale da banchetto. Pertinenti all'esedra di dimensioni maggiori sul lato nord dell'abitazione sono alcuni elementi architettonico-decorativi in posizione di crollo, che dimostrano l'esistenza anche in questa zona di un piano superiore: pavimento a mosaico, fregi di stucco, intonaci colorati, vari frammenti di un capitello ionico-italico in stucco.
Fine IV-II sec. a.C.

Isler 2002, 25, fig. 73.

25. Segesta
Capitello di colonna

Il capitello è del tipo a quatto facce uguali, volute in diagonale ed echino decorato da *kyma* ionico, ma in esso si registra l'assenza di palmette, come in un esemplare esposto al Museo Archeologico di Palermo (cfr. 41).

Serradifalco 1834, I, tav. XVI, 4; Villa 1988, 34, nota 105.

26. Heraclea Minoa — Tav. VI, 26
Capitello di colonna - Tipo B Casteels, Tipo IIB Villa
Agrigento - Museo Archeologico (N. inv. C 1876)

Pietra marnosa
h. tot. cap. 0,10; l. ab. 0,195
Esemplare in mediocre stato di conservazione

Il capitello presenta un'esuberante decorazione fitomorfa, che reca al centro di ogni faccia una larga foglia palmettiforme, mentre la parte superiore delle volute è ricoperta da tre foglie costolate. Una certa analogia con questo esemplare si profila in un piccolo capitello di pietra calcarea appartenente alla Collezione privata Zanca di Palermo e proveniente forse da Halaesa (h. 0,10; l. 0,19). Se stilisticamente siamo senza dubbio lontani dalle ben più raffinate realizzazioni siracusane, l'assetto generale, con il ben evidente ipertrofismo vegetale, dichiara che l'ispirazione proprio dall'area siceliota orientale proviene.
III sec. a.C.

Delbrück 1907-1912, 157, fig. 92,4; Ziino 1941, fig. 18; Villa 1988, 30, tav. XLII, 3.

27. Heraclea Minoa Tav. VI, 27
Capitello di colonna - Tipo B Casteels
Agrigento - Museo Archeologico (N. inv. C 1877)

Pietra locale
h. tot. 0,18; h. tot. cap. 0,10; l. 0,28
Esemplare intero in mediocre stato di conservazione

Si tratta di un capitello a volute diagonali decorato in modo molto ricco. Nella fascia del sommoscapo sono scolpite delle grosse rosette a quattro petali in rilievo con bottoncino centrale. Al di sopra, in ciascuna faccia, nel campo compreso tra le due volute in luogo della foglia d'acanto è inserita una testa femminile, inquadrata da palmette verticali. Questo è l'unico esemplare ionico-italico figurato di ambito siciliano. Il tipo figurato di modello "tarantino-etrusco", è invece attestato in un capitello, purtroppo molto danneggiato, recuperato a Selinunte, che Tusa, in analogia con gli altri manufatti noti, data nel periodo compreso tra il IV e la prima metà del III sec. a.C., anche in considerazione della situazione storica specifica del sito, che registra il tracollo dopo il 250 a.C. (Tusa 1954, 263; cfr. Von Mercklin 1962, n. 169, datazione alla metà del IV sec. a.C.). Secondo lo stesso Tusa, invece, il pezzo di Heraclea sarebbe molto più tardo, risalendo al I sec. a.C. Nella protome si può cogliere una spiccatissima somiglianza formale con quella di un capitello d'anta di Utica, studiato dal Lezine e datato da questi all'inizio del II sec. a.C. (A10: Lezine 1960, 90-91, fig. 49, tav. XIV, 98). Io credo che non vi siano argomenti convincenti per abbassare troppo la cronologia della classe di esemplari in questione, che si inseriscono organicamente nella *koinè* etrusco-italica e magnogreca di seconda metà IV-III sec. a.C., come sostenuto convincentemente dal Von Mercklin. Il confronto del capitello eracleota con il pezzo figurato di Selinunte, recuperato con altri resti architettonici riferibili a tombe ellenistiche in forma di *naiskoi*, è peraltro importante perché suggerisce la possibilità di una medesima destinazione d'uso anche per il capitello di Heraclea.
III sec. a.C. (?)

Von Mercklin 1962, 68, n. 178, fig. 337; Villa 1988, 31, nota 83, tav. XLII, 4.

28. Heraclea Minoa Tav. VI, 28
Capitello di colonna - Tipo B Casteels
Agrigento - Museo Archeologico (N. inv. C 1878)

Calcare
h. tot. cap. 0,18
Esemplare intero in mediocre stato di conservazione

Si tratta di un capitello a volute diagonali che presenta il motivo della rosetta in sostituzione della foglia d'acanto centrale. Nell'aspetto si configura abbastanza simile a certi esemplari punici. Da sottolineare il giro di perline e fuseruole che segna il passaggio al sommoscapo, formato da un collarino liscio cui segue il primo troncone del fusto scanalato. Il dettaglio dell'astragalo a perle e fuseruole non è frequentemente registrato nei prodotti di matrice siciliana.

Villa 1988, 31, nota 83, tav. XLII, 5

29. Agrigento (Akragas/Agrigentum) - Tomba di Terone Tav. VI, 29
Capitello di semicolonna - Tipo B Casteels, Tipo I Villa
in situ

Calcare
h. tot. 0,33; h. tot. cap. 0,20; l. max alle vol. 0,42, h. ech. 0,10; l. ab. 0,50; h. ab. 0,03
Esemplari interi in discreto stato di conservazione

Il monumento funerario tradizionalmente denominato "Tomba di Terone" ad Agrigento, appena fuori dalla Porta Aurea, costituisce una delle attestazioni del propagarsi del modello di sepolcro a *naiskos* nel Mediterraneo occidentale, in direzione della Spagna, dove fiorirà in epoca romana. Al di sopra di un basamento a pianta cubica costruito con grossi conci squadrati, si imposta un'edicola, la cui architettura, essenzialmente decorativa, è caratterizzata in primo luogo da colonne ioniche scanalate, inalveolate per un quarto nella muratura di ciascun angolo, che sostengono una trabeazione dorica e inquadrano una falsa porta d'accesso. L'insieme, dal volume vagamente tronco-piramidale, e probabilmente coronato a cuspide in origine, disegna una facciata che rievoca le scansioni virtuali delle tombe macedoni, dove non a caso troviamo messe in opera tutte le risorse degli ordini applicati, la tecnica degli stucchi e degli intonaci dipinti.
I capitelli ionico-diagonali dell'edificio sono caratterizzati, oltre che dalle volute diagonali, dalla presenza particolare di due folte foglie simili a quelle di quercia in sostituzione delle "classiche" palmette; come queste, anch'esse si ergono verticalmente fino a toccare la parte superiore dell'abaco. Del *kyma* ionico che decora l'echino resta visibile in ciascuna faccia solo l'ovolo centrale, molto morbidamente scolpito. La Villa avvicina questo tipo di capitello al tipo I della classificazione degli esemplari soluntini (Villa 1988, 28).
Cronologicamente, sia per il tipo architettonico che per i dettagli della decorazione, il monumento non può scendere al di sotto del II sec. a.C. Se poi si tiene in considerazione il fatto che tra la fine della I guerra punica ed il 207 a.C. Agrigento dovette rimanere pressoché disabitata (cfr. in part. Coarelli 1980, 171), una datazione nella prima metà del III sec. a.C. appare come un'opzione piuttosto verosimile.
Prima metà III sec. a.C.

Serradifalco III, t. 31; D'Espouy 1905, t. 25; Delbrück 1907-1912, fig. 70; Pace 1945, 526, fig. 371; EAA Atlante 342, 51. Per la datazione del monumento al I sec. a.C. cfr. Marconi 1929, 125-126. Tale cronologia, che De Miro fa scendere addirittura al II sec. d.C. (De Miro 1980, 577-579), è da respingere, sulla base di considerazioni di carattere storico-artistico che inducono, semmai, a retrodatare sensibilmente l'edificio (III sec. a.C.): cfr. Coarelli 1979, 171.

30. Camarina
Capitello di colonna - Tipo B Casteels
Siracusa - Museo Archeologico Regionale "P. Orsi"

Piccolo capitello "di assai fine fattura" (Cultrera 1943, 120, l). Non è stato possibile visionare i depositi del Museo per rintracciare il pezzo.

Riferimento in Cultrera 1943, 120.

31. Siracusa (Syracusae) - Giardino Spagna — Tav. VI, 31 a-b
Capitello di semicolonna - Tipo B Casteels, Tipo II Villa
Siracusa - Museo Archeologico Regionale "P. Orsi" (N. inv. 50156)

Calcare
h. tot. 0,20; h. tot. cap. 0,165; l. max. cons. 0,54; h. coll. 0,035; h. ech. 0,06; h. can. 0,08; h. ab. 0,025; d. scam. 0,40.
Esemplare intero in pessimo stato di conservazione, mancante completamente delle volute

Il semicapitello, in mediocre stato di conservazione, presenta la consueta struttura con abaco a lati inflessi sovrapposto ad un corpo con volute disposte in diagonale ormai quasi completamente perdute, che poggia su un collarino a fascia liscia chiuso superiormente da due tondini. Nonostante le pessime condizioni, una porzione dell'echino consente di apprezzare ancora il curatissimo intaglio del *kyma* ionico, che gira tutt'intorno alla circonferenza inferiore del capitello componendosi di ovoli interi di forma piuttosto squadrata alla base, separati da freccette appuntite; le palmette, originate da gemme ormai abrase, si aprono in un ventaglio di undici digitazioni, piegando lievemente verso l'asse mediano della faccia. Da quello che resta del canale si direbbe che l'esemplare non fosse ornato dalla foglia acantina centrale. Si segnala l'incavo quadrato molto profondo al centro del piano superiore, funzionale al fissaggio del capitello alla struttura di cui faceva parte..
III sec. a.C. (?)

Cultrera 1943, 79, fig. 36

32. Siracusa (Syracusae)- Contrada Canalicchio — Tav. VI, 32 a-b
Capitello di colonna - Tipo B Casteels, Tipo IIB Villa
Siracusa - Museo Archeologico Regionale "P. Orsi" (N. inv. 39803)

Calcare
h. tot. cap. 0,09; l. max cons. 0,13; d. base 0,145
Esemplare frammentario

Frammento angolare di un "capitelluccio di colonnina funebre" (*sic* nel registro inventario). Per quanto notevolmente compromesso nella conservazione, si notano ancora particolari importanti per definirne con precisione la tipologia. Le volute sono a

nastro convesso profilato da uno stretto bordino piatto e si chiudono intorno ad un grande occhio cavo; il *kyma* ionico dell'echino prosegue a giro anche sotto alle volute; le palmettine sono composte da nove lobi, assumendo una posizione leggermente inclinata verso il centro; è ben evidente la ricca ornamentazione vegetale di fogliettine d'acanto impostate su due registri. Va segnalata la presenza di un incavo ad angolo retto all'interno del pezzo, che era probabilmente funzionale all'incastro con il perno ligneo che lo collegava al fusto della piccola colonna cui era destinato. Nel complesso il frammento può considerarsi pertinente ad un esemplare che ripropone in formato ridotto le fattezze del grande capitello 37 da Contrada Dogana di Centuripe, anch'esso conservato nei depositi del Museo Orsi.
III sec. a.C.

Riferimento in Villa 1988, 32.

33. Siracusa (Syracusae) Tav. VI, 33
Capitello di colonna - Tipo B Casteels, Tipo IIB Villa
Siracusa - Museo Archeologico Regionale "P. Orsi" (N. inv. 907)

Pietra calcarea
Esemplare frammentario in mediocre stato di conservazione.
Non è stato possibile visionare i depositi del Museo per rintracciare il pezzo.

In ogni lato di questo esemplare, nel punto centrale della fascia corrispondente al canale si osserva una foglia d'acanto; le volute sono anch'esse avvolte da calici di acanto, denotando una spiccata predilezione per le ricche forme vegetali, che supera, in generale, le tendenze riscontrate nel resto d'Italia.
Sembra verosimile collocare cronologicamente e tipologicamente il ricco capitello (tipo IIB Villa 1988) nel periodo compreso tra il regno di Ierone II e il primo periodo romano.
III sec. a.C.

Delbrück 1907-1912, 157, fig. 92, 3; cfr. Villa 1988, 30, nota 78

34. Palazzolo Acreide (Akrai) Tav. VII, 34 a-b
Capitello di pilastro - Tipo B Casteels, Tipo II Villa
Lentini - Museo Archeologico, Collezione Iudica (N. inv. 2267)

Calcare
h. tot. cap. 0,152; l. max cons. 0,37; h. ech. 0,065; h. can. 0,067; h. ab. 0,02; d. scam. 0,32
Esemplare in mediocre stato di conservazione; le volute sono completamente mancanti, la decorazione quasi interamente abrasa.

Nei depositi del Museo Archeologico di Lentini si conserva un discreto quantitativo di materiali architettonici provenienti dalla zona di Akrai, confluiti a suo tempo nella Collezione Iudica, prima di essere assegnati all'attuale sede. Il capitello qui catalogato,

fortemente danneggiato, ha perso quasi integralmente le volute a nastro convesso; anche il *kyma* ionico dell'echino, composto da grossi ovoli che girano segnando un cerchio completo intorno circonferenza inferiore, risulta fortemente compromesso, benché resti ancora qualche traccia delle gemme di base da cui nascevano le palmette verticali "a conchiglia" di tipo siracusano (andate anch'esse perdute); un solo ovolo centrale doveva comunque rimanere interamente visibile, mentre quelli laterali erano parzialmente coperti da ulteriori elementi vegetali. Il canale piuttosto spazioso è sormontato da un basso abaco a lati inflessi con spigoli tagliati. Sulla superficie superiore del pezzo si osserva il segno dello scamillo ed un incavo quadrangolare centrale (5x5 cm) che serviva all'alloggiamento del perno di fissaggio alla trabeazione; il piano di posa inferiore, che delinea un quadrato di 27x 27 cm ca., suggerisce che il capitello dovesse in origine essere pertinente ad un pilastro, al quale era ancorato tramite grappe metalliche, come testimoniano due intagli rettangolari che conservano alcuni residui di piombo.
Benché il numero d'inventario attualmente riscontrato (scritto in verità su targhetta cartacea mobile) differisca dal riferimento indicato dal Bernabò Brea nel lavoro su Akrai del 1956 (N. inv. 2736), credo che sia consentito istituire un'identità tra il reperto da me visionato e quello pubblicato dallo studioso.
III sec.a.C. (?)

Bernabò Brea 1956, 137-138, n. 7, tav. XXVI, 4.

35. Morgantina — Tav. VII, 35
Capitello di colonna - Tipo B Casteels, Tipo II Villa (tav.)
Siracusa - Museo Archeologico Regionale "P. Orsi" (N. inv. 49694)

Calcare
Non è stato possibile visionare i depositi del Museo per rintracciare il pezzo.

Villa 1988, 31, tav. XLI, 1b.

36. Centuripae (o Siracusa?) — Tav. VII, 36 a-b
Capitello di semicolonna - Tipo B Casteels, Tipo II Villa
Palermo - Museo Archeologico Regionale "A. Salinas", chiostro maggiore (N. inv. 5617)

Terracotta, ingubbiatura giallognola
h. tot. 0,34; h. tot. cap. 0,28; l. ab. 0,44; l. alle vol. 0,52; h. coll. 0,065; h. ech. 0,058; h. can. 0,095
Esemplare intero in discreto stato di conservazione, leggere tracce di colore

Il manufatto, che conserva ancora leggere tracce di stucco e colore nonostante un intervento di "restauro" notevolmente invasivo - purtroppo non documentato - che ha cancellato per intero l'originario *kyma* ionico dell'echino, presenta forme modellate con forte plasticità e chiaroscuri, che permettono di inquadrarne la cronologia nella piena età ellenistica, sulla scia degli esempi più antichi di questo tipo, tra cui il capitello n. 12.

Soprattutto in relazione alla posizione delle semipalmette, leggermente convergenti verso l'asse centrale del capitello, si possono sottolineare somiglianze con gli esemplari soluntini 7-8, nonché con un frammento da Taormina (n. 38). Fra tutti, particolarmente calzante per la resa della voluta è comunque il paragone con un frammento da Tindari (N. inv. 73753), visionato nei magazzini dell'area archeologica. Inquadrabile nel tipo II della classificazione Villa 1988, l'esemplare rientra in una produzione di materiali architettonici fittili, tipica del comparto nord-orientale della Sicilia e del territorio reggino, come dimostrano anche le altre testimonianze raccolte in questo catalogo (nn. 39, 40, 47).
III sec. a.C. (?)

Kekulé 1874, 46, fig. 98f; Delbrück 1907-1912, 156, fig. 92, 2; Gabrici 1935, 282, tav. XL, 1; Ziino 1941, 109, fig. 17; Cultrera 1943, 120, fig. 71 (come provenienza è indicata Siracusa).

37. Centuripae - Contrada Dogana Tav. VII, 37 a-b
Capitello di colonna - Tipo B Casteels, Tipo IIB Villa
Siracusa - Museo Archeologico Regionale "P. Orsi" (N. inv. 29278)

Calcare
h. tot. cap. 0,205; h. coll. 0,06; h. ech. 0,05; h. can. 0,078; h. ab. 0,028; l. max. 0,45; d. scam. 0,392
Esemplare intero in buono stato di conservazione

Il capitello, attualmente custodito nei depositi del Museo Orsi, si distingue per le buone condizioni di conservazione nonché per l'alta qualità di realizzazione. Si tratta di un esemplare ascrivibile al tipo IIB Villa, con collarino liscio sormontato da due tondini sovrapposti, al di sopra del quale si impostano volute a nastro convesso profilato da uno stretto listello, arrotolate intorno ad un grande *oculus* cavo. Notevole è il rigoglio dell'ornamentazione vegetale: le folte palmette ad undici lobi germogliano da un calice che spunta dalla parte inferiore delle volute; ogni palmetta, a sua volta, risulta inquadrata da una coppia di foglioline allungate con bordi arricciolati, le due interne convergenti verso l'asse centrale in direzione della foglia posta a sormontare l'ovolo, le due laterali piegate a seguire il profilo superiore delle volute stesse. L'echino è decorato da un *kyma* ionico profondamente intagliato che scorre anche al di sotto delle volute; tuttavia in ogni faccia rimane interamente scoperto soltanto l'ovolo mediano. Dalle brevi note riportate nel registro d'inventariazione si apprende che al momento del recupero il manufatto recava ancora visibili delle deboli tracce dell'originaria policromia. Al centro dellla superficie superiore dell'abaco a spigoli tagliati è intagliato un incavo quadrato di circa 5 cm di lato, funzionale al fissaggio del pezzo al resto della struttura architettonica.
III sec. a.C.

Cultrera 1943, 121, fig. 72; Villa 1988, 30, tav. XLI, 1 c.
Alinari neg. n. 33365.

38. Taormina (Tauromenion)- Prov. incerta Tav. VII, 38
Capitello di colonna - Tipo B Casteels, Tipo II Villa
Palermo - Museo Archeologico Regionale "A. Salinas"

Calcare
Esemplare frammentario in mediocre stato di conservazione.
Non è stato possibile rintracciare il pezzo nei magazzini del Museo.

Nel manufatto, di tipo B II, si notano in particolare le palmette inclinate verso la parte mediana del canale. Somiglianze particolari si riscontrano con gli esemplari da Lilibeo 17-19. Va notato che rispetto al restante repertorio siciliano, in questo esemplare risalta con chiarezza una diversa proporzione tra altezza del canale e altezza dell'echino, che vede quest'ultima prevalere leggermente sull'altra. Il progressivo assottigliamento della fascia occupata dal canale a vantaggio del sottostante fregio ad ovoli è una tendenza che si afferma, orientativamente, a partire dalla fine del III sec. a.C.
III-II sec. a.C.

Villa 1988, 31, tav. XLII, 1
Sopr. Arch. Reg. neg. n. 4403

39. Messina (Messana)- Prov. incerta (da Tindari per Cultrera 1943) Tav. VII, 39 a-b
Capitello di colonna - Tipo B Casteels, Tipo I Villa
Messina - Museo Regionale (N. inv. A 229)

Terracotta di colore arancio con diversi inclusi medio-grandi di tonalità scura
h. tot. 0,295; h. tot. cap. 0,168; h. som. 0,127; l. ab. cons. 0,44; h. ab. 0,19; h. can. 0,75; h. ech. 0,73; d. base inf. 0,235
Esemplare intero in mediocre stato di conservazione; è mancante di una voluta completa e di una seconda per metà. Si conservano solo due palmette verticali su due facce diverse. Consistenti lacune interessano il sommoscapo, l'astragalo, il canale e l'echino, nonché l'abaco.

Di questo esemplare fittile non si conosce, purtroppo, né luogo, né epoca di rinvenimento, né periodo di acquisizione da parte del Museo che lo ospita (sicuramente precedente al 1929).
La superficie presenta un'ingobbiatura rosata, stesa in uno stato liscio e piuttosto spesso. Assai rovinato sia nelle volute che nell'abaco, il capitello mostra il sommoscapo formato da una fascia liscia inferiore cui si sovrappone un collarino modellato a cavetto sormontato da un astragalo a perle sferiche e fuseruole a disco, elemento non comune nei capitelli siciliani (cfr. gli esemplari nn. 27-29 da Heraclea Minoa ed il n. 23 da Monte Iato). L'echino è decorato da un *kyma* ionico con tre ovoli quasi interi di forma tondeggiante, i due laterali in origine parzialmente coperti dal calice delle palmette, nascente in basso dall'angolo che si forma tra voluta e ovolo del *kyma*. Le palmette diritte, formate da nove lobi a spigolo vivo ed alte circa 10 cm, raggiungono il bordo inferiore dell'abaco. Le volute sono formate da tre spire che si avvolgono su uno stesso piano verticale chiudendosi intorno ad un bulbo sporgente; il nastro a sezione concava è bordato da un listello a spigolo vivo che prosegue lungo la parte superiore del canale. Una foglia d'acanto stretta ed allungata, con nervatura centrale e lobi disegnati da tratti

incisi, si trova ai quattro angoli del capitello, a coprire il punto di raccordo delle volute contigue. Il canale, che ha il profilo inferiore rettilineo ed è posto su un piano arretrato rispetto all'echino, mostra una linea incisa con andamento fortemente incurvato verso il basso, che trova giustificazione se si immagina di riconoscere in essa una testimonianza stilizzata della moda arcaica del cuscino centrale rigonfio. L'abaco, abbastanza schiacciato, presenta lati inflessi; il piccolo tratto di bordo conservato testimonia la rifinitura con un profilo modellato a gola con estremità superiore lievemente sporgente. Un ampio cavo circolare, probabilmente funzionale al fissaggio del pezzo sul fusto di colonna pertinente, corre attraverso la parte centrale del capitello per tutta la sua altezza. L'esemplare si connota per le sue spiccate qualità di "ibrido" di sapore classicheggiante, che ne fanno un elemento unico nel repertorio siciliano, indicando, per contro, interessanti assonanze con alcuni prodotti africani (per es. nn. 169-170, A13, A17). E' del tutto legittimo pensare che i caratteri singolari del pezzo siano frutto del lavoro di una bottega artigiana legata ad un repertorio classico, che in modo arbitrario ha compiuto un'opera di assemblaggio di motivi di origine geografico-cronologica differente.
Metà III sec. a.C. - II sec. a.C.

Cultrera 1943, 121; Lauter 1986, 57, fig. 32a; Campagna 2003, 167-179, figg. 1-2, tavv. I-II
D.A.I. Roma neg. n. 1932.1054

40. Tindari (Tyndaris) (o Taormina?) Tav. VII, 40 a-b
Capitello di colonna - Tipo B Casteels, Tipo II Villa
Palermo - Museo Archeologico Regionale "A. Salinas"

Terracotta arancio con presenza di diversi inclusi nerastri a varia granulometria
h. tot. cap. 0,13; l. ab. cons. 0,175; h. coll. 0,04; h. ech. 0,04; h. can. 0,05
Esemplare frammentario in mediocre stato di conservazione

Frammento di capitello in terracotta, afferente al tipo II della classificazione Villa 1988. Il canale accentuatamente concavo che si evolve in una voluta a nastro leggermente convesso, così come la forma della palmetta a nove digitazioni nascente da un bocciolo, sono due elementi che trovano puntuale riscontro in un reperto, anch'esso fittile, conservato nei depositi dell'area archeologica di Tindari ed attualmente in corso di studio insieme alle altre membrature architettoniche provenienti dall'*insula* IV dell'abitato. Altri utili confronti possono essere agevolmente rintracciati in un capitello da Lilibeo (n. 17) ed in un altro da Solunto (n. 5), nonché nell'esemplare da Taormina (n. 38), benché sensibilmente diversa si configuri la resa delle volute. Dopo una sommaria ripulitura, al di sopra del *kyma* è risultato ben visibile un piccolo foro passante, evidentemente deputato all'inserimento di un chiodo per il fissaggio del pezzo all'anima lignea interna, la cui presenza è peraltro confermata dall'ampio cavo a settore di cerchio che si osserva nella porzione interna del capitello
III-II sec. a.C.

Gabrici 1935, tav. XL, 2; Villa 1988, 31, tav. XLII, 2
Sopr. Arch. Reg. neg. n. 26739

41. Tindari (Tyndaris) Tav. VII, 41
Capitello di colonna
Palermo - Museo Archeologico Regionale "A. Salinas", chiostro maggiore (N. inv. 5602)

Calcare con rivestimento di stucco dipinto
h. tot. cap. 0,22
Esemplare intero in discreto stato di conservazione, solo qualche piccola scheggiatura superficiale

Il capitello, di piccole dimensioni, è del tipo a quatto facce uguali, con abaco sottile, volute in diagonale, echino decorato da *kyma* ionico che gira tutt'intorno alla circonferenza al di sotto delle volute; in esso si registra attualmente l'assenza di palmette (non sembra di rilevare traccia di eventuali elementi decorativi vegetali applicati in origine al manufatto ed in seguito perdute). La Villa avvicina questo capitello e quello da Segesta (n. 25) ad un tipo che si ispirerebbe direttamente alla produzione peloponnesiaca e nel quale converge la serie A della classificazione Casteels. Per ciò che concerne la provenienza, dal registro d'inventario risulta che il capitello, acquisito al Museo Salinas dalla Collezione Università con il n. 453, proverrebbe dagli scavi del 1872 nella necropoli selinuntina di Manicalunga; tuttavia credo si possano nutrire dubbi circa l'attendibilità di una tale provenienza, come peraltro si evince in tutta evidenza dall'accurato restauro dell'esemplare n. 18.

Villa 1988, 34, nota 105

42. Halaesa - Portico occidentale della piazza pubblica Tav. VII, 42
Capitello di colonna - Tipo B Casteels, Tipo II Villa
in situ

Arenaria
h. tot. cap. 0,18; d. som. 0,49; d. cap. 0,65 circa
Esemplare in stato frammentario, mancante per circa un terzo; presenza di stucco policromo.

Dallo scavo nell'area delle trincee L, LI, LX lungo la fronte del portico occidentale della piazza, fra una discreta quantità di frammenti relativi a membrature architettoniche e stucchi decorativi, è stato recuperato un elemento di pietra arenaria, corrispondente al sommoscapo di una colonna, con collarino e fregio ad ovoli e bastoncini (giornale si scavo del 29 ottobre 1956 e giorno seguente). Si conservano tracce del rivestimento di stucco colorato (tracce di rosso sul sommoscapo, di azzurro sul collarino, di rosso e azzurro sugli ovoli)
II sec. a.C.

Carettoni 1961, 293-294, fig. 32

43. Prov. sconosciuta Tav. VII, 43
Capitello di colonna - Tipo B Casteels (?)
Palermo - Museo Archeologico Regionale "A. Salinas"

Terracotta arancio rosata a grana grossa con diversi inclusi
h. tot. 0,13; h. tot. cap. 0,10; h. coll. 0,04; h. ech. 0,05; l. max cons. 0,23
Esemplare frammentario in mediocre stato di conservazione

Il frammento di capitello, in mediocre stato di conservazione, risulta allo stato attuale privo del consueto *kyma* ionico ad ornamento dell'echino; tuttavia la superficie appare pesantemente abrasa, e non si può escludere che questo elemento decorativo possa essere stato reso a suo tempo con lo stucco e il colore. Assai consunti, per quanto ancora presenti, sono le gemme di base da cui nascevano le palmette verticali (perdute) e le fogliette al di sotto della volute angolari. Le volute, piuttosto pendenti in questo esemplare, sono costituite da un nastro convesso e profilato da un listello bombato, arrotolandosi nella modalità "a corna di ariete" intorno ad un piccolo occhio che rimane cavo. Nonostante le condizioni frammentarie e l'incompletezza del manufatto, sembrerebbe legittimo prospettare per il reperto delle proporzioni piuttosto schiacciate. Sebbene la provenienza del pezzo non sia ad ora nota, è plausibile ad ogni modo ricondurne le origini all'area della cuspide nord-orientale della Sicilia, dove sono attestate altre membrature architettoniche realizzate in terracotta.
III-II sec. a.C.

Inedito
Sopr. Arch. Reg. neg. n. 26740

44. Prov. sconosciuta
Capitello di colonna - Tipo B Casteels, Tipo I Villa
Siracusa - Museo Archeologico Regionale "P. Orsi"

Calcare
Non è stato possibile visionare i depositi del Museo per rintracciare il pezzo.

Piccolo capitello arricchito da una foglietta posta orizzontalmente tra le due palmette laterali.

Villa 1988, 29, tav. XLI, 1a.

45. Prov. sconosciuta
Capitello di colonna - Tipo B Casteels, Tipo IIB Villa
Siracusa - Museo Archeologico Regionale "P. Orsi", cortile (senza n. inv.)

Calcare
Non è stato possibile visionare i depositi del Museo per rintracciare il pezzo.

Esemplare di capitello ionico-italico ascrivibile al tipo IIB della classificazione Villa 1988 per la presenza di una foglia collocata in posizione assiale nello spazio del canale. Riferimento in Villa 1988, 30, nota 79.

46. Prov. sconosciuta
Capitello di pilastro - Tipo B Casteels
Siracusa - Museo Archeologico Regionale "P. Orsi"

Calcare
Non è stato possibile visionare i depositi del Museo per rintracciare il pezzo.

Esemplare di tipo B con proporzioni piuttosto schiacciate, pertinente ad un pilastro.

Riferimento in Villa 1988, 32.

II.2 Calabria

47. Reggio Calabria (Reghion) – *Odeon* Tav. VIII, 47
Capitello di colonna - Tipo A Casteels
Reggio Calabria - Museo Archeologico

Terracotta
h. tot. cap. 0,145; d. som. 0,203
Esemplari frammentari

Tre capitelli ionici a quattro facce in terracotta di cui si ha notizia dal resoconto di scavo dell'Orsi, furono rinvenuti nell'area dell'Odeon di Reggio, e pertanto dovrebbero datarsi, al pari dell'edificio da cui provengono, in epoca non posteriore al primo venticinquennio del III sec. a.C., considerando che dal 270 a.C. la città fu assorbita definitivamente nell'orbita romana. Successivamente a tale periodo, il centro cadde probabilmente in una sorta di "fase calante", da cui poté risollevarsi solo tra la fine dell'età repubblicana e i primi anni dell'Impero; in base a queste considerazioni non è plausibile, dunque, per un intervento edilizio come la costruzione del teatro-odeon., scendere al di sotto della fase di primo quarto del III sec. a.C. Lavorati a stecca con buona perizia esecutiva, i tre esemplari fittili si discostano leggermente dal tipo prettamente italico, soprattutto per le palmette di forma classicheggiante, disposte obliquamente tra la voluta e l'echino, anziché allungarsi in alto ad occupare, come di consueto, la fascia del canale, quest'ultima di altezza piuttosto contenuta. L'intaglio del *kyma* e la forma degli ovoli sembrerebbero avvicinarsi molto alle caratteristiche della produzione tarquiniese (dalla quale il pezzo reggino si differenzia, comunque, per il rendimento della decorazione vegetale).
IV-primo quarto III sec. a.C. (*terminus ante quem* 270 a.C.)

Orsi 1922, 170-171, fig. 20

48. Gioia Tauro (Metaurum) - Contrada Monacelli, edificio templare di collocazione ignota
Capitello di colonna

Elemento frammentario

Il frammento di voluta, appartenente ad un capitello ionico diagonale, fu recuperato nel corso di scavi fortuiti in contrada Monacelli insieme ad altre terrecotte architettoniche che ne rendono probabile l'appartenenza ad un edificio templare.
La datazione dei materiali resta incerta

Orsi 1902, 129, fig. 3, n. 8; Casteels 1976-77, 26, n. 26.

II.3 Puglia

49. Ordona (Herdonia)- Area del mercato Tav. VIII, 49 a-b
Capitello di colonna - Tipo A Casteels
in situ

Travertino
h. tot. cap. 0,30; l. ab. 0, 55; h. ab. 0,06; h. can. 0,05; h. ech. 0,08; h. vol. 0,15
Esemplari interi in discreto stato di conservazione

Dei quattro esemplari di piccole dimensioni venuti alla luce durante gli scavi del mercato, uno soltanto risulta finito, mentre gli altri tre sono stati appena sbozzati. Nel capitello completo si osserva una chiara somiglianza con i manufatti della basilica, anche se la lavorazione risulta molto più sommaria e pesante (si noti, ad esempio, il doppio cordoncino che sottolinea il bordo inferiore del canale, dettaglio che non si riscontra mai nei capitelli della basilica). Il tipo di astragalo, formato da una successione serrata di perle allungate alternate a corpi lenticolari biconvessi, è databile all'epoca tardo-repubblicana/augustea (cfr. Strong 1960, 124). I pezzi non possono essere datati con facilità, poiché, al di là di tratti stilistici abbastanza comuni, i dati di scavo non permettono di assegnarli con sicurezza all'edificazione del mercato, pertinente alla seconda fase edilizia del foro, risalente ad epoca traianea. A confermare l'incertezza, la Casteels segnala, su tre esemplari, la rottura di un angolo dell'abaco, forse effettuata in vista di un'operazione di reimpiego. La stessa studiosa suggerisce di individuare l'originaria collocazione dei manufatti in una qualche struttura abitativa, sull'esempio delle *domus* pompeiane.
Tarda età repubblicana-inizio età augustea

Casteels 1976-77, 17-19, fig. 3

50. Ordona (Herdonia)- Basilica Tav. VIII, 50 a-c
Capitello di colonna - Tipo A Casteels (tav.)
in situ

Travertino locale
h. tot. 0,60; h. tot. cap. 0,40; l. ab. 1,25; h. ab. 0,08-0,10; h. can. 0,06; h. ech. 0,14; h. vol. 0,22; d. som. 0,80
Esemplari interi in discreto stato di conservazione

La basilica dell'antica Herdonia fu edificata al limite occidentale della piazza pubblica, dalla quale è separata mediante uno spazio leggermente triangolare, frutto dell'orientamento diverso seguito dall'edificio nel ricalcare la posizione del preesistente tempio B. La grande costruzione di tipo vitruviano presenta una pianta rettangolare, scandita all'interno da un colonnato di venti colonne in laterizio con basi e capitelli in travertino, e completata al centro del lato nord da una sala dotata di un accesso monumentale con due colonne analoghe alle altre, che aveva la funzione di *tribunal*. Dei capitelli sono sopravvissuti alla demolizione dodici esemplari di tipo ionico a quattro facce: al di sotto di un abaco liscio nella porzione superiore e modanato inferiormente, alto circa 10 cm con bordi incurvati verso l'interno, ciascun lato presenta una coppia di volute a profilo concavo disposte diagonalmente; dalle spire si origina una semipalmetta a tre foglie con bordi frastagliati e punte uncinate verso l'alto, che mostra analogie stilistiche con alcuni esemplari pompeiani. L'elemento vegetale si estende orizzontalmente nella fascia centrale tra il canale, diventato ormai molto ridotto in altezza, e l'echino decorato da *kyma* ionico con cinque ovoli contenuti da sgusci moderatamente appuntiti. La porzione scolpita termina con un collarino liscio ornato nella parte superiore da un astragalo a perle quasi rotonde e mezze sfere addossate.
Fine I sec. a.C.-primo quarto I sec. d.C.

Casteels 1976; Ordona V, 33-61, fig. 15, tavv. XX, XXIIIa

II.4 Campania

51. Paestum - Porta Marina Tav. VIII, 51
Capitello di colonna - Tipo C Casteels
Paestum - Depositi del Museo

Calcare
l. ab. 0,55
Esemplari in mediocre stato di conservazione (le incrostazioni indicano che i pezzi sono stati per molto tempo a contatto con l'acqua)

L'accesso occidentale all'area urbana di Paestum è segnato, al pari di quelli meridionale e settentrionale, da una porta del tipo fiancheggiato da torri (nello specifico la sola 14), dotata di un'ampia corte interna chiusa tra gli stretti passaggi dell'ingresso esterno ed

interno, e fornita di passaggi secondari che dovevano consentire l'accesso anche quando l'entrata principale veniva chiusa per motivi di sicurezza. Per quanto risulta dalle indagini compiute sulla fortificazione, sembra che il complesso sia il frutto di distinte fasi edilizie, stratificatesi e combinatesi nel corso del tempo: in particolare, è evidente che la messa in opera di Porta Marina comportò la distruzione della preesistente torre 15, "gemella" della 14 nel precedente sistema difensivo della città. Considerando attendibile la datazione di fine IV-inizio III sec. a.C. proposta per il primo impianto murario, si ricava dunque un *terminus post quem* per la realizzazione delle porte a cortile, evento che si potrà circoscrivere ulteriormente, riconducendolo con una certa verosimiglianza al momento della deduzione della colonia latina nel 273 a.C. Nei casi specifici di Porta Marina e Porta Sirena, possono considerarsi elementi utili nell'assegnazione di una datazione anche alcuni lacerti conservati della decorazione architettonica, pertinenti alla porzione più alta dell'elevato. Per questi frammenti è stata prospettata una perfetta corrispondenza di motivi con la decorazione delle torri nel lato settentrionale, nonché con il repertorio ornamentale del tempio del Foro. E' possibile che questa decorazione architettonica sia stata aggiunta in una fase successiva alla strutturazione delle porte. A questo proposito, si deve però tener conto del fatto che appartengono alle medesime porte dei blocchi scolpiti con il motivo decorativo dello scudo circolare, elemento che ritorna in altri esempi di porte monumentali, primo fra tutti l'Arco di Augusto a Perugia (ma si ricordi anche un frammento pertinente alla cerchia muraria di Camarina). Questo particolare, insieme alla presenza di capitelli di tipo ionico-italico, indurrebbe a datare gli accessi monumentali del circuito murario poseidoniate in un periodo più o meno coevo a quello recentemente proposto per le porte della fortificazione perugina, nel corso del III sec. a.C. Negli esemplari ionico-diagonali pestani le volute si avvolgono con ritmo pesante e compatto, la struttura è massiccia, mentre il sistema decorativo è ridotto alle sue linee più essenziali: echino e canale formano un tutt'uno, limitato nel tratto inferiore da un bordo che segue una curva molto accentuata. Il centro del canale è ornato da un elemento tondo rilevato. Anche l'occhio delle volute è chiuso da un bulbo a rilievo. Tre capitelli molto simili sono stati reimpiegati nella Curia (cfr. scheda successiva). Il confronto di tali reperti con i capitelli di area etrusca, come quelli dell'ordine superiore dell'Arco di Augusto a Perugia, è piuttosto stretto. Ma altrettanto forte è la similitudine con manufatti di area tarantina.
III sec. a.C.

Napoli 1950, 28-29, nota 2; Casteels 1976-1977, 25, tav. VII a. Cfr. anche Poseidonia-Paestum IV, 85, nota 9. Per un'analisi dettagliata delle problematiche relative alla cinta di fortificazione di Paestum, si veda in part. Schläger 1962, 21-26; D'Ambrosio 1990, 71-101, con indicazioni bibliografiche precedenti.
D.A.I. Roma negg. nn. 34.1119-1124

52. Paestum - Foro, materiale di reimpiego nell'edificio della Curia Tav. VIII, 52 a-b
Capitello di colonna - Tipo C Casteels
Paestum - Area del foro

Calcare
h. tot. 0,34; h. tot. cap. 0,26; l. max. cons. alle vol. 0,70; diag. ab. 1,00
Esemplari in mediocre stato di conservazione

I tre esemplari, recuperati insieme ad altro materiale di reimpiego nel riempimento usato per pareggiare il piano di calpestio all'interno dell'edificio denominato "Curia", sono capitelli decorati su tre lati che richiamano strettamente il capitello ionico a quattro facce. Ciascun esemplare è delimitato in basso da una fascia circolare obliqua corrispondente al collarino, su cui si imposta una fascia mediana ionica e un piccolo abaco rientrante. La sezione ionica è costituita da due volute a spirale unite da un ampio canale incurvato verso il basso e delimitato da un listello a festone di diverso spessore su ciascuna faccia; l'occhio della voluta è chiuso da un bulbo a rilievo. Al centro del canale si osserva un disco in rilievo. Completamente assente è l'echino. Delle fogliette lanceolate, quasi con la funzione di mensole, caratterizzano le volute diagonali a partire dal punto d'unione fino alla fascia obliqua. La forma di questi capitelli, analoga all'esemplare di Porta Marina (cfr. n. 51) si distingue soprattutto per la forte curvatura inferiore del canale, che rimanda ad un tipo piuttosto antico, rintracciabile tanto in Magna Grecia (Taranto) che in Etruria (Perugia).
III sec. a.C.

Poseidonia-Paestum IV, 85-86, figg. 87, 90; cfr. Napoli 1950, nota 2.

53. Paestum
Capitello di colonna - Tipo C Casteels
Paestum - Museo Archeologico

Calcare

Oltre che per le dimensioni, l'esemplare si differenzia, seppur leggermente, dai precedenti, in primo luogo per l'inserimento del motivo ornamentale della rosetta, che di fatto finisce con l'accentuare la vicinanza alla produzione di area etrusca (Chiusi, Perugia).
III sec. a.C.

Napoli 1950, nota 2

54. Paestum
Capitello di colonna
Paestum - Museo Archeologico

Calcare

L'esemplare mostra un echino decorato da *kyma* ionico.

Napoli 1950, nota 2

55. Pompei - Tempio di Apollo Tav. VIII, 55
Capitello di colonna - Tipo A Casteels
in situ

Tufo di Nocera
h. tot. 0,70; l. tot. 0,70
Esemplari interi in discreto stato di conservazione. Tracce di stucco e segni delle scalpellature operate per il restauro che fu necessario nel periodo antico in seguito ai danni sismici.

Nel peristilio del Tempio di Apollo sono dodici i capitelli ionici superstiti rimessi in opera rispetto agli originari quarantotto. In questi esemplari l'abaco presenta una leggera incurvatura e l'orlo, leggermente aggettante, è decorato da un *kyma* lesbio fittamente intagliato. Il canale, con il tratto superiore curvilineo, è leggermente concavo, al pari del profilo seguito dalle volute, che in quei pochi capitelli dove sono, sia pure parzialmente, conservate, si presentano compatte e strette in una massa unitaria. L'echino si compone di sette ovoli molto piccoli contenuti da sgusci aguzzi intagliati in profondità, secondo la definizione più tipica del cd. *kyma* pompeiano. Una palmetta a quattro foglie nasce nel punto di contatto tra echino e volute, e si sviluppa in senso orizzontale andando a coprire le parti più esterne dell'echino. Al momento dello scavo i capitelli erano ricoperti di stucco dipinto, ed il rilievo del Mazois documenta una rilavorazione dei pezzi dopo il terremoto del 62. Scomparsa ormai la decorazione in stucco dell'ultimo rifacimento, restano comunque visibili le ampie tracce del precedente capitello quadrangolare. Mentre Napoli, accogliendo le interpretazioni di Sogliano (Sogliano 1937, 190-194), collocava cronologicamente i capitelli nella seconda metà del III sec. a.C., De Caro, in base alle indagini da lui stesso compiute nell'area sacra propende per una datazione degli elementi strutturali alla fine del II sec. a.C. (De Caro 1986, 15-19), scendendo ulteriormente rispetto a quanto proposto da La Rocca-De Vos, per i quali i suddetti capitelli sarebbero da considerare coevi a quelli del primo peristilio della Casa del Fauno (La Rocca-De Vos 1981, 265). Recentemente, però, l'importante rilettura dell'iscrizione Vetter 61 ha, in verità, riaperto la questione relativa alla cronologia del santuario, ed in base a questo *titulus mummianus* sembrerebbe ora più corretto inquadrare la ricostruzione negli anni tra il 146 e il 142 a. C. o poco prima (Martelli 2002, 71-81).
Metà II sec. a.C. (fine II sec. a.C. per De Caro 1986; seconda metà del III sec. a.C. per Napoli 1950, 235-236)

Mazois 1812-1838 I, 37-44, tav. XVI-XXIII, in part. XXI; Napoli 1950, 235-236, nn. 1-12; De Caro 1986, 15-19; Martelli 2002, 71-81.

56. Pompei - Portico del Foro, lato ovest Tav. VIII, 56
Capitello di colonna - Tipo A Casteels
7 esemplari *in situ*, 11 nei depositi dei cd. "Granai del Foro"

Travertino chiaro campano
l. cap. 0,52-0,55; h. blocco can.-ech. 0,07-0,09; h. ab. 0,07-0,09
Esemplari interi in discreto stato di conservazione

I diciotto capitelli del portico occidentale del Foro sono lavorati in un blocco unico con il sommoscapo; l'echino e il canale formano un insieme indistinto, ornato da una decorazione a *kyma* ionico, che risulta rara nel capitello quadrangolare a Pompei. Tre ovoli, leggermente scolpiti sulla superficie del travertino, decorano ogni faccia: tre foglioline nascono nel punto di contatto tra echino e volute; queste ultime sono piane e con spire appena segnate. L'abaco è fortemente incurvato verso l'interno nel tratto centrale di ogni faccia, cosicché il canale sporge di 4-5 cm; mentre nel tratto più breve tra curva e curva di due facce opposte, la distanza oscilla tra i 43 e i 47 cm, la distanza tra spigolo e spigolo varia tra i 52 e i 55 cm. Le misure non coincidono con estrema precisione in tutti gli esemplari, e ciò, al pari della lavorazione sommaria e piuttosto massiccia, va spiegato con il fatto che i capitelli dovevano essere comunque visti da notevole distanza. Pur senza voler entrare nel merito delle numerose discussioni relative a questo secondo ordine del porticato ed in generale alle fasi struttive del Foro (cfr. Maiuri 1941, 371 ss.; Maiuri 1942, 253 ss.; Maiuri 1942a, 25 ss.), sembra evidente che la messa in opera di tali capitelli sia stata effettuata in un momento successivo al sisma del 62, visto che il rifacimento in travertino del portico è da collegare all'ultima pavimentazione, anch'essa in travertino, della piazza (pavimentazione e sistemazione generale del Foro, già in opera prima del terremoto, si interruppero una prima volta nel 63 e poi definitivamente nel 79). E' da notare che tutti i capitelli si mostrano privi delle ultime rifiniture; non si può escludere, tuttavia, che essi possano essere stati già eseguiti in età augustea (Fergola 1988, 56, nota 17).
Età augustea-79 d.C.

Napoli 1950, 236-237, nn. 13-30

57. Pompei - Basilica, propilei — Tav. VIII, 57 a-b
Capitello di colonna - Tipo B Casteels, Tipo II Villa
in situ

Tufo di Nocera
h. tot. cap. 0,46; l. ab. 1,15; l. max. alle vol. 1,10; h. ab. 0,10; h. can. 0,13; h. ech. 0,13; h. coll. 0,13
Esemplari interi in discreto stato di conservazione.

Dai Propilei della Basilica provengono tre capitelli in tufo (materiale comune anche a tutti gli altri dello stesso edificio), uno dei quali ben conservato; essi poggiano su colonne in laterizio. In questi esemplari l'abaco è sagomato a *kyma reversa*, le volute convesse si snodano in un giro molto ampio, che lascia passare uno spazio vuoto tra spira e spira nella caratteristica modalità di arrotolamento "en corne de bélier": lo spigolo delle volute è concavo. L'echino è decorato dal tipico *kyma* pompeiano, formato da foglioline acute, scavate in profondità, e da ovoli piccoli e rotondeggianti: alto 13 cm., questo partito presenta un profilo fortemente inclinato, tanto che il bordo superiore sporge in fuori rispetto a quello inferiore di 10 cm. Senza interrompersi sotto le volute, un giro di perline e fuseruole corre tutto intorno al capitello; due denti e un collarino liscio alto 13 cm circoscrivono in basso il capitello. Questi della Basilica sono gli unici esempi pompeiani con motivo vegetale verticale ai lati dell'echino: al posto della

classicheggiante semipalmetta orizzontale qui si osserva, infatti, uno spesso gambo verticale, coronato da un calice bilobato, dal quale prende origine un folto ciuffo acantiforme che giunge a lambire l'orlo inferiore dell'abaco; al centro di quest'ultima parte, su ogni faccia, è presente una carnosa aracea (dettaglio, anch'esso, che nell'ambito pompeiano sembra rimanere circoscritto a questi soli esemplari). Riguardo alle questioni cronologiche, la datazione dell'edificio intorno al 150 a.C. proposta dal Napoli (cfr. Napoli 1950, 238, 260) appare troppo alta, ed è ormai abbandonata a favore di una data nell'ultimo quarto del II sec. a.C., che permette di inquadrare la costruzione nell'ambito del riassetto generale cui fu sottoposto a quell'epoca l'intero comparto forense.
Ultimo quarto II sec. a.C.

Mazois 1812-1838 III, 36-41, tav. XV-XXI, in part. XX fig. 2; Napoli 1950, 237-238, nn. 31-37; EAA Atlante, tav. 342, n.52.

58. Pompei - Basilica, parete settentrionale e *tribunal* Tav. IX, 58
Capitello di colonna - Tipo B Casteels, Tipo II Villa
in situ

Tufo di Nocera

Oltre ai tre capitelli del propileo, si conservano nella Basilica tre capitelli di semicolonna, due dei quali, incompleti, sono stati rimessi in opera lungo la parete nord, mentre il terzo è attualmente poggiato al suolo lungo la parete sud. Un settimo esemplare è stato rimesso in opera nel restauro del *tribunal*. Sono tutti dello stesso tipo dei capitelli del propileo, con i quali coincidono anche nelle misure, salvo che per il profilo dell'echino che sembra essere maggiormente curvo, e gli ovoli sono lavorati non sul piano dell'echino, ma su quello della sporgenza superiore dell'echino stesso. Il capitello del *tribunal*, posto sullo spigolo destro dell'ordine inferiore (il capitello corrispondente sullo spigolo sinistro manca), è lavorato su tre lati e su un breve tratto del quarto; il lavoro è condotto più in superficie, rispetto ai tratti profondi che sono nell'echino degli altri capitelli della stessa Basilica, senza quelle volute così carnose e piene, e nel complesso, con meno accuratezza, pur ripetendone le linee generali e i tratti particolari.
Ultimo quarto II sec. a.C.

Napoli 1950, 237-238, nn. 31-37

59. Pompei - Porticus tra *Odeon* e *ludus gladiatorius* Tav. IX, 59
Capitello di colonna - Tipo A Casteels
in situ (angolo NE del portico del ludo, al confine con la parte postica del Teatro piccolo)

Tufo di Nocera
h. tot. cap. 0,26; l. max alle vol. 0,52

Esemplari interi in discreto stato di conservazione

Tre capitelli in tufo sono conservati nell'area porticata alle spalle del Teatro grande, comunemente detta *ludus gladiatorius*. Sono ricollocati verso l'angolo nord-orientale del portico, dove il ludo confina con la *pars postica* del *theatrum tectum*; la loro funzione è connessa alla trabeazione di una piccola *porticus* che, attraverso il salto di livello di due gradini, immetteva nel passaggio che conduceva alla via Stabiana all'altezza degli ingressi VIII, 7, 16-17. Gli esemplari presentano abaco dritto, privo di decorazione e leggermente sagomato; le volute, avvolgendosi in piano, arrivano più in basso del giro dell'astragalo, sino a metà del collarino liscio che chiude in basso il capitello, prima dell'attacco del sommoscapo a scanalature. L'echino è decorato su ogni lato dal *kyma* pompeiano, con tre ovoli scoperti su ciascuna faccia. Che i tre capitelli, insieme alle rispettive colonne, siano stati posizionati là a seguito di rifacimenti e riutilizzazioni, questo sembrerebbe essere indicato in primo luogo dalla diversa misura degli intercolumni attualmente rilevabile, che trova giustificazione in una necessaria modifica dell'area in occasione della costruzione dell'Odeon, risalente ai primi anni della colonia sillana (in base all'iscrizione CIL X 844). Pertanto, a differenza di quanto riteneva il Napoli, che era propenso a collegare i capitelli all'edificazione del Teatro piccolo, datandoli quindi, come quest'ultimo, agli anni 80-70 a.C., è più verosimile pensare che essi fossero pertinenti ad una qualche struttura precedente, forse collegabile alla ristrutturazione del Foro Triangolare e del Teatro Grande verso la fine del II sec. a.C. Peraltro, questa visione consentirebbe di motivare debitamente sotto il profilo stilistico l'adozione di un *kyma* ionico di tipo piuttosto antico, secondo le osservazioni addotte dallo stesso Napoli, senza ricorrere, per giustificare ciò, ad eventuali, ipotetici fenomeni di "attardamento" nel gusto estetico, come suggerisce invece Fergola (Fergola 1988, 56, nota 34).
Fine II sec. a.C. – 80/70 a.C.

Napoli 1950, 238-239, nn. 34-40

60. Pompei - Foro Triangolare, propilei — Tav. IX, 60 a-b
Capitello di colonna - Tipo A Casteels
in situ (tre esemplari rimessi a posto durante i restauri, uno non in opera)

Tufo di Nocera
h. tot. 0,58; h. tot. cap. 0,29
Esemplari interi in discreto stato di conservazione

Del portico monumentale relativo all'allestimento del santuario nella fase sannitica si conservano quattro esemplari di capitelli ionico-italici lavorati in blocco con il sommoscapo, di cui tre rimessi in posa durante i restauri, ed uno lasciato non in opera. I pezzi sono caratterizzati da un abaco dritto e decorato dal *kyma* lesbio come nei capitelli del Tempio di Apollo; le volute sono concave, l'echino è ornato dalla solita decorazione a *kyma* pompeiano, con cinque ovoli su ogni faccia, e da palmette orizzonali a quattro foglie nascenti dall'orlo superiore delle volute. Tutt'intorno alla circonferenza inferiore dei capitelli, anche sotto le volute, corre un astragalo a perle e fuseruole. I capitelli, di

ottima fattura, dall'intaglio preciso e molto profondo, andrebbero datati secondo il Napoli intorno al 200 a.C., periodo a cui lo studioso fa risalire il riordino generale della zona del Foro Triangolare e dei Teatri. Ma tale ristrutturazione, con l'erezione dell'intero porticato interno e del vestibolo d'ingresso, presumibilmente contemporanei, secondo le più recenti opinioni deve essere sensibilmente ribassata alla seconda metà del II sec. a.C. (De Vos 1982, 60; Coarelli 2001, 97-107).
Seconda metà II sec. a.C.

Napoli 1950, 239-240, nn. 41-44 (per una datazione al III sec. a.C.); cfr. De Vos 1982, 60, nonché Coarelli 2001, 97-107 (per la datazione alla seconda metà del II sec. a.C.)

61. Pompei - VI, 1, 22 Tav. IX, 61
Capitello di colonna - Tipo A Casteels
in situ

Tufo di Nocera
Esemplare intero in buono stato di conservazione su due lati, fortemente guasto sugli altri due.

In questo esemplare, l'abaco dritto è decorato da un fitto *kyma* lesbio, e l'echino, dal profilo piuttosto espanso, possiede una decorazione nel tipico *kyma* pompeiano, a piccoli ovoli sommariamente segnati. Le volute, dal profilo concavo, sono un insieme dal risultato visibilmente compatto; si staccano nettamente dal sommoscapo, lasciando che tutt'intorno al capitello giri ininterrotta la linea dell'astragalo a perline e fuseruole. La palmetta, che nascendo dalle volute orna l'estremità di ogni faccia dell'echino, è a sei foglioline, di sapore arcaistico per la rigidità e durezza del tratto.Stilisticamente, caratteri come l'abaco decorato, le volute dal profilo concavo e abbastanza massicce nella loro struttura, il tipo di *kyma* dell'echino, avvicinano molto questo capitello a quelli del Tempio di Apollo. E' tuttavia difficile fornire una precisa datazione dell'esemplare che, insieme alla colonna scanalata pertinente è reimpiegato nel muro di un edificio non chiaramente databile, né precisamente identificabile nella sua funzione.
II sec. a.C.

Napoli 1950, 242-243, n. 50

62. Pompei - Casa di Pansa (VI, 6, 1), peristilio Tav. IX, 62 a-b
Capitello di colonna - Tipo A Casteels
in situ

Tufo di Nocera
Esemplari interi in discreto stato di conservazione; in alcuni esemplari si conservano tracce dello strato di stucco

Questa notevole casa sannitica mostra diverse analogie con un'altra grande dimora ad atrio e peristilio della città, la Casa dei Capitelli Colorati (VII, 4, 31-51), con la quale condivide, oltre alla similitudine planimetrica, anche l'uso di medesime membrature

architettoniche; tra queste i capitelli ionici del peristilio a sedici colonne. I nove esemplari superstiti del quadriportico presentano un abaco dritto e privo di decorazioni, l'echino ornato dal *kyma* pompeiano ad ovoli relativamente grandi e trattati con un'incisione abbastanza superficiale se confrontata ad altri prodotti della stessa area; le volute hanno un profilo piano; un giro a perle e fuseruole chiude in basso ciascun capitello; in taluni casi restano evidenti tracce di rifacimenti. Come testimonia specialmente la colonna d'angolo a nord-ovest, anche questi capitelli, secondo un uso molto diffuso, dovevano essere abbondantemente ricoperti di una malta chiara (o stucco) che poteva avere una duplice, importante funzione: da una parte permetteva di rifinire nel dettaglio quei pezzi usciti solo sommariamente sbozzati dalle botteghe lapicide, dall'altra consentiva nel corso del tempo il recupero ed il reimpiego di materiali rovinati o passati di moda.
140-120 a.C.

Delbrück 1907-1912, 155, fig. 1; Napoli 1950, 243-244, nn. 51-62; cfr. anche Maiuri 1944-45, 141-143. Per l'abitazione, cfr. Richardson 1988, in part. 120-124, 393-399; Pesando 1997, 68-78, con ampi riferimenti bibliografici.

63. Pompei - Casa di Pansa (VI, 6, 1), peristilio, ordine superiore — Tav. IX, 63
Capitello di semicolonna - Tipo A Casteels
in situ

Tufo di Nocera
h. tot. cap. 0,17; l. max. alle volute 0,34
Esemplari interi in discreto stato di conservazione

Nel medesimo peristilio della Casa di Pansa si possono osservare, appoggiate alla parete est, quattro semicolonne (due delle quali addossate ad uno stesso pilastro) con altrettanti capitelli tutti dello stesso tipo di quelli ionici quadrangolari descritti alla scheda precedente, ma di modulo inferiore. Si tratta di esemplari caratterizzati da un echino ornato da *kyma* pompeiano poco profondamente inciso e da semipalmette orizzontali formate ciascuna da tre foglioline. I manufatti appartengono verosimilmente alle strutture architettoniche di una loggia colonnata che si apriva al piano superiore del peristilio, prevista con ogni verosimiglianza fin dall'impianto originario della casa. La conferma dell'esistenza di spazi abitativi al primo piano della *domus* è, del resto, cosa sicura grazie all'iscrizione CIL IV, 138 che menziona, tra l'altro, *cenacula equestria* ("loggiati degni di esponenti del rango equestre"). Una scala situata a destra del postico aperto al civico n. 8 consentiva, per l'appunto, l'accesso al loggiato e ai locali del primo piano (Richardson 1988, 123; Pesando 1997, 77).
140-120 a.C.

Napoli 1950, 243-244, nn. 51-62.

64. Pompei - Casa dell'Argenteria (VI, 7, 20-21), atrio tetrastilo — Tav. IX, 64
Capitello di colonna - Tipo A Casteels

in situ

Tufo di Nocera
l. ab. 0,70
Esemplari interi in mediocre stato di conservazione

Questa grande *domus*, nota anche con il nome di Casa di Antistius Maximus e Lelius Trophimus ed affacciata sulla via di Mercurio, è composta da due nuclei abitativi, il primo imperniato sull'atrio tuscanico, l'altro su un piccolo atrio tetrastilo di ordine ionico, il cui ingresso è inquadrato da una coppia di slanciate colonne corinzie. I capitelli ionici quadrangolari sono esemplari con abaco dritto ed echino decorato con *kyma* pompeiano ad ovoli relativamente grandi. Le volute mostrano un profilo concavo, le palmette sono composte da quattro foglie. Nell'insieme, il tipo è molto vicino ai capitelli della Casa di Pansa (cfr., inoltre, gli esemplari dell'atrio tetrastilo nella Casa della grata metallica).
II sec. a.C.

Napoli 1950, 244, nn. 63-64. Per l'abitazione, cfr. Richardson 1988, in part. 116-119.

65. Pompei - Casa di Meleagro (VI, 9, 2), peristilio (*oecus corinthius*) o cenacolo soprastante la zona dell' atrio
Capitello di colonna - Tipo A Casteels

Tufo di Nocera
h. tot. cap. 0,17; l. max. alle vol. 0,39
L'esemplare non risulta più rintracciabile

Il capitello, che il Napoli osservava alloggiato nel peristilio della casa, secondo lo studioso potrebbe essere pertinente all'area del quadriportico o all'*oecus corinthius*. Tuttavia, date le dimensioni del pezzo fornite dallo stesso studioso, sembrerebbe tutt'altro che improbabile il suo impiego nella struttura di un loggiato che doveva aprirsi in una fase relativamente antica nel quartiere dell'atrio o del tablino (cfr. RA 2002, 140-145). Si tratta di un piccolo esemplare di tufo, con abaco dritto ed echino decorato a *kyma* pompeiano con tre ovoli su ogni faccia. La palmetta orizzontale è formata da tre foglioline, la prima delle quali sale a toccare l'orlo superiore del canale. Un giro di fuseruole chiude in basso il capitello, nel quale al momento dell'analisi da parte del Napoli si conservava quasi integralmente il rivestimento di stucco.
II sec. a.C.

Napoli 1950, 244, n. 65. Per l'abitazione, cfr. Richardson 1988, in part. 318-322, 328-329.

66. Pompei - Casa del Centauro (VI, 9, 3-5) Tav. IX, 66 a-c
Capitello di colonna - Tipo A Casteels
in situ

Tufo di Nocera
esemplari piccoli: h. tot. 0,25; h. tot. cap. 0,16-17; l. ab. 0,35-38
esemplare grande: h. tot. 0,37; h. tot. cap. 0,26; l. ab. 0,65
Esemplari interi, alcuni in buone condizioni, uno molto rovinato a causa dello scalpellamento della superficie scolpita. Ancora visibili tracce di stucco

Nel peristilio di questa grande abitazione si conservano due capitelli ionico-italici, accatastati lungo il lato settentrionale vicino ad altri frammenti architettonici, tra cui rocchi di colonne scanalate di circa 30 cm di diametro, probabilmente pertinenti ai sopradetti capitelli; un terzo esemplare è invece posto nel vano a nord dell'ingresso al civico 3 (66 c). I tre manufatti, lievemente differenti nelle misure, sono uguali nel tipo e nella decorazione: hanno abaco dritto, palmette orizzontali a tre foglioline, *kyma* ionico pompeiano con ovoli molto piccoli, delimitato inferiormente da un giro di fuseruole; si conservano ancora tracce di stucco. Un quarto capitello (66 a-b), della medesima tipologia ma di dimensioni notevolmente maggiori rispetto a quelli appena descritti, è attualmente poggiato a terra lungo il lato meridionale dell'atrio, dove in antico si alzava il muro di divisione dal grande peristilio posto di fronte all'ingresso dal civico n. 5, ed è quasi completamente scalpellato. Si tratta di un esemplare del tipo più comune, con echino decorato dal *kyma* pompeiano con cinque ovoli (è evidente anche in questo esemplare il lavoro di rifacimento che subirono numerosi pezzi architettonici quando, danneggiati dal terremoto, venivano non sempre restaurati nelle loro forme originarie, ma potevano subire anche visibili trasformazioni grazie alla decorazione a stucco).
Il complesso abitativo è formato da due nuclei originariamente distinti, che furono presumibilmente unificati nel corso della seconda metà del II sec. a.C. Il nucleo cui si accede dal civico 3 è una casa ad atrio sannitica con facciata in opera quadrata e muri perimetrali in opera a telaio (RSP 2003, 290). I saggi stratigrafici condotti nella casa hanno identificato una *domus* risalente alla metà del III sec. a.C. e, a livello sottostante, un tratto di muro che i materiali associati alla fossa di fondazione consentono di datare ad età arcaica (RSP 2003, 288).
Seconda metà - fine II sec. a.C.

Napoli 1950, 244-245, nn. 66-69. Per l'abitazione, cfr. Richardson 1988, in part. 85, 221, 393, 396.

67. Pompei - Casa del Fauno (VI, 12, 2-5), peristilio minore — Tav. IX, 67 a-b
Capitello di colonna - Tipo A Casteels
in situ

Tufo di Nocera
h. tot. cap. 0,23; l. max. alle vol. 0,60
Esemplari interi in mediocre stato di conservazione. Visibili ancora tracce dello stucco originariamente applicato sulla superficie lapidea

Tre capitelli ionici diagonali si trovano nel primo peristilio della grande abitazione. Di dimensioni piuttosto grandi, essi mostrano ampie tracce di stucco. Le volute si avvolgono su se stesse mantenendosi in un unico piano verticale. In basso ogni

esemplare è circoscritto da un largo collarino, elemento tipico dei capitelli quadrangolari di Pompei, su cui si staglia il consueto giro di perline e fuseruole. Il particolare di maggior interesse è costituito dal *kyma* pompeiano che orna l'echino, composto da ovoli molto piccoli, con un intaglio profondo del tufo che privilegia angoli acuti, creando una decorazione che nell'insieme è una delle più pure del *kyma* di tale tipo. Questi capitelli erano in origine associati ad una trabeazione dorica, insieme alla quale formavano un sistema "misto", che offre un tema di specifico interesse per lo studio dell'architettura pompeiana ed ellenistica in genere. Anche per tale motivo si può accostare il colonnato del primo peristilio della Casa del Fauno al portico del tempio di Apollo, come suggeriva, in base a diverse analogie, anche il Sogliano (Sogliano 1937, 192), per quanto la datazione fornita allora dallo studioso sia da considerare ormai superata.
Primi decenni II sec. a.C.

Napoli 1950, 245-246, nn. 70-89. Per l'abitazione, cfr. Richardson 1988, in part. 114-117, 124-126, 168-170, 374-377, 393-396; Pesando 1997, 80-130, con ampi riferimenti bibliografici.

68. Pompei - Casa del Fauno (VI, 12, 2-5), peristilio minore
Capitello di colonna - Tipo A Casteels
in situ

Tufo di Nocera
Esemplare frammentario

Nello stesso primo peristilio si osserva un piccolo ma interessante frammento di capitello quadrangolare di tufo, di cui resta una sola voluta a profilo convesso, con spire larghe, snodantesi liberamente, nel quale il Napoli rilevava stessa forma, stessa grandezza e stesso taglio del tufo dei capitelli della Basilica, datando questo frammento sporadico nello stesso torno di tempo dell'edificio forense.
Ultimo quarto II sec. a.C.

Napoli 1950, 245-246, nn. 70-89

69. Pompei - Casa del Fauno (VI, 12, 2-5), settore dell'atrio (?), cenacolo Tav. IX, 69
Capitello di semicolonna - Tipo A Casteels
Pompei - Casa del Fauno (VI, 12, 2-5), peristilio maggiore

Tufo di Nocera
h. tot. cap. 0,17; l. max alle vol. 0,40
Esemplari interi in discreto stato di conservazione

Sedici capitelli in tufo pertinenti ad altrettante colonne e semicolonne ioniche, rinvenute smontate ed accatastate, sono tutt'ora conservati nel secondo e più recente peristilio della grande *domus*; furono trovati depositati là, con ogni probabilità in attesa di essere

ricollocati nella sede originaria dopo il terremoto. Si tratta di capitelli con abaco dritto e sagomato, con le volute a profilo piano, palmette orizzontali, collarino e giro di perle e fuseruole che chiudono in basso ciascun esemplare. L'echino è decorato dal *kyma* pompeiano, con ovoli proporzionalmente poco più grandi di quelli dei capitelli giacenti nel primo peristilio. Uno o forse due semicapitelli sono d'angolo; un altro è lavorato in tufo più duro, per cui è facile supporre che sia stato eseguito in un secondo tempo, presumubilmente in sostituzione di un pezzo rovinato: in effetti si nota un leggero arco nell'abaco, elemento che potrebbe tradirne la seriorità. Secondo il Napoli i tratti stilistici di questi capitelli giustificano la loro realizzazione in età più recente di quelli del piccolo peristilio, nella seconda metà del II sec. a.C. Il modulo ridotto invita a ritenere probabile che tali manufatti facessero parte integrante della strutturazione architettonica di loggiati che si aprivano ai piani superiori dell'abitazione, secondo una moda ispirata all'architettura pubblica ellenistica (Delo, Pergamo), che ebbe molto successo poiché conferiva particolare maestosità alle residenze private. Nel caso specifico della Casa del Fauno, non si può dire con piena certezza se i cenacoli si ergessero al di sopra di uno dei peristili oppure facessero parte della monumentalizzazione dell'atrio tuscanico. Per ragioni di staticità la seconda possibilità sembra comunque la più credibile (Hoffmann 1982, 35-41; Pesando 1997, 96-97). La lavorazione dei fusti di colonna nella sola parte anteriore, insieme al numero di pezzi attualmente riscontrato, insufficiente se rapportato all'estensione dei porticati, concorrono a confermare che i suddetti loggiati dovessero aprirsi nel settore superiore dell'atrio, mostrando agli occhi di abitanti, frequentatori della casa e semplici passanti una versione particolarmente "altisonante" di un allestimento monumentale che, reale o fittizio, era presente in molte altre dimore vesuviane (cfr. Casa di Giulio Polibio, Casa del Cenacolo, Casa Sannitica di Ercolano).
Seconda metà II sec. a.C.

Napoli 1950, 245-246, nn. 70-89

70. Pompei – Casa di Gavius Proculus (VI, 13, 16-17), cenacolo Tav. X, 70
Capitello di colonna - Tipo A Casteels
in situ

Tufo di Nocera
h. tot. 0,26; h. tot. cap. 0,18; l. ab. 0,40; d. som. 0,26
Esemplari interi in discreto stato di conservazione

In questa struttura, composta da un'abitazione cui si accede dal civico n. 16 sul vicolo dei Vettii e una *caupona* al n. 17 aperta sulla strada opposta, si conservano due capitelli, collocati, rispettivamente, nel vano in fondo a sinistra del piccolo atrio e nella cucina; si tratta di esemplari di piccole proporzioni e del tipo più comune, con abaco dritto, volute leggermente concave, echino decorato da *kyma* pompeiano molto sporgente, palmette orizzontali a tre foglie, e con un giro di fuseruole in basso. Non è facile comprendere da quale ambiente della casa tali esemplari provengano, se è vero che sono sicuramente appartenenti a questo specifico contesto. Tuttavia le loro dimensioni sono quelle più o meno ricorrenti negli elementi architettonici di questo tipo che compongono i loggiati

dei piani superiori. Anche qui, dunque, è verosimile ipotizzare, sulla scia degli esempi meglio noti, l'esistenza di un cenacolo.
II sec. a.C.

Napoli 1950, 246-247, nn. 90-91. Per l'abitazione, cfr. Pesando 1997, 192.

71. Pompei - Casa di Sextus Pompeius Axiochus (VI, 13, 19-12), giardino Tav. X, 71
Capitello di colonna - Tipo A Casteels
in situ

Tufo di Nocera
h. tot. 0,27; h. tot. cap. 0, 18; l. ab. 0,40; d. som. 0,26
Esemplari interi in discreto stato di conservazione

All'angolo nord-est del giardino di questa *domus*, l'unica in tutta l'*insula* ad affacciarsi con l'ingresso principale sul vicolo del Labirinto, sono accatastati alcuni fusti in tufo di piccole colonne e semicolonne (diam. 0,26), nonché due capitelli ionici diagonali ad esse pertinenti. Gli esemplari, non rilevati nel censimento di M. Napoli, hanno abaco dritto, nastro delle volute leggermente convesso, palmette orizzontali a tre fogliette; il *kyma* ionico dell'echino è decorato da tre ovoli piuttosto grandi, simili nella trattazione a quelli che si osservano nei capitelli della Casa di Pansa, nonché negli altri due conservati nella vicina casa VI, 13, 16. Il consueto giro di perle (di forma allungata) e fuseruole scandisce il passaggio dalla porzione del capitello al sommoscapo.
Il nucleo dell'abitazione, sviluppato intorno all'atrio, presenta paramenti murari in opera quadrata ed opera a telaio in calcare del Sarno; la facciata è caratterizzata da pareti in opera incerta di lava grigia con stipiti a grandi blocchi squadrati di calcare.
II sec. a.C.

Per l'abitazione, cfr. Pesando 1997, 192.

72. Pompei - Casa degli Scienziati (VI, 14, 43), peristilio Tav. X, 72
Capitello di colonna - Tipo A Casteels
in situ

Tufo di Nocera
Esemplari interi in mediocre stato di conservazione. Si conservano tracce dell'originario strato di stucco

I tre capitelli, appartenenti al peristilio dell'abitazione, condividono come tratti comuni struttura quadrangolare, abaco dritto e palmette orizzontali a tre foglie; differiscono invece nella decorazione dell'echino, che in due esemplari è costituita da un *kyma* pompeiano con ovoli relativamente grandi (cronologicamente riconducibile ad una fase piuttosto tarda, in cui, secondo l'analisi del Napoli si avvicina alla forma ionica canonica, allontanandosi dalle sembianze originarie), mentre nel terzo è un *kyma* quasi ionico, con ovoli grandi e foglie rotondeggianti. Tutti e tre i manufatti mostrano ampie tracce di stucco. Dato il tenore piuttosto ricco di questa casa, come indicato anche dal

bel ninfeo decorato di pasta vitrea nello stesso peristilio, sembrerebbe da scartare la possibilità che si tratti di materiale raccogliticcio, ed è semmai più opportuno pensare ad una parziale sostituzione di alcuni pezzi del porticato, limitatamente alle membrature architettoniche più rovinate.
Primi decenni I sec. a.C. (per i due esemplari con *kyma* pompeiano); inizio età imperiale (per l'esemplare a *kyma* ionico).

Napoli 1950, 247, nn. 92-94

73. Pompei - Regio VI, *agger* di Porta Vesuvio Tav. X, 73 a-b
Capitello di colonna - Tipo A Casteels
Casa VI, 15, 9

Tufo di Nocera
h. tot. cap. 0, 18; l. ab. 0,49
Esemplari interi e frammentari in discreto/mediocre stato di conservazione. Si conservano tracce dello stucco, molto gessoso, che ricopriva la superficie lapidea, modellando gli ornamenti.

Sono attualmente conservati nella casa 9 del vicolo dei Vettii i frammenti architettonici provenienti dagli scavi dell'*agger* di Porta Vesuvio, datato dal Maiuri all'inizio del I sec. a.C.; tra essi vi sono quattro capitelli quadrangolari in tufo tutti dello stesso tipo e dalle misure pressoché uguali. Gli esemplari in questione, che mantengono abbondanti resti di stucco, hanno un echino decorato da *kyma* pompeiano ad ovoli ancora relativamente piccoli, appoggiati sul tratto aggettante del canale. Le volute sono caratterizzate da un profilo leggermente concavo, l'abaco è dritto, tra volute ed echino sono posizionate le solite palmette orizzontali a tre foglie, la prima delle quali raggiunge l'orlo dell'abaco. Maiuri ha notato in tutti gli esemplari dei tagli longitudinali tra abaco e collarino nelle facce laterali, che lo studioso ha opportunamente interpretato come funzionali all'inserzione di telai lignei per la chiusura degli intercolumni con vetrate, battenti, stuoie o tendaggi. Questi apprestamenti, pratici ed eleganti al tempo stesso, sono comuni nei peristili e nei loggiati delle nobili residenze pompeiane del periodo del tufo.
Terminus ante quem inizio I sec. a.C.

Maiuri 1929, 268-269, nn. 75-77; Napoli 1950, 252, nn. 176-179

74. Pompei - *Officina tinctoria* di Ubonio (VII, 2, 11), peristilio (ex *domus* 14)
Capitello di colonna- Tipo A Casteels Tav. X, 74 a-b
in situ

Tufo di Nocera
Esemplari interi in discreto stato di conservazione

Dalla trasformazione di una ricca casa sannitica risalente alla metà del II sec. a.C. fu ricavata un'officina tintoria e l'antico giardino a peristilio della *domus* si trasformò in

un cortile, mentre lo *xystus* divenne l'area deputata al prosciugamento dei panni tinti. L'atrio della nuova installazione era circondato da dieci colonne, probabilmente pertinenti al primitivo assetto della casa, coronate da capitelli ionici quadrangolari in tufo, di cui si conservano cinque esemplari caratterizzati da un abaco quadrato e volute leggermente concave. L'echino, decorato da un *kyma* pompeiano con ovoli piuttosto grandi, è vicino nella resa a quello riscontrato nei capitelli appartenenti al secondo peristilio della Casa del Fauno e a quelli della *domus* di Pansa.
Seconda metà II sec. a.C.

Napoli 1950, 247-248, nn. 101-105.

75. Pompei - Casa dei Capitelli Colorati (VII, 4, 51), peristilio (18) Tav. X, 75 a-b
Capitello di colonna - Tipo A Casteels
in situ

Tufo di Nocera
Esemplari interi in mediocre stato di conservazione. Tracce di stucco originariamente policromo

Il peristilio più antico (18) di questa importante dimora, tra le più vaste di Pompei, è formato da sedici colonne che sostengono altrettanti capitelli ionici quadrangolari con abbondanti tracce di colore. I capitelli, a volute leggermente concave, dall'echino ornato da *kyma* ionico con tre ovoli su ogni faccia, sono lavorati nella parte ornata da stucco, e dipinti con i colori rosso nel collarino, azzurro nelle volute e nel canale, giallo negli ovoli. Si tratta di esemplari eseguiti con estrema accuratezza, eleganti nelle linee e nei particolari. Notevole è la foglia di acanto che limita il punto di contatto tra echino e voluta, che troviamo al posto della solita palmetta orizzontale. Il gusto decorativo si manifesta poi in modo particolare nella rosetta con la quale si chiude l'occhio della voluta, che non è elemento comune nei capitelli quadrangolari pompeiani. Dove lo stucco è caduto si nota che esso è applicato su un precedente capitello quadrangolare in tufo scalpellato; l'abaco era decorato da *kyma* lesbio, l'echino da *kyma* pompeiano fittamente scolpito. Siamo di fronte ad un caso non nuovo di rielaborazione, previa scalpellatura, del precedente capitello, e del conseguente rifacimento in stucco; ma è interessante sottolineare che nella fase di ristrutturazione si è mantenuto fede al tipo ionico quadrangolare, senza attuare radicali trasformazioni. L'elemento distintivo della seconda tornata di capitelli rispetto alla precedente riguarda in primo luogo la decorazione dell'echino, che segna il passaggio dal *kyma* pompeiano al *kyma* ionico classicheggiante, rispecchiando un significativo mutare di gusto. I capitelli della fase più antica si accostano, tanto per l'ornato dell'abaco quanto per la più fitta decorazione dell'echino, a quelli del Tempio di Apollo, rispetto ai quali dovrebbero considerarsi più o meno coevi. La rielaborazione invece, secondo l'analisi stilistica del *kyma* condotta dal Napoli (progressiva sostituzione del *kyma* pompeiano con quello ionico), dovrebbe collocarsi verso la fine dell'età repubblicana.
Seconda metà II sec. a.C. (esemplari originari); rielaborazione di fine età repubblicana

Napoli 1950, 248-249, nn. 106-121. Per l'abitazione, cfr. Richardson 1988, in part. 120-124, 393-394; Pesando 1997, 130-135.

76. Pompei - Casa dei Capitelli Figurati (VII, 4, 57), peristilio — Tav. X, 76
Capitello di colonna/semicolonna - Tipo A Casteels
in situ

Tufo di Nocera
h. tot. cap. 0,31; l. max. alle vol. 0,66
Esemplari interi in discreto stato di conservazione. Stucco

Alcuni capitelli quadrangolari in tufo sono conservati nel peristilio di quest'altra bella residenza sannitica con facciata in opera incerta di lava grigia e blocchi squadrati di calcare, attigua alla Casa dei Capitelli Colorati (di cui alla scheda precedente). Si tratta di esemplari piuttosto grandi, con abaco dritto, volute dal profilo leggermente concavo, palmette orizzontali a quattro foglie e con echino decorato dal tipico *kyma* pompeiano a tre o quattro ovoli (variazione giustificata dal minore o maggiore espandersi della palmetta orizzontale, specialmente nel rivestimento di stucco, di cui si osserva ampia traccia nei capitelli, e che è quasi completamente conservato nei semicapitelli della parete sud-ovest). Il *kyma* pompeiano dell'echino, ancora decorato in modo abbastanza fitto, scavato piuttosto in profondità, insieme all'abaco dritto privo di decorazioni, sono elementi sulla scorta dei quali il Napoli datava tali capitelli intorno alla metà del II sec. a.C. Attualmente una data intorno al 120 a.C. sembra più ragionevole.
Ultimo quarto II sec. a.C.

Delbrück 1907-1912, 129, fig. 63 (errata indicazione della provenienza); Napoli 1950, 249-250, n. 106-124. Per l'abitazione, cfr. Richardson 1988, in part. 161-164, 396-397; Pesando 1997, 135-137, con ampi riferimenti bibliografici.

77. Pompei - VII, 6, 8
Capitello di semicolonna - Tipo A Casteels

Tufo di Nocera
h. tot. cap. 0,12; l. ab. 0,29
L'esemplare non è più reperibile *in situ*

In questa casa, fortemente danneggiata dagli avvenimenti bellici, il Napoli osservava tra i vari frammenti dell'arredo architettonico un piccolo capitello quadrangolare di semicolonna in pessimo stato di conservazione, con abaco dritto, echino decorato da *kyma* pompeiano, palmette orizzontali a tre o quattro foglioline, e delimitato in basso dal giro di perline e fuseruole che si interrompe sotto alle volute.
II sec. a.C.

Napoli 1950, 250, n. 21

78. Pompei - Casa di Umbricius Scaurus (VII, *insula Occidentalis*, 13), peristilio
Capitello di colonna - Tipo A Casteels Tav. X, 78 a-b
in situ

Lava grigia (trachite)
h. tot. 0,40; h. tot. cap. 0,28; l. ab. 0,63; d. som. 0,44
Esemplari in mediocre stato di conservazione. Stucco

In questa elegante *domus* del quartiere a fianco della Porta Marina il peristilio presenta delle colonne scanalate in tufo, che dovevano originariamente sostenere capitelli ionici diagonali, di cui rimangono superstiti due esemplari, uno poggiato al bordo della vasca nello stesso peristilio, uno nella stanza a sinistra del tablino, insieme a qualche altro frammento. La particolarità di tali pezzi è costituita dal fatto di essere intagliati nella lava grigia, materiale che, proprio per la sua consistenza difficilmente modellabile, non risulta di solito impiegato nella realizzazione di elementi architettonici decorati. Nei due capitelli in questione, la decorazione risulta solo sommariamente scolpita. La superficie era infatti abbondantemente rivestita di stucco (lo strato al sommoscapo risulta spesso circa 4 cm), che modellava più accuratamente le volute ed il *kyma* ionico di ciascuna faccia; il giro di perline e fuseruole al di sotto delle volute è completamente disegnato nello spessore dello strato di rivestimento. Dalle volute nascono delle palmette orizzontali a tre foglie, la più grande delle quali sale a lambire verticalmente il canale.
La *domus* presenta una facciata in opera incerta di lava grigia ed opera quadrata di calcare; il portale mostra un paramento in opera quadrata di tufo. Le strutture interne sono in opera incerta di lava grigia con blocchi squadrati di calcare. L'ingresso al tablino è inquadrato da semicolonne in tufo coronate da capitelli corinzio-italici.
Seconda metà II sec. a.C.

Inedito

79. Pompei - Casa del Cinghiale (VIII, 3, 8), peristilio Tav. X, 79
Capitello di colonna - Tipo A Casteels
in situ

Tufo di Nocera
Esemplari interi in discreto stato di conservazione
Nel peristilio dell'abitazione, confrontabile con l'allestimento della casa del Fauno per la presenza di un'esedra distila di fronte al porticato, si conservano quattordici colonne con altrettanti capitelli. La casa, che era in ricostruzione dopo il terremoto del 62, ha colonne parzialmente riedificate in laterizio, parzialmente in tufo, reimpiegando vecchie colonne ioniche con fusto scanalato che mostra segni di scalpellatura. Anche i capitelli tradiscono la loro origine di materiale di reimpiego. Infatti dei capitelli, tutti di tufo, due presentano un abaco ornato da *kyma* lesbio, e con volute leggermente sciolte, mentre gli altri dodici hanno un abaco dritto, sagomato e privo di decorazione, ed echino decorato dal *kyma* pompeiano ad ovoli grandi, che ricorda il *kyma* ionico classico pur discostandosene per l'eccessiva rigidità delle foglie.

I primi due esemplari possono essere datati nella prima metà del II sec. a.C., mentre i restanti dodici, in base alla forma degli ovoli, alla prima età romana.

Napoli 1950, 250-251, nn. 135-148. Per l'abitazione, cfr. Maiuri 1945, 132 ss.; Richardson 1988, 328.

80. Pompei - Casa del Gallo (VIII, 5, 2), peristilio Tav. X, 80
Capitello di colonna - Tipo A Casteels
in situ

Tufo di Nocera
Esemplari interi in mediocre stato di conservazione

I nove capitelli, appartenenti al peristilio dell'abitazione, hanno tutti abaco dritto, volute che si avvolgono su se stesse in un unico piano verticale ed echino decorato da *kyma* pompeiano ad ovoli piuttosto grandi, particolare che secondo il Napoli induce a datare questi esemplari alla prima età romana. Due pezzi potrebbero sembrare più antichi, in base al rispetto di proporzioni più schiacciate ed alla forma degli ovoli, piuttosto piccoli. L'impianto originario di questa casa, che risponde al tipo di *domus* a doppio atrio, stando ai saggi stratigrafici compiuti dal Maiuri nel 1943-1945, deve essere ricondotto al periodo sillano, quando vennero costruite nuove dimore per i coloni, utilizzando in fondazione materiali provenienti dalla distruzione di edifici presistenti.
Inizi I sec. a.C.

Napoli 1950, 251, nn. 149-154. Per l'abitazione cfr. Maiuri 1944-1945, 143-154; Maiuri 1945, 132 ss.; Richardson 1988, 383.

81. Pompei - VIII, 5, 9 Tav. XI, 81
Capitello di colonna - Tipo A Casteels
in situ

Tufo di Nocera
h. tot. cap. 0,27; l. max. alle vol. 0,60
Esemplari interi in discreto stato di conservazione

L'abitazione presenta alle spalle dell'atrio un prospetto con cinque colonne, di cui si conservano i rispettivi capitelli quadrangolari in tufo. L'abaco di questi esemplari è decorato da *kyma* lesbio, essi possiedono volute piane e l'echino è ornato da un *kyma* pompeiano ad ovoli molto piccoli con intaglio profondo e minuto. Come nei capitelli all'interno della Basilica, l'echino risulta molto sporgente rispetto al canale. Gli ovoli, molto piccoli, sono collocati in alto ed in posizione rientrante rispetto al piano dell'echino. La palmetta a quattro foglie che si incunea tra voluta ed echino si sviluppa in senso orizzontale. Decorazione dell'abaco e forma del *kyma* sono simili ai capitelli del Tempio di Apollo. In qualche setto murario degli ambienti aperti sull'atrio si

registrano tracce dell'opera a telaio, fatto che induce a datare l'impianto dell'abitazione al III sec. a.C. La monumentalizzazione del giardino colonnato sarà invece collocabile nel corso del II sec. a.C.; non può essere escluso che l'assetto attualmente osservabile corrisponda solo all'ultima fase di processi di trasformazione di un giardino che in origine doveva verosimilmente presentarsi più ampio.
II sec. a.C.

Napoli 1950, 251, nn. 155-159

82. Pompei - Casa della Calce (VIII, 5, 28), peristilio — Tav. XI, 82
Capitello di colonna - Tipo A Casteels
in situ

Tufo e travertino chiaro campano
Esemplari interi scalpellati e non rifiniti.

Nel peristilio di questa *domus* con una bella facciata in opera quadrata di tufo nocerino e portale enfatizzato da capitelli cubici, palesemente in fase di ricostruzione al momento della catastrofe del 79, si trovano sette capitelli quadrangolari in tufo completamente scalpellati ed irriconoscibili; altri due capitelli sono invece di travertino chiaro campano, come quelli del Foro, semplicemente abbozzati nella loro linea generale. Tutti i pezzi erano in attesa di essere rifiniti successivamente con lo scalpello e ricoperti di stucco. Se quelli di travertino sono pezzi nuovi, sembrerebbe possibile credere che gli altri avessero già avuto dimora nell'allestimento più antico della casa e che nell'ultima fase edilizia fossero riutilizzati, previa una modifica della foggia originaria, ormai non più in auge, con la tecnica della stuccatura.
II sec. a.C. - ultima fase edilizia dell'abitazione (62-79 d.C.)

Napoli 1950, 251, nn. 160-168. Per l'abitazione, cfr. Maiuri 1945, 135 ss.; Maiuri 1944-45, 157-159; Richardson 1988, in part. 309-311.

83. Pompei - Casa del Cenacolo (V, 2, h), cenacolo — Tav. XI, 83
Capitello di colonna/semicolonna - Tipo A Casteels
in situ

Tufo di Nocera
h. tot. cap. 0,16; l. max. alle vol. 0,40
Esemplari interi in discreto stato di conservazione con tracce di stucco

Si tratta di quattro capitelli di colonna e due capitelli di semicolonna che costituiscono gli elementi della strutturazione architettonica dell'elegante cenacolo situato al di sopra del tablino e dei triclini in quest'abitazione della regio V, il cui impianto risale al II sec. a.C. Il tipo di capitello presenta un abaco dritto, volute dal profilo piatto, echino decorato con *kyma* pompeiano, palmette orizzontali a tre foglie. Un giro di fuseruole alternate a perline chiude in basso ciascun esemplare. Si notano anche delle tracce di

stucco. Il *kyma* rimane fedele alla sua forma più tradizionale, orientandosi, in linea con la cronologia suggerita dalla struttura generale della casa, verso una datazione nel corso del II sec. a.C.
II sec. a.C.

Napoli 1950, 247, nn. 95-100. Per l'abitazione, cfr. Richardson 1988, 115, 124, 395.

84. Pompei - Casa di Epidius Rufus (IX, 1, 20), *alae* Tav. XI, 84
Capitello di colonna - Tipo A Casteels
in situ

Tufo di Nocera
Esemplari interi in discreto stato di conservazione con resti di stucco

La notevole abitazione, forse la più "ellenistica" delle grandi dimore pompeiane, ha un impianto risalente al III sec. a.C., mentre la decorazione architettonica testimonia una fase edilizia nella seconda metà del II sec. a.C. Particolarmente interessanti in questa sede sono le due *alae* che si aprono a destra e sinistra dell'atrio corinzio, caratterizzate ciascuna da un fronte chiuso con due colonne sormontate da capitelli quadrangolari in tufo di tipo affine a quelli della Casa dei Capitelli figurati, e con abbondanti tracce del rivestimento in stucco.
Seconda metà-fine II sec. a.C.

Napoli 1950, 250, nn. 126-129. Per l'abitazione, cfr. Richardson 1988, in part. 111-114; Pesando 1997, 250 ss. con ampi riferimenti bibliografici.

85. Pompei - Casa del Centenario (IX, 8, 1-7), peristilio Tav. XI, 85 a-b
Capitello di colonna - Tipo A Casteels
in situ

Tufo di Nocera
h. tot. cap. 0,24; l. ab. 0,49
Esemplari interi in discreto stato di conservazione

Il peristilio di questa residenza, nata verso la fine del II sec. a.C. (inizio del I sec. a.C. secondo PPM) dall'accorpamento di diverse abitazioni precedenti, era arricchito nel lato nord da un secondo ordine costituito da colonne ioniche con capitelli quadrangolari di tufo. Tre di questi capitelli sono oggi ricollocati *in situ*, mentre altri si trovano poggiati a terra nell'ala orientale del portico. Si tratta di capitelli dall'abaco dritto, con volute leggermente concave ed echino decorato dal *kyma* pompeiano, con tre piccoli ovoli su ogni faccia, contenuti all'interno di sgusci appuntiti, e palmette orizzontali a tre foglie, chiusi in basso da un giro di perle e fuseruole e da un collarino liscio, al di sotto del quale inizia il fusto scanalato della colonna. Il tipo di *kyma* permette di avvicinare questi capitelli a quelli della casa di Pansa, fatto che rafforzerebbe l'ipotesi di una datazione dell'impianto della grande residenza ancora nell'ambito del II sec. a.C.

Seconda metà II-inizi I sec. a.C.

Napoli 1950, 250, nn. 130-134. Per l'abitazione, cfr. Richardson 1988, in part. 126-127, 154, 240, 325, 375, 395; Pesando 1997, con ampi riferimenti bibliografici.

86. Pompei - Casa della grata metallica (I, 2, 28), atrio tetrastilo Tav. XI, 86 a-b
Capitello di colonna - Tipo A Casteels
in situ

Tufo di Nocera
Esemplari interi in discreto stato di conservazione

In questa casa apparentemente modesta si trova documentato un esempio molto ben conservato di atrio tetrastilo, nel quale spicca la caratteristica dell'apertura in corrispondenza dell'impluvio chiusa da una grata metallica; proprio a tale elemento si deve il nome convenzionale con cui è designata la casa nelle guide più antiche della città. I quattro capitelli in tufo dell'atrio, conservati in buone condizioni, trovano soddisfacenti confronti negli esemplari della Casa dell'Argenteria, anch'essi posti ad ornamento di un piccolo atrio tetrastilo, ed in quelli della Casa di Pansa, con i quali hanno in comune la forma piuttosto grande degli ovoli che compongono il *kyma* pompeiano.
La struttura dell'abitazione mostra in facciata numerosi segni di rifacimenti tardi in opera laterizia, ma nei setti murari interni si osserva una netta predominanza di calcare, nelle due pezzature caratteristiche dell'opera a telaio, conci grandi e squadrati insieme a blocchetti più piccoli usati come riempimento, che, sebbene non siano da considerare in tessitura originale, denotano l'esistenza di una precedente fase edilizia in cui era stata impiegata tale tecnica.
Seconda metà II sec. a.C.

Napoli 1950, 251-252, nn. 169-172. Per l'abitazione, cfr. Richardson 1988, in part. 114-115.

87. Pompei - Casa dei Ceii (I, 6, 15), loggiato nel settore dell'atrio (?) Tav. XI, 87
Capitello di semicolonna - Tipo A Casteels
Reimpiego in murature posteriori

Tufo di Nocera
h. tot. cap. 0,13; l. ab. 0, 34
Esemplari interi in discreto stato di conservazione

Nella sala decorata dal grande affresco in III stile due semicapitelli sono ammorsati nel muro di fronte all'affresco stesso: un terzo è chiuso nel muro di un piccolo vano adiacente. Si tratta di semicapitelli dall'abaco dritto e dall'echino decorato in modo affine ai manufatti deposti in attesa di ricollocazione, nel secondo peristilio della casa del Fauno. Anche per gli esemplari della Casa dei Ceii si potrebbe pensare ad una

sistemazione analoga nel piano superiore del settore dell'atrio, la cui esistenza è dimostrata dalla presenza di una scala alla sinistra delle *fauces*.
L'abitazione, di tipo ad atrio privo di ambienti laterali e provvista di *hortus*, inclusa nella lista di *domus* con portale ornato da capitelli cubici in tufo, è una struttura di medie dimensioni come la Casa della grata metallica e la Casa sannitica di Ercolano. Nonostante le variazioni planimetriche dell'interno, con l'ampliamento dell'area adibita a giardino al tempo della ridecorazione in III stile, la facciata, caratterizzata da un rivestimento in stucco di I stile ad imitazione dei filari dell'opera isodoma, suggerisce per il primo impianto della casa una datazione nel corso del II sec. a.C.
Seconda metà II sec. a.C.

Napoli 1950, 252, nn. 173-175. Per l'abitazione, cfr. Richardson 1988, 227-228; Pesando 1997, 201 ss.

88. Pompei - Necropoli di Porta Nocera, tomba 13 OS
Capitello di colonna - Tipo A Casteels
in situ

Tufo di Nocera
l. max. 0,465; d. 0,30

Tomba a edicola su podio poggiante su uno zoccolo in opera incerta di lava (l. max. facciata 3,84 m; prof. 2,88 m, corrispondente a piedi 13,1x9,05; h. max. conservata 6,53 m), esplorata tra giugno e luglio 1954. Il podio è in opera incerta di lava con ammorsature in opera vittata di calcare del Sarno e tufo di Nocera, ricoperto di intonaco bianco che imita l'opera isodoma. Il coronamento del podio è costituito da una cornice a mensole di calcare sarnense rivestite di stucco bianco. Sopra al podio è l'edicola, a forma di tempietto prostilo tetrastilo, a tre celle individuate da quattro pareti in opera incerta di lava con larghi stipiti in opera vittata di calcare del Sarno e tufo di Nocera. Il pavimento della cella è soprelevato rispetto al piano del podio di circa 42 cm, le pareti avevano un rivestimento di intonaco parzialmente conservato, bianco nella fronte e rosso all'interno delle celle. Sui lati esterni le pareti bianche erano inquadrate da paraste, mentre il retro, completamente liscio, era rivestito di intonaco signino. Le colonne, spiccanti dal piano del podio rivestito in cocciopesto, avevano la base attica ed il fusto in opera laterizia rivestiti di intonaco bianco con scanalature (modulo 5 filari x 20 cm) rivestiti di intonaco bianco con scanalature. Resta sul podio un capitello ionico a quattro facce in tufo di Nocera. Secondo i dati di scavo devono essere riconnessi a questa tomba anche due capitelli corinzi di tufo ed alcuni frammenti di blocchi di calcare sarnense che sarebbero da interpretare come pertinenti all'epistilio della tomba. Si trovano tutt'ora *in situ* tre statue funerarie stanti in tufo nocerino.
I titolari del sepolcro sono indicati da un'iscrizione in M. Octavius M. filius e in sua moglie Veria Philumina, liberta di una Vertia. Gli Octavii, attestati da diverse iscrizioni a Pompei, sono una *gens* arrivata in città con la deduzione della colonia sillana (Castren 1975, 199, n. 285).

La cronologia relativamente alta del monumento è dimostrata dal tipo, dallo stile delle statue, nonché dal formulario ancora arcaico dell'iscrizione. In assenza di dati cronologici assoluti, restano da considerare come indizi validi il tipo e la tecnica edilizia che usa largamente il calcare del Sarno nelle ammorsature e nellle mensole della cornice. Il monumento dovrebbe essere pertanto contemporaneo alla tomba n. 9 e porsi cronologicamente intorno alla metà del I sec. a.C.
Nell'ambito della tipologia di tomba ad edicola su podio, molto diffusa ed apprezzata dalle aristocrazie municipali dell'area pompeiana, questo sepolcro rappresenta l'unico monumento con prospetto tetrastilo e cella tripartita (Kockel 1983, 26, nota 226, n. 10).
Metà del I sec. a.C. circa

D'Ambrosio-De Caro 1983

89. Pompei - Necropoli di Porta Nocera, tomba 29 OS
Capitello di colonna - Tipo A Casteels
in situ

Tufo di Nocera

La tomba è del tipo ad edicola su alto podio (l. max. facciata 3,68 m, prof. 3,32 m, misure corrispondenti a piedi 12,4x11,2; h. max. conservata 5,90 m); lo zoccolo di base è oggi completamente interrato, con parte della cornice modanata inferiore. Emerge dal terreno il podio in opera incerta di lava con ammorsature angolari a vela in laterizio (modulo di 5 filari x 20 cm). Il monumento era ricoperto da un sontuoso rivestimento di stucco bianco modellato ad imitazione dell'opera isodoma. Al di sopra della cornice superiore del podio si imposta l'edicola, conservata solo nella parte inferiore. La cella è preceduta da una coppia di colonne in laterizio, rivestite di stucco bianco lavorato a scanalature, con base ionica e capitelli ionici quadrangolari, ora appoggiati sul pavimento dell'edicola.
All'interno dovevano prendere posto le statue della coppia di proprietari, Annedia e L. Caesius. Nel personaggio maschile è da riconoscere il *duoviro iure dicundo* di età sillana L. Caesius, che era stato tra i magistrati promotori della costruzione delle terme del Foro (sui Caesii, cfr. Castren 1975, 146, n. 85). E' certamente in ragione della carica da questi ricoperta che la tomba è decorata dai fasci littori.
Metà del I sec. a.C. circa

D'Ambrosio-De Caro 1983

90. Pompei - Necropoli di Porta Nocera, tomba 9 OS
Capitello di colonna - Tipo A Casteels
in situ

Tufo di Nocera

Esplorata tra giugno e settembre 1954, si tratta di una tomba ad edicola su podio, che poggia su uno zoccolo di 40 cm d'altezza, in opera incerta di lava (l. max. facciata 3,06 m, prof. 3,10 m, misure corrispondenti a piedi 10,3x10,4; h. max. conservata 5,90 m). Il podio è in opera incerta di lava con ammorsature angolari a blocchi e conci di calcare sarnense, lava e tufo nucerino; è concluso in alto da una cornice con struttura a blocchi di calcare e modanata nel rivestimento di stucco bianco con una gola rovescia sormontata da una gola dritta. Tutta la struttura dello zoccolo e del podio era rivestita di intonaco bianco, oggi solo in parte conservato, che sul podio imitava tre filari di opera isodoma. Sul retro del podio si apre l'ingresso alla camera funeraria coperta con volta a botte. Le pareti sono ricoperte di signino; sotto la volta restano le tracce di un soffitto ad incannucciata. Al di sopra del podio è impostata un'edicola a pianta rettangolare con struttura in opera incerta di lava con ammorsature in opera vittata di calcare sarnense e tufo nocerino. Il paramento era rivestito di intonaco bianco all'esterno e all'interno; all'esterno sui lati tra le lesene angolari era scompartito ad imitazione di una parete in opera isodoma. Davanti alle ante sono due colonne in opera laterizia (modulo: 6 filari x 20 cm) con basi ioniche e capitelli dello stesso ordine di tufo nocerino. Il fusto era rivestito di intonaco e lavorato a scanalature. L'architrave originario, che oggi è sostituito da un restauro in cemento, è forse riconoscibile nei blocchi di calcare sarnense ritrovati sul podio della tomba di Eumachia. La copertura, che non è conservata, era probabilmente a doppio spiovente.
All'interno dell'edicola sono posizionate, ancora *in situ,* le due statue in tufo dei titolari del sepolcro, che, in assenza di iscrizioni valide ad identificarli, restano anonimi; gli attributi del personaggio maschile, ad ogni buon conto, depongono a favore della loro appartenenza alla classe dirigente pompeiana di età tardo-repubblicana.
A Pompei altri esempi di tombe a podio con schema distilo prostilo sono attestati, oltre che nella stessa necropoli di Porta Nocera (tombe n. 27, n 29 OS, n. 9 OS, n. 34 EN), a Porta Ercolano (n. 6 N, nn. 38-39 N, n. 43 N) e nel fondo Pacifico (n. 4) (sulla tipologia cfr. Gabelman 1977, 101-117, con bibliografia precedente; cfr. inoltre Kockel 1983, 26-34) .
Metà del I sec. a.C. circa

D'Ambrosio-De Caro 1983; Kockel 1983, 26-34, fig. 3

91. Pompei - Necropoli di Porta Nocera, tomba 10 EN
Capitello di colonna - Tipo A Casteels
in situ

Tufo di Nocera

Esplorata nel luglio 1954, la tomba, benché solo parzialmente conservata, appartiene come le precedenti al tipo ad edicola su alto podio (l. max. facciata 3,57 m, prof. 3,57 m, misure corrispondenti a piedi 12x12; h. max. conservata 5,65 m), e sembrerebbero ad essa pertinenti un capitello ionico quadrangolare e dei "tronchetti di colonna" conservati nella vicina tomba 8. Anche due capitelli corinzi sono stati recuperati nell'area. Il podio con alto zoccolo intermedio, che appartiene al tipo successivo a

quello repubblicano con edicola impostata direttamente su podio, sembra consentire di datare il monumento all'età augustea.
Età augustea

D'Ambrosio-De Caro 1983

92. Pompei - Via dei Sepolcri, tomba degli Istacidii (Sud 4A) Tav. XI, 92 a-b
Capitello di colonna - Tipo A Casteels
in situ

Tufo di Nocera
Esemplari interi in discreto stato di conservazione

La tomba, alle spalle della *schola* della sacerdotessa Mamia, si erge lungo la via dei Sepolcri, fuori da Porta Ercolano. Si tratta di un edificio a due piani, nell'inferiore dei quali era la camera sepolcrale decorata al suo interno in III stile, contenuta esternamente da un grande dado in tufelli ed opera cementizia rivestito di stucco ornato a finte incrostazioni, con quattro semicolonne su ogni lato, di ordine dorico o tuscanico. Al piano superiore si ergeva un *monopteros* eptastilo con colonne sormontate da capitelli ionico-italici, tra i cui intercolumni dovevano trovare alloggio le statue dei defunti in marmo e calcare (cfr. Mau 1908, fig. 254; Kockel 1983, tav. 13c). L'edificio era probabilmente coperto da un tetto conico. Dei sette capitelli quadrangolari in tufo (abaco dritto, leggermente sagomato, volute piane, echino decorato da un *kyma* ionico classicheggiante e semipalmette a tre foglie nascenti dalle volute) si conservano quattro esemplari, tre dei quali rialzati nella loro posizione originaria. Restano inoltre le accuratissime acqueforti di G.B. Piranesi.
Il notevole sepolcro è ascrivibile, stando alle testimonianze epigrafiche restituite dalle 19 sepolture contenute nello stesso contesto tombale, a membri delle *gentes* Istacidia, Melissaea e Veneria. Gli Istacidii, i più numerosi, sarebbero gli ultimi proprietari della Villa dei Misteri (Della Corte 1954, 349-351). Secondo il Napoli, in base a quanto è dato conoscere riguardo ad uno dei personaggi di cui si legge menzione, il *duumvir* Cn. Melissaeus Aper (CIL X, 1008, 817, 824, 893), la datazione della tomba dovrebbe assestarsi nel periodo 20-30 d.C.
Va precisato che, a parere del Richardson, il monumento funerario degli Istacidii, così come può essere osservato oggi, è frutto di una inesatta ricostruzione, rea di aver confuso e mescolato arbitrariamente membrature architettoniche appartenenti in origine ad edifici diversi che insistevano nella stessa area fuori da Porta Ercolano. Più precisamente, lo studioso riconduce i capitelli ionico-italici al sepolcro Nord 4, ora visibile solo nei ruderi della parte inferiore, che doveva configurarsi anch'esso come grande edificio a corpo quadrato sormontato da una struttura circolare colonnata (cfr. Richardson 1988, 251-253). Da parte sua, la tomba degli Istacidii avrebbe dovuto caratterizzarsi, secondo quanto riportato nei primi rapporti di scavo, come una *tholos* a colonne e capitelli di ordine corinzio.
Ad ogni modo, se anche si volessero accettare i dubbi avanzati dal Richardson circa la pertinenza delle partiture ioniche a questo specifico sepolcro, è comunque sicuro, anche

grazie al repertorio di rilievi lasciato da Piranesi, che almeno uno dei monumenti funerari a *tholos* della zona possedesse un arredo architettonico di tal tipo.
20-30 d.C. (qualora le membrature ionico-italiche in oggetto siano effettivamente riferibili alla tomba degli Istacidi).

Napoli 1950, 241-242, nn. 46-49; La Rocca-De Vos 1981, 344; Kockel 1983, 26, 33-34, 60-67; Richardson 1988, 251-253.

93. Pompei - Necropoli di Porta di Nola, tomba di Aesquilia Polla Tav. XI, 93
Capitello di colonna - Tipo A Casteels
in situ

Tufo di Nocera
Esemplare intero in discreto stato di conservazione

Nella necropoli fuori da Porta di Nola, la tomba a *schola* della giovane Aesquilia Polla, morta all'età di soli 22 anni, è dominata al centro dell'esedra da un'alta colonna ionica baccellata, terminante con un capitello quadrangolare che sorregge un'anfora di marmo lunense, simbolico contenitore dell'acqua lustrale della defunta. Il capitello è formato da un alto abaco perfettamente squadrato, suddiviso in due registri, il superiore dei quali ornato da *kyma* ionico; le volute sono convesse, le palmette orizzontali sono formate da tre o quattro foglioline; l'echino è anch'esso decorato da un *kyma* ionico, e tutt'intorno alla base del capitello corre un giro di perle e fuseruole.
L'eleganza della tomba, insieme all'accurata esecuzione ed al materiale impiegato, inducono lo Spano a ritenere che il sepolcro "sia del tempo in cui l'architettura pompeiana si trovava tuttora sotto la diretta azione dell'ellenismo" (Spano 1910, 388-391, fig. 5). Ma gli elementi di prosopografia portano ad individuare più puntualmente l'orizzonte temporale: infatti il dedicante del sepolcro, nonché marito della giovane Aesquilia, è un tale Numerius Herennius Celsius, il cui nome corrisponde a quello di un notabile di età vespasianea. Se esiste identità tra questo Herennius e l'uomo menzionato dall'iscrizione della tomba di Aesquilia, la datazione del monumento va circoscritta nell'ultimo periodo di vita di Pompei. Secondo il Napoli, inoltre, anche il tipo di colonna baccellata contribuirebbe a confermare ciò.
Terzo quarto I sec. d.C. (62-79)

Spano 1910, 388-391, fig. 5; Napoli 1950, 240, n. 45

94. Pompei - Prov. sconosciuta Tav. XI, 94
Capitello di colonna - Tipo B Casteels
Pompei - Granai del Foro

Calcare (pietra bianca di Siracusa per Von Mercklin 1962, 69)
h. tot. cap. 0,17; h. ab. 0,025
Esemplare intero in mediocre stato di conservazione. Volute spezzate o completamente abrase

Un esemplare di capitello ionico-diagonale con l'inserimento di soggetti antropomorfi è conservato nei magazzini del Foro, ma purtroppo non è nota la sua provenienza.In ogni faccia si osserva, inquadrato da volute convesse e folte palmette che si ergono in posizione verticale fino all'altezza dell'abaco, un volto umano ad altorilievo collocato al centro del canale. La parte inferiore del capitello è segnata da un giro di perline e fuseruole; l'abaco è decorato da un *kyma* lesbio. E' possibile stabilire delle analogie tra questo manufatto e quelli figurati rinvenuti in diverse località dell'Italia Meridionale, Sicilia ed Etruria, tra cui in special modo i capitelli del tempio del foro di Paestum, nonché quelli della Certosa di Padula (per questi esemplari, cfr. Neutsch 1965, 70-80, tavv. 28-35). Tuttavia il nostro, a differenza degli altri, mostra un impianto delle volute più schiettamente ionico; inoltre, la particolarità delle palmette verticali si riscontra soltanto nel capitello figurato di Heraclea Minoa al Museo di Agrigento (27). Rispetto ai capitelli ionico-italici pompeiani, salta all'occhio l'accentuata convessità del nastro delle volute. La datazione del reperto può essere verosimilmente compresa nell'ambito del III sec. a.C.; e comunque non sembra in alcun modo consentito scendere con la cronologia oltre la soglia del II sec. a.C.
III-II sec. a.C.

Delbrück 1907-1912, 152, 155, fig. 91,3; Von Mercklin 1962, 69, n. 181 fig. 336
D.A.I. Roma neg. n. 31.1588

95. Pompei - Prov. sconosciuta — Tav. XI, 95
Capitello di colonna - Tipo A Casteels
Pompei - Granaio del Foro

Travertino
Esemplari non rifiniti

Nei magazzini del Foro sono depositati, fra gli altri, tre capitelli con echino decorato da *kyma* ionico, abaco dritto, lavorati in blocco unico con il sommoscapo, dalla decorazione leggermente segnata, in parte solo abbozzata e non terminata. Seppure di dimensioni più ridotte, questi esemplari appartengono allo stesso raggruppamento tipologico di quelli del portico della piazza pubblica e della casa della Calce, tutti egualmente incompleti, ascrivibili per questo all'ultima fase edilizia della città.
Ultima fase edilizia di Pompei (63-79 d.C.)

Napoli 1950, 253, nn. 180-183

96. Pompei - Prov. sconosciuta
Capitello di colonna/semicolonna - Tipo A Casteels
Pompei - Granaio del Foro

Tufo di Nocera
Esemplari interi in mediocre stato di conservazione

Si conservano nei magazzini forensi sei esemplari di capitelli in tufo, tra cui due di dimensioni pressoché analoghe (0,34 x 0,16; 0,34 x 0,17) e pertinenti a semicolonne, il primo dei quali è ornato da *kyma* ad ovoli piuttosto grandi, mentre il secondo si accosta per il tipo e le misure ai semicapitelli della Casa di Pansa. Degli altri quattro, il primo è caratterizzato da una lavorazione piuttosto rozza e grossolana e dalla sproporzionata altezza dell'echino a *kyma* pompeiano; il secondo presenta un echino decorato da *kyma* pompeiano lavorato con incisione profonda e minuta, con ovoli molto piccoli, ed abaco che conserva tracce di decorazione a *kyma* lesbio. Dello stesso tipo, ma con *kyma* ad ovoli più grandi e con abaco dritto è il terzo, che sembra potersi identificare con uno rinvenuto nella Basilica e segnalato dal Mazois (Mazois 1812-1838 III, 40, tav. XIX, fig. 3). L'ultimo mostra un *kyma* pompeiano formato da ovoli un po' più grandi ed una lavorazione piuttosto sommaria.
Seconda metà II sec. a.C.

Napoli 1950, 253, nn. 184-188

97. Pompei - Prov. sconosciuta Tav. XI, 97
Capitello di colonna - Tipo A Casteels
Napoli - Museo Archeologico Nazionale, Galleria Lapidaria

Tufo di Nocera
Esemplare intero in mediocre stato di conservazione. Superficie piuttosto corrosa; una coppia di volute è spezzata

Si tratta di un capitello quadrangolare in tufo, dall'abaco dritto e leggermente sagomato, con volute compatte a profilo piano chiuse attorno ad un bottone rilevato, dalle quali si originano le comuni palmette orizzontali a tre foglie uncinate verso l'alto. L'echino è ornato da un *kyma* pompeiano con ovoli tondeggianti e ben rilevati, contenuti in foglioline dalle terminazioni spinose lavorate con un intaglio piuttosto profondo.
La sezione ionica è delimitata inferiormente da un filare piuttosto grosso di perle allungate e fuseruole discoidali, che gira tutt'intorno alla circonferenza, segnando il passaggio al sommoscapo lavorato a scanalature con costolature piatte.
In linea generale, si può riscontrare qualche analogia tra questo manufatto e quelli della Casa di Pansa, cosicché una datazione orientativa nella seconda metà del II sec. a.C. risulta verosimile.

Napoli 1950, 254, n. 189
D.A.I. Roma neg. n. 34.6814

98. Torre Annunziata (Oplontis)- Vicinanze della Scuola Media Parini (Oplontis, villa B?) Tav. XII, 98 a-b
Capitello di colonna - Tipo A Casteels
Torre Annunziata - Biblioteca Comunale

Tufo di Nocera

h. tot. 0,385; h. tot. cap. 0,195; l. max. alle vol. 0,54; d. som. 0,38.
Esemplare intero in pessimo stato di conservazione. Estremamente corrosa la superficie, che rende solo parzialmente percepibili i dettagli decorativi; tuttavia la superficie era in origine profondamente intagliata, come resta ancora evidente nonostante le condizioni di degrado del manufatto.

Il capitello è lavorato in un blocco unico con il sommoscapo della colonna a fusto liscio cui apparteneva. Il pezzo è in pessimo stato di conservazione, lacunoso sia nelle componenti strutturali che nella decorazione. Dalla superficie inferiore dell'abaco, completamente perduto ma verosimilmente dritto e modanato, originano le volute diagonali a spire piuttosto strette, con profilo leggermente convesso. Dalle volute nascono le due semipalmette laterali orizzontali a tre lobi, il superiore dei quali si allunga verticalmente fino a toccare l'abaco. L'echino è intagliato con un *kyma* a tre ovoli piuttosto grandi e profondamente scolpiti, con sgusci a terminazioni spigolose e lancette intermedie verticali a forma sottile e appuntita. Un anello liscio separa il *kyma* dal collarino decorato da astragali con perle abbastanza grosse. Al di sotto, in corrispondenza dell'inizio del fusto della colonna, si notano tracce di scalpellatura. Stilisticamente il manufatto è molto vicino ai capitelli della *porticus pone scaenam* del Teatro di Pompei, nonché a quelli della Casa del Gallo (VIII, 5, 2), a quelli della Casa degli Scienziati (VI, 14, 43), cui possono aggiungersi gli esemplari recuperati nell'*agger* di Porta Vesuvio; per tale motivo il reperto oplontino potrebbe considerarsi ad essi più o meno contemporaneo.
Seconda metà II - inizio I sec. a.C.

Fergola 1988, 49-56

99. Ercolano (Herculaneum)- Casa Sannitica (V, 6-7), cenacolo — Tav. XII, 99
Capitello di pilastro - Tipo A Casteels
in situ

Stucco
Esemplari in discreto stato di conservazione

Questa abitazione ercolanese è un esempio di architettura privata delle classi medie, che ripropone la pianta caratteristica della *domus* pompeiana tradizionale: un grande atrio tuscanico con una fila di cubicoli ed un'ala sul lato sinistro, un triclinio e una stanza secondaria accanto all'ingresso, l'ampio tablino sul fondo, che costituisce il perno dell'edificio, dotato di un secondo piano con ambienti di servizio e privo di *hortus*. Pur nella semplicità dell'impianto, la decorazione in I stile delle pareti e ancor più la sistemazione dell'atrio, che in alto propone una soluzione architettonica a loggiato scandito da pilastri con capitelli ionici diagonali e transenna a losanghe, esprimono compiutamente il desiderio di lusso e di spazio che in questa fase si diffonde in Italia, e che conduce alla contaminazione degli schemi tradizionali con l'ampia gamma di possibilità decorative introdotte dalla cultura figurativa ellenistica.
120 a.C. circa

Maiuri 1958, 197-206, figg. 157-159, tav. 18. Per la decorazione della casa, si veda Clarke 1991, 85-93.

100. Pozzuoli (Puteoli)- Monumento sepolcrale Tav. XII, 100
Capitello di semicolonna - Tipo A Casteels
in situ

Tufo
Esemplare in pessimo stato di conservazione

Nell'area di necropoli di via Celle, a Puteoli, si distingue per la sua mole un grandioso mausoleo gentilizio con struttura in opera laterizia. Come altri esempi della stessa tipologia, si tratta di un monumento funerario a due piani, verosimilmente culminante in alto con una statua o un *tropaeum*. Il primo livello, nel quale è contenuta la piccola camera sepolcrale con copertura a botte, presenta un prospetto a sezione absidale con sei colonne e una finta porta modellata nello stucco al centro della parete cieca di fondo. Analogo schema architettonico doveva ripetersi nelle cinque nicchie che scandiscono il soprastante tamburo cilindrico. Delle componenti relative alla decorazione architettonica del piano superiore, ci resta la preziosa testimonianza di una semicolonna angolare con capitello ionico a quattro facce e un residuo della trabeazione, nonché parte della parete di fondo di una delle cinque nicchie decorata da una porta a stucco. La cronologia del mausoleo sembrerebbe individuabile ancora nell'ambito del I sec. a.C. Il sepolcro, che doveva appartenere ad un eminente personaggio della città di Puteoli, presenta dei motivi compositivi e decorativi, come la trabeazione ricurva e il dettaglio della falsa porta, che mutuano ispirazione diretta dai monumenti orientali. A Pozzuoli, centro di commerci e traffici con città e porti d'Egitto ed Asia Minore, questo edificio assume quindi il valore di una chiara testimonianza di stretti rapporti che la città intratteneva con l'Oriente mediterraneo.
Fine II-I sec. a.C.

Maiuri 1932-33, 239, fig. 3; De Franciscis-Pane 1957, 20, figg. 6-9, 11-12; De Caro-Greco 1981, 49-50.

101. Pozzuoli (Puteoli)- Prov. sconosciuta Tav. XII, 101
Capitello di colonna - Tipo A Casteels
Pozzuoli - Anfiteatro

Tufo
Esemplare intero in discreto stato di conservazione

Presso l'Archivio fotografico dell'Istituto Archeologico Germanico di Roma è depositata un'immagine che documenta l'esistenza di un capitello ionico-italico di piccole dimensioni nell'area dell'anfiteatro di Pozzuoli, dove sono attualmente conservati materiali lapidei raccolti a partire dagli anni '30 e provenienti da tutto il territorio

puteolano. Non è dunque possibile al momento dare ulteriori informazioni circa l'origine del pezzo in questione.
Dall'osservazione della fotografia, risalente agli anni'60, è possibile notare che si tratta di un manufatto piuttosto recente nell'ambito della seriazione vesuviana, come dimostra con chiarezza il *kyma* ionico dell'echino, composto da ovoli grandi con sgusci arrotondati e posto su un piano appena inclinato rispetto alla perpendicolare della fronte. Altro elemento che di per sé indurrebbe a datare in epoca abbastanza avanzata il capitello è lo spazio molto ridotto che viene destinato allo sviluppo del canale.
La datazione può dunque essere compresa orientativamente nel periodo tra il I sec. a.C. ed il periodo flavio, senza possibilità di ulteriori precisazioni.

Inedito
D.A.I. Roma neg. n. 67.2450

102. Cuma
Capitello di colonna - Tipo A Casteels
Reimpiegato nel muro di sostegno di una masseria, a circa 200 m ad est dell'Arco Felice

Tufo

Il capitello, reimpiegato nelle murature di una masseria, in una zona ricca di vari resti monumentali poco esplorati, è del tipo ionico quadrangolare, posto su una colonna ionica. A detta del Napoli, il pezzo può considerarsi, per decorazione e taglio della pietra, affine ai capitelli pompeiani. Il frammento di un altro capitello quadrangolare in tufo è stato segnalato dallo stesso Napoli tra il materiale di recupero in un paramento murario della piana di Cuma, all'interno della cinta.
II sec. a.C.

Napoli 1950, nota 2

103. Mirabella Eclano (Aeclanum) - Santuario extraurbano di Mefitis Tav. XII, 103
Capitello di colonna - Tipo A Casteels (tav.)

Travertino
h. tot. cap. 0,36; d. som. 0,63
Esemplare in discreto stato di conservazione

Dalle strutture del santuario *extra moenia* di Aeclanum, consacrato a Mefitis, proviene un capitello ionico a quattro facce in travertino, insieme ad un rocchio di colonna liscia in travertino e frammenti di un'altra in laterizio, scanalata e rivestita da stucco rosso,. Il reperto - stilisticamente vicino per certi particolari, come il *kyma* a sgusci accentuati e gli ovoli molto sporgenti, all'esemplare di Torre Annunziata - rispetto a quest'ultimo è tuttavia caratterizzato da un'esecuzione molto più accurata, accentuata, forse, dalla migliore qualità del materiale lapideo, costituito dal travertino. In tema di confronti con

il pezzo oplontino, ulteriore elemento di differenziazione è rappresentato dalle palmette trilobate, le cui fogliette non si riuniscono al centro delle volute, ma rimangono nettamente separate. Sotto gli angoli dell'abaco, in sostituzione dell'ovolo si osserva una foglia aggettante rivolta verso l'alto.
Per ciò che concerne la planimetria del santuario, pur non essendo stato rintracciato il basamento di un tempio tra le strutture databili alla fine del II sec. a.C., si deve tener presente che nei muri superstiti sono stati comunque segnalati evidenti reimpieghi di materiale pertinente a strutture precedenti, costituito da molti blocchi travertinoidi di grandi dimensioni e perfettamente squadrati, alcuni dei quali forniti di incisioni per le grappe metalliche di collegamento. E' dunque probabile che l'area in questione avesse avuto una qualche sistemazione monumentale, in cui il capitello poteva eventualmente inserirsi. Importante fra i rinvenimenti è il basamento con iscrizione osca che riporta la dedica a Mefitis di una Sivia appartenente all'influente *gens* locale dei Magii.
Fine II sec. a.C.

Sgobbo 1930, 408, fig. 6

104. Benevento (Beneventum) - Prov. sconosciuta Tav. XII, 104
Capitello di colonna - Tipo A Casteels
Benevento - Museo del Sannio, giardino

Travertino
Esemplare intero in discreto stato di conservazione

Capitello a quattro facce uguali e volute diagonali molto pendenti, con semipalmette a tre lobi poste in orizzontale. Nell'esemplare si riscontrano affinità stilistiche con la produzione di area vesuviana, in particolare con gli esemplari dell'Odeon ed il manufatto oplontino. Tuttavia risulta evidente un intaglio più superficiale del *kyma* e del canale, perfettamente rettilineo e sormontato da un abaco di notevole spessore.
II - inizio I sec. a.C.

Villa 1988, 34, nota 105
D.A.I. Roma neg. n. 80.2291

II.5 Molise

105. Pietrabbondante - Tempio ionico precedente il complesso tempio-teatro
Capitello di colonna – Prossimo al Tipo B Casteels (tav.) Tav. XII, 105

Calcare tenero fossilifero
Esemplare intero in discreto stato di conservazione; volute in parte spezzate; tracce di stucco. Altri reperti dello stesso tipo sono in frammenti.

Nel santuario sannitico di Pietrabbondante, al di sotto del monumentale complesso tempio-teatro è stata accertata l'esistenza di una precedente fase edilizia, relativa ad un santuario più ridotto di forma quadrangolare, esteso frontalmente quanto il successivo. Poiché lo sbancamento che precedette la costruzione del tempio-teatro obliterò ogni costruzione preesistente, il livello monumentale più antico, riferibile cronologicamente alla fine IV-III sec. a.C., è testimoniato da resti architettonici non rinvenuti in posizione originaria, ma reimpiegati nelle strutture di contenimento e di fondazione del tempio grande. Tra questi materiali si distinguono due raggruppamenti pertinenti ad altrettanti edifici, uno di misure maggiori con capitelli di tipo ionico-italico, cui si deve riferire buona parte delle terrecotte architettoniche più antiche, ed un altro più ridotto (forse un sacello) con capitelli ionici di tufo ricoperti da stucco bianco.
Tra i numerosi frammenti di capitelli ionici a quattro facce inglobati nell'interro del tempio B, un esemplare è stato recuperato pressoché intatto. Il manufatto, intagliato nel calcare tenero fossilifero, presenta abaco formato da un listello piatto decorato da *kyma* ionico, al di sotto del quale si sviluppano quattro coppie di volute diagonali con spire a nastro concavo che si arrotolano tendendo leggermente verso il basso; lo spazio tradizionalmente spartito tra echino e porzione centrale del canale è occupato, in questo reperto, da una coppia di palmette fortemente arcuate che si dipartono dalla porzione inferiore delle volute e salgono verticalmente, convergendo prima verso l'asse centrale e poi discostandosene simmetricamente per ripiegare in direzione delle volute stesse, seguendo uno schema del tipo)(. Inferiormente, il capitello è chiuso da un astragalo composto da una successione alternata di perle abbastanza allungate ed elementi discoidali La decorazione naturalistica degli elementi vegetali permette di ravvisare qualche utile confronto in alcuni manufatti di produzione tarantina (cfr. Strazzulla 1972, 43, in relazione a Klumbach 1937, nn. 207, 270, tavv. 27-32), piuttosto che in area sannitica campana, come saremmo portati a credere sulla base dei dati archeologici riferibili al periodo successivo di vita del santuario, che attestano, effettivamente, l'impiego di maestranze provenienti dalla vicina Campania. Di pari passo con i rinvenimenti monetali, tra i quali abbondano bronzi della serie sestantale, anche il restante materiale architettonico, costituito da antefisse, antepagmenta e sime ritrovati in lacerti, per quanto difficilmente ricomponibile, permette di confermare coerentemente nel corso del III sec. a.C. la cronologia del primo assetto monumentale dell'area sacra. La distruzione violenta di cui il santuario fu fatto oggetto non può verosimilmente scendere oltre la fase delle incursioni annibaliche nel Sannio, né d'altro canto risalire alla data del 272 a.C., quando si verifica l'ultimo trionfo *de Samnitibus*; nel periodo compreso tra il 272 e il 217 a.C. non si registrano elementi storici tali da giustificare una tale devastazione, che, per contro, si inquadra bene nell'ambito delle operazioni di espoliazione di molti santuari italici messe in atto da Annibale per il sostentamento dei suoi eserciti.
Fine IV-III sec. a.C.

Strazzulla 1972, 43-44, tav. 13; La Regina 1976, 223-251

106. Campochiaro - Santuario di Ercole, edificio templare
Capitello di colonna - Tipo A Casteels

Calcare

Il santuario in località Civitella di Campochiaro, che sorge alle pendici del Matese, in un sito di notevole rilievo dal punto di vista topografico per il convergere in questa zona di alcuni percorsi fondamentali della transumanza, sembra potersi identificare con certezza nel luogo di culto dedicato ad Hercules Ranus, indicato nella zona tra Boiano e Sepino dalla Tabula Peutingeriana. Collocato nel cuore del Sannio Pentro, tale centro di culto rappresentava il principale santuario extraurbano del territorio boianese. Le indagini e gli scavi dell'area sacra hanno permesso di individuare almeno due livelli di terrazzamento, nel superiore dei quali era ubicato l'edificio templare. Dalle strutture superstiti si rende possibile ricostruire un edificio con planimetria composta da pronao ed unica cella, secondo un modello ricorrente del tempio italico. Per ciò che riguarda l'alzato, mentre non vi sono tracce di un podio modanato, forse sostituito da un semplice dado di base, si può ipotizzare una struttura prostila tetrastila con ante, e non è escluso un secondo allineamento di colonne alle spalle delle due angolari. Il nucleo più consistente di elementi architettonici attribuibili al tempio, che dovrebbe verosimilmente datarsi più o meno verso la metà del II sec. a.C., è costituito da parti di basi e di colonne con fusto scanalato, oltre a numerosi frammenti di capitelli ionici a quattro facce, tra cui un capitello d'anta rinvenuto quasi integro. I frammenti appartenenti ad un fregio dorico coronato da ovoli e dentelli, del tutto simile a quello proveniente da Vastogirardi e relativo al coronamento di un altare o di un donario, devono essere ascritti alla fase edilizia della metà del III sec. a.C., insieme alle strutture di un porticato.
Metà II sec. a.C.

Coarelli-La Regina 1984, 203-204; Sannio 1980, 202-206.

II.6 Abruzzo

107. Corfinio (Corfinium) - Prov. sconosciuta — Tav. XII, 107
Capitello di colonna - Tipo A Casteels
Corfinio - Museo Archeologico

Un capitello di tipo A Casteels, assimilabile per certi aspetti ad alcuni prodotti pompeiani, specialmente nel trattamento del *kyma* ionico dell'echino profondamente intagliato ed inclinato, è conservato nel locale Museo Archeologico.
II sec. a.C. (?)

Casteels 1976-77, 23, n. 7
D.A.I. Roma neg. n. 31.2890

II.7 Lazio

108. Trevi nel Lazio (Treba) – Edificio templare Tav. XII, 108 a-b
Capitello di colonna - Tipo B Casteels
Trevi nel Lazio – Collegiata di S.Maria (reimpiego nel Fonte Battesimale); deposito all'aperto presso il Castello Castani per i capitelli che erano invece prima esposti nella piazza principale

Pietra calcarea locale detta cardellino, porosa e facilmente lavorabile
h. tot. cap. 0,32; l. max. alle vol. 0,94; circ. al collarino 0,66
Esemplare in discreto stato di conservazione quello che è conservato all'interno della chiesa; gli altri sono piuttosto corrosi dala prolungata esposizione all'aperto

Nel moderno centro di Trevi nel Lazio, che sorge sul luogo dell'antica Treba, centro degli Equi conquistato dai Romani nel 304 a.C. (Liv. IX, 46, 17) e ricordato da Frontino (*De aquaed.* 93, 3) per le sorgenti dell'Aniene, si conservano sette grandi esemplari di capitelli di tipo ionico a quattro facce e palmette verticali, di cui uno è reimpiegato all'interno della Collegiata come componente del Fonte Battesimale, mentre gli altri sei, fino a qualche tempo fa visibili in Piazza S. Maria, sono stati rimossi da tale sede ed attualmente accatastati presso il Castello Castani (secondo quanto riporta D.A. Pierantoni nel suo "*Aniene illustrato*" – *Memorie del Lazio XI*, nel XVIII sec. i capitelli erano otto; il Gori dice che uno dei manufatti è in marmo e di dimensioni inferiori rispetto agli altri). Nonostante non sia stato finora possibile definire con certezza il luogo esatto del ritrovamento di questi reperti, le indicazioni disponibili fanno convergere l'attenzione in direzione dell'area nei pressi dell'ex vigna Cecconi fuori da Porta Maggiore, dove si registra la presenza di una serie di strutture a terrazzamenti affacciate sulla valle dell'Aniene, ed in particolare di una piattaforma con muri in opera poligonale su cui poggiava un edificio templare in *opus caementicium*. E' importante rilevare che il Gori segnalava, insieme ai capitelli, dei tronchi di colonne scanalati, anch'essi intagliati nella pietra locale chiamata cardellino, presumibilmente provenienti dal medesimo contesto antico (Gori 1855, 82); anche un disegno del Pierantoni conferma appieno questa associazione (Pierantoni, *Memorie del Lazio I*, f. 116) .
Per ciò che concerne la conformazione dei manufatti, sembra giustificato ricondurli ad epoca piuttosto antica, non solo per l'accentuata altezza del canale ma anche per l'aspetto degli ovoli del *kyma* ionico, che nella porzione inferiore piegano quasi ad angolo retto, riprendendo uno schema tipicamente arcaico. Osservando le palmette verticali eptalobate separate da un ampio spazio, nel complesso la struttura dei capitelli riflette abbastanza da vicino quella corrispondente al tipo II della classificazione Villa, sebbene se ne discosti per la modalità di avvolgimento del nastro della voluta, che risulta pressochè piatto e privo di aggetto, similmente a quello di due capitelli in nenfro dall'Ara della Regina (113-114).
Prima metà III sec. a.C.

Gori 1855, 82-83; Coarelli 1984, 117; Quilici Gigli 1987, 129-169, figg. 5-6; Coarelli 1997, 197 ss.

109. Tarquinia (Tarchna) Tav. XIII, 109
Capitello di colonna - Tipo B Casteels, Tipo IIB Villa
Firenze - Museo Archeologico, giardino (N. inv. 83754)

Nenfro
h. tot. cap. 0,30; l. max. alle vol. 0,87; d. 0,58
Esemplare intero in mediocre stato di conservazione

Questo capitello, collocato sopra due frammenti di colonna, anch'essa in nenfro, scanalata per metà della superficie, è attualmente sistemato nel giardino del Museo Archeologico di Firenze; dai documenti d'archivio risulta che i tre elementi architettonici, di sicura derivazione tarquiniese, furono acquistati nella stessa occasione (1907). Il manufatto, in mediocre stato di conservazione ed ormai fortemente compromesso dalla corrosione in gran parte delle sue componenti strutturali e decorative, mostra un echino decorato da ovoli profondamente intagliati, con una resa non lontana da quella riscontrabile in certi esemplari soluntini, e volute a nastro lievemente convesso, che si avvolgono aggettando verso l'esterno "en corne de bélier".
Privo di sommoscapo, il capitello afferito nella raccolta fiorentina è caratterizzato da un'ornamentazione più elaborata rispetto a quella degli altri esemplari recuperati a Tarquinia, e marcata in modo specifico dalla presenza della foglia di acanto al centro della fascia del canale, che ne autorizza l'inserimento nella variante B del tipo II Villa 1988; è proprio questo peculiare motivo vegetale, diffuso in un ristretto numero di reperti, per lo più siciliani, a rivelarsi di particolare valore nel testimoniare la reciproca influenza che coinvolge le serie ionica e corinzia.
III sec. a.C.

Shoe 1965, 200, tav. LXIII, 5; Villa 1988, 30, tav. XLII, 6; cfr. inoltre Milani 1912, I, 228 J.
D.A.I. Roma neg. n. 79.3833

110. Tarquinia (Tarchna) - Ara della Regina Tav. XIII, 110
Capitello di colonna - Tipo B Casteels, Tipo II Villa
Tarquinia - Museo Archeologico, cortile

Nenfro
h. tot. cap. 0,28; l. alle vol. 0,68; l. ab. 0,68; h. ab. 0,06; h. can. 0,12; h; ech. 0,10
Esemplare intero in discreto stato di conservazione

Il capitello è attualmente impilato insieme ad altri tre di analoga tipologia ionico-italica e dimensioni leggermente differenti lungo il braccio frontale del cortile d'ingresso del palazzo che ospita il Museo. Questo gruppo, in base ai confronti fotografici e di testo con i materiali pubblicati da Romanelli e Cultrera, dovrebbe presumibilmente essere pertinente a porzioni delle strutture architettoniche di qualche edificio compreso nel contesto santuariale della Civita, se non proprio allo stesso tempio.

Il manufatto in questione presenta volute a nastro lievemente convesso che si avvolgono formando spire aggettanti verso l'esterno "en corne de bélier". La linea d'unione dei due occhi cavi passa per il centro dell'echino. Il *kyma* ionico è composto da tre ovoli interi, scolpiti in modo accentuato. Le palmette verticali sono formate da nove petali.
La cronologia del complesso templare, fissata dal Romanelli nel periodo tra la fine del IV e gli inizi del III sec. a.C., è confermata al III sec. da Torelli (Romanelli 1948, 251; Torelli 1976, 100).
III sec. a.C.

Cultrera 1943, 122, fig. 75.

111. Tarquinia (Tarchna) - Ara della Regina Tav. XIII, 111
Capitello di colonna - Tipo B Casteels, Tipo II Villa
Tarquinia - Museo Archeologico, cortile

Nenfro
h. tot. cap. 0,22; l. alle vol. 0,56; h. ab. 0,04; h. can. 0,12; h. ech. 0,06
Esemplare intero in discreto stato di conservazione

Questo capitello, di dimensioni lievemente ridotte rispetto al precedente, presenta il medesimo schema e la medesima trattazione delle volute avvolte "en corne de bélier", aggettanti verso l'esterno.
III sec. a.C.

Delbrück 1907-1912, 155; Cultrera 1943, 122, fig. 76

112. Tarquinia (Tarchna) - Ara della Regina Tav. XIII, 112 a-b
Capitello di colonna - Tipo B Casteels, Tipo II Villa
Tarquinia - Museo Archeologico, cortile

Nenfro
h. tot. cap. 0,11; l. alle vol. 0,35; h. ab. 0,03; h. can. 0,04; h. ech. 0,04
Esemplare intero in mediocre stato di conservazione

Questo capitello, di misure assai ridotte rispetto agli altri due esemplari sopra ricordati, condivide con essi lo stesso schema. Le volute sono a nastro piatto e si avvolgono secondo la modalità "en corne de bélier". Le folte palmette a sette petali salgono fino a toccare il bordo superiore dell'abaco. Un dato da sottolineare è la presenza di tre incassi quadrati ritagliati al centro di tre dei quattro lati del capitello, forse per l'alloggiamento di inserti lignei (per es. travetti). Per quanto non vi sia assoluta certezza, il "capitellino" possiede caratteristiche tali da far per lo meno ipotizzare che esso sia proprio quello che Romanelli ricordava aver notato in giacenza "tra le rovine del tempio", in seguito recuperato dal sito archeologico e trasportato al Museo per una migliore conservazione.

III sec. a.C.

Inedito

113. Tarquinia (Tarchna) - Ara della Regina Tav. XIII, 113
Capitello di colonna - Tipo B Casteels
Tarquinia - Museo Archeologico, cortile

Nenfro
h. tot. cap. 0,28; l. alle vol. 0,73; l. ab; 0,73; h. ab. 0,04; h. can. 0,11; h. ech. 0,08
Esemplare intero in discreto stato di conservazione

Questo capitello, di notevoli dimensioni, conserva ancora in superficie le tracce dello strato di scialbatura color bianco crema che serviva da base per l'applicazione dello stucco e del colore. Si tratta di un esemplare con volute a nastro lievemente concavo profilato da un listello; le spire si arrotolano su se stesse per due giri, chiudendo l'occhio con un bulbo sporgente. La linea immaginaria che unisce i due oculi divide più o meno a metà l'echino, decorato con il consueto *kyma* ionico a tre ovoli. Di questi, mentre quello centrale resta perfettamente libero, i due laterali nella versione rifinita dovevano essere parzialmente obliterati dalle palmette di forma bombata che si ergono verticalmente fino a toccare il bordo superiore dell'abaco.
Attualmente il capitello si trova impilato con gli altri tre reperti sopra menzionati nel portico settentrionale del Museo.
III sec. a.C.

Cultrera 1943, 122, fig. 74; cfr. Romanelli 1948, 251-252.

114. Tarquinia (Tarchna) - Ara della Regina Tav. XIII, 114 a-b
Capitello di colonna - Tipo B Casteels
Tarquinia - Museo Archeologico, cortile

Nenfro
h. tot. cap. 0,25; l. ab. 0,65 (max. cons.); l. alle vol. 0,72; h. ab. 0,05; h. can. 0,13; h. ech. 0,07
Esemplare intero in discreto stato di conservazione, parzialmente spezzate le volute

Questo capitello di grandi dimensioni, poggia attualmente su una base dello stesso materiale lapideo, che non è escluso possa essere pertinente proprio alla colonna cui afferiva anche il sopradetto reperto. Analogamente a quanto si nota nel reperto n. 113, l'esemplare è caratterizzato da ampie volute a nastro piatto profilato da listello a rilievo, anch'esso piatto, con oculi chiusi da un bulbo sporgente. La linea ideale che unisce i due occhi passa tangente al bordo superiore dell'echino. Quest'ultimo è composto da tre ovoli ben intagliati, i due laterali parzialmente coperti dalle palmette a nove digitazioni piuttosto semplici nella resa. Si osserva la notevole ampiezza del canale, che assume un andamento arcuato nella sua parte superiore. Il manufatto, di sicuro impatto visivo, non

è tra quelli considerati dal Cultrera (Cultrera 1943); al contrario, risulta fotografato dalla Casteels, che lo include tra quelli pertinenti all'Ara della Regina.
III sec. a.C.

Casteels 1976-1977, 23, tav. VI, b

115. Tarquinia (Tarchna) - Ara della Regina (?) Tav. XIII, 115 a-b
Capitello di pilastro - Tipo B Casteels, Tipo II Villa
Tarquinia - Museo Archeologico

Nenfro
l. 0,80
Esemplare frammentario non più rintracciabile nei depositi del Museo

Secondo il Romanelli un grande frammento di capitello di pilastro ionico-italico da Tarquinia (115 a) poteva a buon diritto appartenere all'edificio templare della Civita (Romanelli 1948, 251). Il Cultrera, dal canto suo, indica Vulci come luogo di provenienza del manufatto (Cultrera 1943, 121, fig. 73); tuttavia nello stesso testo riporta l'immagine di un ulteriore lacerto di capitello ionico-italico di pilastro (115 b; cfr. Cultrera 1943, 121, fig. 77) da Tarquinia, che denota evidenti analogie con il primo reperto. Quindi, pur sussistendo ad ora il dubbio sulla provenienza effettiva del pezzo menzionato dal Romanelli - di cui, in effetti, non è stato possibile riscontrare la presenza nel Museo di Tarquinia -, l'appartenenza al complesso della Civita mi sembra che possa ritenersi del tutto verosimile. Dal punto di vista morfologico, l'esemplare presenta volute piuttosto serrate a nastro convesso concludentesi intorno ad un occhio cavo; il canale è relativamente alto e segue un andamento rettilineo; delle palmette rimangono solo labili tracce. Il modellato si avvicina particolarmente a quello degli esemplari nn. 110-112.
III sec. a.C.

Cultrera 1943, 121-122, fig. 73; Romanelli 1948, 251, fig. 38.

116. Tarquinia (Tarchna) - Tempietto in loc. Ortaccio (?) Tav. XIII, 116
Capitello di colonna - Tipo B Casteels, Tipo II Villa
Tarquinia - Museo Archeologico, magazzini

Nenfro
h. tot. cap. 0,23; l. alle vol. 0,23; h. ech. 0,07
Esemplare frammentario in mediocre stato di conservazione

Il capitello, conservato per poco più di una metà, risulta molto danneggiato. L'abaco è andato completamente perduto. Le volute sono abrase, quando non spezzate, ma dall'unica, piccola porzione conservata si evince che avessero nastro convesso profilato, arrotolandosi "en corne de bélier" intorno ad un occhio cavo. La linea immaginaria che unisce i due occhi nella stessa faccia passa per il centro dell'echino. Il *kyma* ionico si

presenta con ovoli profondamente incisi. Delle palmette restano tracce assai esigue. Al centro della superficie superiore del reperto è ben visibile la presenza di un incavo tondeggiante, profondo circa 2 cm, funzionale al fissaggio del pezzo all'architrave. Per quanto riguarda la provenienza del manufatto, da una comunicazione verbale del Sig. U. Magrini si apprende che esso debba riferirsi alla struttura templare rinvenuta in loc. Ortaccio, che le terrecotte architettoniche permettono di datare anch'esso al III sec. a.C., grazie al confronto con i materiali fittili della coeva fase edilizia dell'Ara della Regina.
III sec. a.C.

Inedito

117. Tarquinia (Tarchna) - Prov. sconosciuta Tav. XIII, 117
Capitello di colonna - Tipo B Casteels, Tipo II Villa
Tarquinia - Museo Archeologico, magazzini

Nenfro
h. tot. 0,24; h. tot. cap. 0,12; l. alle vol. 0,37; h. ab. 0,02; h. can. 0,06; h. ech. 0,04
Esemplare intero in mediocre stato di conservazione

Il capitello, di piccole dimensioni, é l'unico tra quelli tarquiniesi a mostrare un alto collarino, ornato a rilievo con il motivo di rosette a quattro petali alternate ad un festone ondulato. Questo alto *hypotrachelion* decorato, che costituisce un dettaglio di assoluta eccezionalità anche in rapporto al resto del repertorio ionico-italico peninsulare, riecheggia invece con precisi richiami un esemplare della produzione ionico-siceliota (cfr. 27). Lo stesso dicasi per la struttura del capitello vero e proprio, composto da volute alte e compatte, situate al di sopra della linea dell'echino, quest'ultimo basso e superficialmente intagliato. Un collarino formato da grosse perle allungate alternate a dischetti segna il passaggio alla porzione inferiore del manufatto; anche tale elemento contribuisce a rafforzare le affinità con il confronto sopra evidenziato.
Dal punto di vista tecnico, va sottolineata la presenza di due incassi quadrati, uno visibile nella superficie inferiore del capitello, per l'inserimento del perno ligneo funzionale al fissaggio al fusto della colonna, l'altro ricavato nello spazio tra le volute al di sopra dell'echino, atto ad alloggiare con verosimiglianza un travetto.
Le misure ridotte rendono verosimile l'appartenenza del reperto ad una piccola struttura architettonica, per esempio un'edicola.

Inedito

118. Anagni (Anagnia)- Edificio non meglio identificato nei pressi della chiesa di S. Andrea Tav. XIII, 118
Capitello di colonna - Tipo B Casteels, Tipo II Villa (?)
Anagni - Chiesa di S. Andrea, cripta

Esemplare intero in discreto stato di conservazione

Negli anni '30, durante la costruzione della canonica, si rinvennero delle strutture antiche non meglio identificate. E' possibile che ad esse appartenga la colonna scanalata in marmo bianco conservata nella cripta della chiesa di S. Andrea, su cui si imposta un capitello ionico. Il manufatto presenta abaco liscio dalla curvatura frontale piuttosto accentuata, canale alquanto sviluppato in altezza a svantaggio dell'echino, e palmette verticali a sette foglie molto folte; le volute si avvolgono in due giri aggettando verso l'esterno. Nel complesso la conformazione fa pensare ad una datazione in epoca piuttosto alta (III-II sec.a.C.); tuttavia si tratta di una ipotesi che attende un riscontro oggettivo, non essendo stato possibile da parte di chi scrive controllare personalmente il materiale del reperto e la sua effettiva pertinenza al fusto di colonna su cui è montato attualmente.
III-II sec.a.C.

Mazzolani 1969, 86, fig. 104

119. Nepi (Nepet)- Prov. sconosciuta Tav. XIII, 119
Capitello di colonna - Tipo B Casteels, vicino al tipo II Villa
Castel S. Elia – Basilica, reimpiego

Tufo
h.tot. cap. 0,36; l. ab. 0,90; l. max alle vol. 0,90; h. ab. 0,05; h. can. 0,15; h. ech. 0,08; d. 0,78
Esemplare intero

Il capitello, conservato insieme ad altri materiali epigrafici e scultorei presso la chiesa di S. Elia, sotto la rupe del Castello, è caratterizzato da un aspetto che lo accomuna strettamente alla produzione ionico-italica più tipica, in particolare al raggruppamento definito come tipo II della classificazione Villa 1988. L'esemplare di Nepi, chiuso inferiormente da un collarino a bastoncino, presenta volute a nastro piatto profilate da un bordino anch'esso piatto, che si chiudono in un piccolo occhiello cavo. I due *oculi* sono posti ad altezza superiore al margine più alto dell'echino, del quale rimane visibile frontalmente un solo ovolo tagliato a tre quarti. Lateralmente, originandosi da foglie carnose, nascono le palmette comchigliformi ad undici digitazioni, lievemente convergenti verso l'asse mediano della fronte del capitello. L'abaco, che si estende fino al livello delle volute sottostanti, mostra spigoli tagliati da cui partono le frastagliate foglioline protezionali.
III-II sec.a.C.

Ziino 1941, fig. 19; Gamurrini 1972, 216, 232, fig. 147, tav. III; Villa 1988, 31.

120. Tivoli (Tibur)- Tempio rettangolare dell'Acropoli Tav. XIII, 120
Capitello di colonna (tre quarti di colonna) - Tipo A Casteels
in situ

Travertino
Esemplare in pessimo stato di conservazione

Sul versante orientale dell'acropoli di Tivoli nel punto che domina lo strapiombo dove si getta l'Aniene a formare le celebri cascate, si ergevano due tempietti, trasformati in epoca medievale nelle chiese di S. Giorgio e S. Maria Rotonda, e dei quali è possibile ancora osservare i resti. Il più antico dei due è l'edificio rettangolare, prostilo tretrastilo pseudoperiptero, che poggia su una piattaforma in *opus quadratum* di tufo a regolarizzare il piano di posa naturale in forte pendenza. Il podio (h. 1,76 m), come l'alzato, è in opera quadrata di travertino, con modanature a semplice gola rovescia in basso e in alto. L'originaria scalinata d'accesso è ormai scomparsa. Della fronte tetrastila del tempio rimangono le due colonne laterali, mutilate della porzione superiore e del capitello. Le pareti della cella erano chiuse anteriormente da tre quarti di colonna. Altre quattro semicolonne sui lati lunghi e sul lato posteriore rifinivano i prospetti esterni.
E' conservato un solo capitello, appartenente al retro dell'edificio (per la precisione il secondo da nord): si tratta di un capitello ionico diagonale con un sottilissimo abaco che, oltre a permettere di riconoscere l'ordine del tempio, consente di datare il monumento alla metà del II sec. a.C., in pieno accordo con quanto suggerito dall'assenza dell'*opus caementicium* nella struttura e dal tipo di sagome delle basi di colonna e del podio.
Metà II sec. a.C.

Delbrück 1907-1912, 14-16; Giuliani 1970, 126-132, fig. 118; Coarelli 1984, 91-92; Coarelli 1987, 85-112, in part. 103-110

121. Palestrina (Praeneste)- Tomba detta "il Torrone" Tav. XIV, 121
Capitello di colonna - Tipo B Casteels
in situ

Travertino
h. tot. cap. 0,33; l. ab. 0,55
Esemplare frammentario

Un capitello ionico-italico in condizioni frammentarie, con folte palmette verticali a sette lobi, è stato rinvenuto insieme ad altri materiali, all'interno di una monumentale tomba prenestina, che per la tecnica edilizia in opera cementizia con rivestimento di laterizi viene datata ad epoca imperiale. Si è quindi escluso, per il divario cronologico, che il capitello potesse essere pertinente al complesso sepolcrale (Muzzioli 1970, 67). In realtà, nulla vieta di pensare che l'esemplare sia testimonianza superstite di una precedente sistemazione tombale su cui si impiantò il monumento attualmente conservato.
Morfologicamente, il manufatto si contraddistingue in particolar modo per un canale molto spazioso, in contrasto con l'echino decorato a *kyma* ionico, molto più basso e fortemente incurvato verso l'interno, disponendosi su un piano assai obliquo rispetto alla verticale della faccia. Le volute sono formate da spire a nastro piatto profilato da un grosso bordo, che si arrotolano su se stesse su un piano ortogonale e sono chiuse nell'occhio da un bottone sporgente.

Età repubblicana

Muzzioli 1970, 67, fig. 81. Sulla necropoli, cfr. Coarelli 1992, 253-267

122. Palestrina (Praeneste) - Tempio della Fortuna, terrazza dei fornici a semicolonne
Capitello di semicolonna - Tipo B Casteels Tav. XIV, 122
in situ

Travertino
h. tot. 0,425; h. tot. cap. 0,225; l. max alle vol. 0,725; l. ab. 0,725; h. ab. 0,05; h. ech. 0,10
Esemplare intero in mediocre stato di conservazione

Immediatamente al di sotto della terrazza della Cortina, i fornici che si aprono ai lati della scalinata, immettendo in un criptoportico, sono inquadrati da semicolonne sulle testate dei muri divisori, in buona parte conservatesi sotto all'attuale livello di calpestio della piazza. Si sono preservati, molto corrosi, solo i capitelli delle colonne alle estremità. Un esemplare, conservatosi grazie al suo reimpiego entro murature moderne, evidenzia le caratteristiche proprie dell'ordine ionico-italico, con volute angolari e palmette che si innestano obliquamente ai lati dell'echino decorato a *kyma* ionico. Il tipo è analogo a quello che si riscontra nella Terrazza degli Emicicli.
Ultimo quarto del II sec. a.C.

Per i capitelli, cfr. Fasolo-Gullini 1953, 170, fig. 248, tav. XXIII, 8. Per la datazione del complesso all'ultimo quarto del II sec. cfr. Bodei Giglioni 1977, 72 ss.; Lauter 1979, 390-394; Coarelli 1976, 337-339; Coarelli 1987, 36-84.

123. Palestrina (Praeneste) - Tempio della Fortuna, terrazza degli Emicicli
Capitello di colonna - Tipo B Casteels Tav. XIV, 123
in situ

Travertino
h. tot. 0,39; h. tot. cap. 0,24; l. max alle vol. 0,73; h. ech. 0,07; h. ab. 0,035; l. ab. 0,70
Esemplare intero in buono stato di conservazione per una metà

Le colonne intere dell'Emiciclo orientale, composte da basi attiche prive di plinto e fusti ritmati da venti scanalature separate da listelli, ci sono giunte piuttosto corrose nella parte superiore, che comprende una bassa fascia piana conclusa da un'apofige poco accentuata, sormontata da un tondino rifinito da un sottile listello, al di sopra della quale si innesta il capitello. In corrispondenza dell'esedra occidentale uno di questi si è conservato abbastanza bene per permettere di cogliere le caratteristiche principali dell'ordine ionico del colonnato semicircolare. Si tratta di un esemplare di capitello ionico-italico, con *kyma* ad ovoli profondamente intagliati e palmette che si innestano obliquamente ai lati delle volute. Queste ultime sono particolarmente piccole, con due soli avvolgimenti. L'altezza dell'echino risulta pari a quella del canale. L'abaco dal profilo ad ovolo con alla base un listello, presenta una planimetria fortemente incurvata

a seguire la concavità delle facce a volute, inclinate come di norma verso il basso. Le dimensioni del sopradetto reperto corrispondono puntualmente a quelle degli altri due assai danneggiati conservati *in situ* nell'emiciclo orientale, ed anche il diametro dell'appoggio sulla colonna coincide con quello dei fusti di colonna dell'emiciclo. Tra i molti frammenti rinvenuti nell'area, numerosi sono quelli pertinenti alle palmette che ornavano originariamente i rispettivi capitelli.
Ultimo quarto del II sec. a.C.

Per i capitelli, cfr. Fasolo-Gullini 1953, 131-132, fig. 198, tav. XIX, 1. Per la datazione del complesso all'ultimo quarto del II sec. cfr. Bodei Giglioni 1977, 72 ss.; Lauter 1979, 390-394; Coarelli 1976, 337-339; Coarelli 1987, 36-84.

124. Roma - Palatino, tempio della Magna Mater Tav. XIV, 124
Capitello di colonna - Tipo B Casteels, vicino al tipo IIB Villa
Deposito Soprintendenza

Peperino
h. tot. 0,27; h. tot. cap. 0,125; l. ab. 0,375; l. max alle vol. 0,39; h. ab. 0,025-0,03; h. ech. 0,025
Esemplare intero in discreto stato di conservazione

Il tempio della Magna Mater sul Palatino, identificato nei resti posti tra le capanne arcaiche e la *Domus* Tiberiana, in una ubicazione prossima alla residenza di Augusto, venne edificato nel periodo compreso tra 204 e 191 a.C., dopo l'introduzione del culto della dea dall'Asia Minore (Pessinunte), durante gli ultimi anni della seconda guerra punica per consiglio dei *libri Sibyllini*. Il complesso santuariale, indagato a più riprese, è costituito da tre nuclei, di cui il primo comprendente il tempio e la grande platea antistante con il quartiere sotterraneo, il secondo rappresentato dall'area porticata ad ovest del tempio, il terzo dai vani di servizio per il clero e da ambienti per la celebrazione degli *Hilaria*. Sono documentati numerosi interventi di sistemazione e restauro, tra cui si ricordano, in particolare, quello immediatamente successivo all'incendio del 111 a.C., compiuto a cura di un Metello (C. Cecilio Metello Caprario, console nel 113 a.C., oppure Q. Cecilio Metello Numidico, console del 109 a.C.), e l'altro del periodo augusteo, che portò alla nuova dedica del tempio nel 3 d.C. Il basamento attualmente visibile in opera incerta molto rozza, è quello originario risalente agli inizi del II sec. a.C. (204-191 a.C.), mentre appartengono alla fase post- incendio del 111 a.C. i restauri in opera quasi reticolata; di epoca augustea sono le colonne di peperino che giacciono accanto al podio, con i relativi capitelli corinzi.
Alcuni frammenti architettonici rinvenuti nel corso di alcuni saggi di scavo sono tuttavia indizi preziosi per risalire agli ordini architettonici impiegati nelle fasi precedenti. Sicuramente discordante dai capitelli augustei per cronologia e stile si configura un lacerto di spirali di voluta accostate a sezione convessa, tratto che è un elemento tipico della produzione ionico-italica. Proprio un esemplare ionico con volute diagonali è stato recuperato nel saggio E nell'angolo sud-est della cella del tempio: si tratta di un capitello semilavorato nel lato rivolto verso la parete ed intagliato in un blocco unico con il sommoscapo a sedici scanalature della colonna cui era destinato. Morfologicamente il manufatto è caratterizzato in ciascuna faccia da due palmette

nascenti da un bocciolo a lunetta, che salgono verticalmente ai lati di un echino con *kyma* ionico piuttosto basso; due peculiarità degne di nota sono il canale delle volute ampio e curvo, e l'insolito motivo centrale costituito da due calici sovrapposti di foglie d'acanto. Visto il contesto di rempiego del pezzo, non è agevole decidere se l'ordine ionico-italico della cella fosse pertinente all'allestimento templare della fase metelliana, oppure riguardasse la situazione originaria del tempio. Entrambe le alternative sono, ora come ora, da tenere in considerazione. Risposte più sicure relativamente a tale questione potranno emergere, tuttavia, dal prosegue delle indagini.
II sec. a.C.

Pensabene 1981, 101-118, in part. 114-116, fig. 6, tav. XX, 11; cfr. anche Pensabene 1978, 67 ss.; Pensabene 1989, 54 ss.; Villa 1988, 31, nota 83.

125. Roma - Palatino, Casa dei Grifi — Tav. XIV, 125 a-b
Capitello di pilastro - Tipo A Casteels
Deposito Soprintendenza

Peperino

La Casa dei Grifi sul Palatino, databile al periodo 120-110 a.C., tra i resti architettonici ha restituito due esemplari di capitello con volute in diagonale e semipalmette ad andamento orizzontale (serie A della classificazione Casteels 1976-77), che mostrano nella parte frontale dell'anta l'innesto con foglie d'acanto e cauli ascendenti terminanti in una rosetta, testimoniando anche in questo caso l'interessante commistione dell'ordine ionico con il corinzio. Le volute sono costituite da spire a nastro piatto profilato da un listello, che ricadono verso il basso; il collarino con giro di perle allungate e fuseruole si colloca all'altezza dell'occhio delle volute, mentre il fregio con *kyma* ionico, di cui rimane scoperto solo l'ovolo centrale, è posizionato dove normalmente si snoda il canale, che è ridotto qui ad una striscia sottilissima al di sotto dell'abaco modanato.
I manufatti, nella cui superficie si segnalavano al momento del recupero evidenti tracce dello stucco in cui erano stati modellati forme ed ornati, dovevano appartenere a semicolonne addossate a pilastri che decoravano i lati di una grande apertura architravata della dimora.
120-110 a.C.

Marella Vianello 1947, 21, tav. 33; Villa 1988, 34, nota 105

126. Aquino (Aquinum) - Arco sulla via Latina — Tav. XIV, 126
Capitello di colonna - Tipo A Casteels
in situ

Travertino
Esemplari in mediocre stato di conservazione

Appena fuori dal paese, vicino alla chiesa medievale di Santa Maria della Libera, corre il canale di alimentazione di una cartiera; ad esso fa da chiusa un arco, ora quasi in rovina, di cui, oltre ai ruderi attuali che sono visibili in minima parte, resta anche uno schizzo nel Taccuino senese del Sangallo, al foglio 26. Il monumento doveva precedere come entrata "trionfale" l'accesso da occidente della Via Latina alla città romana di Aquinum.
Di dimensioni non imponenti ma armonioso nell'effetto compositivo globale, l'arco, largo in facciata 6,10 m, è edificato in opera quadrata di travertino locale ed è caratterizzato da cunei monolitici che disegnano un fornice a tutto sesto la cui luce misura 3,70 m; la struttura poggia su semicolonne a fusto liscio coronate da capitelli ionici diagonali, mentre sui quattro spigoli più esterni la costruzione è conclusa per tutta l'altezza da semicolonne corinzie binate. Analoga allo schema della facciata dell'arco, ad eccezione della sostituzione dei pilastri alle colonne, è la porzione centrale del veronese arco dei Gavii. Lo stile dei capitelli e l'aspetto generale della costruzione rendono senz'altro preferibile attribuire al monumento una datazione intorno agli anni 40-30 a.C., contemporaneamente, dunque, alla fondazione della colonia triumvirale, piuttosto che scendere all'età augustea, come proposto da Cagiano de Azevedo.
40-30 a.C. (fase della colonia triumvirale)

Cagiano de Azevedo 1938, 41-44, figg. 1-6; Cagiano de Azevedo 1949, 44-46, fig.4, tavv. V-VI; Coarelli 1964, 51-54; Giuliani 1964, 41-49; Coarelllli 1984, 211-212

127. Roma - Prov. sconosciuta
Capitello di colonna - Tipo A Casteels
Roma - Chiesa di S. Clemente, reimpiego

Il capitello, datato da Strong all'età augustea, sormonta una colonna nella chiesa romana di S. Clemente.
Età augustea (?)

Strong. 1960, 120, n. 9; Casteels 1976-77, 24, n. 13

128. Rieti (Reate) - Prov. sconosciuta
Capitello di colonna - Tipo A Casteels
Rieti - Cattedrale, reimpiego nella cripta

Capitello reimpiegato a coronamento di una colonna nella cripta della cattedrale.

Palmegiani 1932, 187; Casteels 1976-77, 23, n. 11.

129. Vulci - Prov. sconosciuta
Capitello di colonna - Tipo B Casteels
Roma - Museo di Villa Giulia

Nenfro
Elemento in condizioni frammentarie

In contrasto con il capitello diagonale di Cosa (n. 132) in cui l'echino presenta strette affinità con il profilo dei modelli greci, in questo esemplare tale partito decorativo sporge considerevolmente in avanti rispetto alla linea dell'abaco e delle volute. Le spire piatte, l'ovolo quasi quadrato e il largo astragalo aggettante sono i tratti caratterizzanti del capitello.

Shoe 1965, 201, tav. LXIII, 6

130. Vulci - Prov. sconosciuta
Capitello di colonna - Tipo B Casteels
Vulci - Museo del Castello

Nenfro

L'esemplare si distingue in particolare per la caratteristica delle volute con nastro a profilo concavo anziché convesso, terminanti in un occhio bulboso (cfr. anche gli esemplari tarquiniesi nn. 113-114).

Casteels 1976-1977, 11; Villa 1988, 31, nota 91
D.A.I. Roma neg. n. 76.2814

II.8 Toscana

131. Chiusi (Clusium) - Provenienza da contesto tombale (?) non meglio specificato
Capitello di pilastrino - Tipo C Casteels Tav. XIV, 131
Chiusi - Parco dei Forti

Arenaria giallognola a grana grossa ma compatta
h. tot. cap. 0,28; l. ab. 0,44; l. pilastrino 0,29

Questo capitello presenta forme tozze e fortemente squadrate, caratterizzate da un rapporto molto vicino tra altezza e larghezza e della linearità dell'ornamentazione. Tali qualità si riscontrano in altri manufatti rinvenuti in area etrusca, come l'esemplare da Vulci a Villa Giulia o quelli che ornano i pilastri relativi all'ordine superiore dell'arco di Augusto a Perugia. Come in questi ultimi (134), anche nel pezzo chiusino è da segnalare l'elemento decorativo centrale costituito da un grande motivo floreale.
III sec. a.C. (?)

Bianchi Bandinelli 1925, 238 e 242, n. 6

132. Cosa - Basilica, *tribunal* Tav. XIV, 132 a-b
Capitello di colonna - Tipo A Casteels
Cosa - *Antiquarium*

Tufo
h. tot. cap. 0,188; l. ab. 0,418
Esemplare mediocre in discreto stato di conservazione

Dagli scavi della Basilica di Cosa, uno degli esempi più antichi di questa categoria di edificio, proviene un capitello ionico a quattro facce recante segni di bruciato ed ascrivibile con ogni probabilità alla struttura del *tribunal*. L'esemplare, dall'aspetto complessivo tutto sommato abbastanza massiccio, mostra, al di sotto di un abaco dritto con spigoli tagliati, volute a nastro piatto che si avvolgono intorno ad un piccolo occhio cavo; ogni coppia angolare entra in contatto con modalità piuttosto rigide, descrivendo nell'angolo sottostante l'abaco una zona più o meno triangolare. In ciascuna faccia, due semipalmette bilobate nascono dall'occhio delle volute convergendo orizzontalmente verso la porzione centrale del canale, molto sviluppato in altezza. L'echino è ornato da un *kyma* ionico che corre tutt'intorno alla circonferenza del capitello senza interrompersi in corrispondenza delle volute; gli ovoli, decurtati di un terzo, sono grandi ed arrotondati nella parte inferiore, presentando un contorno regolare molto vicino alle proporzioni greche classiche. Immediatamente al di sotto del fregio ad ovoli è posto il collarino a fascia liscia, delimitata superiormente dall'astragalo; quest'ultimo è costituito dalla successione alternata di fuseruole discoidali e perle di forma estremamente allungata, con proporzioni un po' disarmoniche rispetto agli ovoli. Tuttavia, a proposito di rapporti proporzionali e tecniche di lavorazione, un elemento di grande interesse è rappresentato dai segni di quattro circonferenze concentriche ed un diametro incisi nella faccia superiore dell'abaco, che servivano allo scultore come termini di riferimento per le misure delle varie componenti strutturali e decorative del capitello.
150-140 a.C.

Shoe 1965, 200, tav. LXIII, 5; Cosa III, 218-219, fig. 65, tav. 237

II.9 Umbria

133. Perugia (Perusia) - Arco di Augusto Tav. XIV, 133
Capitello di pilastro - Tipo B Casteels, Tipo II Villa
in situ

Travertino
h. tot. cap. 0,23; l. max. alle vol. 0,70; l. ab. 0,73; h. ab. 0,05-0,07; h. ech. 0,09
Esemplari interi in discreto stato di conservazione

Il tipo della porta monumentale ad arco, diffusa sia in Grecia che in Magna Grecia già nel IV secolo (Oiniadai, Velia), prende piede nell'architettura dell'Italia centrale in età medio-repubblicana: a Cosa e a Paestum con l'istituzione della colonia nel 273 a.C., a Falerii Novi poco dopo il 241 a.C., e più o meno nello stesso periodo anche a Perugia, dove sono due gli accessi monumentali che seguono tale schema. L'esempio della Porta dei Leoni a Verona mostra poi chiaramente che alla metà del I sec. a. C. esso si trova già diffuso anche nel nord Italia.
Rivolto verso settentrione in direzione di Gubbio, il perugino Arco di Augusto, la cui datazione al II sec. a.C. tradizionalmente accettata dovrà essere sensibilmente rialzata in base a valide motivazioni di carattere storico-archeologico, consta di due enormi torrioni di forma trapezoidale, rastremati superiormente, e di una facciata ornamentale al centro con uscita ad arco a tutto sesto, impostata obliquamente rispetto alla linea della cortina muraria. L'arco d'ingresso è marcato superiormente da due filari concentrici di conci e da una cornice a cavetto, al di sopra del quale un filare aggettante forma la base del fregio scandito da piccoli pilastri ionici rastremati e metope riempite da scudi rotondi, su cui si imposta a sua volta la base di un piano superiore con un arco originariamente aperto, inquadrato da due alti pilastri ionici. I capitelli ionico-italici del fregio con scudi, rispondenti al tipo II della classificazione Villa 1988, presentano rigogliose palmette che si alzano verticalmente fino a lambire il limite superiore dell'abaco, prendendo origine da foglie di acanto che si sviluppano dal margine più basso delle volute. Queste sono costituite da spire a nastro concavo profilate da un bordo piatto ed avvolte intorno ad un occhio che si chiude in un bottone. Il *kyma* ionico che orna l'echino disegna tre ovoli tondeggianti accuratamente intagliati; l'altezza di questo partito decorativo supera di poco quella del soprastante canale, caratterizzato da una lieve inflessione nel suo margine superiore.
III sec. a.C.

Per la datazione al II sec. a.C., cfr. Riis 1934, 65 ss., fig. 12, cui si omologano: Defosse 1980, 725-820; Brands 1988, 164-167, figg. 158-160; Kleiner 1990, 167; Kleiner 1992, 168. Sostengono una datazione compresa tra IV e III sec. a.C.: Colonna 1986, 498, fig. 376; Roncalli 1989, 81-89, tav. 9; Kader 1994, 337.

134. Perugia (Perusia) - Arco di Augusto Tav. XIV, 134
Capitello di pilastro - Tipo C Casteels
in situ

Travertino
h. tot. cap. 0,43; l. max. alle vol. 1,30; l. ab. 1,30; h. ab. 0,10-0,14
Esemplari interi in discreto stato di conservazione

I due pilastri laterali dell'ordine superiore della porta, che inquadrano un arco in origine aperto, sono sormontati da altrettanti capitelli ionici di tipo C Casteels, con volute a nastro concavo profilate da un bordo piatto e terminanti in un occhio chiuso da un bottone. Il canale, fortemente inflesso nel suo margine inferiore, è ornato da un grande fiore centrale a cinque petali; l'echino è ridotto al minimo e risulta assente la consueta

decorazione a *kyma* ionico. L'abaco presenta spigoli tagliati e segue una forma lievemente convessa nella parte centrale.
III sec. a.C.

Per la bibliografia, cfr. scheda precedente.

II.10 Marche

135. Jesi (Aesis) - Località Contrada Paradiso — Tav. XIV, 135 a-b
Capitello di colonna - Tipo B Casteels
Jesi - Complesso di San Floriano, Museo Archeologico

Arenaria
h. tot. cap. 0,22; l. ab. 0,45; h. ab. 0,05; d. vol. 0,10
Esemplare intero in discreto stato di conservazione. Sono visibili tracce di stucco e colore

L'esemplare, rinvenuto negli anni '70 in località Contrada Paradiso nei dintorni di Jesi, presenta volute con nastro piatto profilato da un bordo a tondino, con spire aggettanti verso l'esterno, a formare un occhiello abbastanza grande. Ciascuna coppia angolare di volute è coperta da una foglietta protezionale con costolatura centrale e quattro lobi per parte, che esce fuori dallo spazio sottostante l'angolo dell'abaco; quest'ultimo elemento è contraddistinto da lati fortemente incavati verso il centro. L'echino a *kyma* ionico, assai poco sviluppato in altezza per lasciare spazio all'ampio canale soprastante, è decorato da un solo ovolo rotondeggiante piuttosto profondamente intagliato; ai lati di esso si innalzano in ciascuna faccia del capitello le folte palmette verticali, leggermente convergenti verso l'asse centrale, formate ognuna da nove digitazioni. Lunghe fino a toccare l'altezza dell'abaco, esse prendono origine da una carnosa foglia alla base, mostrando decise affinità con alcuni esemplari siciliani. Il pezzo conserva lievissime tracce del rivestimento di stucco colorato che doveva rifinirne la superficie.
In base alla forma, il manufatto può essere tendenzialmente inquadrato nel tipo I Villa 1988; non è fuori luogo ritenere che possa risalire ad una fase cronologica ancora piuttosto alta, coincidente con il processo di prima romanizzazione dell'area centrale adriatica, che ebbe importanti ripercussioni anche per Jesi e il suo territorio, sia che si intenda collocare tra il 247 e il 232 a.C. la fondazione della colonia romana impiantata su una bassa collina della riva sinistra dell'Esino, sia che si preferisca, invece, pensare ad una colonizzazione viritana dell'area (per la discussione al riguardo, si veda Brecciaroli Taborelli 1996-97, 6 ss., con il riferimento alla bibliografia precedente).
Ad ogni modo la presenza romana nella zona è confermata almeno dalla metà del III sec. a.C., epoca a cui risale, tra le altre cose, la prima attività di una bottega produttrice di ceramiche a vernice nera, rimasta operante per circa un secolo, tra i materiali ascrivibili alla quale si conta un *poculum* a vernice nera della seconda metà del III sec. a.C., recante graffito il nome G(aios) Aimilio(s), gentilizio di schietta origine urbana.
Seconda metà III sec. a.C. - II sec. a.C.

Luni 2004, 176, fig. 54

136. Monterinaldo - Santuario, porticato Tav. XV, 136
Capitello di colonna - Tipo B Casteels
in situ

Arenaria
Esemplari interi in discreto stato di conservazione

Nell'esplorazione del santuario ellenistico di Monterinaldo, iniziata nel 1957 e non ancora conclusasi, sono venuti alla luce, in parte rimontati, gli elementi architettonici riferibili ad un porticato, lungo in origine circa 63 m, costituito da un muro di fondo a grossi blocchi in arenaria e da una duplice fila di colonne, anch'esse in arenaria. Le colonne centrali del portico sono più alte (6,80 m) ed hanno capitelli di ordine ionico-italico; quelle esterne, di 4,75 m, sono di ordine dorico; all'estremità ovest del portico si nota un ambiente di 9x6 m, creato o restaurato più tardi, come fa presumere il tipo di capitello delle tre colonne ioniche che si ergono sulla fronte tra due paraste. Nell'area antistante la platea porticata sono visibili le fondazioni del tempio vero e proprio, tuscanico su alto podio. Le costruzioni recano i segni di due fasi di progressivo ampliamento, mentre tracce d'incendio sono visibili su alcuni gruppi coroplastici del frontone e dei fregi. Si può pensare ad una distruzione sopraggiunta durante le vicende drammatiche della guerra sociale, che fu combattuta aspramente anche nel territorio piceno. Nei capitelli ionico-italici del portico, il *kyma* a sgusci accentuati e ovoli abbastanza grandi e sporgenti che ne contraddistinguono la lavorazione, pur con la differenziazione delle palmette verticali, ricorda piuttosto da vicino esemplari come quello di Torre Annunziata e l'altro di Aeclanum (nn. 98 e 103), la cui datazione sembra accordarsi bene con quella proposta per una fase edilizia del santuario piceno, individuata nel periodo compreso tra la seconda metà del II sec. a.C. e l'inizio del I sec. a.C.
Seconda metà II - inizio I sec. a.C.

Mercando 1976, 171-172, figg. 79-80

II.11 Emilia Romagna

137. Bologna (Bononia)- Prov. sconosciuta Tav. XV, 137
Capitello di colonna - Tipo A Casteels
Bologna - Museo Civico Archeologico

Calcare
h. tot. cap. 0,22; l. ab. 0,382; h. ab. 0,079
Esemplare intero in buono stato di conservazione; leggera scheggiatura nelle volute

Allo stato attuale dei ritrovamenti, il tipo di capitello ionico a quattro facce nella sua variante ellenistico-italica risulta assai poco documentato in Emilia Romagna. Per ora è noto quest'unico esemplare da Bologna, che peraltro non risulta accompagnato da alcuna notizia riguardante la sua provenienza. Il pezzo è contraddistinto da quattro facce identiche, con volute a sezione leggermente convessa e delimitate da brevi listelli piatti, che si avvolgono "a corna di ariete". L'abaco, con lati fortemente inflessi e profilo modellato ad ovolo e cavetto, si presenta in una forma assai massiccia. Le semipalmette nascono come al solito dall'interno delle volute e tendono verso l'alto assumendo una forma fiammeggiante. L'echino è decorato da un *kyma* ionico ad ovoli allungati, con sgusci a margini spigolosi e poco rilevati, separati da lancette. Alla base si osserva l'astragalo, con perline ovoidali e strette fuseruole. Le piccole dimensioni del capitello fanno presumere che esso fosse impiegato in un partito architettonico minore. L'esemplare è simile ad altri della Cisalpina, datati alla prima metà del I sec. a.C., fra cui si segnala in particolare, per dimensioni e rapporti tra le singole parti, il capitello aquileiese n. 146.
Prima metà I sec. a.C.

De Maria 1983, 348, tav. XV, 4.

II.12 Lombardia

138. Milano (Mediolanum) (materiale da sterro all'angolo Via S. Prospero-Broletto - anno 1888) Tav. XV, 138
Capitello di pilastro - Tipo A Casteels
Milano - Museo Archeologico (N. inv. 173)

Calcare
h. tot. cap. 0,50; l. ab. 0,44
Esemplare frammentario in mediocre stato di conservazione. Voluta destra completamente scomparsa, al pari dell'intera sezione laterale destra. Spezzati gli ovoli, eccetto uno.

L'esemplare, appartenente alla serie dei capitelli ionico-italici considerati più tardi, in cui rientra la maggioranza dei pezzi aquileiesi, presenta un *kyma* ionico ad ovoli, ed un collarino ad astragalo. La voluta è decorata superiormente da una foglia oblunga e dentellata. Il canale presenta una sagomatura convessa.
Prima metà I sec. a.C.

Belloni 1958, 25, n. 1

139. Milano (Mediolanum) (materiale da sterro all'angolo Via S. Prospero-Broletto - anno 1888) Tav. XV, 139
Capitello di colonna - Tipo A Casteels
Milano - Museo Archeologico (N. inv. 169)

Calcare
h. tot. cap. 0,20; l. ab. 0,40; d. vol.; d. base 0,27
Esemplare in mediocre stato di conservazione. Mancano due volute, si riscontrano rotture e abrasioni in diversi punti.

Il capitello, che reca incisa sul piano superiore l'iscrizione in caratteri capitali quadrati VE A., è assimilabile ad alcuni esemplari di Aquileia (146-149), in particolare per il tipo degli ovoli e degli sgusci, il collarino con un giro di perle piuttosto tondeggianti alternate ad elementi discoidali, la palmetta che avvolge la voluta, disegnando quasi i petali di un fiore. Come nei manufatti aquileiesi ricordati, anche in questo capitello è assente il canale di raccordo tra le volute. Un tratto distintivo è costituito dalla particolare decorazione a grosse linguette che movimenta l'abaco.
Prima metà I sec. a.C.

Belloni 1958, 25-26, n. 2

140. Brescia (Brixia) - Capitolium Tav. XV, 140
Capitello di semicolonna - Tipo A Casteels
Brescia - Museo Archeologico

Calcare
d. collarino 0,24-25
Esemplare frammentario in mediocre stato di conservazione

Dal Capitolium di Brescia, la cui prima fase costruttiva, stando ai dati archeologici, risalirebbe ai primi decenni del I sec. a.C, proviene, con gli esemplari di tipo corinzio-italico e a sofà, un frammento di capitello ionico-italico appartenente ad una delle semicolonne addossate alle pareti nord e sud delle aule. L'elemento era realizzato in due parti; il frammento recuperato, appartenente al quarto destro, è lacunoso della palmetta, della voluta, dell'astragalo che profilava il collarino e della zona posteriore che aderiva al muro. Il tipo ripete nel materiale lapideo lo stesso schema che doveva essere riprodotto nella decorazione parietale delle celle, tranne che per il particolare del fiore sull'abaco, testimoniato in uno dei pannelli ricomposti con frammenti di affreschi della seconda cella.
Primi decenni I sec. a.C.

Cavalieri Manasse 2002, 95-116, figg. 9-10

141. Brescia (Brixia) - Prov. sconosciuta
Capitello di colonna - Tipo A Casteels
Brescia - Museo Archeologico

Calcare vicentino
d. som. 0,47

Nel Museo Archeologico bresciano un altro capitello ionico-italico in calcare vicentino, di provenienza ignota e fortemente danneggiato (senza volute e spigoli dell'abaco, abraso negli ovoli e nell'astragalo), mostra caratteristiche compositive che lo avvicinano a quelli del santuario, per quanto possieda misure discordanti rispetto a questi ultimi reperti.
Primi decenni I sec. a.C.

Patroni 1907, 722-723, fig. 2

II.13 Veneto

142. Feltre (Feltria) - Via Cornarotta, *domus* romana
Capitello di colonna - Tipo A Casteels
Feltre - Palazzo Bilesimo

Pietra tenera
l. ab. 0,60
Esemplari interi in discreto stato di conservazione

Sul versante meridionale del colle su cui si impiantava la città romana di Feltria, nel 1978 durante lo scavo dell'area sottostante Palazzo Bilesimo è stata individuata, al di sotto di uno strato di acciottolato, la parte orientale di un ambiente allungato (lungh. 4,20 m; largh. ovest 1,70 m; largh. est 1,20 m), pavimentato in cocciopesto, fortemente danneggiato da umidità e limitato da muri a sassi e ciottoli legati da malta, che risultano troncati ad ovest dalle fondazioni delle case moderne. Queste ultime ricoprono parzialmente anche uno dei due plinti in pietra locale impostati sul muro settentrionale dell'ambiente. All'interno di questo ambiente sono stati rinvenuti cinque capitelli in pietra tenera, chiaramente usati come materiale di riempiego.
I capitelli, di ottima fattura ed in discreto stato di conservazione, appartengono al tipo ionico-italico a volute diagonali, inquadrandosi in un ambito cronologico compreso tra la fine del I sec. a.C. ed il I d.C. I sec. a.C. La struttura cui i manufatti dovrebbero far riferimento è da identificare, con buona verosimiglianza, in una delle abitazioni disposte su piani digradanti lungo il pendio sud, che, stando proprio a queste testimonianze dovevano raggiungere un livello qualitativo non distante da quello meglio conosciuto relativamente all'edilizia residenziale della sottostante zona pedecollinare.

Rigoni 1978, cc. 255-256

II.14 Friuli Venezia Giulia

143. Aquileia - Prov. sconosciuta Tav. XV, 143
Capitello di colonna - Tipo B Casteels, vicino al tipo I Villa
Aquileia - Museo Archeologico (senza N. inv.)

Calcare di S. Croce
h. tot. cap. 0,285; l. ab. 0,65; h. ab. 0,10
Esemplare intero piuttosto rovinato, abrasi gli spigoli dell'abaco e una voluta. Decorazione di un lato abrasa

Il capitello comprende il sommoscapo della colonna e il collarino sopra cui è un filare di perle e fuseruole in forte rilievo. L'echino è ripartito in due registri, l'inferiore dei quali presenta ovoli decurtati di un terzo che scompaiono parzialmente sotto foglie di acanto, da cui nascono due palmette verticali fortemente stilizzate ed originali nella forma. Le grandi volute diagonali hanno una sezione convessa e pesanti foglie protezionali dai margini arricciati; nascono dalla base del capitello e sostengono un abaco rigido e massiccio, che sembra quasi schiacciare gli elementi sottostanti. L'esemplare, pur non essendo particolarmente somigliante a nessun altro reperto, si può senza meno accostare alla produzione sicula, da cui si differenzia semmai per la presenza di un elemento in origine estraneo alla tipologia italica originaria, quale il filare di perline e fusaruole. Purtuttavia le proporzioni, così come il senso plastico e coloristico della scultura, dichiarano concordemente l'appartenenza alla serie ionico-italica.
Fine II - inizio I sec. a.C.

Cavalieri Manasse 1978, 44-45, n. 2, tav. 1,2

144. Aquileia - Prov. sconosciuta Tav. XV, 144
Capitello di colonna - Tipo B Casteels
Aquileia - Museo Archeologico (N. inv. 2502)

Calcare d'Aurisina
h. tot. cap. 0,30; h. ab. 0,06; l. ab. 0,80
Esemplare intero in discreto stato di conservazione

Il manufatto, caratterizzato da una linea elegante e proporzioni armoniose, trova analogie stilistiche di rilievo nei capitelli della terrazza degli Emicicli del santuario di Praeneste (n.123). Si notano comunque delle differenze: l'esemplare aquileiese comprende, come di consuetudine nella serie nord-italica, un collarino coronato da un giro di perline e fuseruole; le palmette verticali, che spuntano da grosse gemme alla base delle volute, sono del tipo "a conchiglia"; le volute diagonali a canale continuo, si avvolgono a doppio giro aggettando verso l'esterno. L'abaco è basso e presenta lati inflessi.
Ultimo quarto del II sec. a.C.

Cavalieri Manasse 1978, 45-46, n. 3, tav. 2,1

145. Aquileia - Prov. sconosciuta Tav. XV, 145
Capitello di colonna - Tipo B Casteels
Aquileia - in opera sulla Colonna della Lupa, nella piazza del Capitolo

Calcare d'Aurisina
h. tot. 0,42; h. ab. 0,07; l. ab. 0,80
Esemplare intero in discreto stato di conservazione

Cfr. n. 144
Ultimo quarto del II sec. a.C.

Cavalieri Manasse 1978, 46, n. 4, tav. 2, 2

146. Aquileia - Prov. sconosciuta Tav. XV, 146
Capitello di colonna - Tipo A Casteels
Aquileia - Museo Archeologico (N. inv. 1904)

Calcare d'Aurisina
h. tot. 0, 33; l. ab. 0,53; h. ab. 0,075; d. inf. 0,25
Esemplare intero in discreto stato di conservazione. Abrase le estremità, il piano d'abaco e le volute

Il capitello è caratterizzato da pesanti volute a spirale nascenti dalla base del capitello, abaco massiccio con alto cavetto e tondino appena accennato. Le foglie protezionali delle volute sono molto sviluppate; l'echino è occupato per tre quarti da ovoli. Le semipalmette oblique a tre lobi tondeggianti che somigliano ai petali di un fiore carnoso spuntano dalle volute coprendo le estremità del filare di ovoli. Il capitello, tipologicamente confrontabile con esemplari affini da Bologna, Brescia, Feltre, Milano, reca sul collarino l'iscrizione Sex.vir. (l'individuazione delle funzioni dei seviri repubblicani risulta piuttosto problematica).
Prima metà I sec. a.C.

Cavalieri Manasse 1978, 47, n. 5, tav. 3,1; Inscr. Aq. 638.

147. Aquileia - Prov. sconosciuta Tav. XV, 147
Capitello di pilastro - Tipo A Casteels
Aquileia - Museo Archeologico (senza N. inv.)

Calcare istriano
h. tot. 0,26 ; h. ab. 0,07; l. ab. 0,60
Esemplare intero in mediocre stato di conservazione

Pur con la differenziazione del canale delle volute, che si presenta continuo ma estremamente sottile, ed il collarino ridotto a una semplice gola, l'esemplare è tipologicamente affine al n. 146.
Prima metà I sec. a.C.

Cavalieri Manasse 1978, 47-48, n. 6, tav. 2, 3

148. Aquileia - Loc. Marignane, edicola cultuale (?) Tav. XV, 148
Capitello di colonna - Tipo A Casteels
Aquileia - Museo Archeologico (N. inv. 1195)

Calcare d'Aurisina
h. tot. cap. 0,37; h. tot; ab. 0,10; l. ab. 0,64; d. col. 0,55
Esemplare intero in buono stato di conservazione

Rinvenuto nel 1876 in località Marignane presso Aquileia, questo bel capitello ionico-italico, che poggia su una colonna, reca nella parte sottostante l'iscrizione *Tampia L(uci) F(ilia) Diovei*. Il manufatto, molto accurato ed elegante nel rendimento, si imposta su un collarino molto alto delimitato da due profili ad astragali. L'echino è quasi del tutto occupato dal *kyma* ionico ad ovoli nettamente rilevati nei rispettivi sgusci. Le volute articolate in due membrature sottili, a canale lievemente convesso, ricadono in basso ad ombreggiare astragalo e collarino, arrotolandosi in una spirale aggettante verso l'esterno. Ai loro lati si sviluppano semipalmette i lobi superiori delle quali si arricciano alzandosi fino a sfiorare l'abaco e le foglioline protezionali dai bordi molto frastagliati. L'abaco è piuttosto alto e presenta lati inflessi, raggiungendo con gli spigoli l'estremità delle volute.
La *gens* Tampia citata dall'iscrizione dedicatoria è probabilmente originaria di Praeneste, dove peraltro risulta attestata anche la forma arcaica *Diovei* (=*Iovi*; cfr. Crevatin 1975, 159 ss.; Fontana 1997, 191). La Tampia figlia di Lucio dell'iscrizione potrebbe a buon diritto essere una discendente di uno dei partecipanti alla fondazione della colonia di Aquileia nel 181 a.C. o al *supplementum* del 169 a.C., provenienti dal centro Italia. Un capitello identico a questo, certamente originario di Aquileia e recante la medesima iscrizione, si conserva a Padova (CIL I2, 1271a), mentre dalle indagini sulle mura della città condotte dal Brusin emerge che fu recuperato anche un terzo esemplare analogo agli altri due.
Dovendo escludere la pertinenza dei tre pezzi al colonnato del tempio rinvenuto all'interno della torre tardo-antica, si può al contrario ipotizzare, anche in virtù delle relazioni onomastiche ed epigrafiche con Praeneste, l'esistenza di un sacello aquileiese dedicato a Giove, non troppo dissimile dalla *tholos* della Terrazza degli Emicicli nel santuario della Fortuna Primigenia.
Prima metà I sec. a.C.

CIL I2, 2171 b; Inscr. Aq. 9; Cavalieri Manasse 1978, 48, n. 7, tav. 3, 2; Fontana 1997, 190-191, 98-105, n. 16

149. Aquileia - Prov. sconosciuta Tav. XV, 149
Capitello di colonna - Tipo A Casteels
Aquileia - Basilica

Calcare d'Aurisina
h. tot. cap. 0,225; l. ab. 0,64; h. ab. 0,09
Esemplare intero in mediocre stato di conservazione

Pur con volute più pesanti, foglie protezionali più appiattite ed ovoli meno rilevati negli sgusci, elementi che determinano un effetto meno raffinato rispetto al precedente, questo capitello sembra in generale molto somigliante al n. 148. Nelle palmette si rileva il nucleo quasi triangolare da cui si sviluppano le lamelle finemente scanalate.
Prima metà I sec. a.C.

Cavalieri Manasse 1978, 49, n. 8, tav. 4, 1

150. Aquileia - Prov. sconosciuta Tav. XVI, 150
Capitello di colonna - Tipo A Casteels
Aquileia - Museo Archeologico (senza N. inv.)

Calcare d'Aurisina
h. tot. cap. 0, 267; l. ab. 0,60; h. ab. 0,04
Esemplare intero in discreto stato di conservazione

Esemplare con struttura somigliante all'esemplare 144, soprattutto per la forma delle volute e la presenza del canale. Al contrario, le palmette sono del tipo orizzontale a tre lobi unicinati rivolti verso l'alto, come in 146-149.
Metà I sec. a.C.

Cavalieri Manasse 1978, 49, n. 9, tav. 4, 2

151. Aquileia - Prov. sconosciuta Tav. XVI, 151
Capitello di colonna - Tipo A Casteels
Aquileia - Museo Archeologico (N. inv. 4848)

Calcare d'Aurisina
h. tot. cap. 0,33; l. ab. 0,72; h. ab. 0,07
Esemplare intero in discreto stato di conservazione

Il capitello, che si imposta su un alto collarino rifinito da un giro di perle e fuseruole, presenta volute compatte a profilo convesso e bordi scanalati, che nascono, come nel tipo eolico, dalla sommità della colonna. L'echino presenta una sequenza di tre ovoli fortemente rilevati negli sgusci; le palmette sono trattate a fogliette indipendenti lanceolate ed orizzontali, con estremità rivolte verso l'alto, a sezione angolare. L'abaco si sviluppa in larghezza fino alla linea di massima espansione della voluta e ricorda nell'elegante struttura e nelle proporzioni fra cavetto, listello e tondino molto espanso il

tipo di abaco del capitello corinzio. La Scrinari nota un certo manierismo nella resa dei particolari, in particolare nel rendimento quasi metallico degli ovoli e delle fogliette, che potrebbero indicare una seriorità del capitello rispetto agli altri; l'esemplare è datato dunque alla piena età augustea. E' possibile instaurare un confronto piuttosto stretto con gli esemplari in opera del monumento dei Curii (n. 154), ricomposto nel giardino del Museo Archeologico.
Fine I sec. a.C.-inizio I sec. d.C.

Cavalieri Manasse 1978, 49-50, n. 10, tav. 4, 3

152. Aquileia - Prov. sconosciuta — Tav. XVI, 152
Capitello di colonna - Tipo A Casteels
Aquileia - Museo Archeologico (senza N. inv.)

Calcare d'Aurisina
h. tot. cap. 0,33; l. ab. 0,62; h. ab. 0,07
Esemplare intero in mediocre stato di conservazione

Analogo al n. 151.
Fine I sec. a.C.-inizio I sec. d.C.

Cavalieri Manasse 1978, 50, n. 11, tav. 5, 1

153. Aquileia - Prov. sconosciuta — Tav. XVI, 153
Capitello di pilastro - Tipo A Casteels
Aquileia - Cimitero dei Caduti

Calcare d'Aurisina
h. tot. cap. 0,20; l. ab. 0,61; h. ab. 0,05
Esemplare intero in mediocre stato di conservazione

Il capitello, lavorato in un unico blocco con il sommoscapo del relativo fusto di pilastro, presenta un echino formato da tre ovoli, in parte coperti dalle palmette con lamelle ondulate e finemente scanalate, a sezione angolare come negli esemplari precedenti. Le volute angolari, dal canale continuo e concavo, sono fortemente aggettanti sull'echino e risultano coperte da piatte foglie protezionali. L'abaco è basso, di forma quadrangolare, profilato a gola. Il capitello si differenzia dai precedenti per la morfologia delle volute e

dell'abaco, che lo avvicina ai tipi ionici della tradizione greco-ellenistica: abaco leggero e molto arretrato, volute a sezione concava con bordo superiore rilevato e bottone centrale (cfr. Pensabene 1973, 202). La particolare struttura a quattro facce è dunque da intendere come un segno della persistenza della tradizione ionico-italica. In assenza di riferimenti al contesto di rinvenimento, la collocazione cronologica del pezzo non si presenta esente da difficoltà. Per la Cavalieri Manasse le osservazioni stilistiche portano

ad individuare un *terminus post quem non* nella metà del I sec. d.C. (per dei confronti, cfr. Merlin-Poinssot 1957, 69-82, in part. 80-81, fig. 8, tav. V).
Terminus post quem non metà del I sec. d.C.

Cavalieri Manasse 1978, 50-51, n. 12, tav. 5,2

154. Aquileia - Loc. Colombara, monumento sepolcrale dei Curii Tav. XVI, 154
Capitello di colonna - Tipo A Casteels
Aquileia - Museo Archeologico

Calcare d'Aurisina
h. tot. cap. 0,14; l. ab. 0,14; h. ab. 0,51
Esemplare intero in buono stato di conservazione

Gli elementi architettonici di questo sepolcro vennero rinvenuti nel 1883 in località Colombara e successivamente ricomposti nel giardino del Museo. I due capitelli ionici diagonali, lavorati in un solo blocco con il sommoscapo della colonna e il collarino, sono molto somiglianti agli esemplari 147-152, sia nella tipologia che nel rendimento degli elementi decorativi: astragali a perle ovali e fuseruole lenticolari, *kyma* ionico con ovoli tondeggianti dentro sgusci allargati con linguette intermedie carenate e allungate, volute a nastro sottile, avvolte in spire aggettanti a canale convesso, foglie protezionali a margini arricciati, semipalmette a tre lamelle fiammeggianti a sezione angolare. L'abaco a lati inflessi e spigoli che sporgono oltre le volute, composto da canale a forte sguscio, listello e tondino sviluppato, è molto simile a quello dei capitelli nn. 151-152. A parte tale dettaglio, che conferisce ai capitelli slancio ed eleganza, gli esemplari in questione ricalcano il tipo canonico di capitello ionico diagonale italico, attestandone la persistenza almeno fino ai primi decenni del I secolo d.C., come indicano anche alcuni contesti funerari di Pompei.
Il sepolcro aquileiese, appartenente alla categoria dei monumenti funerari a recinto, come quello di P. Postumius Hilarus, era proprietà della *gens* dei Curii (sui quali cfr. Calderini 1930, 372-373).
Età giulio-claudia

Cavalieri Manasse 1978, 83, n. 46a, tav. 19, 3-20, 1

II.15 Francia e Penisola Iberica

155. Arles (Arelate) - Prov. sconosciuta Tav. XVI, 155 a-b
Capitello di colonna - Tipo A Casteels
Arles - Museo Archeologico

Pietra calcarea
Esemplare intero in discreto stato di conservazione.

Il capitello, intagliato in un unico blocco insieme al sommoscapo della relativa colonna con fusto lavorato a scanalature divise da listelli piatti, presenta un abaco di notevole altezza rispetto alla norma, in cui ad una fascia liscia si sovrappone un fregio a dentelli quadrati, a sua volta sormontato da un altro partito decorativo scolpito con un motivo a treccia. L'abaco è nettamente staccato nelle zone angolari dalle sottostanti volute, lasciando un visibile spazio vuoto prima dell'attacco della foglia protezionale. Le volute, solo parzialmente conservate, si sviluppavano tendendo verso il basso; analogamente a quanto si osserva anche nella struttura dei capitelli rinvenuti nella Casa dei Grifi sul Palatino (125), anche in questo esemplare l'*oculus* delle volute si colloca all'altezza del giro di perline e fuseruole, mentre le folte semipalmette si rivolgono orizzontalmente a lambire gli ovoli - modellati nello stucco e poi quasi completamente scomparsi - del *kyma* ionico pertinente all'echino; del tutto assente è il canale. Le caratteristiche menzionate, nel loro insieme, suggeriscono per il reperto una datazione che scende per lo meno alla fine del II-I sec. a.C. se non dopo.
Fine II-I sec. a.C.

DAI Roma negg. nn. 1933.1519-20

156. Arles (Arelate) - Prov. sconosciuta — Tav. XVI, 156
Capitello di pilastro - Tipo A Casteels
Arles - Museo Archeologico

Pietra calcarea
Esemplare intero in discreto stato di conservazione.

Il capitello appartiene ad un pilastro con fusto lavorato a scanalature. Il *kyma* ionico dell'echino è profondamente intagliato; soltanto l'ovolo centrale rimane completamente scoperto. Le palmette nascono dall'angolo delle volute e si sviluppano orizzontalmente, ma il lobo superiore più esterno si allunga in alto fino a toccare il limite inferiore dell'abaco. Un astragalo a perline e fuseruole delimita il passaggio dal capitello al sommoscapo del pilastro. Un confronto può essere stabilito con alcuni esemplari aquileiesi, ma anche con i manufatti romani della Casa dei Grifi.
Fine II sec. a.C.

Ziino 1941, fig. 20
D.A.I. Roma neg. n. 1933.1521

157. Tarragona (Tarraco) - area del porto — Tav. XVI, 157
Capitello di colonna
Tarragona - Museo Archeologico (N. inv. 87)

Pietra di El Médol
d. base 0,44; diag. ab. 0,51

L'esemplare presenta un ampio echino decorato da un solo grande ovolo bordato, e due semipalmette laterali. Il canale non è presente e le volute a sezione concava si avvolgono in ampie spirali chiuse da un bottone. Nell'unione di due volute contigue si osserva una grande foglia protezionale. Un fregio decorato da piccole foglie appuntite corre al di sotto delle volute intorno al collarino. Restano visibili tracce di stucco.
Età tardo repubblicana-inizio età augustea

Puig I Cadafalch 1934, 305-306, fig. 337; Gutierrez 1992, 29, n. 64

158. Tarragona (Tarraco)
Capitello di colonna
Tarragona - Museo Archeologico (N. inv. 34.376)

Pietra di Calafell
h. tot. 0,45

L'esemplare presenta un *kyma* a tre ovoli bordati e separati da lancette. Al di sotto si dispone una fila di fogliette d'acqua ed un collarino liscio.
Età tardo repubblicana-inizio età augustea

Gutierrez 1992, 30, n. 66

159. Gerona (Ampurias) - Ambulacro O del foro
Capitello di colonna - Tipo A Casteels
in situ

Pietra calcarea locale

La decorazione dell'echino è costituita da un *kyma* a tre semiovoli appuntiti e bordati, separati da lancette. Agli angoli si situano orizzontalmente due semipalmette con quattro lobi a sezione angolare, il superiore dei quali tocca il bordo inferiore dell'abaco. Il canale della voluta è leggermente curvo. Si riscontrano similitudini con gli esemplari aquileiesi.
Età tardo repubblicana-inizio età augustea

Gutierrez 1992, 29, n. 62

160. Matarò - Espartero
Capitello di colonna
in situ

Arenaria

Un collarino rifinito da un giro di perle circonda la base del capitello. Nell'echino sono rappresentati tre semiovoli separati da lancette. Le semipalmette verticali a tre digitazioni nascono dall'avvolgimento della voluta e terminano alla stessa altezza degli ovoli. Il canale della voluta, orizzontale e molto stretto, non mostra nessun elemento decorativo.
Età tardo repubblicana-inizio età augustea

Gutierrez 1992, 30, nn. 67-68

161. Cartagena - Murcia
Capitello di colonna
Cartagena - Museo Archeologico

Pietra calcarea locale

L'echino, marcato da due listelli, di proporzioni ridotte, è decorato da tre ovoli separati da lancette. Il canale delle volute, concavo, si interrompe nellla parte superiore a contatto con l'abaco. Le semipalmette a tre lobi con sezione angolare si situano orizzontalmente sopra il canale.
Età tardo repubblicana-inizio età augustea

Gutierrez 1992, 29, n. 63

II.16 Sardegna e Africa settentrionale

162. S. Margherita di Pula (Nora) – Cd. "tempio di Tanit" (?) Tav. XVI, 162 a-b
Capitello di colonna
Cagliari - Museo Archeologico Nazionale

Calcare locale ("panchina del Coltellazzo")
h. tot. cap. 0,30; l. 0,55x0,60
Esemplare intero in mediocre stato di conservazione. Tracce di stucco

Scolpito in un volume parallelepipedo, questo capitello ionico a quattro facce che, prima del suo reimpiego in costruzioni romane, nell'ipotesi del Patroni potrebbe originariamente essere appartenuto ad un luogo di culto intitolato a Tanit, presenta su ciascun lato volute unite da un canale rettilineo e composte da spire evidenziate ai bordi mediante uno stretto cordoncino. Lo spazio centrale è movimentato in tre facce da una grossa palmetta verticale, mentre nella quarta si osserva un busto schematico rappresentato in posizione frontale. Si tratta di un esemplare piuttosto antico, che secondo il Delbrück risente della dipendenza dai modelli siciliani, per quanto la decorazione figurata avvicini il reperto alla serie dei capitelli figurati ellenistici dell'Italia meridionale e dell'Etruria, trovando analogie anche in ambito africano, come

sottolineato sia da Lezine che da Ferchiou. Non vi sono elementi obiettivi per circoscrivere maggiormente la datazione del pezzo, ma è verosimile collocarlo orientativamente tra III e II sec. a.C. (per N. Ferchiou l'orizzonte cronologico può scendere fino al I sec. d.C., ma non mi sembra che l'autrice richiami elementi abbastanza forti a suffragio di tale ipotesi). Si tratta comunque di un *unicum*, per la fusione tra elementi punici ed italici, che lo rendono una espressione originale nella rielaborazione dei modelli ispiratori.
Per ciò che riguarda il supposto contesto di provenienza del pezzo, il cd. tempio della dea Tanit sul colle omonimo della città di Nora, poco si può dire, date le precarie condizioni di conservazione della struttura, che resta ora visibile solo a livello di fondazioni; la tecnica edilizia, costituita da specchiature di pietrame e malta terrosa contenute da solidi blocchi angolari, denuncia comunque un sicuro riferimento alla tradizione fenicia (la denominazione corrente è dovuta al ritrovamento di una piccola piramide in pietra, identificata come l'idolo betilico di Tanit, ritrovamento che aveva suggerito, già all'inizio del secolo, un legame tra la struttura e il culto di questa divinità; gli studi più recenti, dal canto loro, tendono invece ad attribuire i resti al sistema di fortificazione punico della città).
III sec. a.C.

Patroni 1902, 2, 75, fig. 2-4; Delbrück 1907-1912, 157; Von Mercklin 1962, 69, n. 179, a-b, figg. 334-335; Nieddu 1981-1985, 93-99.

163. S. Margherita di Pula (Nora) - Tempio di Eshmun Tav. XVI, 163
Capitello di colonna
in situ

Arenaria
Esemplari interi in mediocre stato di conservazione. Stucco

Tra le testimonianze più importanti dello stile ionico in Sardegna, di cui sia in qualche misura attendibile la provenienza, vi sono i capitelli scolpiti nell'arenaria e ricoperti di stucco murati nell'edificio presso il promontorio meridionale di "Sa Punta e Su Coloru" a Nora, in cui si riconosce il tempio di Eshmun
I manufatti, pur presentandosi privi di qualsiasi motivo decorativo (né palmette, né testa umana), risultano sostanzialmente affini a quello di Tanit edito dal Patroni (cfr. n. 162), accomunati a quest'ultimo da una struttura piuttosto pesante nell'insieme, con un abaco abbastanza spesso che sovrasta volute a nastro convesso, arrotolate serratamente su se stesse. Proprio la conformazione delle volute che aderiscono compatte al nucleo del capitello, costituisce il principale carattere di differenziazione rispetto alla produzione ionico-italica in senso stretto, trovando qualche interessante assonanza, invece, nel *milieu* nord-africano.
Il contesto al quale i reperti in oggetto appartengono è quello di un grande complesso sacro, nel quale il rinvenimento di alcune statuette di dormienti databili al II sec. a.C. ha permesso di riconoscere l'esercizio del culto del punico Eshmun, corrispondente all'Esculapio romano. Nonostante che la struttura templare vera e propria sia stata compromessa nel corso dei secoli da varie distruzioni e rifacimenti, con il risultato di

una forte difficoltà nella intellegibilità della planimetria e delle funzioni, un'attenta esplorazione delle vestigia superstiti dell'edificio ha consentito di ricondurre una prima fase edilizia alla piena età punica, indicando il *terminus ante quem* nel II sec. a.C.
Una datazione dei capitelli nel corso del III secolo sembra dunque più che plausibile.

Nieddu 1981-1985, 93-99, tav. II, 2.

164. Cagliari (Karales) - cd. "Villa di Tigellio", atrio tetrastilo Tav. XVI, 164
Capitello di colonna - Tipo A Casteels
in situ

Pietra calcarea
h. tot. cap. 0,41; d. 0,55
Esemplari interi in mediocre stato di conservazione.

Le strutture edilizie denominate convenzionalmente come "Villa di Tigellio" in base alla suggestiva, seppure infondata, congettura formulata nella seconda metà del 1800 dal canonico G. Spano, primo scavatore dell'area, che propose di riconoscervi la dimora del celebre, nonché denigrato, cantore sardo amico di Cesare, sono in realtà quanto si è conservato nel corso dei secoli di un plesso abitativo della Karales romana, ascrivibile, a giudicare dai resti, ai ceti più agiati della città. Quanto alle questioni topografiche, certo è che i dati archeologici inducono ad avanzare l'ipotesi che, mentre il centro punico doveva estendersi lungo la riva orientale di Santa Gilla, a partire dalla fine del III secolo a.C. l'insediamento di età romana si strutturò, invece, nella parte corrispondente ai quartieri medievali di Stampace e Llapola.
Il complesso residenziale che qui ci interessa, ubicato in una zona non occupata, in effetti, da preesistenti costruzioni puniche, è composto da un settore termale e tre *domus* (di cui due, denominate "Casa del Tablino dipinto" e "Casa degli Stucchi", scavate completamente, e la terza disseppellita solo in parte), nelle cui planimetrie si legge il richiamo agli schemi italici della casa ad atrio, senza che questi obliterino alcune caratteristiche, tecniche e tipologiche, facenti capo alla persistente tradizione locale di matrice punica, come l'impiego dell'*opus africanum* nelle murature e l'ingresso decentrato rispetto alla corte.
I capitelli ionici a quattro facce, rimontati sulle colonne dell'atrio tetrastilo di una delle due abitazioni meglio preservate ed indagate, presentano un canale ad andamento dritto e leggermente concavo, che si accompagna ad un echino con decorazione a *kyma* ionico di tipo canonico; il *kyma* classico, in sintonia con il resto degli apparati decorativi, porta ad individuare per gli elementi architettonici in questione una datazione nel corso del I sec. a.C. E' questo il periodo che, in concomitanza con l'istituzione del *municipium,* vede il capoluogo sardo al centro di sostanziali interventi di ampliamento e riqualificazione urbana, grazie all'iniziativa di quei *negotiatores* italici che, parallelamente ai commerci, contribuivano in modo decisivo ad imporre con efficacia e concretezza l'immagine di Roma nelle sue *provinciae.*
I sec. a.C.

Delbrück 1907-1912, fig. 91,4; Pianu 1981, 29-31; Colavitti 2003, 31-44.

165. Utica - Casa della Cascata Tav. XVI, 165 a-b
Capitello di colonna - Tipo B Casteels, Tipo IIB Villa
Utica - Museo Archeologico

Gres di Capo Bon (pietra arenaria locale)
h. tot. cap. 0,48; d. base 0,48
Esemplare intero in discreto stato di conservazione

Dalla uticense Maison de la Cascade provengono due esemplari di capitelli ionici a quattro facce uguali, con volute discendenti disposte in senso diagonale ed arrotolate a "corna di ariete". La loro sezione, convessa all'origine, va ad appiattirsi progressivamente, diventando leggermente concava nel secondo giro; il canale si mostra fortemente arcuato nella parte alta, nascondendo alla vista l'abaco, di cui appaiono soltanto gli angoli, al di sopra delle volute. Una foglia protezionale orna la parte superiore delle volute adiacenti. L'echino di proporzioni ridotte è decorato da grandi ovoli e lancette; al di sopra di esso, la parte centrale del canale è riempita quasi per intero da una carnosa foglia di *acanthus mollis* (h. 0,17), inquadrata da due palmette verticali a sei petali nascenti da piccoli calici che prendono origine dalle volute. Il capitello rientra nel tipo II variante b della classificazione Villa 1988. A colpo d'occhio, in effetti, il richiamo ai modelli siciliani, già evidenziato dal Lezine (Lezine 1968, 152), ed in particolare agli esemplari di Monte Iato, è evidente. La foglia acantizzante, che caratterizza altresì il tipo corinzio riscontrato nella stessa Maison de la Cascade (Lezine 1956, 12-13, fig. 16, tav. IV a), torna come motivo dominante anche in un altro esemplare di tipo ionico diagonale, proveniente dal settore delle Grandi Terme (167).
Ultimo quarto II sec. - prima metà I sec. a.C.

Lezine 1956, 13, fig. 17, tav. III b; Ferchiou 1989, 131-132, V.VI.2-3, fig. 34, tav. XXVIII, d

166. Utica - Casa della Cascata Tav. XVII, 166 a-b
Capitello di colonna - Tipo B Casteels
Utica - Museo Archeologico

Gres di Capo Bon (pietra arenaria locale)
h. tot. 0,42; d. 0,42.
Esemplare conservato intatto in una sola faccia, a causa di interventi di ritaglio delle superfici lavorate per adattarle ad un reimpiego.

L'esemplare, scolpito nella pietra calcarea locale e rivestito di stucco, mostra lo stesso schema del precedente, ma al di sotto dell'abaco, dove l'altro presenta la foglia acantizzante, questo si caratterizza per l'inserimento di una testa barbata. L'elemento antropomorfo è inquadrata da due palmette verticali a nove lobi che prendono origine da calici di foglie sovrapposte. Ciascuna coppia di volute angolari è ricoperta da due foglie sovrapposte. L'osservazione del pezzo ha consentito di riconoscere, attraverso gli strati sovrapposti di colore e gesso, almeno due fasi di utilizzo dell'esemplare; in origine il capitello era scolpito con buona fattura esecutiva ed arricchito nei particolari dal colore,

mentre in un secondo tempo fu "restaurato" con un processo di stuccatura, rintracciabile anche in altri esempi uticensi.
Ultimo quarto II - prima metà I sec. a.C. (fine età repubblicana - inizi dell'età imperiale per il von Mercklin 1962, 70)

Lezine 1956, 13-15, fig. 2, tav. III a; Von Mercklin 1962, 70, n. 183, fig. 340; Ferchiou 1989, 130-131, V.VI.1, fig. 34 b, tav. XXVIII, c.

167. Utica - Grandi Terme
Capitello di colonna - Tipo B Casteels, Tipo IIB Villa
Utica - Museo Archeologico

Gres di Capo Bon (pietra arenaria locale)
h. tot. 0,49; d. 0,58
Esemplare intero

Esemplare di tipo ionico diagonale a quattro facce uguali e grande foglia acantizzante che spicca al centro del canale, analogo all'esemplare n. 165 della Casa della Cascata. Inquadrabile nel tipo II b Villa (cfr., inoltre, il gruppo di capitelli ionico-italici siciliani in Ferchiou 1989, V.VI,130-134).
Ultimo quarto II - prima metà I sec. a.C.

Lezine 1956, 13.

168. Cartagine (quartiere punico di Byrsa) - *Insula* A — Tav. XVII, 168
Capitello di colonna

Gres di Capo Bon (pietra arenaria locale)
Due frammenti di volute
Fr. (a): h. tot. 0,31; h. tot. ab. 0,09
Fr. (b): h. tot. 0,25

I frammenti appartengono sicuramente a capitelli ionico-diagonali impiegati nell'*insula* A dell'abitato di Byrsa prima della distruzione del 146 a.C.; in base al contesto di scavo, sono infatti databili intorno al secondo quarto del II sec. a.C. E' dunque un fatto di rilievo notare che se gli esemplari uticensi sono forse da collegare al dominio romano, questi si collocano in una fase anteriore, in cui è comunque evidente una rete di contatti con il Mediterraneo occidentale e la Sicilia in particolare.

Fine III-secondo quarto II sec. a.C.

Ferchiou 1989, 132-134, V.VI.4.a-b

169. Cartagine (quartiere punico di Byrsa) — Tav. XVII, 169 a-e
Capitello di colonna

Gres giallo
h. tot. 0, 27; h. tot. cap. 0,20; d. som. 0, 262.
Esemplare in mediocre stato di conservazione, visibili tracce di stucco e pittura policroma

Il capitello è stato rinvenuto insieme al fusto della colonna pertinente, inserita per un quarto del diametro nella muratura come una sorta di anta d'ingresso ad un vano. Degno di nota è il fatto che frammenti di altri pezzi di simile fattura, ma di proporzioni maggiori, sono stati rinvenuti nello stesso contesto. La superficie della colonna recava al momento dello scavo abbondanti tracce di pittura policroma. Il capitello sovrastante, ricavato in un unico blocco con il sommoscapo, proprio in virtù del suo parziale inserimento nella muratura, si presenta con evidenti asimmetrie, che esulano dal rigore delle composizioni ellenistiche, confermando piuttosto l'uso di un'unità di misura punica. Al di sopra del sommoscapo intagliato con tredici scanalature a spigolo leggermente smussato, si osserva una fascia liscia chiusa da un collarino di perle e fuseruole, su cui poggia il capitello propriamente detto, caratterizzato dall'evidente tracciato convesso del canale. Tale elemento, leggermente bombato nella parte alta e piatto nella porzione inferiore, contribuisce a conferire alle volute un andamento discendente, inclinato a 45° ed obliquo rispetto al piano verticale. Se i tratti appena ricordati sono da considerare eredità del modello peloponnesiaco nato a Bassae, le piccole palmette verticali che ornano l'ampio spazio del canale in corrispondenza del primo e terzo ovolo, rappresentano, dal canto loro, un motivo di contatto con la serie siciliano-italica. Il basso abaco con angoli tagliati mostra un bordo con fregio a *kyma* ionico. Due foglie protezionali sovrapposte nascondono l'area d'incontro delle volute angolari.
La datazione deve verosimilmente collocarsi nell'ambito della fase anteriore alla caduta di Cartagine, e l'alta qualità di realizzazione del pezzo fa pensare che l'edificio da cui proviene fosse di una qualche rilevanza. L'esemplare ripropone, seppure con qualche lieve differenza, relativa soprattutto alle proporzioni, lo stesso schema riscontrabile nei capitelli del Kbor Klib. Il medesimo stile si riconosce anche in alcuni resti architettonici frammentari pertinenti al piccolo santuario punico di Salambô, di cui sono state proposte almeno due fasi costruttive, la prima risalente a fine III-inizio II sec. a.C. e la seconda di poco anteriore al 146 a.C. (A13; cfr. Carton 1929, in part. 5, tav. II, fig. 4; Ferchiou 1987, 15-41).
Fine III-prima metà del II sec. a.C.

Picard 1952, 119-126, fig. 4; Ferron - Pinard 1955, 55-56, tavv. LIV-LV; Lezine 1956, 15; Ferchiou 1989, 124-126, V.V.1, fig. 27-30, tav. XXVII, a-c

170. Kbor Klib (Massouges) - Altare monumentale (?) Tav. XVII, 170 a-c
Capitello di colonna
Tunisi - Museo del Bardo

Calcare a grana fine
h. tot. cap. 0,345; l. faccia 0,53-0,54; d. base 0,31
Esemplari in mediocre stato di conservazione

In una collina dell'entroterra tunisino, nell'area del Massiccio "des Massouges", tra le città di Siliana e Le Kef, a circa 1 km dalla località denominata *vicus Maracitanus*, si possono osservare le rovine di una imponente struttura antica, la cui conoscenza approfondita, a dire il vero, in parte ancora ci sfugge. Si tratta di un edificio rivolto ad ovest e ripartito in tre avancorpi raccordati da un muro retrostante, poggianti su uno zoccolo di base a gradini (larghezza ca. 45 m; profondità ca. 15 m); nella piattaforma frontale appare ragionevole riconoscere i resti di un grande altare, che porta in sè qualche assonanza con l'ara siracusana di Ierone II .
In base all'analisi condotta sul monumentale nucleo struttivo e sui limitati resti dell'apparato architettonico (frammenti di cornici, porzioni di un fregio d'armi con corazze e scudi, capitelli, lacerti di fusti di colonna), indubbiamente orientati verso un gusto ellenistico, N. Ferchiou propone due restituzioni alternative dell'edificio, una in cui il primo piano prevede un colonnato continuo di fronte ai tre avancorpi, ed un'altra, giudicata come la più probabile, in cui il livello superiore contempla la presenza di una coppia di edicole distile o tetrapili in corrispondenza delle scalinate che salgono dal piano terra (di cui, tuttavia, non è chiaro l'andamento: non è escluso, però, che esse conducessero a camere funerarie).
In merito ai capitelli, va preso atto della coesistenza di esemplari ionici di tipo canonico a volute e pulvini, piuttosto sobri nel rendimento, insieme ad esemplari di tipo ionico a quattro facce, di maggior vivacità decorativa. In questi ultimi, sensibilmente differenti da quelli rilevati in ambito uticense, la spirale che compone le volute si arrotola su un solo piano, terminando con un occhio chiuso da una calotta sferica appiattita; la mezza palmetta a cinque lobi, collocata in posizione verticale, si ferma al bordo inferiore dell'abaco, scolpito da un *kyma* ionico. La linea d'ovoli dell'echino è sottolineata inferiormente da una fila di perle e fuseruole. Il canale disegna un tracciato leggermente convesso, rettilineo nella parte inferiore. Va rimarcata la presenza di palmette nascenti da foglie di acanto a ricoprire le porzioni di tangenza delle volute angolari.
Opportunamente, il Lezine richiamava il confronto con gli esemplari ionico-italici sicelioti per la posizione verticale delle palmette frontali; tuttavia, secondo l'opinione di Ferchiou, la produzione resta ancora improntata a modelli classici (va peraltro notata la probabile adozione di una variante del piede attico come unità di misura, fatto che rafforza la probabilità circa l'impiego di maestranze greche o di scuola greca). Una soluzione tutto sommato abbastanza vicina a questi reperti si riconosce nel capitello fittile messinese n. 39 del presente catalogo. Un particolare che conferma la piena ricezione degli schemi ellenistici è costituito dall'associazione dei capitelli del Kbor Klib con colonne a fusto scandito da venti scanalature, secondo una consuetudine di matrice peloponnesiaca ampiamente accolta in Macedonia come in Egitto, in Cirenaica come a Taranto.
Se strutturalmente il monumento lascia spazio a numerosi interrogativi, non meno enigmatica è la questione relativa alla sua destinazione funzionale (tomba, santuario, monumento celebrativo o magari tutte queste valenze insieme?). Le attente valutazioni esposte da N. Ferchiou, ad ogni modo, oltre a mettere in luce importanti parallelismi con altri contesti numidici, come per esempio il monumento di Simitthus, collegabile alla figura di Micipsa (148-118 a.C.), permettono di ipotizzare una committenza regale, da individuare forse in Massinissa, artefice dell'annessione di quest'area nei suoi domini quando contribuì con il proprio contingente di cavalleria alla vittoria di Scipione

sui Cartaginesi al termine della II Guerra Punica. Il monumento, accettando questa ipotesi, sarebbe pertanto il mausoleo-santuario del sovrano massile, destinato a custodire le spoglie mortali del re, celebrando in eterno, con la sua imponenza, la gloria delle imprese che avevano portato al consolidamento di un grande regno numida.
Scartata, direi definitivamente, l'idea avanzata a suo tempo da G. Picard di vedere nel monumento un trofeo di Cesare databile al 46 a.C. (cfr. CRAI 1948, 421-423), anche recentemente si è tornati ad affermare un'intrigante correlazione tra il Kbor Klib e l'occupazione romana del territorio punico suggellata dalla vittoria di Zama nel 202 a. C. (Ross 2005).
Una datazione dell'edificio nella prima metà del II sec. a.C. sembra rispondere adeguatamente tanto alle caratteristiche morfologico-architettoniche che ai possibili riferimenti storici.

Lezine 1956, 15; Rakob 1979, 129, figg. 43-44; Ferchiou 1989, 127-128, V.V.2. a-c, fig. 31-33, tav. XXVII, d e XXIX, d; Ferchiou 1990, 45-97, in part. 89-91; da ultimo, Ross 2005.

171. Mahdia - Carico della nave affondata, proveniente dal Pireo Tav. XVII, 171
Capitelli di colonna – Tipo A Casteels
Tunisi - Museo del Bardo

a) Marmo imettio o pentelico
h. tot. cap. 0,22; l. ab. 0,51; d. base 0,39
Esemplare intero in mediocre stato di conservazione

Piccolo capitello a volute diagonali ed abaco dai lati incurvati verso l'interno. Il canale non presenta bordatura inferiore; la palmetta a quattro foglie che prende origine da un piccolo calice non nasce dalla voluta ma le si sovrappone semplicemente. I tre ovoli che ornano l'echino, parzialmente ricoperti dalle palmette, sono corti e rotondeggianti. A questo esemplare si avvicina un altro frammento a volute contigue (N. inv. 2179). Una nota tecnica sugli esemplari ionici del carico di Mahdia che merita di essere sottolineata è che, malgrado il notevole risparmio di materiale che ne sarebbe derivato, in nessun caso il blocco in cui è intagliato il capitello comprende il sommoscapo della colonna cui era destinato: questa soluzione se da un lato comporta maggior spreco di materiale lapideo, per contro rende più facile la scultura delle volute. Chiaramente la scelta dell'uno o dell'altro metodo era condizionato dal valore del marmo, nonché dalla perizia e costo della manodopera a disposizione.
Fine II-inizio I sec. a. C.

Cat. Mus. Alaoui 2° suppl., 32 B120; Merlin-Poinssot 1956, 80, G, fig. 8 a-j, tav. V, fig. 21.

b) Marmo imettio o pentelico
h. tot. cap. 0,22; l. ab. 0,51; d. base 0,39
Esemplare intero in mediocre stato di conservazione, con volute conservatesi solo nella porzione alta del pezzo

Il capitello (N. inv. 2165) presenta dimensioni più o meno simili a quelle dell'esemplare precedente, ma si nota una combinazione leggermente diversa degli elementi compositivi. Da sottolineare che il pezzo risulta parzialmente rifinito in una faccia, mentre un'altra è ancora solo sommariamente sbozzata; poiché il marmo presenta dei difetti, si è supposto che il pezzo fosse rimasto non finito, destinato a far parte di materiali di scarto da riutilizzare per reimpieghi.
Fine II-inizio I sec. a. C.

Merlin-Poinssot 1956, 81-82, H, fig. 8 k-l.

c) Marmo imettio o pentelico
h. tot. cap. 0,22; l. ab. 0,46; d. base 0,39

L'esemplare presenta dimensioni analoghe ai precedenti (a-b). Gli ovoli che decorano l'echino, in numero di tre, sono di forma piuttosto espansa ed arrotondata, le lancette sono incise con maggior determinazione che negli altri pezzi. Di altri due altri capitelli di uguali misure e tipologia (Nn. inv. 2166, 2226) non si conserva che la porzione superiore.
Fine II-inizio I sec. a. C.

Cat. Mus. Alaoui 2° suppl., 32 B121; Merlin-Poinssot 1956, 82, I, fig. 8 m-o.
Sul carico di Mahdia, ultimamente, si veda *Das Wrack 1994*. Per le ipotesi sulla destinazione dei materiali trasportati dal bastimento, cfr. Coarelli 1996, 312-326.

III

IL CAPITELLO IONICO-ITALICO

III. 1 Distribuzione regionale, sviluppi e varianti dello ionico-italico

In considerazione di quanto già anticipato nelle prime pagine di questo lavoro, è senz'altro fondato rintracciare uno dei fattori che presero parte attiva alla genesi dello ionico-italico nell'influenza esercitata da modelli originatisi nella Grecia propria - più precisamente nella regione peloponnesiaca, che aveva coltivato in modo continuativo solide connessioni con le fondazioni coloniali occidentali - ed accolti, enfatizzandone al massimo certe caratteristiche e potenzialità, in area macedone.

Accanto al rigore classico della tipologia "ermogeniana", l'elaborazione certamente meno ortodossa pertinente alla classe di capitelli siglati convenzionalmente dalla definizione di "ionico-italico" fa riferimento ad uno schema a quattro facce gemelle, impostato su una pianta quadrata che, a differenza del tipo canonico con cuscini laterali, rende ottimale l'applicazione dell'elemento in posizione angolare, neutralizzando in tal modo una delle aporie più significative - probabilmente la maggiore - della tipologia ionica tradizionale. Con una rotazione di circa 45° rispetto al prospetto, infatti, le volute si dispongono a coppie allineandosi sulle diagonali dell'abaco; alla curvatura verso l'interno mostrata dalle quattro facce, necessariamente concave per assecondare il movimento delle volute, si associa di solito una parallela inflessione dei lati dell'abaco. Come si avrà modo di spiegare meglio oltre, in un gruppo di esemplari della serie ionico-italica risulta poi decisamente marcata l'inclinazione verso il basso delle volute, quasi a volerne rendere ancor più accentuata la visibilità all'occhio dell'osservatore; si tratta, nello specifico, di un carattere che stigmatizza quei riflessi di stampo propriamente "greco-peloponnesiaco".

La porzione corrispondente all'echino, modanata ad ovolo o a gola rovescia, si presenta di consueto ornata da un fregio a *kyma* ionico; a volte, tuttavia, l'aspetto di quest'ultimo si discosta in modo sensibile dal tipo canonico sia nel disegno, caratterizzandosi per ovoli di piccola misura racchiusi in gusci sovrabbondanti ed appuntiti nella porzione più in basso, sia nell'intaglio scolpito molto in profondità, giungendo ad un effetto quasi a tutto tondo che, se da una parte esalta l'aspetto decorativo della composizione, dall'altra finisce per dissiparne la compattezza volumetrica.

La spiccata predilezione per un gusto dominato da un vivace decorativismo, tradito dalla ridondanza di motivi fitomorfi, che a volte "rompono le righe" uscendo fuori dagli spazi normalmente loro assegnati per invadere anche la porzione del canale, si gioca molto nell'elemento delle palmette, che possono in alcuni casi essere sostituite da foglie d'acanto o combinate con esse, generalmente sovradimensionate e posizionate tra volute ed echino, sventagliandosi obliquamente sullo spazio del canale per convergere verso l'asse mediano oppure ergendosi perfettamente verticali sino a lambire l'abaco; a questo riguardo, nella prospettiva di un approccio metodologico attento a captare stimoli e influssi mutuati dalla tradizione greca, appare interessante evidenziare che il motivo della palmetta verticale vanta precedenti importanti in area locrese, in capitelli ionici canonici ascrivibili all'orizzonte cronologico a cavallo tra metà V e metà IV sec. a.C.[1].

Le volute del tipo ionico-italico presentano frequentemente nastro convesso, benché non manchino soluzioni in cui è possibile rilevare, invece, una sezione piana o concava; in diversi casi, comunque, non va esclusa la possibilità che fosse l'applicazione dello stucco sulla superficie, lapidea o fittile a seconda dei casi, a conferire al nastro un aspetto bombato. La spirale è costruita a volte per mezzo di un avvolgimento serrato che si sviluppa su un unico piano verticale, chiudendosi in un occhio a bulbo più o meno sporgente; alternativamente, le spire si arrotolano su se stesse in maniera più ariosa, lasciando uno spazio vuoto tra giro e giro, che regala un effetto di maggior leggerezza alla struttura; l'accentuato aggetto della voluta in direzione dell'esterno produce il peculiare esito "en corne de bélier", che si abbina sempre ad un *oculus* cavo.

Nel settore inferiore del capitello, il passaggio all'attacco del fusto è segnato spesso da una fascia liscia di altezza variabile, mentre più rara risulta la profilatura a cavetto; il giro di perle e fuseruole a chiusura del collarino è un elemento che inizia a diventare consueto con la produzione campana, mentre è praticamente assente nella serie siciliana.

Insieme alla conformazione vera e propria, anche molti dettagli frequentemente rintracciabili nella produzione italica, alcuni dei quali menzionati sopra, autorizzano, in qualche misura, ad individuare nel tipo italico una non troppo lontana ascendenza peloponnesiaca: l'inclinazione verso il basso della faccia a volute, più o meno accentuata a seconda dei casi, il profilo a gola rovescia dell'echino e la destrutturazione dello stesso partito, ottenuta attraverso l'approfondimento dell'intaglio del *kyma* ionico lavorato in forte rilievo, l'utilizzo delle foglie di acanto insieme alle palmette oppure in luogo di queste ultime, o ancora altri elementi vegetali prettamente decorativi, come le fogliette protezionali che coprono il dorso delle volute laddove queste si distaccano dall'abaco. Un cenno specifico in sede di comparazioni va fatto dei manufatti del tempio L di Epidauro, dove già si legge, rispetto al prototipo bassitano, una metamorfosi sostanziale, dovuta a fattori quali l'aggiunta dell'abaco, l'inserimento del *kyma* ionico ad ornamento dell'echino, il discreto sviluppo delle palmette con lobi uncinati rivolti verso l'alto che si originano dalle spire, nonché le piccole foglie arricciate poste sia nella porzione superiore che al di sotto delle coppie angolari di volute. Altro particolare importante da segnalare in questi esemplari, poiché rappresenterà uno schema ampiamente privilegiato nelle evoluzioni ellenistiche della forma, è l'andamento rettilineo della fascia del canale nel suo margine inferiore, in luogo della più arcaizzante convessità (che invece, da parte sua, richiama da vicino le esperienze più caratteristiche dell'ordine in Grecia ed Asia Minore); a tale qualità si abbina in genere anche una progressiva riduzione dell'altezza del canale, che può raggiungere le stesse dimensioni del sottostante echino, quando non finisce per diventare addirittura più stretto rispetto a quest'ultimo oppure annullarsi completamente. Le attestazioni di Epidauro nel tempio L e nei Propilei settentrionali, di

---

[1] Esemplari conservati nella Collezione Scaglione e un altro rinvenuto in contrada Stragò: cfr. Gullini 1980, 133-134, tav. XIX, 2-3 (per i primi si veda anche Lissi 1961, 75, nn. 21-22, tavv. XXII-XXIII; per il secondo, cfr. Costamagna-Sabbione 1990, 152, fig. 213).

Olimpia nel Philippeion, e di Samotracia nel Propylon di Tolomeo II, precorrono con discreto anticipo la tendenza appena descritta, riconoscibile in generale almeno a partire dagli scorci del III sec. a.C.[2], avallando l'idea di una origine peloponnesiaco-macedone della nuova veste assunta dal tipo ionico.

Sic stantibus rebus, la forza e l'abilità della "maestria" locale italica[3] consisterebbe, pertanto, nell'aver impreziosito la morfologia di recente creazione con motivi ornamentali rielaborati in modo autonomo e resi con grande immediatezza e vivacità, come per esempio le palmette, che si modificano sovente in forme assai morbide e carnose, oppure si trasformano in rigogliose foglie acantine. Indubbiamente, quindi, il tipo diffuso nella Penisola e nell'Occidente mediterraneo si carica di un più marcato gusto dell'ornamentazione, per l'appunto centrato principalmente sull'esuberante sviluppo delle componenti vegetali. Il risultato conseguito può contribuire a mettere in luce tratti espressivi distintivi dei contesti provinciali, in cui le culture locali sono entrate a far parte del processo di ellenizzazione accogliendo motivi e forme non proprie, talvolta in maniera marginale, talaltra preoccupandosi invece di assimilare, metabolizzandole nel profondo, le valenze formali e compositive dei diversi elementi. Questo è per esempio ciò che traspare dall'analisi di molti manufatti nordafricani, non diversamente da quanto possiamo cogliere, in fin dei conti, anche nella produzione iberica oppure in qualche prodotto del repertorio insulare italico (Sicilia e Sardegna); certo è che, di pari passo con l'applicazione dello schema "straniero", in questi stessi esemplari si nota, comunque, la persistenza di elementi strettamente legati alle memorie epicorie, siano essi, solo per citare due casi ben noti, il simbolo di Tanit a Bulla Regia o il collarino con fregio di foglie di palma a Montealegre del Castillo di Albacete[4].

Pur mantenendo una certa cautela, dovuta alla difficoltà di reperire allo stato attuale elementi obiettivi prima ancora che stilistici, sembra di poter dire che negli esemplari preservati sia i tratti formali che le cronologie assolute – naturalmente quando queste sono definibili - procedano concordi nel suggerire la priorità conquistata dall'area siceliota riguardo all'elaborazione della classe in oggetto e di quella "sorella" corinzio-italica, ed il ruolo propulsore svolto dall'isola nei confronti dell'emanazione della serie ionica più peculiare, quella a palmette verticali, che da qui, senza mantenersi immune da locali variazioni, frutto della combinazione con le tradizioni radicatesi nei diversi

---

2 Per Epidauro, cfr. Roux 1961, tav. 68, 1; tav. 75, 1. Per il Philippeion di Olimpia, cfr. EAA Atlante, tav. 327, n. 21. Entrambi i contesti sono databili intorno al primo trentennio del III sec. a.C. Per il Propileo di Tolomeo II a Samotracia, databile anch'esso nel corso della prima metà del III sec. a.C., cfr. Samothrace X, tav. LI, fig. 55.

3 Riportiamo le parole con cui M. Napoli descriveva a suo tempo lo ionico-italico: "un tema architettonico prettamente italico, per lo meno in quanto espressione di un gusto, fiorito al di fuori di ogni clima classico, tema italico nella sua essenza e nel suo valore, che sfrutterà qua e là particolari gusti ellenistici, come in Sicilia, senza con questo che si possa parlare di un tema classico nel vero senso della parola. Abbiamo insomma come un termine italico sopravvissuto al livellatore influsso greco, e che appare qua e là nell'area italica, velato da sfumature ed influenze classicheggianti, termine che Roma in parte soffocherà ed in parte assimilerà direttamente dal mondo italico, così come anche in altri campi è possibile individuare valori stilistici o linguistici, estetici o popolareggianti, che, non uniformati dall'influsso greco, si ripercuotono e si ritrovano nel mondo romano" (Napoli 1950, 259).

4 A21, A9.

comparti geografico-culturali, si diffuse risalendo progressivamente lungo la Penisola, diramandosi anche nella Francia meridionale, nonché in Spagna e nell'Africa del nord[5].

Preso atto del fatto che la definizione di ionico-italico (come del resto quella parallela relativa al tipo corinzio-italico) può suonare per certi versi addirittura inadeguata, insufficiente ad esprimere il panorama così mobile ed articolato offerto dalle diverse interpretazioni locali della tipologia - senza considerare, poi, che ciascun manufatto, in fin dei conti, può costituire un mondo a sé, rivelando una sua singolare fisionomia, che si oppone a tentativi troppo rigidi di schematizzazione -, è possibile individuare delle sottoclassi che gli studiosi hanno definito grazie ad alcuni tratti salienti assiduamente riproposti.

In base alla classificazione stilata da E. Casteels in un articolo del 1976, che prende le mosse dallo studio dei capitelli ionici a quattro facce rinvenuti ad Herdonia, si possono tener presenti tre distinte seriazioni.

Un primo tipo (tipo A) si caratterizza per l'echino decorato da *kyma* ionico e due palmette/semipalmette orizzontali nascenti dall'avvolgimento delle spire delle volute, ispirate al capitello ionico canonico; il tipo, cui appartiene, con i manufatti erdoniati, un discreto quantitativo di altri reperti documentati nell'Italia settentrionale, nel Lazio ed in Campania, dei tre raggruppamenti è quello che, forse in virtù di più stringenti attinenze con lo schema classico, vanterà in fin dei conti una maggior determinazione alla persistenza, ritrovandosi poi assimilato insieme al *kalathos* corinzio nella struttura dell'ordine composito[6]. In una seconda variante (tipo B), di cui si riconoscono esemplari nel centro e nord-Italia, ma soprattutto in Sicilia, confluiscono capitelli che mostrano *kyma* ionico nell'echino e due palmette intere sorgenti dalla porzione inferiore delle volute, dirette verticalmente fino a toccare l'abaco. Ad un terzo gruppo (tipo C) corrispondono quei pezzi che, pur possedendo le consuete quattro coppie di volute angolari, si discostano dalla configurazione più comune per l'assenza dei motivi ornamentali canonici (palmette, *kyma* ionico), ad eccezione di un fiore o altro soggetto, come un disco o, più raramente, una testa umana al centro del canale, quest'ultimo, in genere fortemente incurvato nella sua parte inferiore; tale tipologia è, allo stato attuale della documentazione, quella più scarsamente rilevata (manufatti di Paestum, Perugia e Chiusi).

Tabella 1 - Distribuzioni percentuali per tipologie della classificazione Casteels

TIPO	N.	%
Tipo A	78	45,61
Tipo B	75	43,86
Tipo C	5	2,93
Tipo n.d.*	13	7,60
Tot. records	171	100

* n. d. = non determinato

[5] Lo sviluppo di forme decorative locali tra loro simili, ma diversificate, è imputabile, peraltro, anche alla varietà della materia prima lapidea a disposizione, che finì necessariamente per selezionare differenti tecniche di lavorazione.

[6] Cfr. Ziino 1941; Strong 1960.

Fig. 1- Distribuzioni percentuali per tipologie

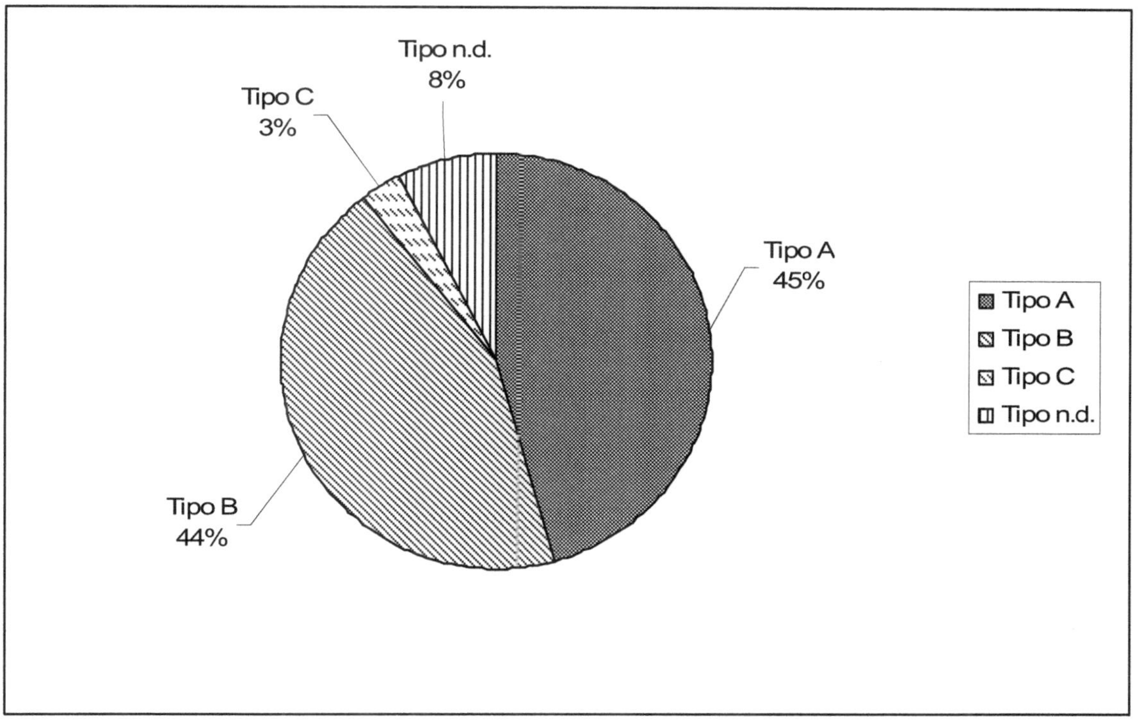

Entrando nel merito di questa ripartizione tipologica, appare piuttosto evidente una sostanziale equità di valori complessivi relativamente ai tipi A e B (lo scarto a vantaggio del tipo A è di appena 1,75 punti percentuali), mentre non arrivano a toccare il 3% le presenze del tipo C (tab. 1, fig. 1).

Ma se scendiamo ad un'analisi più approfondita, improntata all'osservazione dei singoli dati areali, tale quadro sembra destinato, almeno in questo resoconto provvisorio, a subire importanti variazioni (tab. 2-3, figg. 2-4): se, infatti, in ambito siciliano è palesemente schiacciante l'incidenza del tipo B, in Italia meridionale (dove, per dovere di precisione, il nucleo effettivamente valutabile è rappresentato da Pompei, mentre quasi del tutto sporadiche sono le altre attestazioni) la situazione si ribalta a pieno favore di stime percentuali decisamente dominanti per la produzione di tipo A (29,82%).

Il nucleo di materiali relativi all'area centro-italica è a sua volta caratterizzato dalla presenza più cospicua di manufatti di tipo B (12,28%), sulla scia dell'esempio siciliano, pur denotando una più spiccata predisposizione alla *variatio* tipologica, come dimostra la presenza del tipo C, che, fatta eccezione per gli esemplari pestani, è assente altrove.

Nel gruppo italico settentrionale vediamo nuovamente il netto prevalere del tipo A (8,77%), mentre più fluttuante appare il panorama per ora restituito dai distretti provenzale-iberico nord-africano, nei quali confluisce un quantitativo relativamente alto di prodotti non chiaramente classificabili in uno o in un altro tipo (rispettivamente 2,34 e 2,92%): sta di fatto che questa difficoltà di inquadramento "automatico" potrebbe ben spiegarsi con la tendenza, in queste zone più che altrove, ad elaborare esemplari che risentono fortemente delle tradizioni epicorie.

Tabella 2 - Distribuzioni percentuali per regioni e tipologie della classificazione Casteels

REGIONE	Tipo A		Tipo B		Tipo C		Tipo n.d.*		Totale	
	N.	%	N.	%	N.	%	N.	%	N.	%
Sicilia	0	/	44	25,74	0	/	2	1,17	46	26,90
Sardegna	1	0,58	0	/	0	/	2	1,17	3	1,75
Calabria	1	0,58	0	/	0	/	1	0,58	2	1,17
Puglia	2	1,17	0	/	0	/	0	/	2	1,17
Campania	47	27,48	3	1,75	3	1,75	1	0,58	54	31,58
Molise	1	0,58	1	0,58	0	/	0	/	2	1,17
Abruzzo	1	0,58	0	/	0	/	0	/	1	0,58
Lazio	5	2,93	18	10,54	0	/	0	/	23	13,45
Toscana	1	0,58	0	/	1	0,58	0	/	2	1,17
Umbria	0	/	1	0,58	1	0,58	0	/	2	1,17
Marche	0	/	2	1,17	0	/	0	/	2	1,17
Emilia Romagna	1	0,58	0	/	0	/	0	/	1	0,58
Lombardia	4	2,34	0	/	0	/	0	/	4	2,34
Veneto	1	0,58	0	/	0	/	0	/	1	0,58
Friuli Venezia Giulia	9	5,3	3	1,75	0	/	0	/	12	7,02
Francia	2	1,17	0	/	0	/	0	/	2	1,17
Spagna	1	0,58	0	/	0	/	4	2,34	5	2,93
Africa settentrionale	1	0,58	3	1,75	0	/	3	1,75	7	4,1
Tot.	78	45,61	75	43,86	5	2,93	13	7,60	171	100

* n. d. = non determinato

Fig. 2 - Distribuzioni percentuali per regioni

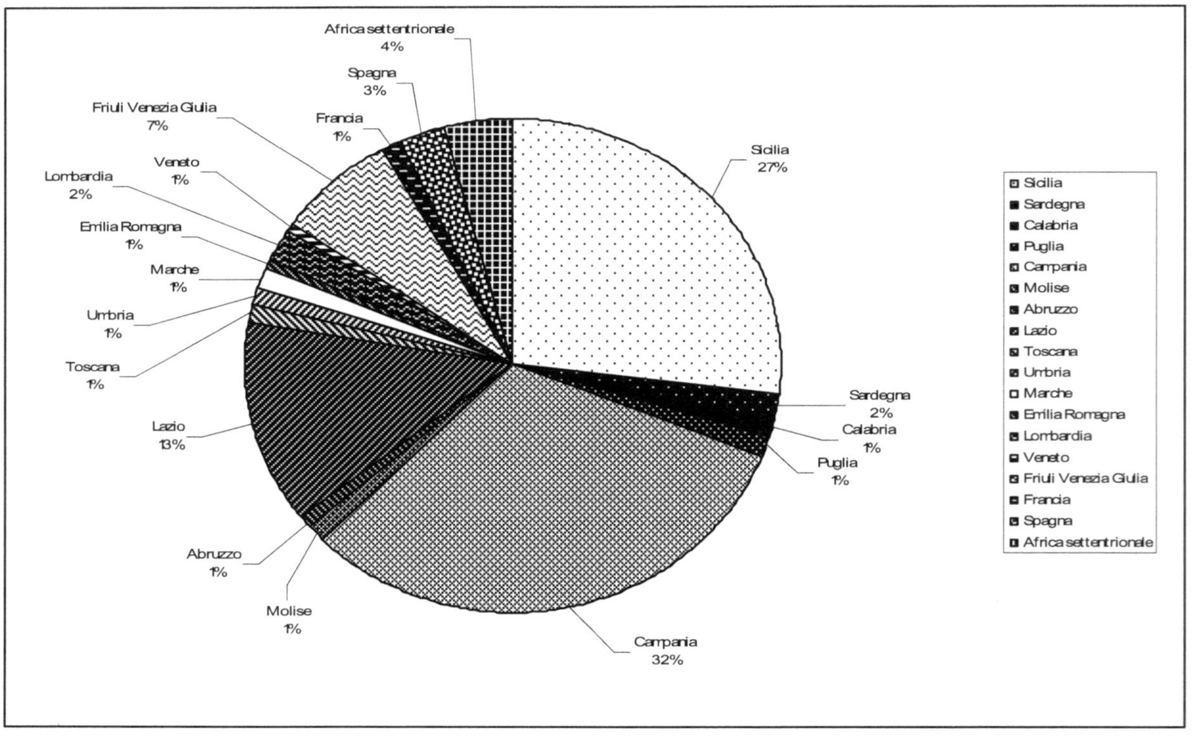

Tabella 3 - Distribuzioni percentuali per aree geografico-culturali e tipologie

AREA	Tipo A		Tipc B		Tipo C		Tipo n.d.*		Totale	
	N.	%	N.	%	N.	%	N.	%	N.	%
Sicilia	0	/	44	25,73	0	/	2	1,17	46	26,90
Italia meridionale	51	29,82	4	2,34	3	1,75	2	1,17	60	35,09
Italia centrale	7	4,09	21	12,28	2	1,17	0	/	30	17,54
Italia settentrionale	15	8,77	3	1,75	0	/	0	/	18	10,53
Francia e Penisola Iberica	3	1,75	0	/	0	/	4	2,34	7	4,09
Sardegna e Africa settentrionale	2	1,17	3	1,75	0	/	5	2,92	10	5,85
Tot.	78	45,61	75	43,86	5	2,92	13	7,60	171	100

* n. d. = non determinato

Fig. 3 - Distribuzioni percentuali per aree

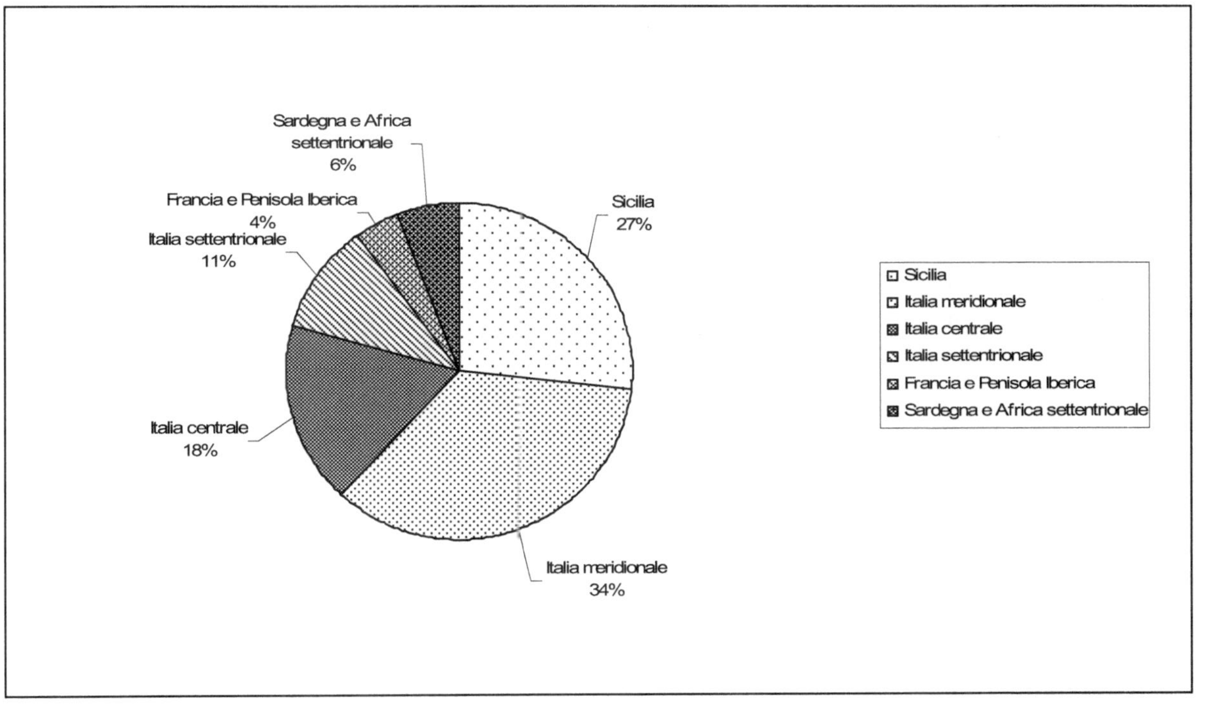

Fig. 4 - Distribuzioni percentuali per aree e tipologie

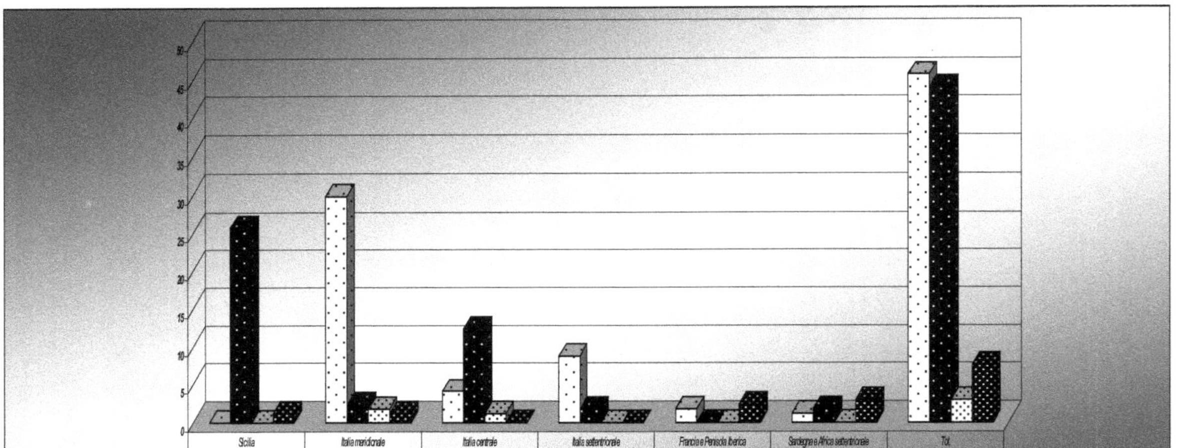

	Sicilia	Italia meridionale	Italia centrale	Italia settentrionale	Francia e Penisola Iberica	Sardegna e Africa settentrionale	Tot.
Tipo A	0	29,82	4,09	8,77	1,75	1,17	45,61
Tipo B	25,73	2,34	12,28	1,75	0	1,75	43,86
Tipo C	0	1,75	1,17	0	0	0	2,92
Tipo n.d.*	1,17	1,17	0	0	2,34	2,92	7,6

In termini altrettanto concisi è lecito operare anche una seconda categorizzazione in sottoclassi che, differenziandosi ancora in base a parametri come la lavorazione dell'echino, la tipologia delle palmette o il trattamento delle volute, indicheremo convenzionalmente con le denominazioni di ionico-siciliana, ionico-etrusca e ionico-campana in funzione delle aree geografiche di prevalente distribuzione di ciascuna variante; un discorso a parte interessa il distretto maghrebino, dove naturalmente appare assai incisivo l'influsso costituito dal retaggio culturale berbero e fenicio-punico.

Trattenendoci nei confini dell'ambito insulare e peninsulare italico, nel primo di questi sottotipi la principale caratterizzazione è costituita da palmette verticali, di sapore a volte intenzionalmente arcaistico, canale delle volute a sezione spesso piatta o concava, talvolta convessa per assecondare lo stesso gusto arcaizzante[1], ed echino dal tradizionale profilo ad ovolo; nel complesso, la struttura si mostra piuttosto raccolta, con volute posizionate di solito in alto rispetto alla linea del collarino. Il secondo sottoinsieme presenta proporzioni tozze, con un rapporto di circa 1:1 tra ampiezza e altezza, decorazione schematizzata, volute convesse e palmette generalmente verticali. Il terzo si distingue - eccezion fatta per gli esemplari della Basilica di Pompei - per le palmette disposte orizzontalmente ma spesso rigirate verso l'alto in forma di uncino, l'abaco profilato a gola rovescia, e soprattutto per la particolare decorazione dell'echino. Tale elemento, infatti, si presenta profilato a gola rovescia ed è inciso in una peculiare variante del *kyma* ionico, composta da piccoli ovoli tondeggianti, racchiusi da foglie allungate ed appuntite, separate da lancette sottili e aguzze, il tutto così profondamente intagliato nella superficie dell'elemento al punto da destrutturarne il volume stesso. La peculiarità dell'ornamentazione ha indotto alcuni studiosi a parlare di

[1] Come già detto sopra, va precisato che diversi esemplari sembrerebbero dichiarare che la convessità del nastro poteva essere conseguita anche tramite l'applicazione dello stucco.

un "*kyma* pompeiano" o "sannitico", operando una giusta distinzione rispetto alla più tradizionale morfologia del *kyma* ionico[8]. Un ulteriore aspetto da prendere in considerazione nel tipo campano è la sensibile pendenza verso il basso delle volute, che trova precise assonanze nei prototipi peloponnesiaci, ben più di quanto non sia concesso riscontrare riguardo al repertorio siciliano.

La messa a punto di una mappatura di distribuzione (tav. 1) si rivela molto utile per ottenere un'immediata percezione delle diverse aree di espansione del materiale; essa consente di osservare, dopo le numerose attestazioni registrabili in area siciliana, un sostanziale *gap* di rinvenimenti in corrispondenza delle estreme regioni meridionali, Calabria, Basilicata e Puglia, al quale fa seguito la verifica di una più o meno omogenea presenza della tipologia nel restante territorio peninsulare, diffusa dall'area campana fino all'altezza del comparto centro-italico; una seconda lampante lacuna, ad eccezione dell'attestazione di Bologna, si coglie poi nella fascia emiliano-padana, compensata dalla serie di reperti registrati nella regione lombarda e nord-orientale[9].

Mettendo in conto anche la possibilità che il quadro così delineato venga ad essere in qualche misura penalizzato da eventuali nostri *deficit* nel recupero della documentazione materiale del caso, non necessariamente rispondenti ad altrettante effettive aporie verificatesi in epoca antica, pare comunque legittimo affermare che la compagine più meridionale della Penisola, dove era dominante una schietta matrice greca, si sia mostrata, in qualche modo, "ostile" ad accogliere il tipo di capitello ionico-italico. Una plausibile spiegazione a risposta di questa oggettiva scarsità di attestazioni raccolte in questa zona potrebbe forse essere trovata nella maggiore determinazione di tale area culturale nel voler mantenere fede alle tradizioni "classiche", optando per una più rigida osservanza delle regole canoniche dell'arte greca e per il rifiuto di forme tendenzialmente incanalate verso sviluppi meno convenzionali. E del resto questo si configura in perfetta sintonia con il *trend* riscontrato sul piano generale: come infatti non si è mancato di sottolineare, è proprio negli ambiti periferici di rango elevato che ha riscosso più ampio favore l'introduzione di eventuali espressioni "altre" rispetto alle forme ortodosse[10].

Un ulteriore aspetto che esige di essere segnalato in relazione a questa elaborazione cartografica delle distribuzioni concernenti lo ionico-italico, è la presenza del tipo in questione nell'area africana, che si connota dunque anch'essa come un areale da indagare a pieno titolo, dove è possibile vagliare, per di più, una vasta gamma di varianti cui lo ionico a quattro facce è sottoposto.

Dal punto di vista delle scansioni cronologiche, la produzione, nella sua globalità, sembra potersi inquadrare con ogni verosimiglianza nell'arco di tempo compreso tra il III sec. a.C. - con qualche punta risalente forse a fine IV sec. a.C. - e la prima metà del I

---

8 Napoli 1950, 230-265.

9 Nella fig. 4 Casteels 1976-77 non sono mappati i siti siciliani, né le località di Oplontis, Pietrabbondante, Corfinio, Campochiaro, Cosa, Bologna, Feltre.

10 Mertens 1984, 443-445.

sec. a.C.[11]; soltanto un numero estremamente contenuto di esemplari, tutti appartenenti al tipo A Casteels, può effettivamente slittare al di sotto di tale soglia temporale[12].

Entro i margini sopra indicati, che crediamo siano da ritenere in linea di massima attendibili e difficilmente scardinabili rispetto ad ipotetici nuovi ritrovamenti, è tuttavia molto difficoltoso stabilire cronologie assolute e datazioni da attribuire ai singoli manufatti, che nella maggioranza dei casi non possono avvalersi del supporto rappresentato da dati obiettivi estrapolabili dall'analisi dei contesti.

In Sicilia, mentre già il Delbrück proponeva di attribuire una data allo scorcio del IV sec. a.C. per un pezzo soluntino del Museo di Palermo (n.12), facendo leva su argomentazioni di natura stilistica (ovoli di forma allargata e piatta, volute avvolte su uno stesso piano), secondo le relazioni di scavo del *team* svizzero che ormai dal 1971 con sistematicità annuale compie indagini a Monte Iato, vi sono buoni fondamenti per fissare al lasso di tempo compreso tra fine IV e III sec. a.C. la cronologia di almeno alcuni dei pezzi rinvenuti nel sito (nn. 20-24), seppure taluni studiosi si mostrino assai poco propensi ad accogliere di buon grado questa datazione "alta"[13]. Anche alcuni manufatti provenienti dall'ambito siracusano trovano paragoni piuttosto calzanti negli esemplari tarquiniesi dell'Ara della Regina[14] che, riconducibili probabilmente alla fase di III sec. a.C. del santuario, per l'appunto si codificano ad ora come i più antichi tra quelli distribuiti nel territorio peninsulare, insieme agli elementi fittili dell'*Odeion* reggino, nonché a quelli di Trevi nel Lazio ed ai resti del cd. "tempio ionico" di Pietrabbondante.

Ad essi fanno seguito i capitelli pompeiani, quasi tutti contenuti nell'arco del II sec. a.C., nonché l'unico esemplare superstite del tempio rettangolare dell'acropoli di Tivoli e l'altro pertinente al tempio della Magna Mater al Palatino, risalente secondo il contesto di scavo al pieno II sec. a.C.; alla fine dello stesso II sec. a.C. si datano i manufatti del santuario della Fortuna Primigenia a Palestrina, mentre un po' più recente sembrerebbe la quasi totalità di quelli recuperati nell'Italia settentrionale (Aquileia, Milano).

Cercando di instaurare un raccordo tra produzione materiale, spazio geografico e clima storico-culturale, si possono individuare almeno due circostanze che impressero forte il proprio timbro sulla storia della Penisola della fase ellenistica, influenzando radicalmente la vita politica e la sfera sociale delle comunità italiche, italiote e siceliote: la presa di Siracusa nel 211 a.C. e, a soli tre anni di distanza, la caduta di Taranto nel 209 a.C., eventi in seguito ai quali Roma impose definitivamente la propria pesante autorità sia in Sicilia che nel resto del mondo greco d'Occidente. Certamente detti fatti determinarono, tra le altre conseguenze, una considerevole "diaspora" di artisti e

---

[11] Napoli 1950, 257; Casteels 1976-1977, 30; Villa 1988.

[12] Per esempio quelli relativi alla Basilica di Herdonia (n. 50) e tre monumenti funerari, due di Pompei (nn. 92-93) e uno di Aquileia (n. 154), datati nell'ambito del I sec. d.C.

[13] Cfr. Dalcher 1994, ed i resoconti annuali delle campagne di scavo dell'*equipe* svizzera coordinata da Isler in *Sicilia Archeologica*, *Antike Kunst*, nonché Isler 1996, 252-256. Usa prudenza la Villa (Villa 1988). Cfr. anche i lavori di Von Sydow 1979 e 1984. Per le opinioni a favore della datazione bassa degli arredi architettonici di Monte Iato, cfr. *infra*, III. 2.1a.

[14] Cfr. Cultrera 1943, 123.

maestranze artigiane, che abbandonarono le due città spronati dai tragici avvenimenti ad una più ampia circolazione nel resto del territorio peninsulare; ma è altrettanto sensato ritenere che questo fenomeno abbia, piuttosto che creato *ex novo*, semmai amplificato un interscambio di idee, modelli ed ispirazioni fra le varie entità regionali avviatosi in realtà ben prima del riconoscimento "ufficializzato" del processo in conseguenza dei cruciali episodi appena ricordati.

Sulla scia di modelli a grande scala che esercitarono un impatto senz'altro maggiore - come, per limitarci qui ad un unico esempio, particolarmente carico, però, di significati, vale a dire l'architettura scenografica del teatro[15]-, anche l'indagine su tipologie "corollarie" quali lo ionico e il corinzio italici, con la tipicità dell'*acanthus mollis* a fare da *trait d'union* in uno svolgimento cronologico e morfologico delle due serie che sembra talora avanzare parallelamente, può contribuire a chiarificare con testimonianze concrete e tangibili queste dinamiche, puntando i riflettori sul ruolo egemone svolto per un verso dalla Sicilia, per un altro da Taranto, nei confronti delle evoluzioni artistiche, o meglio, *lato sensu*, culturali, di Roma e delle comunità italiche che con la nuova potenza emergente venivano a trovarsi in contatto.

Ma, contando di rimandare ai capitoli successivi qualche altra notazione di taglio storico, arrivati a questo punto sarà invece conveniente scendere nel dettaglio di ciascuna delle sottoclassi dello ionico-italico, per condurre sul repertorio censito un esame puntuale dal quale sia possibile saggiare appieno prerogative comuni e qualità peculiari, senza perdere di vista un orizzonte più vasto, in cui trovino la propria ragion d'essere nessi e relazioni più o meno evidenti con le imprescindibili esperienze-pilota della tradizione greca.

III.2. Raggruppamenti geografico-tipologici

III.2.1 Il gruppo siciliano e centro-italico

a) Il gruppo siciliano

Nell'ambito del materiale ascrivibile alla Sicilia - che sembra giustificato ritenere la terra in cui germogliò e si sviluppò il capitello ionico-italico nella sua forma più originale, quella con le palmette disposte verticalmente -, un posto di riguardo, se non altro per l'omogeneità di provenienza, è occupato dal gruppo di reperti soluntini. Se è vero che sotto il profilo cronologico tale produzione lascia ancora una volta la questione in sospeso, almeno dal punto di vista delle variazioni stilistiche prospettate offre un panorama unitario ed articolato al tempo stesso, perfettamente sintonizzato sulle onde di una comunicazione architettonico-artistica basata su un linguaggio di *koinè* ampiamente affermato e compreso, fertile di spunti e considerazioni da estendere validamente all'intera classe, seppure con dei *distinguo*: mentre infatti è possibile rilevare paragoni abbastanza puntuali con alcuni esemplari di Lilibeo, risultano ben evidenti le

15 Lauter 1976, 413 ss.; Lauter Bufe 1987, 90-91.

differenziazioni stilistiche e qualitative con i manufatti della Sicilia orientale, contraddistinti da maggiore eleganza e finezza decorativa.

Ma proprio nel distretto occidentale dell'isola, in un'area sottoposta a notevoli pressioni culturali, frutto dall'interagire endemico e costante di diverse componenti etniche - quella greca, quella punica, quella elima -, è accertata, significativamente, la presenza di tipi e varianti più numerosi che altrove, e sebbene la produzione relativa a questa zona si mostri, nel complesso, piuttosto scadente per ciò che concerne tecnica e stile, in generale compensa il reale difetto pertinente allo standard qualitativo guadagnando punti a favore in ordine a vivacità, freschezza e pluralità di espressioni. Con ciò non si vuol negare l'esistenza, anche qui, di esemplari realizzati con grande cura e raffinatezza, come per esempio si osserva in alcuni reperti dalla stessa Lilibeo e, soprattutto, nelle splendide testimonianze di Monte Iato (specialmente n. 20), dove l'esecuzione denota, in effetti, una qualità di lavorazione fuori dalla norma, subordinata a livelli di botteghe e committenze sensibilmente elevati. Ma, per procedere con ordine, sarà vantaggioso concentrarci sui riferimenti rintracciabili nel *corpus* soluntino per focalizzare sottotipi e specificità, tornando più in là nel corso di questo stesso paragrafo alla *vexata quaestio* di Monte Iato.

Come è stato sottolineato nello studio di A. Villa, ad eccezione di due soli esemplari di tipo "intermedio" (A1, A2), i capitelli di ordine ionico rinvenuti nel corso delle indagini nel centro di Solunto sono tutti di tipo italico a quattro facce, con una struttura compositiva ricorrente: sommoscapo liscio, tranne negli esemplari nn. 1 e 12, in cui si contano venti scanalature; collarino per lo più costituito da un piccolo anello profilato a listello, sormontato da uno spesso tondino, più raramente da due listelli o da due tondini; echino ornato da *kyma* ionico ad ovoli e lancette. La fascia orizzontale corrispondente al canale, bordata da un listello a collegamento delle volute, è inquadrata dal motivo dominante della coppia di palmette verticali che si innalzano su ciascun lato, prendendo origine da cespi di piccole foglie, tra cui spesso si nota un bocciolo di fiore. Le volute, prevalentemente a nastro concavo, meno frequentemente convesso secondo un gusto arcaizzante, si avvolgono su se stesse disegnando più giri.

Una particolarità di tipo tecnico rilevabile nel gruppo soluntino è la tendenza ad incidere in profondità i motivi decorativi, staccandoli nettamente dal fondo per produrre un effetto accentuato di luci ed ombre, quel "deep cut ornament" che, come sottolinea la Shoe, insieme alla preferenza per la modanatura con profilo ad ovolo dell'abaco, contraddistingue proprio questa produzione[16].

Tenendo conto della comune appartenenza alla sottotipologia B della classificazione Casteels, nonché dell'incostante rendimento di alcuni elementi costitutivi ed ornamentali, come palmette, *kyma* e volute, a dire il vero rese spesso in modo trascurato e approssimativo - fatto che, talora, può penalizzare in maniera pesante un giudizio tipologico improntato su meri canoni stilistici -, A. Villa ha ritenuto opportuno redigere una ulteriore suddivisione in "tipo I" e "tipo II".

Nel tipo I (fig. 5) un elemento di discrimine è rappresentato dall'andamento delle volute, che si avvolgono su se stesse formando più di una spira, ma rimangono compatte

---

16 Shoe 1952, 118. Come vedremo in seguito, fin d'ora si dovrà ricordare, comunque, che la predilezione per l'intaglio profondo si ritrova come elemento tipico anche nel gruppo pompeiano. Negli esemplari siciliani l'abaco si presenta costantemente liscio, spesso con modanatura ad ovolo più o meno alta, più raramente con profilo a *kyma reversa*.

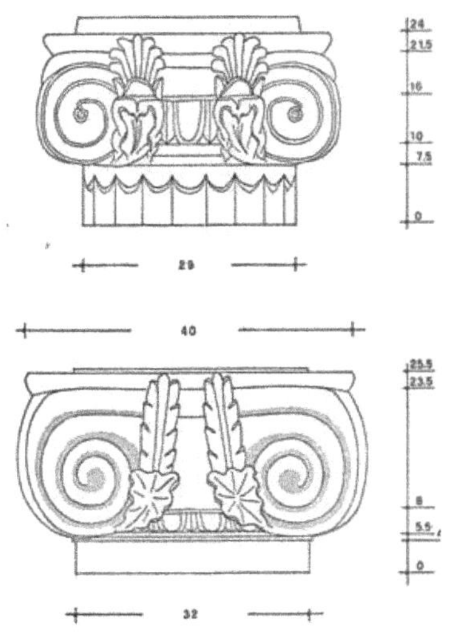

Fig. 5 – Tipo I Villa 1988

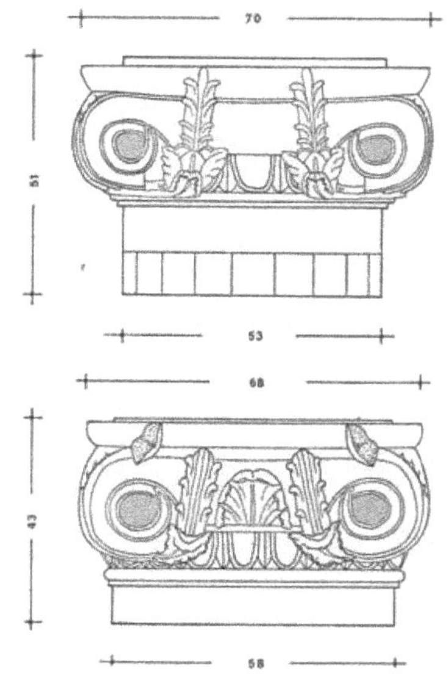

Fig. 6 – Tipo II Villa 1988

sviluppandosi su un medesimo piano verticale, per chiudersi in un piccolo occhio appena incavato. Nella maggior parte dei casi il nastro si presenta piatto, contornato da un bordino a spigolo vivo; va tuttavia rimarcato il fatto che la convessità del profilo del nastro potesse essere ottenuta mediante l'applicazione e la lavorazione di un rivestimento di stucco. Nel tipo in questione le palmette sono collocate in posizione assai ravvicinata, tanto che il più delle volte un unico ovolo appare visibile nel *kyma* ionico dell'echino; esse, inoltre, sono perfettamente verticali (solo nel n. 2 convergono lievemente verso l'asse centrale), arrivando a toccare l'estremità superiore dell'abaco. La resa dell'elemento vegetale è disegnativa in alcuni casi (nn. 1, 4, 5), più corposa e plastica in altri (nn. 2, 3).

Secondo la studiosa, tra gli esemplari soluntini è proprio in questo tipo I che si percepiscono maggiore freschezza e libertà di interpretazione dei diversi motivi, in associazione, tuttavia, con una notevole corsività nella resa dei dettagli e nel rispetto delle proporzioni. Oltre ai capitelli soluntini nn. 1-5, convergono all'interno di questo stesso sottogruppo anche gli esemplari agrigentini della cd. "tomba di Terone" (n. 29), uno di origine ignota conservato al Museo Regionale di Siracusa (n. 44), altri quattro da Lilibeo, tra cui particolarmente simili ai soluntini nn. 4-5 nella struttura abbastanza serrata appaiono i manufatti nn. 17-18[17].

Il tipo II (fig. 6) è nella compagine insulare il più rappresentato a livello numerico[18], e nell'esemplare n. 6 si possono apprezzare tutti i tratti più peculiari di questo schema: *kyma* ampio scolpito in profondità, talvolta con un intaglio leggermente aguzzo (cfr. nn. 7-8), di cui si rileva il proseguimento anche al di sotto delle

[17] Anche il capitello in terracotta del Museo Regionale di Messina (n. 39) può rientrare in questo tipo I per la forma delle volute che mantengono l'avvolgimento su uno stesso piano ortogonale, anche se poi si chiudono centralmente con un bulbo a rilievo, che non è una caratteristica usuale nel resto del repertorio siciliano.

[18] Solunto nn. 6-16; Lilibeo n. 19; Monte Iato nn. 20-23; Heraclea Minoa n. 26; Siracusa nn. 31-33; Akrai n. 34; Morgantina n. 35; Centuripe nn. 36-37; Taormina n. 38; Tindari n. 40; Halaesa n. 42; n. 45.

volute; palmette poste a maggior distanza che nel tipo I, quando basse e verticali come negli esemplari nn. 6 e 9, quando oblique ed allungate come nei nn. 7, 8, 12, 13; volute formate da un nastro ad evidente convessità - tratto, questo, volutamente arcaizzante - sempre contornato da un bordino, il quale si avvolge intorno a se stesso aggettando progressivamente verso l'esterno e lasciando uno spazio vuoto tra le spire per chiudersi in un grande *oculus* aperto. Questi elementi sembrerebbero evidenziare, a parere della Villa, una fase stilistica più evoluta rispetto al tipo I, sia per la maggior leggerezza della struttura che per un più organico inserimento dell'apparato ornamentale nel campo delimitato dalle volute.

E' tuttavia doveroso auspicare - ed è questa una buona occasione per ribadirlo di nuovo - l'uso di una certa cautela, qualora si intenda scorgere nelle effettive dinamiche formali il riflesso di corrispondenti successioni cronologiche, come, ancora di recente, è stato riaffermato riguardo ai capitelli ietini[19].

Il pericolo costantemente in agguato è quello di cadere nella trappola delle ammiccanti seduzioni offerte da un aprioristico, per certi versi rassicurante, modello di sviluppo che procede irreversibilmente lungo i binari di un percorso lineare, concepito secondo canoni "ascensionali" di evoluzione dal semplice al complesso, che tende ad escludere la possibilità di soluzioni in qualche misura divergenti, in cui possano prendere piede e convivere dal punto di vista geografico e cronologico gradi distinti di articolazione e complessità, con eventuali punte di originalità tali da sfuggire a qualsiasi sforzo di rigido incasellamento.

Il ricorso ad esemplificazioni concrete contribuisce molto più di tanti discorsi astratti ad illustrare le riserve appena espresse su una tale prospettiva di giudizio. Nell'attenta indagine formale del complesso di materiali ionico-italici di Solunto, infatti, la Villa individua le varianti A e B del tipo II, che, grazie agli scavi delle case a peristilio di Monte Iato, sappiamo essere sincroniche ed impiegate contestualmente all'interno in una medesima unità abitativa[20], dimostrando così l'elaborazione di formulazioni alternative dello ionico-italico, delle quali sarà interessante capire la motivazione non nell'ottica di un passaggio verso la sempre maggiore elaborazione del tipo parallela all'evoluzione cronologica, bensì nel quadro delle rispettive destinazioni d'uso negli spazi di uno stesso edificio.

In rappresentanza della variante A, nel capitello soluntino n. 12 si osserva un *kyma* decurtato a metà, inciso piuttosto superficialmente nello spazio contenuto tra le due palmette, ed il nastro delle volute appare assolutamente piatto. Proprio tale esemplare è stato indicato dal Delbrück come uno dei più antichi, datato dallo studioso tra la fine del IV sec. a.C. e l'inizio del successivo[21]. La Villa, però, reputa più opportuno scendere almeno alla metà del III sec. a.C. per la fisionomia delle palmette, esili ma assai

---

[19] I quali rifletterebbero "una fase nella quale il tipo ionico-siceliota non solo è già definito in tutte le sue caratteristiche morfologiche, ma appare anche sottoposto ad un'esaltazione delle sue possibilità decorative attraverso un processo di arricchimento degli elementi ornamentali" (Campagna 2003, 173).

[20] Ciò è dimostrato senza equivoci tanto nella casa a peristilio 1, quanto nella 2 che, seppure in scala ridotta, replica puntualmente strutture ed apparati decorativi della prima. Cfr. schede di catalogo nn. 20-24. Per la casa a peristilio 1, cfr. Dalcher 1994; per la 2, cfr. in part. i resoconti preliminari di scavo: Isler 1993, 23-26; Isler 1994, 21-30; Isler 1994a, 31-42.

[21] Delbrück 1907-1912, 156.

sviluppate in altezza, dunque corrispondenti nella loro forma ad uno stadio posteriore rispetto a quello primitivo in cui esse appaiono ancora poco voluminose.

In realtà, al di là di più o meno legittime considerazioni legate all'osservazione dei singoli pezzi, credo che uno dei pochi fattori estetico-morfologici dotati di una minima obiettività e meritevoli di essere inseriti tra i parametri di valutazione relativamente attendibili, sia quello dei rapporti proporzionali: la produzione siciliana privilegia di gran lunga il rispetto di schemi in cui le misure in altezza e larghezza non assumono valori troppo diversi tra loro, cosicché la struttura complessiva si presenta quasi sempre compatta e serrata; al conseguimento di questo risultato non è estranea la collocazione sempre piuttosto alta delle volute, con la linea ideale di congiungimento degli *oculi* che non scende mai oltre il margine superiore dell'echino. A parte alcune eccezioni, tale configurazione sembrerebbe indice di una priorità cronologica rispetto a quegli schemi in cui detta linea tende invece a posizionarsi più in basso, producendo composizioni maggiormente schiacciate, in cui si allarga sensibilmente la forbice delle proporzioni. Detto questo, resta naturalmente affidato alla diversa qualità degli *ateliers* ed alla destrezza professionale del singolo lapicida l'esito finale di ciascun prodotto: nel rispetto di dettami generalmente attesi, avremo così modo di appurare, anche a parità di coordinate cronologiche e/o di contesti culturalmente affini, differenze rilevanti, talora abissali, come raccontano in modo assai soddisfacente i confronti tra Solunto e Iaitas.

Il capitello n. 13, nel quale la Villa indica una buona esemplificazione della variante B, è contrassegnato da un elemento assai peculiare e degno di nota, la foglia d'acanto scolpita tra le due palmette in posizione assiale al centro di ogni faccia. Questo dettaglio decorativo di notevole impatto estetico, condiviso anche dalla serie di capitelli corinzio-italici, non fa altro che dar conto della palese *contaminatio* stilistica che interessa la produzione ionica e quella corinzia di età ellenistica[22], in virtù della quale è legittimo leggere nello sviluppo delle due serie un processo biunivoco, sincronico ed interattivo, che pone l'accento sui meccanismi d'influenza reciproca esistenti tra le due classi di capitelli.

Esemplari particolarmente elaborati del tipo ionico corinzieggiante, capaci di illustrare con singolare immediatezza questa spiccata tendenza all'"ibridazione", sono i bei capitelli con volute dal nastro striato ad imitazione dei cauli, provenienti dalla casa a peristilio 1 di Iaitas (n. 20), seguiti a ruota dai manufatti dell'area siceliota sud-orientale, tra Siracusa e Centuripe[23], con cui i primi spartiscono una vera e propria ridondanza vegetazionale ispirata ai modelli corinzi: dalla foglia acantiforme centrale protesa in avanti, alle foglie protezionali nascenti agli angoli inferiori dell'abaco, alle foglioline con margini smerlettati che si incuneano nello spazio tra la palmetta e la voluta adiacente piegandosi ad assecondarne il contorno superiore, questi tratti ornamentali confermano apertamente la condivisione di un percorso comune compiuto dai due *genera* già in epoca abbastanza alta, come lasciano intendere, nella struttura ionica, caratteri morfologici quali la notevole altezza del canale e la convessità del nastro delle volute, che in linea di massima sembrano accompagnarsi alle produzioni più antiche.

22 Cfr. Ziino 1941, 106-107 e nota 59; Von Mercklin 1962, figg. 292-306; Villa 1988, 30.

23 Cfr. nn. 32, 37.

La rappresentanza più vetusta del corinzio siciliano è stata individuata da H. Lauter Bufe in tre capitelli provenienti, rispettivamente da Gela (dalla villa di Capo Soprano) Siracusa (dalla zona dell'antica *agorà*) e Tindari (senza indicazione di provenienza)[24], i primi due dei quali rivestono qui uno specifico valore poiché, nel loro aspetto ancora in via di costruzione si coglie la presenza dominante di una grande palmetta polilobata centrale, variazione della più coreografica foglia d'acanto, nonché i medesimi dettagli fitomorfi segnalati negli esemplari ionici. Se per il trittico di capitelli corinzi appena ricordati i riferimenti cronologici sono stati fissati, in base a convincenti ragioni storiche, nel lasso di tempo tra il 339 e il 280 a.C. circa, non credo che si debba posticipare di molto il trasferimento degli elementi vegetazionali alla tipologia ionica, come compiutamente avviene nel repertorio preso in esame. Anzi, sottintese tutte le anomalie e tutte le eccezionalità del caso, sembra che, in fin dei conti, proprio gli ipertrofici capitelli "barocchi" di Iaitas, con quella loro impareggiabile estrosità, si spieghino meglio in un clima effervescente di novità e sperimentazioni originali in cui lo ionico risulta ancora pienamente protagonista mentre il corinzio non ha, al momento, acquistato la supremazia di cui godrà in seguito, e possano attestare una precoce incidenza del corinzio sullo ionico, segnando un punto a sostegno della datazione alta proposta per i due contesti abitativi più eminenti del centro elimo; vera e propria *crux* archeologica, quest'ultima, intorno alla quale si è scatenata nella comunità scientifica un'accesissima *querelle*, che ha visto la formazione di schieramenti a sostegno di prese di posizione fortemente antagoniste.

Risalenti per gli editori al 300 a.C. circa, essendo concepiti in fase con il primitivo assetto planimetrico dell'abitazione 1[25], i pregevolissimi reperti ionico-italici di questa *domus*, secondo il parere espresso da Von Sydow e Lauter Bufe dovrebbero invece, più correttamente, essere ricondotti ad una fase databile intorno ai primi decenni del II sec. a.C.[26], in linea con un filone per così dire "revisionista" di studi sulla Sicilia ellenistica e romana al quale hanno aderito anche altri studiosi che, criticando aspramente le opinioni di quanti avevano visto nella conquista romana un sostanziale epilogo delle manifestazioni più consistenti dell'ellenismo insulare e l'esaurirsi della vena creativa dell'arte siceliota[27], sostengono che è invece lecito collegare proprio ad una sorta di *exploit* edilizio di II sec. a.C. una nutrita rosa di fenomeni urbanistico-architettonici, dagli impianti cittadini (per esempio Segesta) all'arredo urbano, sia pubblico che privato (cfr. teatri di Segesta, Solunto, Tindari, Monte Iato; abitazioni di Solunto, Lilibeo e Monte Iato)[28]. A mio giudizio, però, le motivazioni addotte, tutto sommato abbastanza deboli e generalizzate, non sono di per sé tali da escludere radicalmente la validità delle cronologie alte, ivi comprese quelle inerenti ad almeno alcune delle dimore a peristilio ietine.

Rimanendo nell'ambito ristretto delle considerazioni stilistiche legate al tema della presente ricerca, si può dire che il momento di più forte dialettica formale tra lo ionico e

---

[24] Lauter Bufe 1987, 4-9, nn. 1-3, tavv. 1-3.

[25] Cfr. Isler 1987, 30; Dalcher 1994, con bibliografia.

[26] Von Sydow 1984, 245, 313-314, 350, n. 20; Lauter Bufe 1987, 26, n. 39. Cfr. anche Wilson 1990, 73, 87 nota 24.

[27] Cfr. Coarelli 1980, 371-392.

[28] Un quadro generale molto articolato in Campagna 2003a, 7-31.

il corinzio avviene in Sicilia tra la fine del IV e il III sec. a.C., parallelamente a quanto dimostrato nella stessa fase dalle testimonianze tarantine[29]: in seguito, passata l'ondata delle amplificazioni vegetative e delle promiscuità di *genera*, infatti, le forme di questo ionico "fiorito" torneranno a cedere progressivamente il passo alla sua forma più pura, sgombra da eccessi ed eccentricità, in concomitanza con la definitiva affermazione del corinzio, che nelle composizioni architettoniche diventa il vero elemento di attrazione. Si concretizza così un modo diverso di interazione tra ionico e corinzio-italico nel proseguimento di quel percorso condiviso cui si è accennato poco fa: un interagire che non è più la fisica "vestizione" del primo con abiti del secondo, ma un vero e proprio "gioco delle parti", dove la loro vicinanza contestuale è sottesa a meccanismi di distribuzione spaziale né casuali né arbitrari[30]. Ma, mentre di questo tema continueremo a parlare nel prossimo capitolo, per ora è sicuramente più utile portarci avanti nell'analisi formale del repertorio censito.

Come nota opportunamente A. Villa, il motivo assiale della foglia d'acanto, documentato in Sicilia in un numero per la verità circoscritto di capitelli ionico-italici[31], si ritrova parimenti in altri manufatti riportati alla luce nel resto della Penisola[32], nonché in certi reperti provenienti da Utica e Cartagine[33], alcuni dei quali non propriamente inseribili nella definizione tipologica indagata in questa sede, ma in tutta certezza ad essa riconducibili per l'impiego di motivi che denunciano l'esistenza di reciproci influssi; vale poi la pena non trascurare la menzione di un capitello della palestra di Olimpia databile al III sec. a.C.[34], che, seppure non sia classificabile nel tipo ionico-italico *stricto sensu*, presenta, ad ogni modo, volute disposte diagonalmente rispetto al piano frontale.

Allo stesso proposito non devono essere ignorati i molteplici, significativi segnali di questa "moda ionico-corinzia" provenienti dall'arte tarantina, nel cui repertorio si concede ampio spazio ad una serie di realizzazioni che, quanto mai lontane dalla rigida normativa classica degli ordini, con le loro originali creazioni rispecchiano pienamente

---

29 Il notevole esemplare ionico da Centuripe conservato nel Museo Archeologico di Siracusa (n. 37) trova una replica quanto mai fedele nel capitellino frammentario proveniente dalla necropoli siracusana di Canalicchio (n. 32), contesto che G. Voza ritiene databile al III sec. a.C. (Kokalos 23-23 (2), 1976-1977, 560). Dalla stessa necropoli proviene anche un esemplare corinzio che la Lauter Bufe colloca nello stesso torno di tempo (Lauter Bufe 1987, 21, n. 30, tav. 13a). Secondo la studiosa è in epoca ieroniana che si assiste allo sviluppo del corinzio siceliota.

30 Si tornerà comunque sull'argomento in relazione ai numerosi spunti forniti dall'architettura pompeiana, dove oltre ad una cospicua lista di abitazioni ed edifici pubblici e sacri che annoverano la compresenza di ionico-italico e corinzio-italico, abbiamo modo di apprezzare la misura e le modalità della contaminazione tra i due tipi anche in una ulteriore sintesi architettonica del fenomeno costituita dal tipo di capitello "a sofà". Su questo tipo, cfr. Cocco 1977, in part. 110 ss. Per Pompei, cfr. anche il cap. IV in questo studio.

31 N. 13 da Solunto, n. 20 da Monte Iato, n. 26 da Heraclea Minoa, nn. 32-33 da Siracusa, n. 37 da Centuripe, n. 45 di provenienza ignota.

32 *Infra*, § III.2.1b.

33 Per Utica, cfr. n. 165, A11; per Cartagine, cfr. A12. Cfr. inoltre esemplari come quelli di Nora n. 162, quelli di Sabratha A39 e Leptis Magna A47, nei quali si osserva, in alternativa, la palmetta.

34 Olimpia II, tav. LXXV; cfr. Weickert 1944, 210-214. Per la datazione della palestra al III sec. a.C., cfr. Mallwitz 1972, 284.

il nuovo linguaggio ed i nuovi codici espressivi introdotti dall'Ellenismo: il patrimonio architettonico-decorativo di Taranto costituisce, pertanto, una fondamentale occasione di confronti e raccordi da impostare in rapporto alla coeva produzione sviluppatasi in altre aree, geograficamente e culturalmente distinte.

Talvolta, in luogo della carnosa foglia d'acanto come descritto sopra, ad ornamento del canale possono trovare impiego altri soggetti decorativi: un capitello da Heraclea Minoa conservato nel Museo di Agrigento (n. 28) ricorre, per esempio, all'inserzione di un motivo floreale, analogamente a quanto è dato osservare anche negli esemplari della Basilica di Pompei (nn. 57-58).

L'aggiunta di un fiore - dettaglio già riscontrabile in alcuni capitelli databili al primo Ellenismo del tempio di Artemide a Sardi - o altri elementi fitomorfi in posizione mediana su canale o abaco diventa, del resto, un fatto relativamente frequente sin dal III sec. a.C. in diverse varianti dello ionico d'ambiente greco, microasiatico, punico, illirico e magnogreco, e la produzione tarantina lo esterna egregiamente, con le sue ricche ornamentazioni di acanto molle, rosoni e palmette[35]. La serie ionico-italica propriamente detta, tutto sommato, resta molto più pulita e svincolata da quello che in taluni casi potrebbe definirsi come vero e proprio *horror vacui*, ma è tuttavia innegabile che traggano spunto dalle stesse radici gli esemplari - peraltro assai sobri nel loro insieme - di Chiusi e Perugia (nn. 131, 134), così come quelli decisamente più articolati e rigogliosi della Basilica di Pompei (nn. 57-58) e del tempio romano della Magna Mater (n. 124). Piuttosto variegata è anche la gamma di esemplari africani (A15, A16, A25, A31 con nodo, A37, A44). Nel caso del Capitolium di Brescia (n. 140) l'ornamento floreale, presente nei capitelli corinzio-italici del pronao, ricorre anche negli esemplari ionico-italici dipinti in uno dei pannelli affrescati che è stato possibile ricomporre. Alle immagini di questi apparati pittorici si collegano direttamente le attestazioni feltrine (n. 142), in cui, al pari della serie capitolina bresciana, le applicazioni floreali sono posizionate all'altezza dell'abaco.

Indugiando ancora sul repertorio ionico-italico restituito dalla Sicilia, un altro capitello, esposto anch'esso nella sede museale acragantina e recuperato, come l'altro, ad Heraclea Minoa (n. 27), si distingue dal precedente sottogruppo perché nella medesima porzione centrale del canale appare, in alternativa al fiore, una testa femminile, giustificandone l'inquadramento nella serie di esemplari a decorazione figurata e richiamando per una comparazione abbastanza prossima nella stessa area siciliana un manufatto di provenienza selinuntina[36].

Nel corso dibattito che si è andato via via alimentando intorno all'origine di questa particolare categoria di elementi architettonici sono state avanzate diverse opzioni, tutte autorevoli e degne di attenzione; ma forse, piuttosto che privilegiare in senso esclusivo l'una o l'altra tesi, mi sembra che in fin dei conti si pervenga a risposte più esaurienti interpretando le varie posizioni in maniera complementare.

Anche la classe di capitelli figurati può certamente individuare interessanti motivi di comparazione nelle testimonianze archeologiche fornite dai prototipi orientali, siriani e

---

[35] Cfr. Butler 1925; Gruben 1961, 155-196; Bingöl 1980, 23, nn. 274-275; Lezine 1960, 73 ss.; Canosa 1992, 627.

[36] In generale sulla classe dei capitelli figurati, si veda lo studio dettagliato del Von Mercklin 1962 (in part. Von Mercklin 1962, 68-69, n. 178, fig. 337 per l'esemplare in questione). Per il capitello selinuntino, cfr. Tusa 1954, 261-264; Von Mercklin 1962, n.169, fig. 300.

microasiatici, che da Alessandria a Taranto lasciarono numerose tracce della loro influenza. In effetti, l'associazione di scultura e pittura con le partiture architettoniche è uno dei *leitmotiv* del periodo ellenistico, come mostra alla fine del IV sec. a.C. il tempio di Apollo a Didyma, le cui strutture riescono ad illustrare perfettamente il gusto e i temi di questa effervescenza decorativa. Sono proprio i capitelli ionici i supporti strutturali designati qui ad accogliere un'innovazione destinata ad avere poi molto successo: quelli a coronamento delle colonne angolari del peristilio sono dotati, infatti, di una voluta esterna terminante a protome di grifo, mentre in alcuni esemplari della galleria, tra i motivi applicati alle volute si contano dei busti di divinità (Zeus, Apollo, Latona, Artemide); è dunque ragionevole ravvisare propriamente in ambito orientale la genesi del tipo di capitello figurato.

Il soggetto della protome umana inserita come motivo caratterizzante al centro del canale in una serie di esemplari appartenenti alla grande famiglia di capitelli a volute (ionici, corinzi, a sofà) annovera anche nel nostro territorio peninsulare *exempla* di particolare pregio e bellezza, che trovano, *maxime* nelle realizzazioni dell'artigianato funerario italiota di età ellenistica, espressioni di indubbio pregio; è Taranto che può rivendicare con pieno diritto la paternità e l'introduzione a livello locale di questa originale soluzione architettonico-decorativa[37], che peraltro non rimane esente da documentabili interazioni con il campo della coeva attività artistica portata avanti nei conterranei, fecondissimi *ateliers* di ceramica.

Già il Langlotz e lo Schefold, sulla scia di Herbig, manifestarono l'opinione che l'origine dei *Kopf- und Büstenkapitellen* tarantini potesse avere a che fare con la produzione vascolare della stessa area apula, dove in verità si conta un buon numero di rappresentazioni relative a protomi e busti umani emergenti da un lussureggiante sfondo vegetale di fiori, convolvoli e racemi[38]. Il Von Mercklin, pur confermando l'indiscutibile ruolo primario ricoperto da Taranto, ritiene tuttavia che la nascita di questo particolare tipo di capitelli sia da ricercare piuttosto in Sicilia, ed a sostegno della sua tesi adduce proprio l'esempio del manufatto selinuntino edito da Tusa nel 1954[39]; lo studioso tedesco colloca quindi il gruppo tarantino nel torno di tempo compreso tra la seconda metà del IV ed il secolo successivo. B. Neutsch, dal canto suo, sulla scorta del riferimento ad una piccola colonna votiva in terracotta decorata nello stile di Gnathia conservata presso il Museo Archeologico Nazionale di Taranto[40], che certamente costituisce l'imitazione in scala miniaturistica di esemplari di grandi dimensioni, giunge sostanzialmente alle medesime conclusioni cronologiche, restringendo all'ultimo quarto del IV sec. a.C. l'esordio della classe tarantina di capitelli figurati. Anche il Neutsch, come Herbig, Langlotz e Schefold, concorda sul fatto che l'invenzione dei capitelli a teste e busti sia da intendere come una forma di monumentalizzazione di un tema

---

[37] Ronczewsky 1927, 29-37; Klumbach 1937; Martin 1970, 336-338; Lippolis 1994; Mazzei 1995, specialmente riguardo all'ipogeo della Medusa di Arpi.

[38] Krauss-Herbig 1939, 76; Langlotz in AuA 2, 1946, 114 ff., in part. 129; Schefold, in Gnomon 30, 1958, 395. A titolo di esempio, una ben conosciuta attestazione di questo tipo di raffigurazioni si osserva nel cd. Vaso Hamilton, attribuito al Pittore di Baltimora e databile tra 330 e 320 a.C. (Londra, British Museum inv. GR 1772.3-20.14; RVAp II 860, n 1).

[39] Von Mercklin 1962, 3, 62.

[40] Neutsch 1965, 76-79, tavv. 34,2; 35, 1-2.

pittorico ampiamente sfruttato in ambito vascolare magnogreco, costituito dal motivo del busto a sembianze antropomorfe incorniciato da fiori, fronde ed altri elementi del mondo vegetale, in uno sfondo dalle spiccate valenze ctonie[41].

Ma l'osservazione del ricco patrimonio iconografico relativo alla ceramica italiota a figure rosse diventa un passo essenziale per apprendere, allo stesso proposito, una serie di altre importanti informazioni: è infatti evidente che, per quanto ci è concesso conoscere grazie a questa documentazione, nella sintassi decorativa e narrativo-simbolica delle rappresentazioni un posto di assoluto rilievo è occupato dall'elemento strutturale del *naiskos* (generalmente con capitelli di tipo ionico), che di volta in volta ha la funzione di ospitare la statua di una divinità cui si rende omaggio, il simulacro del/la defunto/a, oppure, ma più raramente, una panoplia di oggetti che evocano la sfera maschile o femminile, alludendo ai rituali funerari svolti in funzione dell'eroizzazione del morto[42].

Tutto ciò trova puntualissime conferme nelle attestazioni architettoniche della "serie reale" della regione apula, che deve riconoscere proprio a Taranto il ruolo di capofila di tale produzione. Nel grande centro di fondazione spartana, dove si osservano soluzioni calibrate in base alla contestualizzazione funzionale del capitello - se pertinente a colonna funeraria isolata oppure elemento dell'ordine architettonico di un *naiskos* -, la prevalenza dei rinvenimenti è costituita da esemplari a basso *kalathos* alquanto prossimi al tipo corinzio, su cui si innestano le ornamentazioni figurate, evidenziate in modo sistematico nel lavoro del Von Mercklin[43].

Dalle sperimentazioni nate in seno alle botteghe tarantine trae spunti determinanti il limitrofo comparto daunio, come stanno a dimostrare i rinvenimenti di Lucera, Canosa ed Arpi, dove si assiste alla diffusione di capitelli con partiti figurativi costituiti sia da scene complesse - forse connesse ad episodi del ciclo troiano, come nel caso di alcuni reperti canosini, verosimilmente pertinenti a *mnemata* funerari isolati[44] -, che da più semplici rappresentazioni, come la testa isolata scolpita negli esemplari del tempio italico sotto S. Leucio nella stessa Canosa ed in quelli del ben noto Ipogeo della Medusa di Arpi[45]. Le manifestazioni architettonico-decorative di tale tipo che prendono vita in

---

41 Neutsch 1965, 79-80.

42 Esempi particolarmente significativi: 1) per la divinità cui si rende omaggio: CVA Italia 17 7, tav. 12 (*lebes gamikos* siceliota del Pittore di Siracusa 47099, datato al 360-340 a.C.: Siracusa, Museo Archeologico Regionale P.Orsi, n. inv. 47099); 2) per i rituali di eroizzazione dei defunti: RVAp I, 194, n. 10 (cratere a volute del Pittore di Licurgo, databile al 370-350 a.C.: Vicenza, Palazzo Leoni Montanari, Coll. Banca Intesa 112); RVAp II, 726, n. 5a (*loutrophoros* del Pittore della Patera, datato al 340-320 a.C.: Vicenza, Palazzo Leoni Montanari, Coll. Banca Intesa 119); 3) per le raffigurazioni di oggetti esposti all'interno di un'edicola: RVAp II, 783, n. 247 (cratere a volute del Pittore di Pavia, datato intorno al 320 a.C.: Pavia, Museo Archeologico dell'Università, n. inv. 82.241).

43 Von Mercklin 1962, 49-60.

44 Canosa 1992, 542-546. Mentre il Ronczewski propendeva per una datazione di questi "capitelli ionici tarantini" al tardo Ellenismo, la puntuale analisi elaborata dal Von Mercklin e dal Neutsch inquadra più convincentemente tali esemplari tra la seconda metà del IV e la prima metà del III sec. a.C.: cfr. Ronczewsky 1927, 263-264, 295-296; Von Mercklin 1962, 49-50, 58, tavv. 262-266, 273; Neutsch 1965, in part. 78-80.

45 Canosa 1992, 627-630, nn. 7-10 (quattro semicapitelli d'anta) e nn. 11-23 (frammenti); Mazzei 1995. Nel caso specifico degli esemplari arpani si verifica una netta semplificazione del partito decorativo tradizionale, che rende la soluzione finale molto vicina alle realizzazioni ioniche di tipo figurato,

questa zona meridionale dell'Italia sembrano vantare una priorità cronologica su quelle di area etrusca (tomba Campanari di Vulci, databile nel periodo compreso tra fine IV e prima metà del III sec. a.C.; tomba Ildebranda di Sovana, risalente al primo o secondo quarto dello stesso secolo)[46] e campana (Padula, Paestum, Pompei)[47]. In ambito culturale fenicio-punico, dove la presenza della tipologia in questione è altrettanto accertata, l'esemplare ionico quadrangolare di Nora, riferito dal Patroni al tempio di Tanit e datato dallo stesso studioso al V sec. a.C. sulla base di una valutazione essenzialmente stilistica, è ora più verosimilmente riconducibile al III sec. a.C. sotto l'influenza delle coeve forme etrusche, e sembrerebbe precorrere a sua volta capitelli concepiti strutturalmente in maniera analoga, come alcune realizzazioni di fabbrica uticense, in certi casi molto prossime agli schemi corinzi, ed il manufatto di Henchir Sidi Slimane[48].

Alla luce dei dati archeologici disponibili, non sembra che possa considerarsi un approccio soddisfacente e metodologicamente corretto quello di circoscrivere in maniera troppo rigida l'ambito d'impiego di questa famiglia di capitelli, che, se allo stato attuale delle conoscenze si distribuiscono in prevalenza in edifici di natura prettamente funeraria, sono altresì documentati in contesti a carattere sacrale-pubblico (da S. Leucio di Canosa al tempio del foro di Paestum), collegandosi a situazioni cultuali senz'altro più differenziate e complesse[49].

---

anch'esse non estranee all'architettura minore tarantina. Della decorazione acantina sopravvivono solo due foglie collegate in maniera non completamente organica alla radice delle volute, che da una parte denotano similitudini con le realizzazioni ionicizzanti, ma nascono dal basso come nel tipo eolico; abaco e collarino inferiore sono caratterizzati da profilature lisce, mentre proporzioni e struttura compositiva del capitello, come la lavorazione delle facce superiori, si rifanno direttamente alla tradizione tecnologica tarantina.

46 Tomba Campanari: Von Mercklin 1962, nn. 50-51, tav. 37. Tomba Ildebranda: Bianchi Bandinelli 1929, 133 ss.

47 Per Padula e Paestum, cfr. Von Mercklin 1962, 66-67, n. 75, 65, n. 173 a-b; Neutsch 1965, 70-80. Per Pompei, Von Mercklin 1962, 70 ss., e *infra* in questa sede. Riguardo al tempio del foro di Paestum, mentre c'è unanime consenso nel datare l'impianto tipicamente centro-italico all'epoca di fondazione della colonia (273 a.C.), non si riscontra invece analogo accordo sulla cronologia della peristasi e dell'architrave, che per alcuni sarebbe da attribuire ad un rifacimento del tardo II sec. a.C. (cfr. Theodorescu 1989, 117 ss.) Ma non è necessario dover separare le due fasi, essendo attestati nell'architettura etrusca e tarantina della prima metà del III sec. a.C. sia i capitelli figurati – che anzi, in seguito, si perdono - sia la commistione degli ordini, come evidenziano bene i *naiskoi* funerari tarantini e gli *epitymbia* italioti. Per contro, sarebbe maggiore la difficoltà di collocare nel II sec. a.C. la decorazione metopale, che denota forti affinità con la scultura architettonica della Taranto di IV-III sec. a.C. e che a partire dalla fase finale del III sec. a.C. appare esclusivamente basata su bucrani o motivi vegetali. Del resto, in un'area tanto profondamente ellenizzata un'architettura così ricca sul piano decorativo trova una sua precisa spiegazione proprio in una fase relativamente antica. Per questo l'intero complesso può essere convincentemente attribuito al secondo quarto del III sec. a.C., attestando la stretta relazione tra l'architettura della *koinè* centro-italica e le produzioni baroccheggianti del mondo greco italiota e siceliota.

48 Per Nora, cfr. scheda n. 162. Per i capitelli ionici figurati di Utica, cfr. in part. le schede n. 166 e A10; Ferchiou 1989, 241, n. IX.II.A.1.3 e 248-249, nn. IX.III.A.1-2 (per capitelli corinzio-italici figurati della Casa dei Capitelli Istoriati); Ferchiou 1989, 239, n. IX.II.A.1.1 (capitello corinzio-italico figurato della Casa della Cascata). Per Henchir Sidi Slimane, cfr. A29.

49 Risulterà semmai di una qualche utilità poter distinguere in seno alla categoria fra un sottogruppo a volute nascenti dal basso di tipo eolico, un secondo (che poi è quello che ci interessa maggiormente in

Inoltre, merita specificare che manifestazioni come l'ipogeo della Medusa, con la sua marcatissima dimensione "palaziale", sono da considerare realtà senza meno inconsuete, collocabili ad un livello di eccellenza tanto per ciò che concerne l'impegno economico quanto per la carica rappresentativa, ed è proprio per questa ragione che diventa logico estendere il campo delle speculazioni e dei confronti alla categoria edilizia della dimora aristocratica: non è da escludere, a mio avviso, che la tipologia di capitelli figurati improntati al modello arpano potesse, fin dalle prime fasi della sua apparizione, far parte integrante degli apparati decorativi di importanti residenze signorili coniate sulla matrice dei *basileia* ellenistici, come poco più tardi si riscontrerà non solo in ambiente italico, segnatamente a Pompei[50], ma, sulla scia di una tradizione ben radicata, anche in altre zone del Mediterraneo, *in primis* ad Utica, riportati alla luce nelle campagne di scavo della Casa della Cascata e di quella dei Capitelli Istoriati[51]. Di specifica rilevanza in una tale prospettiva è, naturalmente, anche il contesto del Palazzo delle Colonne di Tolemaide: in questa fastosa dimora, il cui arredo architettonico di fine II sec. a.C. è da attribuire con tutta verosimiglianza all'intervento di maestranze alessandrine, l'*oecus* della Medusa presenta l'impiego di capitelli corinzieggianti figurati con protomi d'ariete e di divinità[52].

Per completare, dopo questa necessaria digressione, il quadro generale delle espressioni dello ionico-italico in Sicilia è opportuno, infine, dedicare un cenno specifico ad un ristretto ma interessantissimo nucleo di reperti – nn. 36 da Centuripe e 40 da Tindari, nn. 39 e 43 di provenienza ignota, ma comunque riconducibili con buone probabilità a questa medesima zona -, che si distinguono dal resto della produzione perché modellati nella terracotta. Per l'esemplare fittile conservato nel Museo Regionale di Messina n. 39, in virtù di osservazioni di natura stilistica, che mettono in luce nella sua conformazione un notevole compendio di caratteri propri a diverse correnti artistiche, ispirate da un lato ai modelli attici tardoclassici[53], dall'altro ad esperienze magnogreche (segnatamente locresi) e sicelioti meridionali[54], è stata proposta una cronologia intorno alla metà del III sec. a.C.[55], che forse, però, in base alle assonanze che è possibile stabilire con attestazioni di provenienza africana, come il capitello della Byrsa n. 169, quelli del Kbor Klib n. 170 e della cappella Carton di Salambô A13, o ancora quelli di Thuburbo, tra cui in particolare l'esemplare A17, potrebbe subire un

questa sede) con volute unite orizzontalmente di tipo prettamente ionico, ed un terzo che si orienta verso i tipi corinzi, per la presenza importante del fogliame d'acanto. La corona di foglie più o meno rigogliosa, che si sviluppa talvolta alla base del capitello rappresenta un fattore d'interesse che prelude al futuro tipo composito.

50 Per alcuni esempi, cfr. Von Mercklin 1962, 70 ss., nn. 184 ss., figg. 342 ss.

51 Cfr. *supra*, nota 48.

52 Pesce 1950, 32 ss.; Lauter 1971, 149-178; Pensabene 1993, 553.

53 Tracciato delle volute rifinito da un listello sottile, che segue anche le spire a sezione concava e finisce per contornare il grande occhio di chiusura: cfr. Martin 1944-1945, 343-347, figg. 3-5, 6, tavv. XXVII-XXVIII, per i due capitelli dalle *stoai* ovest ed est dell'Asklepieion di Atene (fine V-inizi IV sec. a.C.); Roux 1961, 340-341, tav. 90, 1 per un capitello attico da Epidauro (fine IV-inizi III sec. a.C.); Kerameikos X, 58-62, 134-135, figg. 76, 81 per gli esemplari del Pompeion di Atene (inizi IV sec. a.C.).

54 Si veda per Selinunte, cfr. Theodorescu 1974, 20-21, n. VI, tav. VIII, fig. 15, tav. XVI, fig. 16; 21-22, n. VII, tav. IX, fig. 17, tav. XVII, fig. 18. Per Locri, cfr. Gullini 1980, 133-134, tav. XIX, 2-3.

55 Campagna 2003, 173.

ulteriormente abbassamento a fine III-II sec. a.C. C'è da dire che, dal punto di vista delle qualità stilistiche, l'aspetto del reperto messinese costituisce una soluzione del tutto peculiare nel panorama finora restituito dall'isola, in primo luogo per la morfologia assolutamente piatta delle spire chiuse da un bottone a rilievo, che sembra richiamare da vicino, insieme al particolare della linea convessa incisa sulla superficie del canale, modelli classici come le membrature dell'Eretteo. E' quindi plausibile avanzare l'ipotesi che tali caratteri siano frutto del lavoro di un *atelier* che, attingendo a repertori di matrice tradizionale, usa e combina in modo talora del tutto arbitrario ed "anti-storico" motivi di estrazione eterogenea, sia dal punto di vista geografico che cronologico[56].

Sulla scorta di quanto il Lauter suggerisce in merito al reperto in questione - per il quale non sono noti, purtroppo, né luogo né epoca di rinvenimento, sebbene a mio parere non debba risultare troppo peregrina l'ipotesi del Cultrera, che lo dichiarava proveniente da Tindari[57] -, è probabile che questi esemplari in terracotta siano ciò che rimane superstite di strutture architettoniche edificate interamente in mattoni sagomati, di cui in Sicilia si sono recuperate testimonianze, per l'appunto, proprio a Centuripe, Tindari e Morgantina[58]. In ordine a specifiche di tipo tecnico, dall'osservazione del pezzo n. 40 conservato al Museo Salinas di Palermo e di un altro reperto visionato a Tindari[59], credo si possa aggiungere qualche annotazione in più a conforto di quelle già esposte da Lauter, avanzando l'ipotesi che, per lo meno in alcune circostanze, gli stessi capitelli fossero composti dall'assemblaggio di elementi modulari, evidentemente più facili da plasmare, a forma grosso modo simile a quella di un cuneo, che venivano uniti alle relative colonne, anch'esse probabilmente fittili ed anch'esse composte da moduli, mediante l'incastro con un'anima lignea verticale alla quale erano fissati grazie alla malta e all'ausilio di chiodi, prima che l'intera struttura fosse sottoposta ad una

---

56 E questo processo di contaminazione-commistione, naturalmente, potrà essersi verificato indipendentemente dalla già avvenuta o meno definizione del tipo.

57 Cultrera 1943, 121.

58 Lauter 1986, 57-58. Come dice lo stesso nome, i mattoni sagomati sono pezzi di forma speciale, di regola elementi del fusto di colonna o dei capitelli. A Morgantina e a Tindari (impiego nella casa C dell'*insula* IV) i moduli compositivi del fusto delle colonne sono costituiti da dischi d'argilla dello spessore di circa un palmo, dotati al centro di un foro passante nel quale doveva essere allocata un'armatura lignea (tuttavia le colonne più piccole della casa C non hanno questi fori). Grazie al contesto edilizio per quanto riguarda il sito di Morgantina e allo stile dei capitelli corinzi per ciò che concerne Tindari, tali mattoni sagomati vengono datati dal Lauter nella prima metà del III sec. a.C. L'uso di dischi d'argilla privi di foro passante è stato riscontrato anche in Asia Minore, come attestano le colonne di un piccolo *naiskos* di epoca tardo-classica o della prima età ellenistica nel santuario di Afrodite a Cnido. Altri mattoni sagomati per fusti di colonne hanno la forma di settori di cerchio la cui curvatura è funzionale alla resa delle scanalature; essi vengono allettati nella malta e il nucleo della colonna può essere riempito, a seconda delle necessità, con frammenti di laterizio. Lauter sottolinea che, vista l'effettiva sporadicità nei rinvenimenti di simili esemplari in Grecia, merita una menzione specifica un capitello a sofà da Psofide nel Peloponneso nord-occidentale, che potrebbe non essere estraneo ad influssi tecnici provenienti dall'Occidente; in esso è interessante il perno lavorato, che rende verosimile l'ipotesi che anche il fusto del pilastro cui apparteneva fosse di terracotta.

59 Non inserito nel presente catalogo perché in corso di studio da parte di M. Cavalier. Ringrazio la dott.ssa A. Sardella della sezione archeologica della Soprintendenza di Messina per avermi accompagnato al deposito dello scavo.

necessaria operazione di intonacatura/stuccatura, atta a regolarizzare ed uniformare la superficie, costituendo la base ideale per l'attuazione di brillanti giochi di policromia[60].

Ad ora, l'unico riferimento di provenienza di cui ci si possa avvalere per una cognizione meno superficiale di questa categoria di materiali ci conduce all'*insula* IV di Tindari[61], in cui convergono, peraltro, le testimonianze affini relative agli esemplari fittili corinzio-sicelioti impiegati nel prospetto colonnato dell'esedra settentrionale della casa a peristilio C, confrontabili con quelli della Casa del Magistrato a Morgantina[62]. Per quello che sommariamente mi è stato concesso di vedere durante un sopralluogo nel deposito dell'area archeologica di Tindari, tra i numerosi lacerti di tipo ionico-italico ascrivibili alla stessa *insula* IV, parzialmente ricomponibili in pezzi interi, sussistono differenze riguardo non tanto alle originarie dimensioni degli elementi, costantemente orientate verso proporzioni abbastanza ridotte, quanto piuttosto alle varianti apprezzabili nel rendimento delle volute e delle palmette; tuttavia, almeno sul fronte morfologico, proprio gli esemplari palermitani del Salinas, sia il reperto dei magazzini n. 40 che quello n. 36 restaurato ed esposto nel chiostro maggiore, già menzionato da Kekulé e Delbrück, costituiscono soddisfacenti termini di comparazione.

Naturalmente è di fondamentale importanza individuare quali siano i rapporti fisici e cronologici tra le strutture e le varie componenti architettoniche dell'abitazione C, che non risultano ancora chiariti. Ma, senza possedere alcuna certezza, ora come ora, riguardo alle specifiche ubicazioni originarie delle membrature ionico-italiche, costretti a restare in attesa dell'edizione definitiva di questo importante repertorio, si può ad ogni modo sottolineare che gli indizi disponibili inducono ad ipotizzare un allestimento della casa che contempla l'uso di più di una tipologia di capitelli, secondo uno schema riproposto anche da altri contesti di edilizia residenziale. In ordine alle questioni cronologiche, H. Lauter Bufe, sulla scorta dell'approfondita analisi condotta sul bellissimo pezzo corinzio-italico rimontato ed esposto nel Museo di Tindari, propende per collocare l'allestimento dell'esedra nel corso della seconda metà del II sec. a.C.; direi però che gli argomenti addotti non aiutano a supportare in maniera definitiva una datazione bassa del prodotto e, consequenzialmente, della situazione architettonico-strutturale di cui fa parte, dacché i termini di riferimento per il motivo dell'elegante viticcio fiorito a decorazione del collarino si assestano piuttosto nell'orizzonte culturale tra fine IV e inizio II sec. a.C., con un picco nella fase di III sec. a.C. [63]. Questo dato

---

60 Cfr. tav. VII, 40 (b). Evidenti tracce di colore azzurro e verde turchese sono state rilevate, per esempio, nell'esemplare fittile corinzio-italico esposto nel Museo Archeologico di Tindari (n. inv. 485): Lauter Bufe 1987, n. 27, 17-21, tavv. 9-10.

61 Reperti di scavo inediti; cfr. nota 59. Relativamente all'*insula* IV, si vedano i contributi di B. Neutsch in AA 69, 1954, 615, di F. Barreca in *Kokalos* 4, 1958, 145 ss., di Bernabò Brea in BA 50, 1965, 206.

62 Per i capitelli corinzio-italici della casa C, che sembra constare di due fasi, datate rispettivamente al momento iniziale di urbanizzazione, e ad età tardo-repubblicana, cfr. Lauter Bufe 1987, 17-21, nn. 27-29 e tavv. 9-10. Per Morgantina, cfr. Tsakirgis 1985, 212-213, 379-380.

63 Il motivo è presente nella toreutica ellenistica (mutuato, forse, da Pausias di Sicione) e nella ceramica monumentale sovradipinta dell'Egitto e dell'Italia meridionale (specialmente in alcune officine apule, come quelle dei pittori dell'Ilioupersis e di Licurgo) a cui si ispira la produzione policroma a rilievo di Centuripe. Per la ceramica di Centuripe, cfr. il contributo di E. Joly in *Sikanie* 1985, 348-355. Per la ceramica italiota, cfr. RVAp I, RVAp II; in part.: RVAp I, tav. 61, 3; tav. 150, 1; tav. 154, 2; 189-190 Per altre officine, cfr. RVAp II, tav. 331, 3-4; tav. 349, 1; tav. 352, 1; tav. 365, 1. Va inoltre detto che, tanto

dovrà essere tenuto in debito conto nel momento in cui si procederà ad una interpretazione più approfondita dei materiali ionico-italici, soprattutto se si dovesse accertarne un impiego contestuale agli elementi corinzi.

Ad ogni buon conto, le seppur limitate notizie provenienti da questo raggruppamento di reperti in terracotta, risultano in linea generale di grande utilità per accompagnarci verso una più compiuta "decifrazione" delle rispettive sfere d'uso: a giudicare dalle dimensioni per lo più medio-piccole, si configura maggiormente idonea l'appartenenza ad edifici di carattere privato, domestico o funerario, piuttosto che a costruzioni monumentali di livello pubblico. Ma è d'altra parte doveroso ricordare che nello scavo del teatro di Reggio l'Orsi recuperò tre capitelli in terracotta rifiniti a stecca (n. 47) che, per quanto leggermente differenti nella resa di alcuni particolari ornamentali, come le palmette di sapore più classicheggiante, si possono affiancare con qualche ragione al gruppo siciliano, risultando ascrivibili di diritto nel novero delle attestazioni più antiche, poiché sulla base di considerazioni storiche che difficilmente ne giustificherebbero una collocazione cronologica in periodi successivi, andranno datati nel torno di tempo compreso tra l'ultimo trentennio del IV ed il primo quarto del III sec. a.C.[64]. A riprova della diffusione della lavorazione fittile nella zona reggina diventa peraltro importante richiamare l'attenzione anche su un mini-*corpus* di piccoli capitelli di tipo corinzio, impiegati con tutta probabilità in strutture a baldacchino connesse al culto dei morti e provenienti da contesti tombali, conservati nel Museo Archeologico del capoluogo calabrese, per i quali la Lauter Bufe sostiene la stessa datazione che, su base storica, è consentito ipotizzare per i manufatti ionico-italici sopra citati[65].

Se, comunque, in relazione alla committenza ed alle tipologie edilizie è sempre preferibile lasciare spazi aperti per accogliere, in seguito a nuove indagini e nuovi rinvenimenti, ulteriori indirizzi interpretativi del fenomeno, mi sembra che fin d'ora si possa sostenere pacificamente che in età ellenistica la produzione architettonica in terracotta abbia trovato un fertile terreno di attecchimento nell'area compresa tra la parte nord-orientale della Sicilia e la propaggine più meridionale della Magna Grecia.

Sul fronte delle tecniche di lavorazione e decorazione, un fattore che accomuna il circoscritto gruppo di esemplari in terracotta a quello ben più vasto delle testimonianze in pietra, è il diffuso ed abilissimo impiego dello stucco da parte delle botteghe lapicide, sia per esigenze di tipo pratico di rivestimento e protezione del nucleo strutturale, che per la creazione di modanature e l'applicazione di elementi decorativi e policromia.

L'uso dell'*opus albarium*, che prese largamente piede a partire dall'inizio dell'epoca ellenistica propagandosi dalla Macedonia e dall'Egitto, dove il gesso era già da tempo utilizzato in realizzazioni eseguite a mano e a stampo, si coniugava perfettamente con una tendenza già presente dopo la fine del V sec. a.C. nell'architettura greca, che penalizzando in qualche misura la stereotomia delle componenti architettoniche, portava ad uno scadimento della qualità in favore di raffinatezze puramente ornamentali. Gli architetti macedoni, ereditando consapevolmente molte ispirazioni dall'ambito

---

per restare ancora in ambito apulo, detto schema è riproposto nella pietra tenera della decorazione architettonica relativa all'Ipogeo Palmieri di Lecce: cfr. in part. RIA 1, n.s. 1952, 84-89.

64 Poco o niente si può dire, invece, del capitello frammentario n. 48 di Gioia Tauro (Metaurum), che presumibilmente faceva parte dell'allestimento di un edificio templare, come sembrerebbero indicare le terrecotte architettoniche recuperate insieme ad esso (cfr. Orsi 1902, 126-130).

65 Cfr. Lauter Bufe 1987, 8-17, nn. 4-26, tavv. 4-8.

peloponnesiaco[66] - dove, non a caso, si era inaugurato questo gusto con l'archetipo del colonnato ornamentale della cella del tempio di Bassae, totalmente scevro di un effettivo ruolo portante - si fecero, anche per motivazioni di ordine contingente, assidui propositori di tale consuetudine, dettando le regole di una nuova moda, che guadagnò ovunque grande apprezzamento.

Nella prospettiva di ragioni puramente estetiche ed ornamentali, la funzione dello stucco come elemento di rivestimento di superfici architettoniche si esplica fondamentalmente nel cd. "stile architettonico", che caratterizza le decorazioni parietali da interno del I stile pompeiano, riproducendo l'effetto di murature in opera isodoma a rilievo policromo, ad imitazione dei marmi[67]. In ambito greco e orientale la moda è attestata specialmente a Delo e, in misura minore, a Priene, mentre è da sottolineare, in linea con le origini sopra evidenziate, il particolare favore incontrato ad Alessandria, dove, proprio nei secoli dell'Ellenismo, vennero sperimentate le più svariate applicazioni dello stucco, dando vita in molte circostanze ad una produzione ricca e di finissima qualità. Ma una larga diffusione dell'uso di stucchi parietali si registra anche in molte città ellenistiche della Sicilia, specialmente nell'area occidentale (oltre a Solunto, Lilibeo, Monte Iato, Heraclea Minoa, Agrigento), e dell'Italia centro-meridionale (soprattutto Pompei ed Ercolano).

In relazione agli impieghi sulle membrature architettoniche, spalmato sulla superficie dei capitelli lo stucco permetteva di raggiungere soddisfacenti risultati estetici, nel complesso simili ai manufatti in marmo, senza dover necessariamente ricorrere a scalpellini specializzati nel taglio, lavorazione e messa in opera di questo pregiato materiale, che esigeva l'impiego di tecnologie più complesse e maestranze altamente qualificate, costose e non sempre disponibili. La facile ma non precisa modellabilità di pietre locali come il calcare e il tufo - o addirittura, in casi più sporadici, la durissima lava trachitica di Pompei - veniva agevolmente corretta proprio grazie alla fase di stuccatura, quando si procedeva, con grandi libertà stilistiche ed eventuale fantasia personale del singolo artigiano, alla resa dei dettagli più raffinati, oppure, in alcune circostanze, addirittura al modellamento *in toto* delle varie partiture su un nucleo appena sbozzato. Peraltro, lo strato di copertura andava a costituire un valido supporto in quei casi in cui era contemplata l'applicazione di una decorazione policroma, ed offriva un mezzo comodo ed economico di recupero per dei manufatti danneggiati, passati di moda o da riadattare ad un contesto architettonico diverso rispetto a quello cui i pezzi erano originariamente assegnati[68]. Oltre all'aspetto estetico, va poi tenuto in considerazione anche il beneficio derivante alle strutture stesse, visto che la parte di rivestimento svolgeva anche una funzione protettiva nei confronti dell'aggressione provocata dagli agenti atmosferici.

In area soluntina l'uso dello stucco sulle componenti architettoniche mostra di poggiare sulle basi di una consolidata tradizione artigianale[69]: oltre ad una gamma assai variegata di motivi ornamentali, sono spesso creati nello stucco gli spigoli vivi o, più

---

[66] Roux 1961, 396-398.

[67] I primi rilievi figurati in stucco su una superficie architettonica compaiono nel fregio della Grande Tomba di Lefkadia (circa 300 a.C.). Cfr. EAA s.v. *Stucco*.

[68] Martin 1965, 429; Von Sydow 1979, 210.

[69] Cfr. a questo proposito Villa 1988, 15-17.

raramente, le sfaccettature sopra ad un fusto liscio; anche la convessità del profilo delle volute è talvolta perseguita grazie all'applicazione di stucco. Si nota nella maggioranza dei rivestimenti uno spesso strato preparatorio di colorazione grigiastra, composto da calce mista a calcarenite triturata, che serve da base per la stesura dello stucco vero e proprio, con una colorazione oscillante dal bianco ad una tonalità appena rosata, quasi sempre di alta qualità, prodotto da una miscela a base di calce e polvere di marmo, a volte opaco a volte traslucido, con un effetto variabile in funzione della più o meno alta percentuale di polveri marmoree inglobate.

b) Il gruppo centro-italico: Lazio, Etruria, Piceno ed *ager gallicus*

I capitelli rinvenuti nel distretto centro-italico (Lazio, Toscana, Umbria, Marche) condividono caratteristiche sostanzialmente analoghe agli esemplari siciliani.

Stando alla documentazione attualmente disponibile, dovranno senza esitazione essere inquadrati tra i reperti che vantano maggiore anzianità almeno alcuni degli elementi conservati presso il Museo Nazionale Etrusco di Tarquinia. Nella sede di Palazzo Vitelleschi sono ad ora custoditi sette capitelli di tipo ionico-italico, tutti a palmette verticali (tipo B Casteels), che destano un notevole interesse, sollevando però nel contempo alcuni interrogativi che, da parte loro, attendono altrettante risposte[70]. Il gruppo, salva l'indiscussa coerenza tipologica di fondo, si configura, in effetti, alquanto eterogeneo, tanto dal punto di vista stilistico che sul fronte delle dimensioni, alimentando qualche interrogativo circa la provenienza dei singoli reperti.

---

70 Ho potuto effettuare un controllo autoptico del materiale in oggetto, grazie all'autorizzazione della Direttrice del Museo, la dott.ssa M.Cataldi, ed alla cortese disponibilità del sig. U. Magrini, che mi ha aiutato a rintracciare sia i reperti esposti che quelli depositati nei magazzini.
Dal sopralluogo effettuato emerge la situazione qui di seguito illustrata. Sono stati riconosciuti nei manufatti nn. 110-114 i pezzi già visti e fotografati dal Cultrera e dalla Casteels. Nella comunicazione che si legge in Notizie Scavi del 1948, Pietro Romanelli accetta per i "tre capitelli già da tempo conservati nel museo" (che sono poi i medesimi cui si riferisce il Cultrera), la provenienza dall'Ara della Regina, poiché almeno altre tre attestazioni di analoga fattura sono state recuperate durante i lavori di scavo da lui stesso condotti (Romanelli 1948, 251). Tuttavia, se sembra ipotizzabile che vada riconosciuto nel reperto n. 112 il "capitellino" che lo studioso vide a suo tempo giacere "tra le rovine del tempio", al contrario non è stato possibile ritrovare traccia alcuna degli altri due manufatti frammentari di cui lo stesso Romanelli fa menzione (Romanelli 1948, 248 e fig. 35, 251 e fig. 38). Inoltre ci si può domandare se sia dovuta ad una mera disattenzione la mancanza di riferimenti fotografici e testuali all'esemplare n. 114 nell'articolo del Cultrera, oppure si tratti, invece, di un pezzo pervenuto al Museo in tempi successivi (in ogni caso, da dove?). L'eventualità di una provenienza diversa da quella della Civita va presa in considerazione, per quanto possa apparire in verità abbastanza remota: ora, infatti, il capitello in questione si trova appoggiato ad una base, anch'essa in nenfro, modanata con due tori e due listelli fra una stretta gola, che conserva l'attacco del fusto scanalato; questa base (d. inf. 0,61; d. sup. 0,40) è tra i reperti citati nel sopradetto articolo dal Romanelli, che confronta tale pezzo con altri analoghi rinvenuti presso l'Ara della Regina (Romanelli 1948, 251), supponendo per esso la medesima provenienza. Ed allora non si può non notare che misure della base e del capitello, così sovrapposti, rendono per lo meno plausibile pensare che potessero in origine appartenere ad una stessa colonna impiegata in qualche costruzione del santuario.
Il frammento di media grandezza n. 116 è conservato in uno dei depositi con un cartellino che ne attribuisce la pertinenza al tempio dell'Ortaccio; non si hanno invece indicazioni di sorta relativamente alla provenienza del manufatto n. 117.

In base ai confronti fotografici e di testo con quanto esposto nelle pubblicazioni del Cultrera e del Romanelli, rispettivamente in Notizie Scavi del 1943 e del 1948, appare fondato ricondurre al complesso santuariale della Civita almeno i quattro capitelli - tre grandi, uno molto più ridotto - che sono ora impilati sotto il portico nord del grande cortile d'accesso al Museo (nn. 110-113), nella cui "famiglia" potrà forse integrarsi anche l'esemplare n. 114, collocato lungo il lato ovest dello stesso cortile. E' evidente che le incongruenze dimensionali, ammessa come altamente probabile una comune provenienza dall'Ara della Regina, impongono di pensare ad un loro impiego tutt'altro che isolato, ma piuttosto accompagnato da numerosi altri esemplari di misure affini nell'ambito di un unico contesto composto da strutture edilizie alquanto articolate. Sarà inoltre opportuno tenere in debita considerazione l'eventualità che i sopradetti manufatti possano riferirsi, altresì, a fasi tra loro cronologicamente differenziate, pur ruotando intorno all'allestimento monumentale cui fu sottoposta l'area sacra intorno alla metà del III sec. a.C., evento che comportò, assieme ad un mutamento di pianta dell'edificio templare vero e proprio, anche il rinnovamento delle terrecotte architettoniche di rivestimento[71].

Stilisticamente parlando, in tali reperti si osserva una sensibile *variatio*, concernente soprattutto il canale e la sezione del nastro che forma le volute. Le spire si presentano infatti sia a profilo piatto o leggermente concavo, sia lievemente convesso, nel primo caso arrotolandosi su uno stesso piano verticale e chiudendosi in un occhio con bulbo a rilievo (nn. 113, 114), nel secondo caso aggettando progressivamente verso l'esterno, nella maniera denominata convenzionalmente "a corna di ariete", che lascia al centro della voluta un *oculus* cavo più o meno ampio (nn. 110, 112). Il canale, abbastanza spazioso in tutti gli esemplari, segue di preferenza un andamento rettilineo del bordo superiore, eccezion fatta per il manufatto n. 114, che si distingue chiaramente dagli altri per lo sviluppo piuttosto bombato del margine superiore, leggermente curvo nella porzione centrale, che conferisce un aspetto più flessuoso ed "elastico" all'insieme; tale esito è confrontabile da un lato con quello che si osserva, per esempio, nel capitello n. 127 recuperato dagli scavi del santuario della Magna Mater sul Palatino, dall'altro con le forme corpose di alcuni pezzi appartenenti all'area punica[72].

Per quanto attiene agli altri due manufatti ionico-italici riscontrati nei depositi del Museo e rimasti finora inediti, benché anche nei loro riguardi gravino notevoli incertezze, possiamo affermare con risolutezza che essi contribuiscono ad arricchire, quantitativamente e qualitativamente, il quadro della produzione locale di marca tarquiniese.

Del capitello frammentario n. 116, molto danneggiato ed usurato, caratterizzato, per quanto è concesso rilevare, da volute a nastro convesso "en corne de bélier", viene indicata come provenienza la località Ortaccio, sotto le mura di Porta Nuova: proprio in questo sito sono infatti noti i resti di un tempietto extraurbano che ha restituito antefisse comparabili a quelle della fase di III sec. a.C. dell'Ara della Regina, e che pertanto si data al pari del complesso della Civita, dando ulteriore assicurazione della stretta associazione di questa classe di materiali fittili con il tipo di capitelli ionico-italici[73].

---

[71] Torelli 1976, 100; Colonna 1985, 72-73.

[72] Cfr. per esempio nn. 165-167.

[73] Scoperte inedite del 1968, alle quali si fa cenno in Torelli 1976, 100, nota 17.

In ordine al piccolo reperto adespota n. 117 è, d'altro canto, interessante cogliere una struttura in cui la sezione ionica vera e propria si sovrappone ad un alto collarino, diversamente dunque da quanto si osserva negli altri esemplari, tutti privi di tale componente; questo *hypotrachelion* scandito dal motivo del tralcio vegetale ondulato da cui nascono delle rosette, costituisce, a mia conoscenza, un *unicum* nel panorama delle attestazioni ionico-italiche della Penisola, mentre richiama abbastanza puntualmente esperienze maturate sia nell'Oriente greco ellenistico, segnatamente a Pergamo ed Alessandria[74], sia in area nord-africana, da Thuburbo Maius (A18) a Tipasa (A38), a Sabratha (A39), sia in area sicula, come stanno ad indicare, per esempio, i confronti con il capitello n. 27 da Heraclea Minoa e con il sopra menzionato esemplare corinzio-italico in terracotta da Tindari[75]. Evidentemente restano valide le stesse comparazioni già espresse in merito a questi manufatti, ivi compreso il ruolo ispiratore giocato dagli esempi pittorici della ceramica italiota.

Per chiudere l'*excursus* sulla tutt'altro che monotona produzione riconducibile a Tarquinia, dovremo infine ricordare il capitello n. 109 esposto nel giardino del Museo Archeologico di Firenze, che contribuisce ad ampliare la gamma di espressioni assunte dallo ionico-italico nella città etrusca, facendosi messaggero di inequivocabili risonanze artistico-architettonici irradiatesi dal comparto siciliano e tarantino al resto del territorio peninsulare; un elemento estremamente indicativo in questa prospettiva è la presenza della vigorosa foglia d'acanto ergentesi al centro del canale, che trova strette assonanze proprio in alcuni manufatti recuperati in Sicilia, dall'area sudorientale schiettamente greca, con Siracusa in testa, a quella settentrionale, assai più sfumata e pluriforme nelle sue componenti etnico-culturali, di Solunto e Monte Iato[76] .

Ai capitelli tarquiniesi dell'Ara della Regina sembrano far eco, più o meno nella stessa temperie cronologica, i rinvenimenti sannitici di Pietrabbondante (n. 105), che senza alcun dubbio denotano, assieme ad una pronta assimilazione dei modelli ellenistici, un'altrettanto spiccata capacità di rielaborazione da parte delle maestranze artigiane locali che, in un contesto decentrato come questo, si rendono artefici della fabbricazione di elementi architettonici originali destinati, almeno per ora, a rimanere anch'essi senza confronti precisi ai nostri occhi, pur suggerendo i dichiarati contatti storico-culturali che dovettero intercorrere in questa fase con il *milieu* tarantino, a differenza di ciò che si verificherà nel successivo periodo di vita del santuario, quando invece saranno *ateliers* campani a prestare la propria opera nella costruzione del ben più monumentale complesso tempio-teatro.

Tra i cospicui frammenti di capitelli ionici a quattro facce attribuibili al tempio di III sec. a.C. ed inglobati nell'interro del tempio B, un esemplare, recuperato pressoché intatto, consente di riconoscere con completezza di forme e dettagli la conformazione e le vistose anomalie rispetto alle componenti canoniche del tipo, permettendoci di apprezzare nel contempo l'influenza esercitata su queste realizzazioni dalle notevoli esperienze artistiche maturate in ambito tarantino e da là esportate con successo nel resto dell'Italia centro-meridionale. Il manufatto in oggetto, intagliato nel calcare tenero locale, si presenta coronato da un abaco a listello piatto ornato con *kyma* ionico, al di

74 Cfr. *supra*, cap. I.

75 Cfr. *supra*, III.2.1a.

76 Cfr. *supra*, III.2.1a.

sotto del quale si sviluppano quattro coppie di volute diagonali con spire a nastro concavo che si arrotolano su uno stesso piano verticale tendendo leggermente verso il basso; il canale si espande scendendo fino ad invadere la fascia che di norma apparterrebbe all'echino, qui assente; lo spazio centrale è occupato, invece, da una coppia di folte palmette eptalobate di forma arcuata che si dipartono dalla porzione inferiore delle volute e salgono verticalmente, convergendo prima verso l'asse centrale e poi discostandosene simmetricamente per ripiegare in direzione delle volute stesse, seguendo uno schema del tipo)(.

Le caratteristiche appena sottolineate, che nell'insieme danno vita ad un prodotto *sui generis* rispetto al quadro complessivo dello ionico-italico, potrebbero addebitarsi, vista la cronologia abbastanza alta, alla mancanza di parametri precisi da riferire ad uno schema "italico" per parte sua non ancora perfettamente codificato; ma, guardando a contesti coevi, come quello tarquiniese, dove più o meno nello stesso periodo si assiste alla rimonumentalizzazione in chiave ionico-italica del santuario poliadico, e dove lo ionico-italico adottato risulta già chiaramente definito, questa motivazione non sembra troppo convincente, a meno che non la si consideri valida per il fatto che nel caso del Sannio si tratterebbe, in effetti, di un territorio relativamente marginale, relegato ancora ad una dimensione locale ed in qualche modo tagliato fuori dalle principali vie di transito artistico e culturale.

D'altro canto, però, nella mano dei lapicidi che intagliarono i pezzi in oggetto si coglie un'anima vivace ed originale, ispirata, come si diceva poc'anzi, ad un'eredità di esperienze che non è difficile ravvisare nel ricco patrimonio elaborato nel grande centro di Taranto. E' segnatamente la trattazione naturalistica degli elementi vegetali che spinge ad individuare nella metropoli italiota utili comparazioni[77]; ma anche il giro di perle affusolate intervallate da sottili dischetti che segna il collarino, così come il *kyma* ionico ad ornamento dell'abaco - che costituiscono dettagli poco o per nulla ricorrenti nelle attestazioni ionico-italiche siciliane, mentre diventano più frequenti, come già detto, tra gli esemplari pompeiani e nella tarda serie nord-italica -, attingono del resto ai medesimi repertori artistico-architettonici.

Proseguendo nella carrellata offerta dagli esemplari ionico-italici della compagine centroitalica, ancora nell'ambito della prima metà del III sec. a.C. è opportuno datare i sette capitelli di Trevi nel Lazio (n. 108), se con ogni verosimiglianza essi sono rapportabili ad un'area sacra connessa alla conduzione dell'acqua dell'Aniene, come suggerisce con convincenti ragioni Coarelli[78]. Per quanto vincolate a tutti i limiti del caso, alcune valutazioni di ordine stilistico riferibili ai reperti si orientano proprio in direzione di una tale cronologia, *in primis* la forma degli ovoli del *kyma* ionico, che nella porzione inferiore piegano quasi a disegnare un angolo retto, adeguandosi ad uno schema di sapore tipicamente arcaico. La morfologia dei reperti presenta caratteri che si avvicinano orientativamente al tipo II della classificazione Villa 1988, in cui la distanza che intercorre tra le due palmette corrisponde ad uno spazio abbastanza arioso, molto meno serrato di quello che si registra nel tipo I; tuttavia l'aspetto delle volute si discosta

---

[77] Cfr. Strazzulla 1972, 43, in relazione a Klumbach 1937, nn. 207, 270, tavv. 27-32.

[78] Cfr. *infra*, cap. IV.

decisamente dal tipo siciliano, mostrando un nastro lievemente concavo che si avvolge su se stesso senza un aggetto troppo evidente.

La stessa impossibilità di ricondurre con totale pienezza di dettagli gli esemplari centro-italici all'una o all'altra delle sottotipologie insulari è testimoniata anche nel capitello conservato al Museo di Jesi e proveniente dalla loc. Contrada Paradiso (n. 135), che per le ridotte dimensioni è sensato porre in relazione con un piccolo sacello cultuale o *naiskos* funerario: in esso la conformazione delle volute "en corne de bélier" ne giustifica l'avvicinamento al gruppo B Casteels tipo II Villa, ma la brevissima distanza tra le palmette, separate da un unico ovolo ricorda più da vicino i reperti tipo I Villa. Certo è che non vi sono motivi per escludere che il manufatto sia una attestazione riconducibile al periodo più antico della presenza romana nel territorio, al pari di altre classi di materiali, come per esempio la produzione ceramica dell'*atelier* da cui uscì il *poculum* a vernice nera con il nome di un esponente della *gens* romana degli Aemilii[79].

Nel nucleo cronologicamente più alto, di cui, come si è appena visto, fanno parte manufatti con caratteristiche "miste", afferenti cioè ad entrambi i tipi individuati dalla Villa per Solunto, possono coerentemente piazzarsi i capitelli di fregio e di pilastro dell'Arco di Augusto a Perugia (nn. 133-134), parte integrante di un monumento sulla cui datazione si sono confrontati, con giudizi talora assai discordanti, molti studiosi.

Dopo il lavoro del Noack, che individuava l'epoca di costruzione del circuito murario e delle porte perugine tra IV e III sec. a.C. trovando poi l'appoggio di Delbrück[80], l'analisi di P.J. Riis circoscriveva il periodo di edificazione nell'ambito del II sec. a.C.[81]. Tale cronologia, ripresa e sostenuta anche in una serie di contributi di recente pubblicazione, è stata però messa in crisi facendo appello ad argomenti storico-archeologici di notevole peso, che tornano ad inquadrare tra metà IV e metà III sec. a.C. la realizzazione della grandiosa opera pubblica, senza escludere, peraltro, la possibilità di distinte fasi d'intervento.

Certamente, che si pensi ad un progetto unitario concepito nel corso del III sec. a.C. piuttosto che all'eventualità di un restauro condotto verso la metà dello stesso secolo su una cortina muraria preesistente (di metà IV sec. a.C.), ciò che appare irrefutabile è il fatto che, comunque, le porte urbiche si inseriscono organicamente nel caratteristico percorso trilobato disegnato dal perimetro della fortificazione e con essa risultano ideate, mostrando peraltro significative analogie con siti ben conosciuti ed indagati quali Falerii Novi e Paestum[82].

Spendendo ancora qualche parola riguardo all'accesso posto al termine settentrionale del *cardo maximus* dell'impianto della Perugia etrusco-romana - che in questa sede è quello che ci interessa particolarmente -, è del tutto legittimo affermare che la veste

---

79 Brecciaroli Taborelli 1996-97, 6 ss.

80 Noack 1897, 161 ss.; Delbrück 1907-1912, II, 66 ss.

81 Riis 1934, 71 ss.

82 Si omologano al Riis concordando su una datazione al II sec. a.C.: Defosse 1980, 725-820; Brands 1988, 164-167; Kleiner 1990, 167; Kleiner 1992, 168. Propendono per una datazione nel periodo tra IV e III sec. a.C. Colonna 1986, 498 ss., fig. 376 (III sec. a.C., prima o dopo la guerra annibalica); Roncalli 1989, 11-47; Roncalli 1990, 81-89, tav. 9; Kader 1994, 337 (circuito murario di IV sec. a.C. in base alla tecnica costruttiva impiegata, vicina alle mura di Volterra, e porte di metà III sec. a.C. in virtù del confronto con i capitelli dell'urnetta fittile della Cecina, su cui cfr. B1, nonché con quelli dell'urna perugina della tomba dei Cutu, su cui cfr. B2). Da ultimo, cfr. Coarelli 2004, c.d.s.

monumentale attualmente visibile, trovando precisi riscontri strutturali in altre costruzioni di analoga funzione[83], possa datarsi con buoni argomenti intorno alla metà del III sec. a.C. L'Arco si presenta come un massiccio bastione di travertino munito di due possenti torrioni di forma trapezoidale, fra i quali si apre la facciata ornamentale con passaggio ad arco a tutto sesto, composto da un doppio filare di conci radiali rifinito da una cornice a cavetto ed affiancato su entrambi i lati da due sculture in arenaria, ormai quasi completamente deteriorate. Al di sopra dell'arco è posto un fregio in cui la serie di cinque metope occupate da grandi scudi circolari a rilievo si alterna a pilastrini con fusto scanalato - che sostituiscono qui i triglifi del tradizionale fregio dorico - sormontati da capitelli ionico-italici riccamente decorati (n.133); questa fascia costituisce, a sua volta, la base d'imposta di un secondo arco a tutto sesto, più piccolo del sottostante, inquadrato da una coppia di pilastri di ordine ionico ed originariamente anch'esso aperto, forse per esigenze di tipo strategico-militare connesse al piazzamento delle batterie difensive in caso di attacco.

Se i capitelli a coronamento dei pilastrini che scandiscono il fregio inferiore risultano senz'altro più movimentati, quasi leziosi nella florida ornamentazione vegetale, con rigogliose palmette verticali nascenti da foglie arricciate e fogliette protezionali frastagliate sopra al dorso delle volute, per contro quelli dell'ordine superiore (n.134) sono marcati da una linearità più accentuata, che trova paragoni di forte pregnanza negli esemplari pestani di Porta Marina e della Curia (nn. 51-52), nei quali le volute si avvolgono con lo stesso ritmo compatto, comprese in una struttura che comunica solidità e sobrietà mediante il ricorso ad un sistema decorativo ridotto alle sue linee essenziali. Un'identica sensazione di compattezza viene trasmessa anche dal piccolo capitello di pilastro chiusino n. 131, secondo il Napoli tra i più antichi provenienti dalla zona[84], caratterizzato da forme tozze e squadrate e da proporzioni nel complesso un po' pesanti, appena aggraziate dal carnoso fiore che si apre, similmente agli esemplari perugini, al centro del canale[85].

Il canale fortemente inflesso, elemento ricorrente di questo sottogruppo "ionico-etrusco", è un dettaglio che si attesta in numerosi prodotti ionici usciti da fabbriche dell'Italia sudorientale, da Taranto, a Canosa, a Salapia[86]. Tale proprietà, se da un lato rievoca immediatamente i prototipi attici, segnatamente i capitelli dell'Eretteo, appare tuttavia documentata anche in un gruppo di reperti peloponnesiaci che si sviluppano nel corso del V e del IV secolo, seguendo impostazioni più libere. Detti esemplari costituiscono, altresì, un patrimonio di spunti ed ispirazione per certe realizzazioni ionico-puniche, come i capitelli africani contrassegnati dal canale che disegna una V molto accentuata, fra cui spicca un pezzo di provenienza mactaritana (A25)[87].

Per quanto si deduce dai contesti cui appartengono, tutti gli esemplari laziali, eccetto il gruppo trebano e quello tarquiniese, parrebbero assestarsi in un orizzonte cronologico

83 Per esempio, la porta di Giove a Falerii Novi e le porte della cinta muraria di Paestum.

84 Napoli 1950, 257.

85 Per questo motivo decorativo, cfr. *supra*, § III.2.1a.

86 Klumbach 1937, 34-35, fig. 204; De Juliis 1972, 389 ss., tav. XXXVIII; Canosa 1992, 626-627, figg. 1-2; Lamboley 1982, 120, fig. 6b.

87 Cfr. Ferchiou 1989, 140-145, gruppo V.VIII.E-G.

più recente di quello siciliano, che scende nell'ambito del II sec. a.C. Intorno alla metà del II sec. a.C. si data il tempio rettangolare dell'acropoli di Tivoli, nel quale l'ordine architettonico è attualmente documentato da un solo capitello ionico-italico superstite, purtroppo estremamente corroso per poterne valutare appieno le originarie caratteristiche (n. 120)[88]. Di particolare rilevanza per certe sue peculiarità ornamentali è anche quello rinvenuto nel corso delle campagne di scavo presso il tempio della Magna Mater sul Palatino (n. 124): il manufatto è caratterizzato da una notevole ampiezza del canale, che si sviluppa assumendo una forma molto arcuata nella parte inferiore e finisce per sottrarre spazio utile all'echino; presenta nel settore centrale un motivo fitomorfo inusuale nel repertorio finora noto, costituito da una coppia di calici di foglie d'acanto sovrapposti[89]. Sebbene l'immagine restituita dal capitello palatino sia nel complesso meno severa, la caratteristica del canale che segue una forma decisamente inflessa richiama in maniera esplicita gli esemplari cronologicamente anteriori di Perugia e Paestum[90].

Nello stesso distretto romano del Palatino reclama attenzione anche la Casa dei Grifi, risalente al periodo 120-110 a.C. (n. 125), tra gli avanzi architettonici della quale vanno evidenziati due esemplari di capitelli di pilastro in peperino, con volute in diagonale e semipalmette ad andamento orizzontale, ascrivibili dunque alla serie A della classificazione Casteels 1976-77. I manufatti, che al momento del rinvenimento recavano ancora ben evidenti i resti dell'*opus albarium* con cui erano stati realizzati modanature ed ornati, mostrano nella parte frontale dell'anta l'innesto di foglie d'acanto fiancheggiate da cauli ascendenti e terminanti in una rosetta, testimoniando anche in questa sottoclasse A, per certi versi più "classicheggiante" per via della foggia delle palmette, lo stesso fenomeno di commistione tra ionico e corinzio che coinvolge massicciamente la serie B[91]. La datazione del contesto nel periodo intorno al 120 a.C. si trova in soddisfacente accordo con la struttura relativamente "tarda" degli esemplari in oggetto, nei quali si è praticamente dissolto, ormai, lo spazio tradizionalmente assegnato al canale, mentre l'asse ideale che unisce i due *oculi* passa al di sotto del margine inferiore del *kyma*, rafforzando visibilmente l'effetto di sbilanciamento verso il basso cui sono sottoposte le volute[92] .

Un'altra eloquente testimonianza dell'ordine ionico, così come prende vita e si manifesta nel territorio italico durante la fase ellenistica, è costituita dai capitelli di tipo

---

88 Preziosissimi sono i disegni dei monumenti di Tivoli eseguiti dal Palladio durante il soggiorno romano nel biennio 1946-47, ed estremamente interessante è il prospetto ricostruttivo del tempio rettangolare con capitelli ionici diagonali, di cui l'architetto dovette vedere resti ben più rappresentativi dell'unico oggi superstite. Cfr. Zorzi 1957, in part. 151.

89 Su questo elemento, cfr. *supra*, III.2.1a

90 Pensabene confronta l'esemplare con due capitelli aquileiesi nn. 144-145 (Cavalieri Manasse 1978, 45-46, nn. 3-4, tav. 2); ancora più somigliante per l'ampia curva del canale è uno degli esemplari ionico-italici conservati nel museo di Tarquinia (n. 114).

91 Marella Vianello 1947, 21, tav. 33. Per le pitture di II stile con elementi architettonici in cui si nota la commistione ionico-corinzia documentata dalla serie architettonica reale, cfr. Rizzo 1936, in part. 12-13, fig. 10.

92 Come si osserva anche nei manufatti in marmo greco del carico di Mahdia (n. 171a-c): cfr. Martin-Lezine 1959-1960, 151; *Das Wrack* 1994, in part. 204. Ma la tendenza si riscontra già nel capitello del Portico di Filippo a Delo, databile agli ultimi decenni del III sec. a.C. (EAA Atlante, tav. 333, 33).

B Casteels impiegati nella terrazza degli Emicicli e nella terrazza dei Fornici a semicolonne del santuario prenestino della Fortuna Primigenia, molto ricchi nella trattazione vegetale, con esuberanti palmette che, seguendo linee ondulate e movimentate, si stagliano in posizione obliqua fra voluta e canale risalendo verso l'abaco in maniera assai fluida ed elegante (nn. 122-123). I manufatti in questione sono contraddistinti da volute piuttosto piccole, con due soli avvolgimenti su un unico piano, pari in altezza a quella dell'insieme canale orizzontale-echino; l'abaco, dal profilo ad ovolo con listello di base, si presenta in planimetria fortemente incurvato a seguire la concavità delle facce a volute, queste ultime inclinate verso il basso. L'echino è di tipo canonico, con ovoli profondamente intagliati nella superficie dell'elemento. Quattro foglioline ondulate proteggono le volute nel punto in cui si dipartono dall'abaco, secondo la consuetudine, mentre altrettante ne obliterano dal basso il raccordo con l'echino.

Un fatto che esige una puntualizzazione in questa sede è l'impiego congiunto nell'ambito della stessa struttura architettonica degli ordini dorico e ionico, che assimilati in uno stesso linguaggio mediante l'utilizzo di colonne necessariamente caratterizzate da pari altezza ed uguale diametro di base, finiscono per annullare i diversi rapporti proporzionali a favore di una più omogenea visione complessiva, in linea con un gusto che proprio nel periodo ellenistico riscuote evidente fortuna, ma affonda la sua origine negli sviluppi di età tardoclassica[93].

Si scivola all'età triumvirale, da intendere quasi come un *terminus post quem non* per l'intera tipologia nei monumenti a carattere ufficiale, con i capitelli ionici dell'Arco di Aquino sulla via Latina (n. 126), ascrivibili al tipo A Casteels, con volute molto proiettate verso il basso e canale "mangiato" dall'altezza dell'echino, similmente alla conformazione presentata dai manufatti della Casa dei Grifi.

A proposito di mutamenti ed oscillazioni di gusto dettati da motivazioni di ordine estetico e/o ideologico, che in alcune circostanze portano alla coesistenza "forzata" di espressioni materiali diverse seppur pertinenti ad uno stesso concetto formale, appare emblematico il caso del santuario piceno di Monterinaldo (n. 136), dove si registra la presenza contestuale di capitelli ionici di tipo classico ed italico B.

Ancora in attesa di uno studio analitico sulle varie problematiche, monumentali e storiche, relative alla definizione delle fasi costruttive del complesso sacro, dai dati archeologici finora noti sembra consentito individuare almeno tre momenti edilizi, uno

---

93 Il portico alterna il dorico nei tratti rettilinei allo ionico negli emicicli, mentre è sormontato in entrambi i casi da un attico ritmato da semicolonne più piccole disposte in asse con le colonne dell'ordine inferiore. Alle spalle del colonnato ionico è un corridoio anulare coperto con volta a botte in conglomerato cementizio mentre in corrispondenza del colonnato dorico sono gruppi di quattro stanze, tutte di uguali dimensioni.

L'ordine ionico degli emicicli è caratterizzato da colonne composte di basi attiche prive di plinto, su cui si elevano fusti ritmati da venti scanalature separate da sottili listelli; queste sono bruscamente interrotte superiormente da una bassa fascia piana conclusa da un'apofige poco accentuata e sormontata da un tondino con alla base un sottile listello. Si tratta di aspetti peculiari dello ionico italico, ma al tempo stesso comuni alle manifestazioni dello ionico ellenistico peloponnesiaco, dove la presenza di basi attiche senza plinto e soprattutto di fusti a venti scanalature è generalizzata. Anche il particolare profilo delle basi, con l'assenza dell'incisione alla base del toro superiore e la scozia particolarmente contratta, è caratteristico della produzione ellenistico-italica e, almeno per quel che concerne il primo carattere, è il frutto di influenze peloponnesiache.

di III sec. a.C., uno di seconda metà II-inizi I sec. a.C., ed infine il più recente, più o meno risalente alla prima età augustea. Proprio i capitelli ionici a struttura canonica che sormontano le tre colonne frontali della cd. "aula", caratterizzati da una modanatura sull'abaco e da una profonda scanalatura sull'echino, dovrebbero risalire a quest'ultima fase, stando a confronti con esemplari come, per esempio, quelli del Teatro di Marcello e uno dai magazzini di Ostia[94]. *Contra*, i quattro elementi ionico-italici rimontati a coronamento delle rispettive colonne nella fila centrale della *stoà* di ordine misto dorico-ionico, alla quale viene comunemente attribuita una datazione in fase con la maggioranza dei frammenti della decorazione fittile architettonica, nel periodo tra seconda metà del II ed inizi del I sec. a.C., possiedono, in effetti, una struttura complessivamente assai prossima ai capitelli del santuario laziale della Fortuna Primigenia (volute piccole che si risolvono in due soli giri, alte quanto l'insieme canale-echino, abaco inflesso e modanato con profilo ad ovolo e listello, echino con ovoli incisi in profondità), sebbene se ne distacchino in ordine alla resa di alcuni dettagli, come la maggior stilizzazione delle palmette - sensibilmente diverse da quelle dei manufatti prenestini -, che non permettono, a dire il vero, di escludere perentoriamente l'appartenenza dell'edificio al livello monumentale di III sec.a.C., attestato da alcuni materiali frammentari ma per il resto ben poco indagato[95].

La ricorrenza del tipo ionico-siciliano nell'area centrale della Penisola è documentata in modo molto eloquente anche dalla decorazione di alcuni prodotti dell'artigianato funerario etrusco[96], sia di manifattura volterrana, che chiusina e perugina.

Mentre le urne in alabastro, tra cui degna di rilievo è quella attribuita al Maestro dell'Atelier della Piccole Patere (B4)[97], sembrano riferirsi preferibilmente all'orizzonte temporale del II sec. a.C., ispirandosi alle scuole di scultura neoattiche e dell'asianesimo rodio-pergameno[98], l'urnetta fittile della Cecina conservata al Museo Archeologico di Firenze (B1) ed il cinerario in travertino della tomba dei Cai Cutu al Museo Archeologico di Perugia (B2) autorizzano a retrodatare almeno al pieno III sec. a.C. l'impiego del tipo ionico-italico.

Se il reperto B1, risalente secondo il Colonna al periodo compreso fra IV e III sec. a.C.[99], è importante poiché la cassa riproduce con una certa dovizia di dettagli la forma di un tempietto tuscanico con quattro pilastri angolari coronati da capitelli ionici a volute diagonali e tetto fastigiato decorato da antefisse, dando prova dell'applicazione reale del tipo ionico-italico nell'ambito delle costruzioni a carattere sacro, il secondo riflette altrettanto fedelmente gli schemi di una decorazione architettonica che nello stesso torno di tempo e negli stessi luoghi riscontriamo adottati su scala monumentale: la comparazione morfologica e stilistica tra i capitelli di lesena dell'urna e quelli che ricorrono nei partiti architettonici delle due principali porte perugine, esaltata dalla

---

94 Cfr. EAA Atlante, tavv. 344, 56; 345, 57.

95 Due fasi frontonali ben distinte sono documentate dall'osservazione dei frammenti: in una più antica prevale la corrente microasiatica-pergamena, mentre nell'altra si colgono segni della stessa tendenza classicheggiante rilevata da Coarelli per i materiali fittili di S. Gregorio e di Luni (Coarelli 1970, 72 ss.).

96 Cfr. Appendice B.

97 Massa Pairault 1985, fig. 111.

98 Massa Pairault 1985, 151, 172 con bibliografia.

99 Colonna 1986, fig. 397.

presenza comune di un grande elemento floreale al centro del canale, è innegabile. Proprio per tale ragione, è legittimo sostenere come termine *post quem non* per la datazione del cinerario della tomba dei Cutu la metà del III sec. a.C.[100], contribuendo ad una piena conferma della diffusione del tipo ionico-italico nel centro Italia almeno a partire dal primo cinquantennio del III, se non già da fine IV sec. a.C.

Ai fini della stessa rilevazione cronologica e spaziale, nell'ambito delle testimonianze "minori" va ricordato anche un reperto conservato nel Museo Archeologico di Napoli e proveniente da Reggio Calabria (B8). Si tratta di una *tabula* bronzea in forma di altare, la cui fronte è inquadrata lateralmente da semicolonne sormontate da capitelli ionici con folte palmette verticali di tipo italico; nello spazio in basso, corrispondente alla crepidine della struttura, è ricavato il campo epigrafico, che reca incisa l'iscrizione in greco relativa ad un decreto di *proxenia* emanato dai tre organi assembleari di Reggio nel II sec. a.C. in favore di un tal Cn. Aufidio figlio di Tito. Questo personaggio, che ricopriva la carica di *stratagos ton Romaion,* aveva prestato importanti servigi alla città italiota, e per tale ragione, dunque, era stato insignito dalle tre istituzioni assembleari della *polis* del titolo di prosseno e dell'onorificenza di una corona aurea[101].

III.2.2 Il gruppo campano

Eccezion fatta per un ristretto numero di attestazioni, riferibili da una parte alla zona interna del Sannio (Benevento, Mirabella Eclano, Campochiaro, Corfinio)[102], dall'altra a quelle che erano state, a suo tempo, due tra le più significative *poleis* della grecità occidentale, l'achea Paestum e l'euboica Cuma, il nutrito gruppo "campano" risulta, in realtà, costituito per la quasi totalità da capitelli rinvenuti a Pompei o nelle sue immediate vicinanze (Oplontis, Ercolano, Pozzuoli). Si tratta di un complesso di materiali organicamente esplorabile, che acquista ai nostri occhi una straordinaria rilevanza per il semplice fatto che, a differenza di altre situazioni - come, per esempio, quella soluntina, dove, come si è già detto, alla elevata quantità di materiali recuperati non fa riscontro, purtroppo, una consequenziale conoscenza certa delle originarie provenienze e collocazioni - nel contesto vesuviano la maggioranza dei pezzi in questione si trova ancora fortunatamente *in situ*, costituendo un vero e proprio *dossier* di *comparanda* atti a fornire per lo meno plausibili chiavi d'interpretazione rispetto a

---

100 Roncalli 1989, 47, nota 50; cfr. Roncalli 1990, 81-87. Tale datazione ben si sposa con l'ipotesi che la *gens* dei Cutu, gruppo familiare originariamente noto solo a Volsinii, si sia traferita a Perugia dopo la presa del 264 a.C. per opera dei Romani.

101 Fiorelli 1867; Stornaiuolo 1878, 125-127; Ruesch 1908, 1163; Dittenberger 1914, 715 (*Syll.* 251); Manganaro 1963, 205-220; Turano 1968, 100-105; Costabile 1978, 19-57. Il documento riveste uno specifico rilievo storico-giuridico come fonte utile alla conoscenza delle istituzioni e magistrature della città di Reggio, attestando peraltro la continuità di alcune di esse anche dopo l'assunzione del rango municipale.

102 Per praticità si inseriscono in questo gruppo anche le attestazioni di cultura sannitica che si riferiscono a siti non compresi nei limiti della moderna regione Campania, come Campochiaro (Molise, n. 106), e Corfinio (Abruzzo, n. 107).

tutte quelle altre circostanze che, per un motivo o per l'altro, si configurano più "criptiche" nella comprensione ed apparentemente più ingenerose nei riguardi delle informazioni da trasferire alle nostre ricerche.

In tema di questioni stilistiche e tipologiche, dal confronto con le due serie siciliana e centro-italica, si evince che i manufatti del distretto pompeiano si presentano, tanto nella configurazione morfologica complessiva quanto nei dettagli, in modo decisamente diverso, con tratti peculiari che giustificano appieno il proposito di isolare questo gruppo dal novero di capitelli della medesima tipologia rinvenuti nel resto della Penisola.

Se paragonati alla maggioranza della produzione sicula, i pezzi campani ascrivibili all'area vesuviana sembrano realizzati risentendo *in primis* di un gusto più sofisticato, in cui gli elementi della composizione sono resi con maggiore attenzione sia nell'intaglio che nei dettagli, anche in questo caso riccamente concepiti, talvolta addirittura un po' troppo pesanti. Tecnicamente, come decorazione dell'echino si osserva di norma l'impiego di un fregio ionico peculiare: mentre nei capitelli siciliani il *kyma* è formato generalmente da ovoli piuttosto grandi e tondeggianti ispirati alla maniera classica, a Pompei si riscontra la predilezione per una formula costituita da foglioline sottili ed aguzze, a terminazione quasi appuntita, e piccoli ovoli rotondeggianti, talvolta ridottissimi, che occupano solo un breve tratto della porzione superiore del campo formato dall'unione di due foglie contigue; tra l'uno e l'altro la fogliolina verticale è sottile ed acuminata; l'intaglio deciso della lavorazione, che scava in profondità il supporto lapideo creando vivacissimi effetti di chiaroscuro, è un altro fattore distintivo che si accompagna in modo costante alle manifestazioni del tipo campano.

E' anche vero che nel corso del tempo, in linea con le nuove tendenze del gusto ufficiale, prende piede una progressiva trasformazione del *kyma*, che vede diventare gli ovoli gradualmente più grandi tornando ad una lavorazione più superficiale che affievolisce le zone d'ombra ed alleggerisce la massa plastica della scultura. Questo cambiamento, già in qualche modo anticipato da esemplari risalenti alla seconda metà del II sec. a.C. (cfr. i capitelli della Casa di Pansa, nn. 62-63), si concretizza definitivamente nel periodo tra l'inizio dell'età imperiale ed il 79 d.C., in un'epoca in cui, tra l'altro, solo sporadiche attestazioni persistono ancora nel riproporre in uso il modello ormai vieto del capitello ionico-quadrangolare[103]: è questo il caso dei capitelli dell'ordine superiore del porticato forense e di alcuni altri depositati nei Granai del Foro (nn. 56 e 95), realizzati in travertino e datati dal Napoli alla fase post-terremoto del 62 d.C., ma per i quali si può forse risalire anche all'epoca augustea[104] .

Per entrare ancor più nel cuore della produzione pompeiana, il Napoli nel 1950 presentava un accurato studio del repertorio fino ad allora conosciuto, ed individuava sostanzialmente tre raggruppamenti stilistico-cronologici principali, che necessitano adesso di una parziale revisione dovuta, oltre che ad un approccio troppo "fiducioso", allora, nei confronti di seriazioni formulate in base all'evoluzione stilistica, soprattutto all'acquisizione di nuovi elementi concernenti le datazioni dei monumenti.

---

103 Diverso è il discorso qualora si consideri la fortuna del capitello composito, che può considerarsi per le sue caratteristiche un derivato dello schema ionico quadrangolare: cfr. Ziino 1941, 97-111.

104 Napoli 1950, 236-237, 253; Fergola 1988, 56 n. 17.

Nel gruppo I lo studioso inseriva gli esemplari relativi a: Tempio di Apollo (n. 55); Foro Triangolare (n. 60); Basilica (n. 57-58); primo peristilio della Casa del Fauno (n. 67); Casa dei Capitelli Figurati (n. 76). La datazione fornita dal Napoli per questo gruppo, il cui tratto comune è costituito dall'uso del *kyma* pompeiano più tipico, corrisponderebbe al periodo compreso tra la seconda metà del III e la metà del II sec. a.C. In realtà oggi, dopo le più recenti indagini compiute nell'area del Tempio di Apollo, vi sono buoni argomenti per inquadrare l'edificio poco dopo la metà del II sec. a.C.[105]; anche la Basilica è datata all'incirca nell'ultimo quarto dello stesso secolo, e nello stesso torno di tempo si colloca il riallestimento monumentale del Foro Triangolare[106]. Sembrerebbe invece confermare una sua validità la cronologia "alta" attribuita dal Napoli ai capitelli del primo peristilio della Casa del Fauno[107].

Nel gruppo II il Napoli includeva i capitelli ionico-italici pertinenti al portichetto d'ingresso alla *porticus pone scaenam* del Teatro Grande (n. 59), alla Casa di Pansa (nn. 62-63), al secondo peristilio della Casa del Fauno (n. 69), alla Casa del Gallo (n. 80), alla Casa degli Scienziati (n. 72) e alla Casa del Cinghiale (n. 79), nonché quelli recuperati dallo scavo dell'*agger* di Porta Vesuvio (n. 73). Questi esemplari presenterebbero un passagio stilistico dal *kyma* pompeiano a quello ionico, collocandosi nella fase cronologica tra la metà II sec. a.C. e la fine del periodo repubblicano. Nel gruppo III confluivano gli esempi più tardi, risalenti tutti all'arco di tempo compreso tra l'inizio dell'Impero ed il 79 d.C., in cui il *kyma* pompeiano risulta definitivamente soppiantato da quello ionico tradizionale: ordine superiore del portico del Foro (n. 56), Casa della Calce (n. 82), tomba degli Istacidii (n. 92).

Sulla scorta degli studi più recenti sul contesto vesuviano, è ora possibile puntualizzare ulteriormente il quadro pertinente alla produzione ionico-italica dell'area ed alle varianti cui è soggetta. Significative attestazioni degli ibridi tipologico-architettonici che nascono e si sviluppano generosamente in questo territorio, sfruttando e rielaborando la base strutturale dello ionico diagonale, sono documentate per un verso dalla serie reale dei capitelli di pilastro "a sofà"[108], per un altro da alcuni esempi fittizi tramandati dai repertori della pittura parietale, come quelli inseriti nelle scenografie architettoniche di II stile di Oplontis e Boscoreale, per far riferimento allo stesso circuito dell'agro pompeiano, o quelli romani della Casa dei Grifi e della villa della Farnesina, nei quali si apprezza chiaramente la continuità dello ionico a quattro

---

[105] Cfr. *infra*, cap. IV. Cfr. La Rocca-De Vos 1981, 265, che datano i capitelli agli inizi del II sec. a.C. considerandoli coevi a quelli del primo peristilio della Casa del Fauno

[106] Cfr. Coarelli 2001, 97-107.

[107] L'ornamentazione architettonica "mista" delle colonne e della trabeazione del peristilio ha fatto ritenere che il colonnato ionico avesse sostituito una precedente peristasi dorica nella seconda fase edilizia della casa (cfr. De Vos 1982, 163). In realtà la testimonianza del peristilio relativo al vicino Tempio di Apollo, analogamente di ordine misto dorico-ionico, serve a confermare che anche il porticato del Fauno fu concepito fin dall'inizio in questo modo: cfr. Pesando 1997, 86. Del resto, come sottolineato (in part. Gros 1987, 41-42 per quanto concerne Vergina e Demetrias), nei grandi palazzi dell'Oriente ellenistico l'ordine misto è frequentemente impiegato.

[108] Cocco 1975, 155-158; Cocco 1977, in part. 110 ss.

facce nel tipo composito, con i collaterali abbinamenti alle rigogliose forme vegetali dell'acanto[109].

Spaziando ancora sul fronte delle caratteristiche formali, altre differenze rispetto alla restante produzione sicula e peninsulare, oltre a quelle già menzionate sopra, si impongono ai nostri occhi. Innanzitutto possiamo rilevare, quantitativamente parlando, una marcata superiorità di capitelli appartenenti alla serie A della classificazione redatta dalla Casteels, i cui esemplari sono ornati da palmette disposte orizzontalmente sulla fascia del canale e connotate dalla frequente arricciatura uncinata verso l'alto delle singole foglie, che talvolta arrivano a lambire la porzione dell'abaco. I manufatti della Basilica sono per ora gli unici a presentare la palmetta di tipo più schiettamente "italico", quella che si erge in senso verticale ai lati dell'echino: un ciuffo di acanto stretto alla maniera di un fiore, si alza su uno spesso stelo nascente dal basso dell'echino, nel punto di contatto con le volute, e copre parte del canale, sfiorando l'orlo inferiore dell'abaco, al centro del quale, su ogni faccia, prende posto un grande motivo floreale. Altro dettaglio ricorrente in tutti gli esemplari del grande edificio pubblico è il collarino con il giro di perle e fuseruole, che troviamo riproposto costantemente soltanto nella produzione aquileiese, mentre è assai raro nel repertorio siciliano.

La predilezione per partiti abbondantemente ornati si riflette anche nell'impiego abbastanza diffuso di un abaco con decorazione scolpita, in pochi casi a *kyma* ionico, più spesso a *kyma* lesbio. Anche tale scelta contribuisce ad evidenziare una sensibile eleganza degli esemplari pompeiani rispetto alle restanti produzioni, insieme, forse, all'orientamento verso modelli ispiratori diversi[110]. A tale proposito, si possono richiamare alla mente per la presenza di un *plinthos* con fregio lesbio i capitelli del Mausoleo di Alicarnasso (databile intorno alla metà del IV sec. a.C.), quelli del tempio di Atena Polias a Priene (340-334 a.C.), oppure, ancora, quelli del Tolemaion samotracio (287-247 a.C.), del Portico di Filippo a Delo (216-201 a.C.) e di Apollo Sminteo a Chryse (fine III-inizi II sec. a.C.). Alla lista è altresì possibile aggiungere, scendendo con le datazioni alla fase di II sec. a.C., dunque ad un periodo coevo al grande *floruit* della produzione pompeiana, i pezzi del tempio di Dioniso a Teos (circa 193-150 a.C.) e quelli dell'Artemision di Magnesia (circa 175 a.C.)[111].

Per ciò che concerne i materiali impiegati nell'esecuzione delle membrature, tutti i manufatti pompeiani in questione sono realizzati nel tufo grigio di Nocera, con l'unica anomalia che ho finora avuto modo di registrare, concernente i capitelli della casa di

---

109 Oplontis: De Franciscis 1975, fig. 16; Boscoreale e Farnesina: Ronczewski 1923, fig. 3, A, B (Boscoreale), C, D, E (Farnesina); Casa dei Grifi: Rizzo 1936, 12-13, fig. 10.

110 L'abaco decorato a *kyma* lesbio si trova negli esemplari dei contesti qui di seguito elencati: Tempio di Apollo (n. 55); Foro Triangolare (n. 60); VI,1,22 (61); Casa del Cinghiale (VIII,3,8) (n. 79; due esemplari); VIII,5,9 (n. 81); esemplare figurato dei Granai del Foro (n. 94). Un *kyma* ionico si trova ad ornamento dell'abaco del capitello a coronamento della colonna centrale della tomba a *schola* di Esquillia Polla (n. 93).

111 Cfr. EAA Atlante, tavv. 326, 19-20; 332, 32; 333, 33; 334, 35; 337, 41-42. Per gli esempi di abaco scolpito a *kyma* ionico, cfr. EAA Atlante, tav. 322, 11 (Atene, capitello dell'Agora, 450-425 a.C.); 324, 15 (Atene, Eretteo, portico est, 421-405 a.C.); 325, 18 (Xanthos, Monumento delle Nereidi, 400 a.C. circa); 328, 24 e 329, 25-26 (Sardi, Artemision, capitelli G, D, C, 300 a.C. circa); 330, 28 (Mesa, Lesbo, Tempio di Afrodite, 280 a.C. circa); 334, 36 e 335, 37 (Pergamo, *stoa* del santuario di Atena Polias, 197-159 a.C.); 335, 38 e 336, 39 (Sardi, Artemision, capitelli E, A, II sec. a.C.); 339, 46 (Mileto, Didymaion 2°, capitello della fila interna della peristasi, fine II sec. a.C. circa).

Umbricius Scaurus (n. 78), scolpiti, a differenza degli altri, nella durissima lava grigia[112]. Risulta altrettanto ricorrente l'abbondante uso dello stucco, a volte costituito da un impasto finissimo applicato su più di uno strato di preparazione, che rendeva senz'altro più agevole modellare forme e particolari decorativi. In alcuni esemplari si osserva che lo stucco doveva essere o era già stato applicato su un supporto completamente scalpellato in funzione di una rilavorazione: è questo, per esempio, il caso di quei capitelli che, danneggiati dall'attività sismica, attendevano di essere rimessi in opera dopo il restauro (cfr. n. 66, Casa del Centauro), oppure di altri rielaborati nell'ultimo periodo repubblicano per essere adeguati ad un gusto estetico diverso, che tornava a prediligere l'adozione del *kyma* ionico classico in luogo di quello tipico della tradizione locale (75, Casa dei Capitelli Colorati).

Si può includere a buon diritto nel gruppo "pompeiano" il capitello n. 98 recuperato nell'area della villa B di Oplontis (detta di Lucius Crassius Tertius), esemplare anch'esso in tufo grigio nucerino, nel quale, benché molto danneggiato, si riconoscono tuttavia i tratti tipici locali della categoria, in particolare il *kyma* ionico ad ovoli profondamente scolpiti, sgusci e lancette dal taglio aguzzo e spigoloso. Il confronto più calzante è rappresentato, anche per le dimensioni, dai piccoli capitelli del portichetto tra l'Odeon e la *porticus pone scaenam* del Teatro Grande di Pompei (n. 59)[113]. Lavoro di un artigiano non troppo abile, che, pur dominando la materia per ciò che concerne la sintassi decorativa, si rivela, forse a causa di una scarsa dimestichezza con il materiale tufaceo, abbastanza sommario nell'esecuzione dei particolari (soprattutto nei motivi vegetali del *kyma* e nel giro dell'astragalo), l'aspetto approssimativo che si coglie nella realizzazione del capitello autorizzerebbe tuttavia l'ipotesi che possa trattarsi di un esemplare non terminato, o per lo meno non ancora completato dal rivestimento in stucco. Le tracce di scalpellatura riscontrate alla sommità del fusto della colonna - che, discostandosi dalla stragrande maggioranza dei manufatti afferenti alla categoria in oggetto, nel prodotto oplontino non reca le consuete venti scanalature - potrebbero far pensare che il capitello dovesse essere stato sottoposto, in seguito a danneggiamento, ad una rilavorazione ed attendesse ancora l'esecuzione della fase finale di stuccatura; peraltro non è da escludere, anzi appare una soluzione molto probabile, che anche le scanalature fossero modellate contestualmente alla stesura dell'*opus albarium*.

Le analogie riscontrate tra alcuni manufatti della serie pompeiana ed il prodotto di Torre Annunziata inducono, come già si è detto, a ritenere verosimile che nella stessa Pompei fossero attive delle officine artigiane specializzate nella produzione di scultura architettonica, approvvigionando sia la città che il suburbio. Non è escluso che i capitelli, al pari di altre membrature architettoniche, arrivassero a Pompei solo sbozzati

---

112 Seppur diversi per contesto, stile e datazione, vorrei richiamare alla memoria, proprio perché modellati anch'essi nella pietra lavica, alcuni elementi architettonici, sia capitelli che fusti di colonne, provenienti dal Mendolito, nell'area di Adrano: con le parole dell'Orsi, "rozze sculture in pietra di lava, faticosamente intagliata ed arieggianti motivi greco-arcaici corrotti" (SicA 23, 1990, fasc. 73, 18-21 e 29 nota 70).

113 Anche il collarino ad astragalo piuttosto grande costituisce un altro fattore di similitudine: cfr. Fergola 1988, 53-54.

o semilavorati, per essere completati e rifiniti *in loco* da queste botteghe specializzate, già attive in epoca tardo-ellenistica[114].

Una citazione particolare deve essere fatta del capitello ionico a quattro facce di provenienza ignota conservato negli *horrea* del Foro (n. 94), che per la decorazione costituita da una testa antropomorfa inserita nello spazio centrale di ogni faccia va incluso nella categoria degli esemplari figurati, esulando per tale motivo dal resto della produzione ionico-italica, nella quale tuttavia si inserisce con pieno diritto, oltre che per le volute diagonali, per il dettaglio delle palmette verticali che inquadrano in ciascun lato la protome.

Ad esso può essere accostato, fra gli altri esemplari sopra menzionati, un capitello rinvenuto nella zona di Baia e conservato nell'Antiquarium Flegreo di Pozzuoli (A5), che pur rispettando lo schema dello ionico canonico, con due facce a volute e pulvini laterali, presenta l'analogo motivo della testa umana a rilievo incorniciata da palmette verticali[115]. Facendo un confronto con gli altri esemplari figurati - più spesso con volute di tipo eolico, ed un registro di foglie d'acanto a sostegno della fascia con la decorazione figurata[116]-, distribuiti non solo nella compagine meridionale, soprattutto apulo-campana, ma anche in Etruria, la datazione di questi pezzi si orienta ragionevolmente nel corso del III sec. a.C., e comunque non crediamo possa agevolmente scendere al di sotto del II sec. a.C. Le affinità più spiccate che il capitello depositato nei Granai tradisce vanno senza alcun dubbio ricercate nei prodotti pestani del tempio del foro ed in quelli di Padula[117].

Al di fuori dell'*hinterland* vesuviano, il tipo ionico-italico nella sua veste specificamente "campana" è documentato nel Sannio interno da un esemplare rinvenuto a Mirabella Eclano (n. 103) e pertinente ad un'area sacra intitolata a Mefitis, che si mostra nelle forme particolarmente vicino alla produzione pompeiana di II sec. a.C.[118]. Purtroppo adespota è invece il reperto esposto nel giardino del Museo di Benevento (n. 104), che comunque trova migliore collocazione in fase più tarda (I sec.a.C.) per la trattazione assai ampia del *kyma* ionico.

Un riflesso stilistico della produzione pompeiana più tarda, riconoscibile soprattutto nella struttura complessiva dei manufatti, si avverte chiara negli esemplari apuli di Herdonia, sia in quelli ben rifiniti che furono impiegati nel colonnato della Basilica (n. 50) che in quelli di realizzazione assai più corsiva, e forse di qualche anno antecedenti,

---

114 Sulle officine di scultori a Pompei, cfr. Mustilli 1950, 209-21. Per la presenza di officine-botteghe connesse alle abitazioni nella fase di sviluppo della città dopo la seconda guerra punica, cfr. Rostovzev 1933, 31-33; Johannowsky 1976, 280; Hoffmann 1983, 111; Lauter Bufe 1972, 323 ss.

115 Von Mercklin 1962, 69-70, n. 182, fig. 341.

116 Sul tipo, cfr. *supra*, quanto detto a proposito dell'esemplare n. 27 di Heraclea Minoa.

117 Cfr. Neutsch 1965, 70-80, tavv. 28-35.

118 Fergola 1988 sottolinea similitudini strette tra il capitello di Oplontis e quello di Aeclanum, benché quest'ultimo si presenti intagliato con maggior cura grazie all'impiego del travertino. Mi sembra, inoltre che si possa evidenziare un'altrettanto fondata somiglianza nella lavorazione tra il reperto beneventano e quello conservato presso il Museo Archeologico di Corfinio in Abruzzo (n. 107), anche se quest'ultimo presenta al di sotto del collarino l'attacco del fusto della colonna scanalato, mentre nell'esemplare di Benevento il fusto è liscio (doveva forse essere rifinito da uno strato di stucco? Cfr. a questo proposito quanto si è detto riguardo al capitello di Oplontis).

recuperati nell'area del mercato traianeo (n. 49), per i quali è stata prospettata una verosimile originaria pertinenza all'ambito residenziale privato[119].

Tangibile è invece la distanza, non solo cronologica ma anche formale, che separa i capitelli "sannitici" pompeiani dai reperti pestani nn. 51-53, più fruttuosamente rapportabili, semmai, alla serie "etrusca" C della classificazione Casteels ed accostabili, non a caso, alla produzione perugina.

III.2.3 Il gruppo nord-italico

Presente in area emiliano-romagnola attraverso la fino ad oggi unica attestazione del piccolo esemplare n. 137 conservato al Museo Civico Archeologico di Bologna, che peraltro risulta privo di una contestualizzazione sicura, anche se certamente pertinente ad un edificio cittadino[120], la tipologia ionico-italica delle regioni settentrionali della Penisola si ritrova concentrata in massima parte nel distretto aquileiese[121], con qualche significativa "propaggine" in Veneto, a Feltre, ed in Lombardia, a Milano e Brescia[122]. A proposito di quest'ultimo centro, se è vero che, talvolta, più della quantità in se stessa vale la qualità delle informazioni, allora si può sostenere con ferma convinzione che i resti superstiti degli ordini interni dei templi repubblicani sottostanti al Capitolium flavio costituiscono un vero "tesoro", il solo, purtroppo, che possa far fronte alla penuria di entità monumentali soddisfacentemente indagate; il complesso bresciano, nella sua sostanziale unitarietà, è infatti l'unico della Cisalpina a fornire testimonianza della cultura formale tardo-repubblicana nella regione, preservando un quadro organico dell'intero apparato decorativo e restituendo, grazie ad esso, un'immagine assai eloquente di quelli che dovevano essere gli alti livelli qualitativi delle commesse edilizie a carattere pubblico promosse nel vivace periodo di passaggio alla fase urbana[123].

I dati archeologici concorrono ad individuare una prima fase costruttiva della fabbrica bresciana nei decenni iniziali del I sec. a.C. Oltre agli esemplari di tipo corinzio-italico e a sofà, è di un particolare rilievo per il presente studio il frammento di capitello ionico-italico n. 140, appartenente ad una delle semicolonne addossate alle pareti nord e sud delle aule[124]. L'elemento era realizzato in due parti; il lacerto

---

[119] Cfr. Casteels 1976-77, 28.

[120] L'esemplare è affine ad altri reperti della Cisalpina datati alla prima metà del I sec. a.C., fra cui, in particolare, per dimensioni e rapporti tra le singole parti il capitello n. 147; per i rapporti proporzionali cfr. anche nn. 148-149.

[121] Cfr. nn. 143-154.

[122] Cfr. nn. 142, 138-141.

[123] In generale, sulle nuove ricerche nel complesso del Capitolium bresciano, cfr. Rossi 2002; per la decorazione architettonica della fase ellenistico-italica, cfr. in particolare Cavalieri Manasse 2002, 95-116.

[124] Al Museo Archeologico un altro capitello ionico-italico in calcare vicentino, di provenienza ignota (n. 141), molto danneggiato, senza volute e spigoli dell'abaco, abraso negli ovoli e nell'astragalo,

recuperato, appartenente al quarto destro, è lacunoso della palmetta, della voluta, dell'astragalo che profilava il collarino e della zona posteriore che aderiva al muro. Tranne che per il dettaglio del fiore stellato nascente al centro dell'abaco, testimoniato nella ricomposizione dei frammenti pertinenti ad uno dei pannelli affrescati della seconda cella e mutuato con ogni probabilità dagli esemplari corinzio-italici del pronao[125], il tipo ripropone nel materiale lapideo lo stesso schema di ornato architettonico rappresentato nella decorazione pittorica parietale delle celle.

Con l'eccezione veramente unica del complesso capitolino di Brescia, i programmi edilizio-architettonici della Cisalpina nel periodo della tarda Repubblica - quando si assiste ad un ambizioso processo di adeguamento a stilemi e modelli dell'area centro-italica, fin nei loro aspetti produttivi e di bottega, come dimostrano anche alcuni esemplari corinzio-italici non finiti, proprio per questo motivo particolarmente utili alla comprensione delle fasi di fabbricazione e di divisione del lavoro nei laboratori e nei cantieri - sono in definitiva documentati solo da materiali isolati rispetto alle loro originarie collocazioni, oppure da membrature e decorazioni sopravvissute ai successivi interventi di trasformazione per mere ragioni di reimpiego. Ad ogni buon conto, la loro quantità, seppure con il valore limitato che è possibile attribuire a dei *disiecta membra*, è indice del notevole fermento edilizio che andò a coinvolgere le città settentrionali, non esclusivamente le antiche colonie di diritto romano e latino del III-II sec. a.C., ma anche diversi centri minori, nel momento della messa in atto di programmi monumentali finalizzati all'assunzione della *dignitas* urbana[126].

Per quanto concerne la serie ionico-italica di Aquileia (nn. 143-154), i manufatti, purtroppo anche qui quasi tutti avulsi dai riferimenti di provenienza, come gran parte degli altri materiali architettonici recuperati nella zona, sono in ogni modo un nucleo prezioso per aiutarci a tratteggiare i caratteri e l'ambiente in cui la prima architettura aquileiese nasce e si sviluppa, riportando con i confronti al cuore della cultura italica, ed all'accentuato senso artistico che connota l'attività degli *ateliers* siculi, apuli e campano-laziali[127]. Del resto, l'impronta del gusto italico e la trasmissione dei modelli in questione attraverso il filtro delle maestranze artigiane centro-meridionali sono pienamente giustificate dalla composizione del gruppo di coloni che parteciparono alla deduzione del 181 a.C. ed al *supplementum* del 169 a.C.[128], tra cui spiccano, in particolare, esponenti di facoltose *gentes* prenestine come i Tampii, i Dindii e i Samiarii[129].

---

presenta caratteristiche compositive che lo avvicinano a quelli del santuario, sebbene differisca per le misure.

125 Cavalieri Manasse 2002, fig. 12.

126 De Maria 2000, 288-290.

127 Ziino 1941, 97-111; Ferri 1942, 252-253.

128 Liv. XLI, 17. Nel 169 a.C., dodici anni dopo la fondazione della colonia, T. Annius Luscus con P. Decius Subulon e M. Cornelius Cetegus, ricevette dal Senato l'incarico di insediare ad Aquileia, in qualità di triumviro, 1500 famiglie di nuovi coloni, al fine di assicurarle una maggior capacità di resistere alle possibili incursioni di popoli transalpini. T. Annius fu eletto pretore nel 156 a.C. e console nel 153, ed era politicamente ancora attivo nel 133. A questo personaggio va forse attribuita la realizzazione della Via Annia, nell'anno della pretura o in quello del consolato.

129 Strazzulla 1982, 98-138 Sono almeno 19 le coincidenze onomastiche riscontrabili tra Aquileia e Praeneste nel corso di un ampio lasso cronologico. Samiarii, Dindi e Tampii, famiglie implicate

Tenendo conto delle caratteristiche proprie della struttura diagonale, del profilo convesso che caratterizza il nastro delle volute, le quali si avvolgono spesso nella modalità cd. "a corna di ariete" delineando un netto aggetto verso l'esterno, nei manufatti ionico-italici recuperati nel *municipium* friulano si nota più specificamente la variata disposizione delle palmette, che se talvolta sono collocate verticalmente, in altri casi appaiono invece orizzontali o oblique con le punte uncinate rivolte verso l'alto; questa seconda opzione, rispondente al tipo A Casteels, allo stato attuale della documentazione è quella numericamente predominante. Inoltre, sembra definitivamente assunto come elemento costante dello schema formale il collarino rifinito da un filare di perline e fuseruole, del quale si denuncia, per contro, l'assenza tanto nella produzione centro-italica che in quella siciliana, ad eccezione di pochissimi esempi[130]. Anche l'adozione di questo partito decorativo costituisce, pertanto, un parametro di differenziazione della produzione nord-italica (vicina per tale aspetto al nucleo pompeiano) rispetto al resto della Penisola, suffragando con ulteriori motivazioni la tesi di una seriorità per la maggioranza dei pezzi[131], che sembrerebbero inquadrabili immediatamente a ridosso della municipalizzazione dei centri, vale a dire intorno all'89 a.C. o successivamente, con strascichi fino al I sec. d.C.

I reperti che per lo meno in ordine alle morfologie potrebbero suggerire ancora l'appartenenza al II sec. a.C. sono tre o quattro[132]; il manufatto n. 143 spicca tra questi per un anomalo rendimento delle due palmette verticali, che presentandosi in una tale curiosa stilizzazione richiamano da vicino alcuni esemplari africani, specie il capitello quadrangolare di Bulla Regia A21 che, sebbene scolpito molto più superficialmente, mostra palmette dritte ed arricciate in modo similare a riempimento dello spazio tra le volute.

Un esemplare che ha polarizzato l'attenzione degli studiosi in virtù dell'iscrizione che porta è il capitello ionico-italico con la dedica di una certa *Tampia L.f.* a Giove (n. 148). Le principali caratteristiche nella conformazione del capitello - echino schiacciato e completamente coperto dagli ovoli rilevati, impostato sopra un collarino molto alto delimitato da due file di astragali, palmette orizzontali piuttosto ridotte, quasi declassate ad elemento accessorio ai fianchi delle volute, canale assente, abaco alto a lati inflessi - fanno propendere per una collocazione cronologica del pezzo nella prima metà del I sec. a.C.[133], con ogni probabilità in età presillana. Modellato in forme particolarmente accurate, il capitello di Marignane, di cui sono noti altri due "cloni" perfettamente

---

nell'amministrazione di ingenti fortune economiche grazie ai traffici che le legavano ai grandi scali commerciali dell'Oriente ellenistico e chiamate nella propria città alla gestione delle più alte cariche pubbliche, sembrano tra quelli che sicuramente si insediarono ad Aquileia fin dalla fase repubblicana più antica. Per altre relazioni tra Aquileia e famiglie di provenienza medioadriatica, cfr. Strazzulla 1991, 219-234.

130 In Sicilia cfr. solo nei nn. 23, 27, 28, 39. Una precoce presenza dell'astragalo si registra anche nel manufatto recuperato nell'interro del tempio B di Pietrabbondante (n. 105).

131 In riferimento al partito decorativo dell'astragalo, l'aspetto delle perle può ritenersi indicativo poiché, come rilevato da Strong, questi elementi si fanno progressivamente più rotondeggianti, fino ad assumere forma tendenzialmente sferica in epoca augustea (Strong 1960, 125).

132 Nn. 143 (tipo I Villa 1988), 144, 145. Anche il n. 148 potrebbe datarsi alla fine del II sec. a.C. piuttosto che alla prima metà del successivo (ovoli fortemente intagliati, astragalo con perle fusiformi).

133 Cavalieri Manasse 1978, 48, n. 7 con bibliografia.

identici, presumibilmente pertinenti ad una stessa struttura[134], è senza dubbio il testimone più armonioso ed elegante del tipo nell'Italia settentrionale.

Insieme all'analisi onomastica che designa il personaggio femminile dell'iscrizione dedicatoria come un'esponente dell'aristocrazia aquileiese appartenente ad una tra le *gentes* più facoltose dell'Italia di quel periodo, una peculiarità linguistica che non ha mancato di attirare interesse è, nell'epigrafe, l'uso del termine *Diovei* col mantenimento della dentale iniziale, molto probabilmente imputabile, piuttosto che ad un arcaismo, al permanere di caratteristiche fonetiche dialettali tipiche della regione laziale, in particolare della zona prenestina, in perfetta coincidenza, non a caso perciò, con l'area di origine della stessa *gens*[135]. La Tampia figlia di Lucio dell'iscrizione sarà stata, pertanto, la discendente di uno dei fondatori della colonia nel 181 a.C. o del suo ampliamento del 169 a.C., che nel nome così come in una formula linguistica rendeva ancora nel I sec. a.C. un consapevole omaggio alle lontane ascendenze della propria famiglia.

Se poi si considera che l'anamnesi dei resti archeologici porta ad escludere una pertinenza dei tre manufatti ionico-italici al colonnato del tempio rinvenuto all'interno della torre tardo-antica, anche grazie alle relazioni onomastiche, epigrafiche e linguistiche con Praeneste, si può con qualche fondamento adombrare l'ipotesi di un loro plausibile impiego in un sacello intitolato a Giove, non troppo dissimile nella sua morfologia dalla *tholos* delle *sortes* nella Terrazza degli Emicicli del santuario della Fortuna Primigenia. Del resto le stringenti analogie tra i capitelli ionico-italici qui recuperati ed almeno alcuni degli esemplari aquileiesi è facilmente apprezzabile.

Con i capitelli del sepolcro dei Curii (n. 154) si scende fino all'età post-augustea, dimostrando la tenace persistenza in ambito provinciale e privato del tipo ionico diagonale, che come elemento autonomo nei programmi architettonici ufficiali era ormai stato abbandonato da molto tempo a vantaggio di un ripristino delle forme più ortodosse della tradizione classica.

Ben diverso, per contro, è il discorso sulla fortuna riscossa da questo stesso tipo nella combinazione con il *kalathos* corinzio che dà origine al capitello dell'ordine composito[136]. Un'interessante elaborazione a questo proposito è quella che si osserva nei capitelli d'imposta dell'Arco dei Leoni a Verona (A6), che peraltro risulta alquanto significativa poiché presenta, in sostituzione del tradizionale *kyma* ionico ad ovoli, il motivo delle fronde di fogliame lavorate in maniera fortemente plastica e disposte come una coppia di S affrontate[137]. Proprio questa variante ornamentale trova specifici termini di comparazione in alcuni manufatti frammentari dell'area provenzale.

---

134 Uno, originario certamente di Aquileia, si conserva a Padova (CIL I^2, 1271a), mentre del recupero di un altro esemplare fa menzione il Brusin in relazione all'indagine sulle mura della città.

135 Crevatin 1974-75, c.159 ss.

136 Cfr. Ziino 1941, 97-111; Strong 1960, 119-128.

137 Per i capitelli dell'Arco dei Leoni di Verona (A6), cfr. Ronczewski 1924, 268 ss. Piccole spirali centrali associate a grandi volute si ritrovano, per esempio, nella parte superiore di capitelli dipinti negli affreschi di Boscoreale (Durm 1914, 302, 305).

III.2.4 Il gruppo provenzale ed iberico

La fascia litoranea della Gallia Narbonese ha restituito alcuni materiali degni di nota poiché documentano strette relazioni con l'area della *X regio*. Altamente esemplificativa è la coppia di manufatti che si conservano presso il Museo Lapidario di Arles, di grande utilità per evidenziare il tenore di tali contatti (nn. 155-156).

Si tratta di due capitelli propriamente ionico-italici, l'uno di colonna, l'altro di pilastro, ai quali è consentito attribuire una datazione intorno alla fine del II-I sec. a.C., sulla scorta di somiglianze rilevabili con i capitelli della Casa dei Grifi al Palatino (n. 125), nonché con diverse testimonianze di fabbrica aquileiese: tanto negli esemplari romani che in quello di pilastro di Arles risulta analoga la trattazione dell'echino con unico ovolo scoperto; le volute sono disposte tendenzialmente molto pendenti verso il basso, e la linea ideale che unisce gli occhi di queste cade all'altezza dell'astragalo (n. 125), quando non addirittura al di sotto (n. 155). Evidenti parallelismi si riconoscono anche nella resa delle semipalmette, così come nella presenza di un collarino ornamentale dalla successione alternata di perline allungate e fuseruole discoidali, che abbiamo già ricordato come un partito decorativo connotante solo il repertorio più recente dell'intera serie ionico-italica.

Nella sede museale di Nîmes destano invece un certo interesse i due capitelli, per la verità molto deteriorati, di tipo ionico canonico con volute frontali e pulvini laterali (A7), che offrono ulteriori spunti di verifica della mobilità cui erano sottoposti modelli architettonico-artistici e relativi cartoni decorativi, mettendo in luce ancora una volta l'effettiva permeabilità d'impiego relativa agli schemi ornamentali che investe la classe ionica e quella corinzia: un confronto particolarmente diretto può essere stabilito con i capitelli della Porta dei Leoni di Verona (A6), che nel partito centrale della coppia di fronde vegetali affrontate vedono, per l'appunto, applicata la medesima soluzione ornamentale riproposta dai due manufatti lapidei di Nîmes.

Spostandoci lungo la linea costiera verso sud per passare all'esame della documentazione archeologica raccolta nel comparto iberico, allo stato attuale sono segnalati in area spagnola capitelli di tipo ionico-italico o ad esso strettamente correlabili in almeno sei siti: Tarragona (nn. 157-158), Ampurias (n. 159), Matarò (n. 160), Cartagena (n. 161), Cerro de la Ermita di Murcia e Cerro de los Santos di Albacete (A8-A9)[138]. Si nota immediatamente che l'ambito geografico delineato da questa diffusione coincide significativamente con quello delle aree sottoposte ad un più precoce processo di romanizzazione; ed anche i risultati che si osservano nella produzione spagnola destano grande interesse, perché, se da un lato appare talvolta evidente l'imperizia e l'inabilità tecnica degli artigiani lapicidi, dall'altro, anche più delle testimonianze narbonesi, tale repertorio esibisce una serie cospicua di varianti decorative, originali e creative nello sfruttamento di schemi "misti", riflesso di modelli attinti da più di una fonte.

---

[138] Un altro esemplare di incerta definizione, che potrebbe comunque appartenere al tipo a quattro facce ionico-italico, pur relazionandosi altrettanto certamente al tipo "a sofà", è proveniente da Matarò (Barcellona): cfr. Gutierrez 1992, 30, nn. 67-68.

Ai manufatti che per lo schema a quattro facce e volute in diagonale sono considerati pertinenti alla classe ionico-italica *stricto sensu,* componenti di un nucleo di materiali tutto sommato ridotto, Gutierrez opportunamente ne associa altri che, pur convergendo strutturalmente nel tipo "classico" a volute e pulvini laterali, si ispirano per alcuni motivi decorativi alla produzione italica[139].

I reperti nn. 157, 159 e 160, a quattro facce uguali, volute in diagonale canale orizzontale e palmette orizzontali con lobo superiore che si alza fino a toccare l'abaco, trovano delle comparazioni abbastanza dirette nella produzione aquileiese, rispetto alla quale sembrerebbero di qualche anno successivi[140]. Il capitello n. 160 presenta caratterizzazioni stilistiche e morfologiche che condivide con esemplari dall'area nordafricana (abaco ridotto e modanato che si appoggia sopra un ampio echino, collarino troncoconico decorato a *kyma* ionico), secondo quanto è possibile affermare in base a confronti con il materiale a suo tempo studiato dal Lezine[141]. Nell'esemplare n. 157, al di sotto dell'echino decorato con un solo ovolo centrale, tra le volute si snoda una corona di piccole foglie, mentre altri elementi vegetali sono presenti lungo la linea d'unione di due volute contigue[142]; l'abaco è del tipo inflesso al centro di ogni lato e comprende un elemento decorativo applicato nel suo punto mediano[143].

Di specifica rilevanza in questa sede per la loro contestualizzazione sono gli esemplari a quattro facce recuperati nei santuari del Cerro de los Santos di Albacete (A9) e del Cerro de la Ermita di Caravaca de la Cruz nella provincia di Murcia (A8).

In relazione al primo sito, tra i pochi reperti architettonici recuperati che sono sicuramente pertinenti all'alzato del tempioè compreso un capitello, di cui purtroppo rimane pubblicato solo un disegno, la cui rappresentazione sembrerebbe legittimare una sua identificazione con il tipo a quattro lati uguali e volute poste in diagonale[144]. E' possibile cogliere certe somiglianze con un frammento di Torreparedones[145] e con un altro capitello di Cesaraugusta datato all'epoca augustea, che mostra, come quello del disegno di Cerro de los Santos, tre ovoli concentrici di diversa grandezza al centro del canale, e nella parte inferiore, tra collarino e canale, un filare di foglie di giunco; altro fattore di analogia è rappresentato dal fatto che in entrambi questi ultimi esemplari la parte superiore del fusto di colonna è lavorato nello stesso blocco del capitello. Un terzo manufatto che può essere chiamato in causa per utili riferimenti proviene da Tarragona e risale all'età tardorepubblicana/augustea[146]. Uscendo fuori dal circuito territoriale spagnolo, in ambito nordafricano si segnalano per chiari tratti similari due capitelli di Gightis, uno ormai perduto ed un altro conservato al Museo del Bardo, dei quali è

---

139 Gutierrez 1992, 39-43.

140 Cfr. in part. 146, 148-150.

141 Lezine 1960, figg. 39-41, nn. 1, 5-8.

142 La decorazione con foglie di piante acquatiche (giunco o simili) è un motivo ricorrente della produzione ionica spagnola, come si osserva dal materiale discusso in Gutierrez 1992, 27-56.

143 Per l'abaco, un confronto abbastanza stretto può stabilirsi con gli esemplari della Basilica di Pompei (nn. 58-59).

144 Su questo santuario, cfr. Ramallo 1993, 137-139, con tutte le indicazioni bibliografiche precedenti.

145 Morena Lopez 1989, 42, tav. LIV.

146 Gutierrez 1992, 29-30, n. 65 (=Gutierrez 1988, 69, n. 4, tav. II); cfr. anche 31, n. 73.

difficile stabilire la cronologia, per quanto N. Ferchiou in essi riconosca dei particolari stilistici comuni ad esemplari di età giulio-claudia[147].

Anche nel santuario de La Encarnacion del Cerro de la Ermita, in cui sono visibili i resti di due edifici templari (tempio A e tempio B, il secondo dei quali mostra diverse fasi costruttive databili a partire dal primo quarto del II sec. a.C.), con le operazioni di scavo tra i numerosi elementi architettonici sono stati rinvenuti, ad eccezione di tre soli frammenti di ordine corinzio, diversi capitelli ascrivibili all'ordine ionico nella variante italica a quattro facce uguali, a loro volta classificabili in diversi sottogruppi a seconda delle dimensioni, della decorazione dell'echino e della forma dell'abaco.

Lavorati nella pietra locale e ricoperti di stucco, questi esemplari presentano un abaco quadrato, caratterizzato da notevole spessore, che poggia direttamente sopra il canale delle volute, diviso trasversalmente in due parti disuguali da una scanalatura centrale. La maggioranza presenta un cuscinetto che marca il punto di appoggio dell'architrave. Le volute angolari, chiuse nell'oculo da un grosso bottone emisferico, formano con l'abaco un corpo dall'insieme piuttosto compatto; l'echino è decorato da un *kyma* ionico con tre ovoli contornati e separati da lancette, parzialmente nascosti dalle semipalmette laterali che nascono dalla spirale delle volute e salgono con il lobo superiore a toccare la superficie inferiore dell'abaco. Un astragalo a perline e fuseruole separa il capitello propriamente detto dal sommoscapo della colonna con fusto a venti scanalature a sezione emisferica, separate da altrettante striature a spigolo vivo[148].

Come si comprende, sono molti gli aspetti che rendono trasparente l'esistenza di strette connessioni con formule architettoniche ed ornamentali peculiari dell'architettura templare dei santuari italici negli ultimi due secoli della Repubblica, verosimilmente penetrati nella Penisola Iberica attraverso lo scalo portuale di Carthago Nova, conquistata da Scipione nel 209 a.C.[149]. Nondimeno appare rilevante la rielaborazione dei tipi, che risente sia di motivi decorativi di tradizione epicoria, sia di elementi propri dell'ambito punico nordafricano, testimoniando anche in quest'area più occidentale l'adesione alle espressioni artistiche della *koinè* ellenistica nella misura di un'assimilazione vigile ed attiva, capace anche di tener conto del retaggio culturale indigeno.

Certamente, tanto nel caso provenzale che in quello spagnolo - dove, da Massalia ad Ampurias, assai vivide restavano, peraltro, le reminiscenze di un passato copiosamente imbevuto di elementi greci -, nella diffusione dei modelli avrà giocato un ruolo essenziale la mobile presenza di numerosi frequentatori di estrazione italica dediti a commercio e negoziazioni finanziarie, che con i loro redditizi giri d'affari precedettero in una sorta di "avanscoperta precoloniale" la vera e propria ufficializzazione del dominio romano, portando con sé quella tipica cultura artigianale-artistica di gusto

---

147 A37; Ferchiou 1989, 167-168, n. V.XII.C.1 (tipo ionico a due facce con volute e cuscinetti laterali).

148 Cfr. Ramallo Asensio 1993, in part. 134-136.

149 Pol. X, 6-20; Liv. XXVI, 41-51. Per dei contributi molto articolati sulle tappe e modalità della colonizzazione romana nella Penisola Iberica, cfr. *Hispania Romana* 1997, e più recentemente *Hispania* 2002 (in part. 105-146 per l'articolo firmato da G. Bandelli).

baroccheggiante che, per ricordare solo un esempio eccellente, nella seconda metà del II sec. a.C. vediamo sintetizzata nei capitelli figurati di Glanum[150].

III.2.5 Il gruppo nord-africano

Riguardo a formazione ed evoluzione delle varianti assunte dal tipo di capitello qui oggetto di studio, non si può prescindere dal tenere in debita considerazione anche alcune elaborazioni dell'architettura punica di età ellenistica, che partecipano con una certa intensità del medesimo clima culturale nel quale si alimentò l'architettura ellenistico-italica. L'ambito nordafricano di quest'epoca è infatti assai fervido di espressioni molteplici e caratteristiche, frutto dell'incontro delle tradizioni locali con spunti ed ispirazioni prontamente accolte da altri contesti culturali.

Preso atto della preminenza accordata alla scelta di cartoni pre-ermogeniani ereditati dalla Grecia arcaica e classica, diffusisi in Africa principalmente dalla Sicilia, dall'Italia meridionale e dal Peloponneso[151], sopravvissuti ben oltre i limiti temporali della Cartagine punica fino alla fase imperiale, gli schemi presenti sono estremamente numerosi e differenziati, influenzati da più di una fonte senza che sia sempre scontato distinguere i rispettivi apporti; addirittura, non è raro constatare in uno stesso prodotto la presenza di tratti d'origine diversa, che indicano la creazione di liberi *melanges* da parte degli artigiani, talora interpreti estemporanei di modelli stereotipati di cui potevano avere ormai perso notazioni di provenienza e significato, talaltra artefici consapevoli di variazioni estrose e sapienti su schemi ben padroneggiati.

Tentando dunque di ricapitolare i tratti salienti della produzione ionica dell'Africa maghrebina fino alla prima età imperiale, nel repertorio si deve notare, in primo luogo, la nutrita gamma di variazioni registrate - talora anche scadenti e degenerate -, che è consentito osservare non soltanto diacronicamente ma anche sincronicamente, rendendo certamente non agevole, in uno sviluppo che N. Ferchiou, riferendosi alla sola Proconsolare, a ragione giudica "anarchico" e qualitativamente spesso mediocre, un lavoro di classificazione improntato alle definizioni tipologiche. Altrettanto sicuramente però, se un problema fondamentale è rappresentato dalle relazioni tra diverse civiltà, le indagini compiute sul comparto africano costituiscono una "palestra" privilegiata d'esercizio, assumendo una specifica rilevanza per ciò che concerne questo aspetto.

La presenza di esemplari di capitelli ionico-italici propriamente detti resta, a dire il vero, circoscritta essenzialmente all'Africa Proconsolare, a Cartagine (Byrsa) (nn. 168-169) e ad Utica (nn. 165-167), città che era stata designata come prima capitale della provincia romana d'Africa. Si è già avuto modo di menzionare in precedenza due significativi contesti abitativi di Utica, la Maison des Chapiteaux Histories e la vicina

150 Cfr. le considerazioni di Torelli e Coarelli in relazione all'intervento di P. Gros al convegno di Göttingen *Hellenismus in Mittelitalien*: cfr. Gros 1976, 300-311, e discussione, in part. 312-314.

151 Queste due ultime regioni sono d'altro canto strettamente collegate sia dal punto di vista storico che nella storia artistica. Più in particolare, una variante ionica d'origine greco-orientale, ma rimodellata a Locri, ha potuto eventualmente fare scuola dando origine a due gruppi africani (Ferchiou 1989, V.III.1 ss. e V.V.1 ss.).

Maison de la Cascade; se in riferimento ai materiali ivi recuperati il legame con l'insediamento romano potrebbe apparire quasi ovvio, a Cartagine si hanno tracce altrettanto inequivocabili dell'impiego di membrature architettoniche analoghe, in un periodo che certamente precorre la caduta della città nel 146 a.C., da attribuire, pertanto, ad una solida trama di relazioni culturali ed artistiche - in cui sembra spiccare una corrente siciliana -, che viaggiavano da un capo all'altro del mondo mediterraneo ancor prima dell'istituzionalizzazione del potere romano, e della cui diffusione, comunque, Roma (con il nutrito stuolo di italici dediti ad attività finanziarie e commerciali che si muoveva al suo fianco) era diventata uno dei maggiori fautori.

I capitelli ionici ascrivibili all'area cartaginese, riconducibili cronologicamente nel torno di tempo compreso tra fine III e prima metà del II sec. a.C., si contraddistinguono per una serie di elementi improntati alle esperienze dell'arte greca arcaica, prima fra tutti la voluta a canale convesso di ascendenza eolo-ionica[152], alla quale si aggiungono motivi tipici di schemi decorativi classici, secondo una tendenza frequentemente riscontrata in epoca ellenistica. L'attenzione è attirata da forma e posizione della palmetta, che, quasi a seguire, ingannevolmente, le tappe di un processo graduale, assume una collocazione verticale in forma assai rigogliosa negli esemplari uticensi[153]. Questi ultimi, nello specifico i pezzi già ricordati provenienti dalla Casa della Cascata (nn. 165-166), sia per la realizzazione delle volute a nastro convesso arrotolate nella modalità "a corna di ariete", sia per il motivo della carnosa foglia acantiforme centrale, tradiscono stringenti affinità con alcuni esemplari della produzione siciliana di Solunto, Monte Iato e Siracusa, ai quali si avvicinano parzialmente anche nelle proporzioni e soprattutto nell'uso diffuso dello stucco, che rimodella sapientemente le forme ed annulla i difetti derivanti dalla qualità spesso scadente dei calcari locali in cui i pezzi sono intagliati[154]. E' proprio il dettaglio della foglia acantizzante centrale che si presta ad essere interpretato come la spia più convincente a favore dell'influenza dei modelli sicelioti sul repertorio africano, presumibilmente esercitata già attraverso il tramite della Carthago punica in virtù dei costanti contatti con la Sicilia, e verosimilmente rafforzatasi ancor più dopo la caduta della città, quando prese avvio l'insediamento di coloni romano-italici nell'area[155].

Certamente l'elemento punico della tradizione più antica, già da fine III-inizio II sec. a.C., se non da prima, attraverso le strette ed assidue frequentazioni con la Sicilia ed il sud Italia da una parte, con ulteriori fronti geografici del mondo greco e grecizzato dall'altra (Attica, Peloponneso, Ionia, Cipro, Egitto), venne ad integrarsi, in modo quando più quando meno organico, con gli apporti dell'architettura ellenistica; le testimonianze di questa contaminazione, ispirata da un ampio ventaglio di suggestioni,

---

152 Martin 1944-45, 341, fig. 1.

153 In tale raggruppamento sono da includere: n. 169, un capitello ionico di fine III-inizi II sec. a.C. rinvenuto a Cartagine (per il quale cfr. Picard 1952, 122 ss., fig. 4; Ferron-Pinard 1955, 55 ss., tav. 54 ss.), insieme ad altri recuperati sempre nel quartiere della Byrsa; nn. 165-167 da Utica (Casa della Cascata e area delle Grandi Terme); n. 170 dal Kbor Klib.

154 In area africana l'uso del marmo è rarissimo: cfr. Lezine 1956, 16 ss.

155 Per Lezine, questi tipi iniziano ad essere presenti in Africa in concomitanza con la caduta di Cartagine, ma alla luce dei dati disponibili, credo che sia più corretta la visione del Ward Perkins, che tende a far risalire alla città punica la responsabilità dell'introduzione dei modelli in questione: cfr. Lezine 1956; Ward Perkins 1970, 1-19.

sono rintracciabili tanto sul versante delle tipologie edilizie, su cui ritorneremo in seguito, quanto in merito alle singole membrature architettoniche. C'è anche da dire che risultano di non poco ostacolo ad una migliore intelligibilità dei fenomeni nella loro globalità le lacune conoscitive che purtroppo si avvertono relativamente all'architettura pubblica, per la quale sono davvero esigui i resti su cui far conto per tracciarne, ad ora, una significativa evoluzione. Tra questi un tassello degno di specifico rilievo è l'ancora per certi versi enigmatico monumento numidico del Kbor Klib (cfr. n.170), nel quale convergono componenti di tradizione locale ed espressioni di novità, segno di committenze indigene ben intenzionate a restare al passo con i tempi, inserendosi in un cammino culturale collettivo ritenuto, di fatto, irrinunciabile, non solo per la loro immagine ma per la loro stessa essenza.

Alcuni contributi abbastanza recenti, segnatamente quelli di P. Pensabene e N. Ferchiou, hanno cercato di pervenire ad una sintesi dei diversi raggruppamenti tipologici facenti capo all'ordine ionico africano[156]. Sarà innanzitutto opportuno notare che, al contrario di quanto è possibile verificare in altri ambiti culturali e geografici, nel mondo punico e numidico-mauretano i modelli dell'architettura ellenica, ostentando in rare occasioni caratteri rispondenti alla canonicità, al contrario furono quasi sempre rielaborati in termini estremamente liberi, anche se i cambiamenti non si verificarono mai repentini, ma piuttosto vennero lentamente assimilati nel corso di lunghi periodi di transizione, soprattutto nel caso degli edifici di carattere religioso, naturalmente pervasi di un maggior spirito conservatore.

Un esempio "sintomatico" dell'equilibrio raggiunto nella commistione tra caratteri locali ed elementi di più recente introduzione è costituito, fra tanti, dal piccolo *naos* di Thuburbo Maius: il frontone, scevro da qualsiasi implicazione di tipo strutturale, corrisponde ad una semplice decorazione applicata sulla porta della cella, mentre i piccoli capitelli ionici a quattro facce, con volute a sezione concava e canale bordato da listello, risultano concepiti secondo la piena tradizione ellenistica del II sec. a C., pur sostenendo il tipico coronamento gradinato dei santuari punici (A18)[157].

A questo stesso proposito, quale conferma dell'intrinseco legame della colonna ionica con spiccate valenze di tipo religioso - non soltanto in ambiente greco, ma anche in quello punico -, si può menzionare proprio la categoria dei cippi architettonici provenienti dai santuari cartaginesi, sormontati spesso da un capitello ionico che si distingue per la tipica curvatura verso il basso seguita dal bordo superiore del canale[158].

Premesso che dall'esame dei pezzi censiti emerge in primo luogo che il tipo ionico ermogeniano-vitruviano, così come lo si incontra nei manufatti marmorei di fabbrica ateniese facenti parte del carico trasportato dalla *navis lapidaria* che naufragò intorno al

---

156 Pensabene 1986, 409-429; Pensabene 1993; Ferchiou 1989.

157 Cfr. Rakob 1979, 478, tav. 50.

158 L'esempio più antico di un capitello ionico appartiene ad un cippo del V sec. a.C., il cui prototipo è probabilmente un capitello cipriota di Kition: il carattere arcaico è sottolineato dalla proporzione allungata del suo abaco a tre gradini, dall'assenza dell'occhio delle volute e dal modo di avvolgersi della spirale , mentre la sua parentela con i capitelli ionici punici è nell'inflessione del canale delle volute e nella forma del *kyma* (Lezine 1960, 52 ss., fig. 30; Pensabene 1986, 409).

100 a.C. nel mare di Mahdia (cfr. n. 171a-c)[159], si mantiene praticamente sconosciuto nell'area dell'Africa Proconsolare sia all'epoca ellenistica che in quella giulio-claudia, i capitelli ionici elaborati in età preromana nell'area punica assumeranno notevole peso per ciò che concerne la preferenza data ad alcune forme soprattutto a partire dal III sec. d.C., quando le maestranze locali, per recuperare motivi decorativi, torneranno a guardare non di rado al *dossier* dei monumenti più antichi.

Seguendo Pensabene è possibile riordinare il repertorio in tre raggruppamenti, enucleati sulla base di linee-guida rappresentate in primo luogo delle conformazioni di volute e canale, nonché dalla decorazione che è presente nello spazio fra le volute stesse.

Una prima serie[160] - che è poi quella che ci interessa più da vicino nello specifico del presente studio, poiché in essa confluiscono anche i tipi ionico-italici sopra descritti -, comprende esemplari che mostrano tra le volute il *kyma* ionico, generalmente composto da tre ovoli contenuti in sgusci separati da lancette a sezione triangolare. Di solito rimane completamente scoperto alla vista solo l'ovolo centrale, mentre quelli laterali hanno il margine o la parte superiore quasi sempre obliterati dai lobi inferiori delle semipalmette che si incuneano nell'angolo formato tra la spirale superiore esterna della voluta e il canale. Accanto ai tipi uticensi che ricalcano la serie siciliana-italica, si individua un sottogruppo con semipalmette orizzontali a lobi leggermente inclinati verso il basso ma con punta arcuata in alto, nei quali si riconosce un'altrettanto chiara impronta greca ed ellenistica più "classicheggiante": in tale insieme sono inclusi i capitelli ionici a quattro facce leptitani del Foro vecchio (A44)[161] e del portico presso l'arco di Marco Aurelio (A42)[162], e quelli simili tra loro di Thuburbo Maius, nei quali l'echino è limitato da un canale delle volute con margine inferiore ancora piuttosto curvo (A17-20)[163].

Un secondo raggruppamento con caratteristiche omogenee comprende gli esemplari in cui il canale delle volute è più o meno fortemente incurvato verso il basso (tratto tipicamente punico, ma di influsso greco classico-ellenistico)[164]; nella concavità che si forma tra il canale e l'abaco è spesso collocata una rosetta, talvolta un fiore di loto

---

159 I quali sembrerebbero destinati a Roma e ad una raffinata clientela urbana, come afferma Coarelli 1996, 312-326. Il carico testimonia che, seppure limitatamente, l'esportazione di pezzi finiti è già in atto in questo periodo: cfr. Picard 1955; Martin-Lezine 1959-1960; *Das Wrack* 1994, 203 ss., 857 ss. Sul problema del commercio di elementi architettonici marmorei tra età repubblicana e l'inizio dell'Impero si veda anche Pensabene 1972, 319-323, in part. 320, nota 7.

160 Pensabene 1986, gruppo 2.

161 Pensabene 1986, fig. 51 d.

162 Bianchi Bandinelli- Vergara Caffarelli- Caputo 1963, 101, fig. 174.

163 Solo nei capitelli del piccolo *naos* A18 il margine inferiore del canale delle volute è appena incurvato (Lezine 1960, 9, fig. 5 a; Rakob 1979, 478, tav. 50). Anche nei manufatti del Mausoleo di Dougga si osserva una brusca curvatura centrale del canale delle volute (Lezine 1960, 55-56; Rakob 1979, 156, fig. 82). In questo medesimo sottogruppo rientra inoltre un capitello ionico con canale delle volute flesso, rinvenuto anch'esso a Dougga nelle vicinanze di una iscrizione che si riferisce ad un tempio dedicato a Massinissa divinizzato, datata al 139 a.C.: ciò confermerebbe la cronologia di II sec. a.C., forse nella seconda metà, degli esemplari sopra menzionati (cfr. Lezine 1960, 55-56; Rakob 1979, 156, fig. 82).

164 Pensabene 1986, gruppo 1.

rovesciato, forse di ascendenza cipriota[165]. Tra gli esempi che fanno parte di questa serie vanno ricordati due capitelli a quattro facce rispettivamente da Maktar (A25) e da Gigthis (A37)[166]; si segnalano, inoltre, gli esemplari ionici quadrangolari della Tomba della Cristiana di Tipasa (A38), di Bulla Regia (A21) e di Leptis Magna fuori da Porta Oea (A41)[167]. Ancora a Leptis, meritano di essere citati i due capitelli ionici rinvenuti nell'area del Foro vecchio (A46, A47), che seguono la struttura canonica con volute su due facce, ma tradiscono una chiara contaminazione con elementi mutuati dall'ambito punico ed italico: nell'uno si osserva una rigogliosissima decorazione vegetale e floreale sia al di sopra che al di sotto dell'ampio spazio che delinea il canale, mentre l'altro, proveniente dal tempio di Roma e Augusto, è contraddistinto da folte palmette inclinate verso il centro.

Nei capitelli rispondenti a questa tipologia il *kyma* ionico non è mai collocato tra le volute, ma può trovarsi come ornamento dei lati dell'abaco, oppure corre come una sorta di collare intorno alla modanatura inferiore. Tale sistemazione rispecchia un gusto più libero che risponde ad una maggior autonomia compositiva. Nella fase ellenistica infatti, affiancate ad una tendenza più orientata verso la composizione canonica, caratterizzata da una crescente integrazione fra echino e volute che si dispongono sullo stesso allineamento, emergono correnti che promuovono, al contrario, un effetto di "destrutturazione" del capitello, dove appare in tutta evidenza lo svincolarsi dell'echino dalle volute: l'elemento scolpito a *kyma* ionico tende così a costituire un'articolazione indipendente, scivolando verso il basso e posizionandosi in un registro inferiore rispetto alla linea che unisce gli occhi delle spirali. Tale tendenza, riscontrata anche nel Peloponneso, in Sicilia ed in Italia meridionale (Selinunte, Locri, Paestum, Capua, Taranto)[168], conta molteplici attestazioni proprio nell'Africa del nord, dalla Numidia alla Proconsolare, alla Tripolitania (Tipasa, Utica, Cartagine, Leptis Magna)[169].

L'atteggiamento di evidente libertà compositiva e stilistica con cui si pongono le officine lapidarie africane in rapporto all'assimilazione dei modelli canonici risulta ben osservabile anche per ciò che concerne l'accettazione o meno dei rapporti proporzionali della tradizione greca, talora seguiti puntualmente, come negli esemplari della Tomba della Cristiana (A38), talaltra completamente disattesi, come nei capitelli di Bulla Regia (A21) e Leptis Magna (cfr. per esempio A41)[170]. Analogamente, è del tutto originale la commistione di elementi decorativi locali e stranieri, come il simbolo punico di Tanit su

165 Martin 1955-56, 119-131; Lezine 1960, 73-74, fig. 37 a,c in part. per gli esemplari dalla Maison du Trésor di Utica.

166 Appartengono alla stessa "famiglia" altri esemplari di medesima provenienza appartenenti al tipo con due facce a volute e cuscini laterali, per i quali cfr. Lezine 1960, 76-80, fig. 39, 2-8; 80, fig. 42, tav. XI, 89, n. 44, fig. 44.

167 A Leptis la tradizione fenicio-punica rimane molto viva nel corso del tempo ed il legame con Cartagine, almeno per ciò che riguarda l'architettura e la decorazione architettonica, si conserva fino ad età antonina.

168 Koch 1907, 391, fig. 12; Theodorescu 1974, 17, 19, 42, figg. 9-12.

169 Pensabene 1986, 409-416. Cfr. gruppo V.XII Ferchiou 1989, in cui la maggior parte degli esemplari risale ad epoca giulio-claudia. Tra gli esemplari a quattro facce si ricordino, in part., quelli di Utica (A11), Cartagine Parco Archeologico (A12), Vallis (A16), Thabbora (A23), Aubuzza (A24), Sfax (A28), Henchir Sidi Slimane (A29), Tipasa (A38) e Leptis Magna (A40-A41).

170 Caputo 1968, 71, tav. XLVIIa; Pensabene 1986, fig. 51c.

una faccia del manufatto di Bulla Regia, sostituito sugli altri lati da motivi fitomorfi molto schematici, oppure il disco solare egizio nei fastosi capitelli del primo livello d'alzato del Mausoleo B di Sabratha (A39), che nella loro "barocca" ridondanza ornamentale costituiscono un vero e proprio concentrato di contaminazioni, in cui la base punica del sostrato culturale si fonde con motivi alessandrini da una parte ed elementi distintivi della classe ionico-italica dall'altra, primo fra tutti quello delle palmette verticali disposte a fianco delle volute in ciascun lato[171].

Con il rispetto o l'assenza di certi rapporti proporzionali, un partito del capitello che offre utili spunti per comprendere la misura delle interferenze culturali è costituito dall'*hypotrachelion*, che diventa talora luogo deputato ad ospitare delle "citazioni classiche" - come nel caso degli esemplari di Thuburbo Maius (in part. A18-A19) e di quelli di Sabratha (A39), per i quali si legge in trasparenza il riecheggiare delle finissime decorazioni dell'Eretteo -, mentre altrove ospita ornamenti più semplici, come il giro di rosette che decora la parte inferiore dei manufatti della Tomba della Cristiana (A38), che denunciano anche nell'adozione di certi rapporti proporzionali una spiccata sensibilità nel recepire le tendenze dell'arte ellenistica. Per contro, nei capitelli citati di Leptis Magna e Bulla Regia, che presentano un'altezza notevolmente sviluppata rispetto ai rapporti mantenuti di norma con la larghezza, appare più deciso il perdurare degli influssi punici.

Una terza serie si distingue per le limitate dimensioni assunte dal canale che unisce le volute, quando addirittura non se ne evidenzia la totale assenza. Poiché le volute con spire a sezione convessa sembrano nascere piuttosto dalla base del capitello, tendendo ad espandersi in senso verticale, l'origine sembra verosimilmente la stessa dei capitelli eolici, che in ambito punico sono documentati già dal V sec. a.C., impiegati nella decorazione delle stele, e più di frequente a sormontare pilastri d'angolo sotto l'aspetto di semicapitelli, come nel piccolo *naos* di Thuburbo Maius[172]. In questa categoria convergono, tra gli altri: un capitello figurato uticense intagliato nel gres di Capo Bon e reimpiegato in un muro tardo imperiale dell'*insula* I (A10), per il quale si può istituire un paragone con gli esemplari figurati di Heraclea Minoa, Selinunte e Nora già menzionati, datato dal Lezine agli inizi del II sec. a.C. (non è escluso che possa essere ancora più antico); un secondo pezzo recuperato nell'*oecus corinthius* di una grande *domus* nella stessa Utica, che reca traccia di due distinte fasi di impiego, la seconda delle quali consistente in una radicale operazione di rimodellamento in stucco dell'originaria conformazione (A11); quello di provenienza ignota esposto nel parco archeologico di Cartagine del II sec. a.C., che per la caratteristica dell'echino ad ovoli scolpito nella fascia al di sotto delle volute, è ascrivibile contemporaneamente anche nel gruppo precedente (A12).

Tra gli elementi decorativi che ornano lo spazio compreso tra le volute, oltre ai motivi vegetali - palmetta, foglia, fiore - si può trovare il nodo erculeo, che prende origine da un intreccio di steli sopra i quali spesso si trova una palmetta che può anche giungere fino all'abaco: un esempio rappresentativo è costituito da un gruppo di capitelli da Turris Tamalleni, risalenti ad età tardo-repubblicana/protoaugustea

---

171 N. Ferchiou classifica questi manufatti come appartenenti ad un tipo ionico nella forma particolare e ricca dell'"éolique habillé": Ferchiou 1989, 194.

172 Lezine 1960, 9, fig. 5 a.

(A31)[173]. Anche in tale raggruppamento il *kyma* ionico di solito non è contenuto tra le volute, ma si trova più spesso scolpito in una fascia sotto di esse, alla base del capitello; ad esso può seguire un collarino con perline e fuseruole.

Il sostrato culturale punico risalta in filigrana in due attestazioni ioniche relative al centro di Nora, in Sardegna.

Si è già fatto riferimento nelle pagine passate al capitello pubblicato a suo tempo dal Patroni (n. 162), che lo studioso ipotizzava pertinente al tempio di Tanit, caratterizzato dalla decorazione antropomorfa al centro della faccia frontale, mentre nelle restanti tre spicca, similmente ad alcuni pezzi siciliani con foglia acantina, una grossa palmetta verticale. Il risultato estetico che nasce dalla fusione di elementi punici ed italici, nel suo complesso, porta ad una espressione originale ed unica, che padroneggia con consapevolezza la rielaborazione dei modelli ispiratori.

La medesima strutturazione in un volume compatto che caratterizza il "capitello di Tanit" si rintraccia, identica, in quelli del tempio di Eshmun (n. 163), privi, tuttavia, delle peculiarità ornamentali del precedente.

Nettamente differenti, sia nella contestualizzazione che nello stile, si profilano, da parte loro, i capitelli cagliaritani della cd. *domus* di Tigellio (n. 164), esempi canonici del tipo A Casteels, ascrivibili tra le manifestazioni edilizio-architettoniche della piena età romana nell'isola e nella città, quando nel corso del I sec. a.C. l'area del futuro quartiere medievale di Stampace fu interessata dalla nascita di un nuovo comparto urbano destinato ad uso residenziale, del quale fu riportato alla luce nella seconda metà dell'800 il complesso abitativo, in realtà composto di tre unità distinte, erroneamente etichettato come casa del famoso cantore sardo di epoca cesariana da cui deriva il nome fittizio della struttura.

173 A completamento del gruppo si aggiungano i capitelli con due facce a volute e cuscinetti laterali ricordati da Lezine: cfr. Lezine 1960, 76-80, figg. 39, 5-8.

IV

I CONTESTI ARCHITETTONICI DI PROVENIENZA

Con l'intenzione, ora, di proseguire nell'approfondimento comparato e diacronico delle testimonianze archeologiche censite nel Catalogo, allo scopo di metterne in evidenza, con le eventuali caratteristiche peculiari, soprattutto gli aspetti comuni, letti nella dimensione più ampia della *koinè* artistica del Mediterraneo nella fase ellenistica, sembra appropriato affrontare in questa sezione una trattazione della materia privilegiando il riferimento ai contesti, in modo da rendere immediatamente visibile la molteplicità dei fronti di applicazione correlati all'uso della partitura architettonica oggetto di studio.

Premesso che rispetto al quantitativo totale di reperti schedati, la possibilità di ricondurli alle rispettive collocazioni originarie è, ora come ora, percentualmente piuttosto limitata (essendo quantificabile intorno al 45%), per praticità possiamo comunque tradurre gli elementi numerici utili in alcuni dati qualitativi, che aiutano a focalizzare meglio l'impiego del tipo ionico-italico in ordine alle classificazioni funzionali degli edifici, siano essi pubblici (d'uso civile e sacro), o privati (d'uso abitativo e funerario). Al di là della precisione numerico-statistica, la cui attendibilità può, in effetti, rischiare di essere inficiata dal considerevole elenco di esemplari adespoti, va riconosciuto, infatti, che si rivela una questione di centrale rilevanza la conoscenza della precisa ubicazione dei manufatti nella "geografia" degli edifici cui erano destinati, perché, forse più di tante cifre, consente di cogliere i valori semantici di cui il fenomeno è latore.

IV.1 Contesti pubblici

Nei seguenti monumenti pubblici si riscontra certamente l'impiego di capitelli ionico-italici:

- Reggio Calabria: Odeon (fine IV-III sec. a.C.);
- Paestum: Porta Marina (III sec. a.C.);
- Perugia: Arco di Augusto (III sec. a.C.);
- Cosa: basilica (150-140 a.C.);
- Pompei: basilica (130-120 a.C.), portichetto tra Odeon e *porticus pone scaenam* del Teatro Grande (fine II sec. a.C.-80 a.C.), portici del Foro (età augustea);
- Aquino: arco onorario (40-30 a.C.);
- Ordona: basilica (fine I sec. a.C.)[1].

[1] Schede nn. 47,51, 133-134, 132, 57-58, 59, 56, 126, 50.

Fatta eccezione per gli esemplari pompeiani in travertino rimontati nell'ordine superiore del lato orientale del porticato forense, che verosimilmente non sembrano potersi datare ad un'età antecedente la fase augustea, di quelli ascrivibili alla basilica dell'antica Herdonia, edificio costruito nella fase tra la tarda Repubblica ed il primo Impero, e quelli dell'arco onorario di Aquino, gli altri manufatti sono appartenenti a complessi edilizi molto più antichi. Tra questi, l'Odeon reggino risalirebbe ancora al primo quarto del III sec. a.C., se si considera il fatto che nel 270 a.C. la città fu assorbita definitivamente nell'orbita romana, piombando in un periodo di "decadenza", da cui poté risollevarsi solo tra la fine dell'età repubblicana e gli anni iniziali dell'Impero[2].

Merita sottolineare la ricorrenza del tipo di capitello ionico quadrangolare nelle basiliche di Cosa e Pompei, rispetto alle quali l'edificio di Herdonia è presumibile che abbia tratto, nonostante la notevole distanza temporale che lo separa dalle altre costruzioni, qualche motivo d'ispirazione, adeguandosi ad una sorta di tradizione consolidata.

Nell'edificio di Cosa, costruito intorno al 140 a.C. e considerato la prima preziosa attestazione del tipo a pianta cd. "centralizzata" - nulla rimane infatti delle più antiche basiliche romane -, l'ordine ionico-italico che scandisce enfaticamente il passaggio all'ambiente separato aperto sul lato lungo settentrionale, si trova a convivere con quello dorico che contraddistingue le navate. Nella costruzione sorella di Pompei, impostata su uno sviluppo planimetrico di tipo assiale-longitudinale, invece, lo ionico ripartisce i propri spazi insieme al corinzio, in tal caso funzionando da corollario rispetto a quest'ultimo *genus*.

Nei due schemi basilicali che da una parte Cosa, dall'altra Pompei testimoniano concretamente, sono individuabili altrettante tendenze, sviluppatesi indipendentemente una in ambiente romano-laziale, l'altra in ambiente campano, ma entrambe debitrici ad idee architettoniche maturate nel mondo ellenistico[3]. La matrice edilizio-strutturale che si candida al ruolo ispiratore più verosimile della categoria basilicale italica, considerabile per un verso come una sorta di trasformazione della *stoa* a doppio ordine e due navate, può essere rintracciata con buoni argomenti anche nelle aule regie dei sovrani ellenistici, con speciale riferimento alle sale colonnate dei Tolomei Filadelfo e Filopatore (risalenti rispettivamente al 271-270 e al 222-206 a.C.), nonché nella Sala Ipostila di Delo (databile intorno al 220 a.C.), che, per inciso, presenta una triplice associazione di varianti dell'ordine ionico nei capitelli, restando un caso piuttosto raro e

---

2 Orsi 1922, 171, fig. 20

3 Il primo schema, impostato su uno sviluppo centralizzato e caratterizzato da impianti con moderata prevalenza dei lati lunghi su quelli corti, disposti con uno dei lati maggiori, contenente l'ingresso, lungo la piazza, può definirsi il tipo etrusco-laziale. Il secondo, con una spiccata tendenza all'assialità, determinata dall'accentuazione in senso longitudinale della collocazione nella piazza e dall'assunzione di uno dei lati brevi come facciata principale aperta sul foro, è il tipo campano, il cui esempio più antico finora noto è rappresentato dalla basilica di Pompei ed è riproposto nella basilica del Lechaion a Corinto, nella *basilica vetus* di Leptis Magna diffondendosi nella parte orientale dell'Impero, mentre in quella occidentale risulta incontrastata l'affermazione del tipo romano-laziale. Poiché niente è rimasto superstite delle più antiche basiliche romane, è proprio quella di Cosa a rappresentare la prima testimonianza dell'affermazione del modello "centralizzato", sviluppato nel senso della larghezza con ingressi e *tribunal* posizionati sui lati lunghi. Questa caratteristica si ritrova anche a Lucus Feroniae, nella basilica di Fanum Fortunae descritta da Vitruvio, nonché a Saepinum ed Herdonia, e, uscendo fuori dall'ambito italico, a Sabratha. Cfr. Gaggiotti 1982.

curioso da indagare nel panorama archeologico[4]. L'influenza esercitata dallo schema dell'edificio delio così come dai saloni di ricevimento dell'Egitto lagide, insieme ad altri elementi, quale per esempio la presenza della colonna ionica a venti scanalature, sono un chiaro indice della "paternità" macedone del modello, che si diffonderà portando con sé i geni di tale ascendenza.

Estremamente calzanti sono, a questo stesso proposito, le osservazioni di P. Gros in tema di associazioni e "semantica degli ordini", argomento che grazie al richiamo alla categoria architettonica della basilica offre l'occasione di un primo momento di riflessione, che non resterà comunque il solo, avendo a che fare con un *leitmotiv* assolutamente trasversale dell'architettura ellenistica, applicato sia nel campo dell'edilizia monumentale, civile e sacra, che in quella privata, tanto residenziale che funeraria.

Come lo studioso premetteva in un suo contributo, l'indagine sulle forme, per quanto sia essa notoriamente latrice di valori cognitivi forti in rapporto alla società che si fa artefice della loro adozione, resta ancora un esame allo stato embrionale per il periodo ellenistico-romano[5]. La selezione dei *genera* necessiterebbe di studi approfonditi; cogliere infatti la portata di un tale o talaltro ordine nel ventaglio di quelli disponibili, presuppone tanto da parte di chi progetta che da parte di chi osserva, la padronanza di un preciso "codice di lettura" che implica, a sua volta, l'esistenza di un sistema basato sulla piena coscienza della stessa nozione di ordine. Peraltro, tale concetto è costretto a soggiacere ad una continua evoluzione nel corso del tempo, seguendo modalità che possono registrare anche sensibili diversità e trasformazioni da regione a regione[6]; e le sole classificazioni del testo vitruviano - autorevole, certo, ma anche l'unica trattazione teorica sull'architettura antica di cui disponiamo -, non possono rendere piena ragione di eventuali diversità di intenti, né metterci sulla via di una totale comprensione riguardo al senso che via via può assumere l'impiego di una stessa membratura in Grecia allo scorcio dell'epoca classica piuttosto che in Macedonia o in Asia Minore all'epoca ellenistica, nell'Italia repubblicana oppure nella Roma imperiale[7].

Soltanto lo studio capillare dei contesti può dunque rappresentare una solida piattaforma di partenza per avviare una riflessione che punti ad individuare l'eventuale rapporto di "sudditanza" di un ordine rispetto all'altro, espresso coerentemente a livello fisico nella diversa dislocazione assegnata a ciascuno di essi nelle articolazioni spaziali e volumetriche degli edifici. Se l'associazione di ordine dorico sul fronte esterno e ionico all'interno divenne ben presto un dato convenzionale, applicato meccanicamente nella costruzione dei porticati pubblici, la distinzione funzionale e gerarchica degli ambienti interni perseguita attraverso l'alternanza di ordini differenziati, che è un fenomeno riscontrato frequentemente ad Alessandria, si registra altresì nel Palazzo delle Colonne di Tolemaide: qui, nel livello inferiore del Grande Peristilio le colonne ed i pilastri dei fianchi e del lato meridionale sono sormontati da capitelli ionici, mentre quelli del lato settentrionale da capitelli corinzi; il cambiamento di ordine in quest'ala

4 In generale sulla sale ipostile dell'Egitto tolemaico, si veda Gros 1989, 129 con riferimenti bibliografici. Per Delo, cfr. Delos II.

5 Gros 1995, 23-33.

6 Lauter 1986 in termini generali, 265 ss.; per l'area macedone Ginouves 1993.

7 Cfr. Gros 1992, 44, 89. Per altri cenni si veda inoltre: Tzonis Lefaivre 1986; Onians 1988; Hersey 1988.

del porticato è con ogni evidenza finalizzato a sottolinearne la diversa funzione in qualità di prospetto che marca il passaggio verso la grande sala a colonne (int. 19) con capitelli corinzi, basi d'acanto e cornice ionica a dentelli[8].

Tornando all'ambito peninsulare, più o meno nella stessa temperie cronologica, nelle due costruzioni basilicali di Cosa e Pompei si osservano effettivamente cristallizzate altrettante applicazioni concrete di una gerarchizzazione ormai consolidata e ben percepita dei *genera* architettonici, che da una parte subordina il dorico allo ionico (Cosa) e dall'altra lo ionico al corinzio (Pompei). Secondo le ipotesi ricostruttive avanzate da Mazois, Mau e Ohr, la basilica di Pompei, in base ad una serie di analogie con il vicino tempio di Giove, doveva presentare nelle navate interne dei capitelli corinzi. Ma come Gros acutamente osserva, in realtà, se ciò fosse vero si vanificherebbe, dal punto di vista della pregnanza architettonica, quel rilievo attribuito in virtù della sua funzione giudiziaria al *tribunal*, aperto al centro dell'asse mediano dell'edificio, su un podio rialzato e sormontato da sei colonne libere che costituiscono una nuova facciata. Non è senza significato che la sovrapposizione degli ordini su questo prospetto assiale del *tribunal* sia inversa rispetto a quella che sussiste sui lati lunghi delle navate: il corinzio appare collocato qui al livello inferiore ed è significativamente inquadrato dallo ionico. La conclusione più ovvia cui si può giungere è che, affinché si conservi un grado di *dignitas* più elevato che consenta di mettere in luce la maggior caratura dell'ambiente di fondo, il colonnato interno, qualunque sia il suo ruolo strutturale e il suo volume plastico, non potrà che appartenere ad un ordine di rango inferiore, quello ionico. Quanto si è appena detto si concilia bene, del resto, con il distacco che doveva essere chiaramente ed immediatamente avvertito tra la zona dedicata alle attività commerciali che si tenevano di consueto nello spazio basilicale, e l'amministrazione della giustizia che si svolgeva sì, sempre all'interno dello spazio basilicale, ma in un'area separata, carica di alti significati morali e perciò formalmente solennizzata[9].

Ma, a ben guardare, già nell'altra basilica, quella di Cosa, anteriore di circa due decenni all'edificio della cittadina vesuviana, risulta ben evidente il sussistere di una identica "graduatoria" che si sviluppa in seno all'edificio, tra la grande area coperta, sostenuta da capitelli dorici a base tuscanica e l'esedra assiale del *tribunal*, la cui facciata è ritmata da due eleganti colonne ioniche[10], stigmatizzando ancora una volta in modo assai efficace, la doverosa scansione tra spazi deputati alle trattative economiche e spazi dove si ammministrava la giustizia. Per far ancora riferimento alle parole di Gros, "sur un registre plus modeste mais tout aussi significatif, l'espace basilical de Cosa maintient, grâce à la disposition planimetrique et au jeu sur les ordres, la nécessaire séparation entre les *magistri* et les *negotiantes*"[11].

Seguendo questa strada interpretativa, allora, sarà consentito fare una breve considerazione sull'edificio di Herdonia: inserendosi "nella produzione architettonica

---

[8] Pesce 1950, 24-61. Cfr. anche Lauter 1971, 149-178.

[9] Gros 1995, 28. Le stesse motivazioni varranno a maggior ragione se proiettate nella sfera della "religione di stato", che aveva sede nell'altro grande edificio della zona forense, il tempio di Giove (Cfr. Onians 1988 a, 29).

[10] Brown 1980, 56 ss., figg. 71-72; Cosa III.

[11] Gros 1995, 28.

tardo-repubblicana o degli inizi dell'Impero" ed inquadrandosi "nel programma di neo-fondazioni urbanistiche caratteristico della politica augustea, tesa a procurarsi l'appoggio delle classi medie italiche e provinciali"[12], esso si colloca in una fase molto più tarda rispetto alle altre due basiliche esaminate; mi sembra tuttavia che sia il caso di dire che le sue vestigia osservino un ben preciso riferimento alla storia architettonica della categoria monumentale, proprio attraverso l'adozione di un genere di capitello, come quello ionico-italico che, per quanto diventato in quell'epoca un tipo ormai completamente desueto, ben si coniuga *e* con una tradizione a cui eventualmente ci si voleva attenere, *e* con la lavorazione da parte di un *atelier* locale rimasto ancora vincolato a vecchi *clichés* decorativi. E' tuttavia altrettanto chiaro che avevano cominciavano a rendersi sempre più evanescenti quelle distinzioni gerarchiche tra gli ordini (non vi è traccia di alternanze nella basilica di Ordona) e che si era comunque già entrati nel clima di quel ritorno al "purismo" classico promosso e propagandato dal Principato.

E' con il ruolo primario assolto dal corinzio nella definizione del classicismo augusteo che queste distinzioni tenderanno a sfumare sempre più approdando talora ad una sorta di stereotipata banalizzazione, come già nel caso dell'arco onorario di Aquino e della porta dei Leoni a Verona[13].

Ben più significativa e cogente la presenza di capitelli di tipo ionico-italico nelle porte urbiche di Perugia e Paestum, che si collocano cronologicamente nella piena fase della *koinè* ellenistica italica, proprio quando le varie realtà etniche-culturali della Penisola vengono a trovarsi di fronte all'inevitabile incontro/scontro con Roma, stringendo con la nuova potenza rapporti talora conflittuali, ma sempre in qualche modo emulativi.

Per quanto concerne la fortificazione poseidoniate, considerando attendibile la datazione di fine IV-inizio III sec. a.C. proposta per il suo primo impianto, si ricava dunque un *terminus post quem* per la realizzazione delle porte a cortile, evento che si potrà circoscrivere ulteriormente riconducendolo con una certa verosimiglianza al momento della deduzione della colonia latina nel 273 a.C.[14]. L'indubbia analogia che sussiste con gli ingressi del "trifoglio" perugino, in particolar modo con l'Arco di Augusto, è testimoniata, oltre che dall'adozione della stessa tipologia di capitelli, dalla presenza anche negli accessi pestani di Porta Marina e Porta Sirena di un fregio dorico con specchiature recanti il motivo ornamentale dello scudo circolare, elemento, questo, che sembrerebbe ricorrere in altri esempi di porte monumentali, come suggerisce anche un frammento da Camarina, appartenente alla cerchia muraria timoleontea[15].

---

12 Gaggiotti 1982, 140 (in riferimento alla basilica di Sepino, che è da considerare coeva di quella di Herdonia). Cfr. Todisco 1992, 110 (per una datazione al I sec. d.C.), e Lippolis-Mazzei 1984, 259 (tra la fase finale del principato augusteo e l'inizio di quello tiberiano).

13 Per Aquino: Cagiano de Azevedo 1938, 41-44, Cagiano de Azevedo 1949, 44-46, fig.4, tavv. V-VI; Coarelli 1964, 51-54; Giuliani 1964, 41-49; Coarelli 1984, 211-212. Per Verona: Ronczewski 1924, 268 ss.; Kähler 1935; Brands 1988, 215-217.

14 Per un'analisi dettagliata delle problematiche relative alla cinta di fortificazione di Paestum, si veda in part. Schläger 1962, 21-26; D'Ambrosio 1990, 71-101, con indicazioni bibliografiche precedenti.

15 Di Vita 1983a, 35-36, figg. 10-12; D'Ambrosio 1990, 96, nota 60.

Del resto, al di là degli evidenti fattori materiali di comparazione sia tecnica che stilistica, che concordano per una cronologia tra fine IV e III sec. a.C., si possono addurre altresì valide motivazioni di natura storica a sostegno di una datazione al più tardi nell'ambito del III sec. a.C. anche per il circuito perugino[16]. Se nel caso di Paestum l'assunzione di una veste monumentale sembrerebbe procedere di pari passo con l'istituzione della colonia, è legittimo porre anche quella delle porte di Perugia in strettissima correlazione con l'espansione di Roma in Etruria ed Umbria, con la conseguente iscrizione della città nei ranghi di *civitas foederata*, come ritiene Harris. Del resto le fonti sono chiare in proposito: l'alleanza tra Roma e Perugia fu sicuramente stipulata nel III sec. a.C., precedentemente alla Seconda Guerra Punica, se Livio menziona insieme Perugini e Prenestini come alleati dei Romani nell'assedio di Casilinum nel 216 a.C.[17]. Orientativamente il *foedus* con la città dovrà risalire al secondo quarto del III sec. a.C. quando, conclusasi in sostanza, se non ufficialmente, la Terza Guerra Sannitica con l'epilogo vittorioso della battaglia di Sentinum (295 a.C.), Roma aveva ormai dato inizio alla sua inarrestabile ascesa nell'Italia centro-orientale con la conquista dell'Umbria, della Sabina e dell'*ager gallicus*, arrivando fino ai limiti più settentrionali del territorio senone con la fondazione di Ariminum (267 a.C.). Una tappa cruciale nel corso di tale processo - che non poteva non implicare la realizzazione di infrastrutture, in particolare di strade, da considerare a buon diritto uno specchio fedele e topograficamente puntualissimo dell'espansione romana nel territorio peninsulare – è da individuare nell'apertura ufficiale della via Amerina; le porte urbiche perugine possono dunque essere adeguatamente concepite in relazione alla prosecuzione del percorso di questa arteria nel tratto da Amelia a Perugia (particolarmente indicative, a questo proposito, sono le analogie strutturali tra gli accessi del centro umbro e l'entrata meglio conservata tra quelle della poderosa cinta difensiva Falerii Novi, la porta di Giove, databile intorno al 240/235 a.C.)[18].

IV.2 Contesti sacri

L'impiego dell'ordine ionico-italico nell'ambito di edifici a carattere sacro si registra in almeno quattordici contesti compresi nel territorio peninsulare[19]. A questi debbono

---

16 Cfr. *supra*, cap. III.2.1.b.

17 Liv. XXIII, 17, 11. Questa notizia, insieme a quella che rende nota la partecipazione di Perugia ai preparativi per la spedizione di Scipione nel 205 a.C. (Liv. XXVIII, 45, 13-20) si può comprendere, secondo Harris, solo in virtù dello statuto di città federata, probabilmente mantenuto da Perugia fino all'89 a.C.: cfr. Harris 1971, 49-78.

18 Cfr. il contributo di Coarelli 2004, c.d.s.

19 Trevi nel Lazio: area sacra (fase di III sec. a.C.), n. 108; Tarquinia: santuario dell'Ara della Regina (fine IV-III sec. a.C.), nn. 109-115, e santuario dell'Ortaccio (III sec. a.C.), n. 116; Pietrabbondante: area sacra (fase di III sec. a.C.), n. 105; Pompei: santuario di Apollo (metà II sec. a.C.) e Foro Triangolare (seconda metà II sec. a.C.), nn. 55, 60; Roma: tempio della Magna Mater (II sec. a.C.), n. 124; Tivoli: tempio rettangolare dell'acropoli (metà II sec. a.C.), n. 120; Praeneste: santuario della Fortuna Primigenia (ultimo quarto II sec. a.C.), nn. 121-122; Campochiaro: area sacra (fase di seconda metà II sec. a.C.),

aggiungersi due santuari in area iberica, quello di Cerro de los Santos di Montealegre del Castillo di Albacete e l'altro di Cerro de la Ermita di Caravaca di Murcia, nei quali è chiarissima l'influenza esercitata dai modelli italici, tanto planimetricamente che nel decoro architettonico, nel momento immediatamente successivo alla guerra annibalica. Ma anche in ambito africano, segnatamente nel *milieu* africano nord-occidentale, si segnalano alcune situazioni che, per quanto molto meno esplicite nelle loro valenze e funzionalità, meritano grande attenzione.

Nel quadro che si profila tenendo conto dei manufatti schedati, tra tutti i complessi sacri della Penisola in cui risulta attestata la presenza dell'ordine ionico-italico, il più antico è quello tarquiniese dell'Ara della Regina, il centro di culto federale della lega dei *duodecim populi Etruriae*, nella fase costruttiva corrispondente al periodo di prima metà del III sec. a.C.

A quello etrusco fa eco un altrettanto importante santuario italico nella veste edilizia che assunse nel corso dello stesso III sec. a.C., il centro di culto di Pietrabbondante, ascrivibile al *nomen* dei *Samnites Pentri*[20]. Dedicato ad una divinità finora ignota, è ignoto esso stesso nella sua denominazione antica, anche se una recente ipotesi propone con valide argomentazioni di individuare nel sito la "misteriosa" Aquilonia di un ben conosciuto passo di Livio pertinente alle vicende della Terza Guerra Sannitica, nel quale si tramanda notizia di un arcaicissimo rituale di iniziazione militare concernente il reclutamento di un corpo scelto dell'esercito sannita, la *legio linteata,* che avrebbe dovuto opporre l'ultima strenua resistenza alla ormai inesorabile avanzata romana[21]. Vale la pena ricordare, come dato di forte suggestione ma, allo stesso tempo, di puntuale convalida sul piano archeologico, che l'area sacra nella sua delimitazione più antica, alla quale si sovrappose successivamente il complesso maggiormente esteso del tempio-teatro, corrisponde ad un recinto a planimetria quadrangolare di 55 m di lato, perfettamente equivalente alla misura dei duecento piedi ricordata dalla fonte[22]. Ciò che preme evidenziare in questa sede, per quanto concerne i *disiecta membra* più antichi recuperati nell'interro del tempio B (capitelli ionico-italici e terrecotte di rivestimento della fase primitiva), è l'eleganza formale e la raffinatezza di esecuzione che contraddistingue tali prodotti, indicando perciò una piena acquisizione dei principi artistici dell'Ellenismo attraverso il chiaro filtro tarantino, già prima della massima fioritura del santuario nel corso del II sec. a.C.[23].

---

n.106; Monterinaldo: santuario (fase di II sec. a.C.), n. 136; Mirabella Eclano: area sacra dedicata al culto di Mefite (fine II sec. a.C.), n. 103; Brescia: santuario repubblicano precedente il Capitolium flavio (età tardo-repubblicana), n. 140; Aquileia: sacello di Giove (?) (prima metà I sec. a.C.), n.148; Gioia Tauro: area sacra di contrada Monacelli (cronologia imprecisata), n. 48.

[20] Il grandioso complesso del tempio-teatro, che fu costruito nell'ultimo decennio del II secolo a.C., si sovrappone all'edificio di culto detto "tempio ionico", risalente presumibilmente alla metà del III sec. a.C. e distrutto in seguito ad una violentissima devastazione verso la fine dello stesso secolo. La ricostruzione degli eventi storici noti dalle fonti (Livio e Polibio) induce a credere che tale distruzione sia da attribuire alla *populatio* perpetrata dall'esercito punico nel 217 a.C.(La Regina 1976, 223-251).

[21] Liv. X, 38 ss. Cfr. Sisani 2001, 131-147.

[22] La Regina 1976, 219 ss.

[23] Da questo punto di vista, il confronto proposto dalla Strazzulla con certi prodotti tarantini è abbastanza indicativo: cfr. Strazzulla 1972, 43 in riferimento a Klumbach 1937, nn. 207, 270, tavv. 27, 32.

Godono certamente di tutte le qualità per inserirsi in questa seriazione di maggior antichità anche i capitelli ionico-italici conservati nella cittadina di Trevi nel Lazio, *municipium* romano con il nome di Treba Augusta[24], che era stato un antico *oppidum* degli Equi. Era questa una popolazione appenninica affine all'etnia sannitica ed analogamente organizzata in piccoli insediamenti di tipo paganico-vicano sparsi nel territorio con funzione di aggregazione e di difesa, la cui diffusione è ben testimoniata da diversi passaggi della *vulgata* liviana che narrano delle lotte con Roma nel corso del V-IV secolo[25]; di particolare importanza è il racconto della conquista di un cospicuo numero di *munitissimi loci* appartenenti a questi *aeterni hostes* di Roma al termine della Seconda Guerra Sannitica (304 a.C.), con la conseguente annessione del territorio della media-alta valle dell'Aniene e la costituzione della tribù Aniense nel 299 a.C.[26].

La provenienza esatta dei sette reperti architettonici in questione, che senz'altro le dimensioni e, per quanto possano valere, i tratti morfologico-stilistici autorizzano a ricontestualizzare in un edificio monumentale collocabile ad un livello cronologico abbastanza alto, non è purtroppo nota, ma vi sono almeno due aree sacre nei pressi dell'odierno centro abitato che mostrerebbero requisiti tali da rendere plausibile l'impiego dei suddetti manufatti.

La prima zona è quella di un terrazzamento in opera poligonale in località Carraccio, che si trova a valle del sito dove è stato rinvenuto negli anni '40 un deposito votivo con materiali in parte attualmente dispersi, i più antichi dei quali risalenti all'inizio del III sec. a.C., e dunque da porre in collegamento con la primissima fase della romanizzazione[27]. La seconda opzione è costituita, invece, dall'imponente piattaforma con muri di contenimento in opera poligonale situata fuori dal paese, a sud-est di Porta Maggiore, nell'area dell'ex vigna Cecconi[28], a monte della quale si conservano tracce di un edificio ad unico vano in *opus caementicium*. L'ubicazione altamente scenografica

---

[24] Front. *De aquaed.* 93, 3; CIL XIV, 3449, 3451, 3448, 3450. Tipica dei dialetti osco-umbri è la radice Treb- alla base del nome di molte città dell'Italia centrale (cfr. G. Devoto, *Gli antichi Italici*, Firenze 1931 105-106). Il suo significato sembra corrispondere a quello di "casale", che ben si adatta ad un tipo di abitato, come Trevi, posto lungo una via di passaggio interregionale.

[25] Liv. II, 30-31, 48; III, 3.

[26] Cfr. Liv. IX, 46, 17; X, 9, 45. A questa stessa conquista sono collegate, con l'apertura della via Valeria, le fondazioni di Alba Fucens e Carseoli, rispettivamente del 303 e del 298 a.C.

[27] La fronte del terrazzamento, con andamento parallelo alla vallata, si conserva per una lunghezza di 48 m, ed un'altezza di 3,50 m. All'estremità occidentale il terrazzo sembra girare ad angolo retto verso l'interno, così da suggerire un originario spazio quadrangolare, che presumibilmente doveva ospitare qualche edificio. Il muro è costruito in opera poligonale, con blocchi tendenti verso un allettamento orizzontale. La Quilici Gigli tuttavia esclude, data la distanza e le differenze di quota, che possa sembrare plausibile l'ipotesi di una relazione tra deposito e terrazzamento. Cfr. Quilici Gigli 1987, 144-145.

[28] La piattaforma, che si estende per una fronte di 38 m e per un'altezza massima di 3,60 m, è contenuta da un terrazzamento in opera poligonale con conci tagliati in modo tale da formare un incastro e l'uso di blocchi squadrati parallelepipedi in sede angolare. La tecnica costruttiva si può ben osservare ancora sul lato nord-orientale. A circa 20 m dal fronte del terrazzo, la piattaforma presenta un primo gradino, e poi, proseguendo ancora più all'interno, un secondo dislivello, di 2,20 m in altezza; al centro dell'area a monte di questo secondo dislivello si osservano le strutture di un ambiente isolato lungo 11,50 m, edificato in opera cementizia con muri dello spessore di 40 cm. Nei dintorni della piattaforma furono notati dei resti di un muro affrescato, pavimenti a mosaico ed un pozzo interrato. Cfr. Gori 1855, 81; Quilici Gigli 1987, 143-144.

e strategica, "segno sicuro di un fortilizio a guardia di tutta la pianura"[29], con la presenza isolata dell'ambiente alla sommità del terrazzamento sono elementi che rendono assolutamente verosimile l'interpretazione del complesso come monumento pubblico, più particolarmente sacro. L'inquadramento cronologico potrebbe essere compreso nell'arco di tempo tra il III (presenza dell'opera poligonale) ed il II sec. a.C. (impiego dell'*opus caementicium*).

Detto ciò, sperando che in un futuro non troppo lontano si dia spazio ad indagini approfondite che potranno sciogliere i dubbi attuali orientando la possibilità dell'attribuzione dei capitelli trebani verso l'una o l'altra soluzione con motivazioni concrete, resta a mio parere assolutamente valida l'accattivante ipotesi di F. Coarelli, secondo il quale il santuario da cui provengono i sopradetti manufatti sarebbe comunque da porre in relazione con la presenza di coloni romani nell'*ager Aequiculanus* e con una figura di primo piano della storia di Roma medio-repubblicana, M. Curio Dentato. Artefice nella prima metà del III sec. a.C. di una serie di sostanziali trasformazioni dello stato romano, che portarono ad ampliare considerevolmente verso la sponda adriatica dell'Italia i territori sottoposti all'Urbe, con l'annessione della Sabina, del Pretuzzio e dell'*ager Gallicus* - precedendo forse C. Flaminio nell'avvio di deduzioni viritane in questa zona, secondo quanto invita a pensare anche l'indagine onomastica[30] -, è a questo stesso personaggio che le fonti attribuiscono, da una parte la vittoria di Benevento su Pirro, dall'altra l'inizio della costruzione dell'*Anio Vetus*, il secondo acquedotto di Roma, dedicato probabilmente nel 272 a.C. durante la censura e finanziato proprio grazie al bottino della guerra condotta contro il re epirota: *aquam Anienem de manubiis hostium in urbem induxit*[31].

E' di notevole importanza, a questo punto, tentare la ricollocazione di alcuni tasselli che saranno di fondamentale aiuto nell'afferrare meglio la supposizione di Coarelli riguardo ai capitelli di Trevi, allargando nel contempo lo spazio di riflessione fino a Roma, per arrivare nel cuore di un quartiere che porta chiaramente impresse sul suolo le impronte "sabelliche" dell'opera di Dentato, le origini sabine del quale, evidenziate da uno scolio a Cicerone, benché rigettate dalla critica moderna, troverebbero invece alcuni significativi indizi a favore della loro veridicità[32].

Nel complesso sacro *in campo Martio* di Largo Argentina il tempio C, l'edificio più vetusto dell'area è quello che doveva essere consacrato a Feronia, divinità sabina delle acque e della sfera agricola, introdotta con ogni verosimiglianza nel *pantheon* romano proprio per volere di Curio Dentato[33]. E' anche vero, peraltro, che tale settore del

---

[29] Gori 1855, 82.

[30] Su questa figura, si veda in part. Forni 1953, 170-240; Cassola 1962, 92 ss., 136, 152 ss.; Bandelli 2002, 63-80. Per la possibilità di azioni finalizzate a deduzioni viritane prima del 232 a.C. proprio ad opera di Curio Dentato, si veda Coarelli 1997, 201, con particolare riferimento ad una Mania Curia tra i dedicanti del bosco sacro di Pesaro (CIL XI 6301=ILLRP 24), e Coarelli 2000, 195-205.

[31] Cfr. Front. *De aquaed.* 6, 1-4, 13; *Auct. vir. ill.* 33, 9. Sull'*Anio Vetus*, cfr. Mari 1993, 44-45, con indicazioni di fonti e bibliografia.

[32] *Schol.* Bob., *pro Sull.* 80, 35 st. Contro le origini sabine si schierano Forni 1953 e Wiseman 1971, 184. Per le motivazioni a favore, cfr. Coarelli 1997, 208-209.

[33] Coarelli 1981, 14-15, 37-51.

Campo Marzio, inquadrato verso la fine del II sec. a.C. dalla *porticus Minucia Vetus*[34], dove si concentrano funzioni amministrative e distributive di primaria importanza, presenta una gamma di culti fortemente intrisi di caratteristiche "acquatiche", che trovano a loro volta una coerente unità di fondo nella funzione stessa del distretto come la più antica *statio aquarum* di Roma[35]. Diventa, quindi, per lo meno plausibile - senza alcun dubbio, suggestivo - presumere che, come a Feronia era stato dedicato il tempio C nel quartiere *in campo* preposto alla gestione idrica, così anche l'apertura dell'*Anio Vetus* sia stata in qualche modo celebrata e stigmatizzata all'inizio del suo tracciato mediante la costruzione di un tempio, che il buon senso dovrebbe far pensare intitolato, se non propriamente a Feronia, ad una qualche altra divinità trebana ad essa intimamente collegata ed altrettanto "evocativa" dei territori acquisiti all'*ager romanus* in virtù dei successi militari di Curio Dentato.

Da un'acuta disamina delle fonti letterarie, combinate con quanto hanno restituito i dati archeologici ed epigrafici, Coarelli giunge, perciò, ad individuare la verosimile identità di chi era oggetto di culto nell'area sacra dedicata dal Dentato alle sorgenti dell'Aniene: gli "oscuri" *dei Novensides*[36], di cui leggiamo attestazione nei cippi del *lucus Pisaurensis* insieme a Feronia, e che, se coglie nel segno la lettura fornita dallo studioso in merito ad alcune iscrizioni molto frammentarie recuperate nei pressi del tempio C, insieme alla stessa dea tornavano ad essere venerati anche nella sede di Largo Argentina[37]. Proprio in tale settore del Campo Marzio, spiccatamente connotato in chiave sabellica, si ripropone dunque, come a Pesaro, quel connubio che Varrone definisce tutto sabino tra Feronia e questi dei abbastanza criptici, introdotto a Roma certamente in seguito alle imprese del Dentato[38].

Per nostra fortuna, poi, una preziosissima testimonianza di Arnobio concorre ad aprire utilmente il ventaglio delle informazioni su cui far leva: lo scrittore, infatti, riferisce tra le altre l'opinione dell'annalista Pisone, secondo cui *Novensiles ...deos esse ... novem in Sabinis apud Trebiam constitutos,* "gli dei Novensides sono nove, originari di *Trebia* in Sabina"[39]. Ora, la Trebia in questione può, a buon diritto, coincidere con l'odierna Trevi nel Lazio, e non solo per l'indiscussa attinenza linguistica, ma altresì perchè nel territorio di una *Treba* sabina, che è appunto quella laziale, altrimenti definita come roccaforte equa, Plinio, cui fa eco Frontino, ricorda nascere l'Aniene: *Sabini... at ex alia parte Anio, in monte Trebanorum ortus*[40]. E siamo giunti, così, ad una perfetta e soddisfacente "chiusura del cerchio".

---

34 Secondo la testimonianza di Velleio Patercolo (Vell. II, 8, 3), il porticato fu fondato nel 106 a.C. dal console del 110 a.C. M. Minucio Rufo per celebrare il trionfo sugli Scordisci. Sulle strutture archeologiche della *porticus* e sulla sua stretta relazione con le *frumentationes*, si veda l'articolata discussione in Coarelli 1997, 296-345.

35 Coarelli 1981, 42; Coarelli 1997, in part. 243-246.

36 CIL XI 6297=ILLRP 20. Opportunamente sottolineata l'origine sabellica del gentilizio Poppaeus, relativo al dedicante.

37 Coarelli 1997 in part. 205-207

38 Varro. *l.l.* V, 73: *Feronia, Minerva, Novensides a Sabinis.*

39 Arnob. III, 38.

40 Plin. *N.H.* III, 109. Cfr. Front. *De aquaed.* 93.

Ad eccezione dell'esemplare adespota della chiesa di S. Clemente, allo stato attuale l'unica attestazione certa di capitelli ionico-italici impiegati a Roma rimane quella proveniente dal santuario *in Palatio* della Magna Mater, dedicato nel 191 a.C., in seguito all'introduzione del culto della dea dall'Asia Minore durante gli ultimi anni della Seconda Guerra Punica, per consiglio dei *libri Sibyllini*[41]. La scelta del Palatino come sede "anomala" per l'esercizio di questo culto straniero, nei luoghi sacri in cui, tra la *casa Romuli*, l'*Auguratorium* e la *curia Saliorum*, la tradizione voleva fosse avvenuta la fondazione della città, indica il clima di intense relazioni politiche e culturali allora intrattenute dal governo romano con il regno di Pergamo, giustificate a livello propagandistico dalla comune origine troiana, che, di pari passo con l'assimilazione di componenti religiose locali preesistenti, rendeva Cibele una divinità indigena a tutti gli effetti, attribuendole così la piena dignità di collocarsi nel nucleo topografico dell'*Urbs* dove si perpetuavano le memorie storiche ed emotive più venerande della collettività[42].

Stando alle modalità di recupero del materiale che qui ci interessa, utilizzato come reimpiego nelle fondazioni della cella, la fase edilizia alla quale l'ordine ionico-italico fa capo è certamente anteriore al restauro augusteo. Tuttavia, dal punto di vista stilistico-formale, il manufatto rinvenuto non permette, con le specificità che gli sono proprie - quale, ad esempio, il motivo del doppio calice d'acanto al centro del canale -, di individuarne con sicurezza la pertinenza alla fase della ricostruzione successiva all'incendio del 111 a.C., patrocinata da un esponente della *gens* dei Metelli[43], piuttosto che all'assetto originario dell'edificio; non mi sembra, peraltro, che quest'ultima soluzione sia da scartare radicalmente.

A causa del pessimo stato di conservazione delle membrature, anche dell'ordine ionico-italico del tempio rettangolare dell'*arx* tiburtina non ci è purtroppo consentito dire molte cose, ma appare ad ogni modo convincente collocare cronologicamente il contesto negli anni centrali del II sec. a.C. Ad un significativo intervento edilizio verificatosi verso la metà del II sec. a.C. o poco dopo si riferiscono altresì i resti architettonici dell'edificio templare più recente nel centro di culto sannitico in località Civitelle di Campochiaro, che era sorto nel corso del IV sec. a.C. alle pendici del massiccio del Matese, a poca distanza dal tratturo Pescasseroli-Candela e collegato ad esso tramite direttrici minori, proprio nel cuore di una fitta maglia di percorsi che delineano le millenarie vie della transumanza appenninica, tra i pascoli dell'Abruzzo e le piane pugliesi (la dedica del santuario ad Ercole, che si connota nel mondo italico con un aspetto fortemente legato all'ambiente agricolo, come nume tutelare delle sorgenti e degli allevamenti, conferma le funzioni del luogo in relazione alle attività pastorali).

---

41 Liv. XXIX, 37, 2, e XXXVI, 36; *de vir. ill.* 46, 3; Serv. *ad Aen.* VII, 188.

42 Coarelli 1996, 44-45 con indicazioni bibliografiche; Pensabene 2000, 74-82.

43 L'incendio è ricordato in Obseq. 39: *P. Scipione L. Calpurnio coss. maxima pars urbis exusta cum aede Matris Magnae*. L'episodio, che dovette in realtà sconvolgere un'area ben più vasta di quella prossima al tempio, fino a comprendere il Campo Marzio centrale, è ricordato anche da altre fonti (Val. Max. I, 8, 11; Tac. *Ann.*, IV, 64). La notizia del restauro del tempio a cura di un Metello si legge in Ov. *Fast.* IV, 347-348. Le alternative possibili per l'individuazione del personaggio in questione sono due: o si tratta del C. Cecilio Metello Caprario console nel 113 a.C., oppure del Q. Cecilio Metello Numidico, console del 109 a.C. e protagonista del *bellum jugurthinum* prima che le operazioni militari passassero in mano a C. Mario. Per Pensabene, che segue Lambrechts e Boyance, l'autore della ricostruzione post-incendio sarebbe Q. Metello Numidico (Pensabene 2000, 80 e nota 49, con indicazioni bibliografiche).

La valorizzazione monumentale di molti santuari in questo lasso di tempo deve porsi in rapporto diretto, tanto nel Lazio quanto in Campania e Sannio, con attività di tipo evergetico promosse da quei facoltosissimi *negotiatores* e *mercatores* italici che avevano accumulato ingenti capitali grazie agli affari intrattenuti nei ricchi scali commerciali e finanziari del Mediterraneo orientale.

Tale fenomeno raggiunge la sua massima visibilità nel santuario della Fortuna Primigenia di Praeneste, senz'altro il complesso edilizio più emblematico del periodo repubblicano - e per più di un aspetto -, la cui cronologia si assesta intorno all'ultimo quarto del II sec. a.C. Non può essere certamente questa la sede più appropriata per ripercorrere un'analisi architettonica esaustiva dell'intero complesso, che, del resto, è stato sviscerato da insigni studiosi nelle sue molteplici prospettive, mettendone in luce la valenza paradigmatica assunta in rapporto alle manifestazioni dell'ellenismo "barocco" italico[44]. Da un punto di vista prettamente edilizio-architettonico, nell'ambito dell'articolatissima struttura globale, impostata su un rigoroso principio di simmetrie bilaterali che creano quello che si può definire a ragione come un vero e proprio *climax* architettonico, culminante nella rotonda superiore, sarà sufficiente richiamare l'attenzione sulla Terrazza degli Emicicli, che costituisce un settore strutturale, ma al tempo stesso anche ideologico essenziale nell'economia del santuario, soprattutto in ordine alle peculiarità cultuali: in corrispondenza dell'esedra orientale era infatti ubicato il *monopteros* che proteggeva e marcava il pozzo delle *sortes*, quel *locus religiose saeptus* sede dell'oracolo del santuario, che proprio per questa sua prerogativa divinatoria aveva acquistato grande fama in antico[45].

Detto questo, guadagna una maggiore chiarezza l'osservazione della dislocazione dei diversi ordini architettonici in subordine all'articolazione funzionale degli spazi: il dorico nel colonnato, lo ionico-italico a scandire il passaggio dalla terrazza alle esedre, il corinzio per l'elemento cruciale della rotonda. La gerarchia dei *genera* rivela qui il suo più completo valore; siamo in tutta evidenza di fronte alla compiuta e matura formulazione di un complesso fraseggio architettonico di natura ipotattica, che basa la propria sintassi sull'articolata alternanza di "proposizioni" (*alias* membrature) principali e subordinate.

Per quanto esplicata su scala minore, una tale concezione risulta tuttavia ben individuabile anche nella combinazione degli ordini riproposta da altri dei contesti più recenti in cui vediamo ricorrere ancora la tipologia ionico-italica: così è a Brescia, nel santuario repubblicano che precede il *Capitolium* di epoca flavia; così è a Pompei in due importanti allestimenti monumentali dell'ultima fase osca, la già menzionata basilica forense ed il *temenos* di Apollo, dove il porticato ionico si associa ad una cella circondata da colonne scanalate e sormontate da capitelli corinzi[46].

---

44 Cfr. per tutti, dopo Fasolo-Gullini 1956, i contributi di Coarelli 1976, 337-33 e Coarelli 1987, con numerosi riferimenti bibliografici.

45 Cic. *De div.* II, 41, 85-87.

46 Per il santuario di Apollo, dopo Maiuri 1941, 371-404; Maiuri 1942, 253-320, cfr. De Caro 1986. Il Foro Triangolare, in cui alla leggiadra eleganza del vestibolo esastilo ionico risponde con forme severe l'arcaico ordine dorico del tempio, riconducibile alla sua prima edificazione di VI sec. a.C. deve considerarsi, da questo punto di vista, un caso a sé. Nel contributo della Cocco 1975, si fa menzione, infatti, di un esemplare di capitello corinzio-italico rinvenuto nel Foro Triangolare, senza ulteriori specificazioni della sua esatta pertinenza. Ma in un contributo del 1977 (Cocco 1977, 85, n. 68, 109) la

Merita sottolineare, a proposito della datazione di quest'ultimo contesto che, se in seguito alle puntuali indagini di S. De Caro, gli interventi di monumentalizzazione condotti in tale area sacra e nel Foro Triangolare venivano ad inquadrarsi congiuntamente nel corso dell'ultimo venticinquennio del II sec. a.C.[47], mi sembra che ora la questione relativa alla cronologia del santuario dell'area forense sia di nuovo suscettibile di revisione: in virtù di una recente rilettura del *titulus mummianus* Vetter 61, sembrerebbe infatti più convincente far risalire la ricostruzione del complesso agli anni compresi tra il 146 e il 142 a.C., o poco prima[48]. Questo dato, peraltro, non urta con la datazione assegnata dallo stesso De Caro alla realizzazione del pavimento originario in cocciopesto del tempio, avendo semmai il vantaggio di eliminare la "sfasatura" rispetto alla realizzazione del porticato per conferire, così, un'ineccepibile coerenza edilizia e cronologica all'intero nucleo monumentale.

Arrivati a questo punto, abbiamo a nostra disposizione dati sufficienti per concedere spazio a qualche considerazione di carattere generale: è indubitabile, infatti, che i santuari rappresentino, per così dire, un osservatorio privilegiato della società in cui nascono e si sviluppano, riflettendone in pieno caratteristiche e peculiarità, e seguendone, con i processi storici, i mutamenti politici, demografici, ideologici.

Attraverso le modalità di espressione materiale riconoscibili nell'ambito dei contesti sacri presi in esame, si conferma innanzitutto, fin nei particolari della decorazione architettonica, quella adesione alla *koinè* artistico-culturale medio-italica già a suo tempo messa in luce sul piano complessivo grazie ad importanti contributi[49], le propaggini della quale sono a dire il vero ben rintracciabili in tutta l'area del Mediterraneo Occidentale, come testimoniano a chiare note i contesti iberici e nordafricani. Questo fatto ci obbliga ad indirizzare allora i termini della riflessione sulle committenze, invitando, cioé, ad operare un inquadramento degli elementi materiali di una tale comunione di culture e di spirito nelle prospettive ed attraverso i filtri mentali di chi gestiva e guidava queste scelte, sia a livello di potere centrale che di *elites* amministrative locali.

Se ci rapportiamo alla serie di santuari sopra menzionati, in quest'ottica possono rivelarsi assolutamente paradigmatici quelli sannitici, segnatamente il sito di Pietrabbondante, che offre un parametro di interpretazione della strutturazione del paesaggio socio-sacrale in un comparto territoriale che, profondamente distante nella sua organizzazione dall'area di cultura etrusca - innervata fin dalle origini di modelli ellenici, *in primis* lo schema urbano -, individua proprio nel santuario un polo di aggregazione ed incontro per i nuclei di popolazione organizzati *kata komas* nel territorio. Nel caso specifico dell'areale sannitico pentro, in cui rientra Pietrabbondante, si riconoscono strette analogie con le popolazioni appenniniche limitrofe, quali Marsi,

---

stessa studiosa ipotizza, in base al riscontro di analogie formali, che il manufatto sia stato trasportato là dalla Basilica e che sia perciò da considerare estraneo all'allestimento architettonico del Foro Triangolare.

47 Si veda De Caro 1986, in part. 15-19.

48 Martelli 2002, 71-81.

49 *Hellenismus in Mittelitalien* 1976; *Les bourgeoises* 1983. Più recentemente si vedano i vari contributi raccolti in Guldager-Nielsen-Nielsen 1993, e Keay-Terrenato 2001.

Peligni ed Equi[50]. Come per il sistema insediativo adottato, anche sul versante del sacro per l'*ethnos* sannitico fino ad un certo punto non è consentito cogliere facilmente segni tangibili delle sue materializzazioni, poiché i luoghi di culto risultano privi di demarcazioni concretizzate attraverso forme architettoniche stabili; per di più, risultano alquanto modesti i segni di ritualità e religiosità che si riesce a percepire in quegli stessi luoghi in cui successivamente si impianteranno i santuari più noti. A Pietrabbondante, per tornare all'esempio di partenza, le attestazioni di un'attività cultuale e religiosa risalgono indietro almeno al V sec. a.C., ma si tratta di soli materiali votivi (in particolare elmi tarantini, bottino di guerra consacrato nel santuario come frutto degli scontri violenti tra Pentri e Tarantini proprio in questo periodo); vero è che, vista la qualità degli *ex voto*, il santuario sembrerebbe già in quest'epoca così antica avocare a sé tutte le funzioni di rappresentanza di un'intera comunità etnico-politica, anziché circoscrivere la propria valenza alla rappresentazione di un ambito locale. Ecco dunque che, alla luce di una tale constatazione, ancor più marcato risalto dovrà assumere il fatto che, nel momento in cui si assiste alla prima tangibile opera di monumentalizzazione, si osserva contemporaneamente un consapevole orientamento dei gusti della committenza verso l'adozione di forme architettoniche che sono in tutta evidenza espressione di un "vocabolario" comune di livello elevato, ampiamente condiviso e ben riconoscibile nelle sue implicazioni colte, che nello specifico risulta mediato proprio dalla tradizione tarantina, con cui da tempo l'area sannitica, testimoni le vicende belliche, era entrata in contatto.

Un altro circuito territoriale su cui vale la pena proiettare energie in senso conoscitivo in vista di una quanto più possibile approfondita comprensione dei processi di ellenizzazione è quello rappresentato dalla Penisola Iberica, che ha accolto e messo a frutto, con anticipo rispetto ad altre regioni del Mediterraneo, gli effetti della romanizzazione. Non è una coincidenza che proprio qui abbiano trovato un propizio terreno in cui attecchire le esperienze cronologicamente più precoci - Carteia e Gades - di esportazione del modello organizzativo-politico delle colonie e dei *municipia* coniato da Roma. Ed è ancora nelle province spagnole che si assiste alla prima messa in atto di due fenomeni molto importanti in Occidente durante la fase imperiale, vale a dire lo spostamento in quest'area dell'elemento italico, sia in modo indipendente che all'interno dei canali ufficiali delle deduzioni coloniali, e la fusione dell'elemento indigeno con quello romano, sia stato esso proveniente dall'ambito militare oppure ascrivibile a movimenti migratori spontanei. In effetti, grazie alle sue ricchezze minerarie, così come in virtù della fertilità agraria e commerciale, la Spagna era entrata ben presto nei circuiti di interesse degli Italici, per cui la progressiva conquista militare non faceva altro che agevolare ed accelerare una situazione di per sé già naturalmente incline al contatto ed allo scambio[51].

La capillarità del processo di romanizzazione attraverso l'insediamento italico nella penisola, dovuto ad un flusso continuo di genti dall'Italia nella *Baetica*, lungo la linea costiera della *Hispania Citerior* e nei distretti metalliferi, è verificabile in modo assai

---

[50] La Regina 1976, 223-251; Barker 1995.

[51] La migrazione di romano-italici in Spagna aumentò a partire dall'inizio del I sec. a.C., momento in cui si verificò la fondazione di nuove *civitates* "ibero-romane" nel nord-est della Penisola, come Emporiae, Baetulo, Blandae. Tuttavia fino all'epoca cesariana non si trattò di contingenti considerevoli. Cfr. in part. Wilson 1966, 9-10, 22-42; Gabba 1973, 289-299; Torelli 1997, 99-106.

puntuale grazie a quei casi in cui si assiste all'accoglienza di forme ideologiche e stili di vita di matrice romana, quali per esempio la costruzione, a livelli cronologici relativamente alti, di residenze private di tipo ellenistico, come risulta noto nel centro di Ilici, oppure la monumentalizzazione in chiave romano-italica di alcuni santuari iberici come quelli già menzionati del Cerro de los Santos di Montealegre del Castillo nella provincia di Albacete e del Cerro de la Ermita nella provincia di Murcia[52]. Questi due luoghi di culto, situati nella parte sud-orientale della Spagna non troppo distanti dalla linea costiera, rientrano significativamente nel novero dei siti in cui si nota la presenza di capitelli ionici che traggono sicura ispirazione dal tipo ionico-italico.

Le indagini nel santuario di Albacete, cominciate a partire dai primi anni settanta del XIX secolo ad opera di P. de Saviron e C. Lasalde, hanno messo in luce l'esistenza di un complesso costituito da un tempio a pianta rettangolare con cella e pronao, probabilmente risalente al primo quarto del II sec. a.C., ed un *temenos* all'interno del quale erano comprese diverse altre strutture connesse in vario modo al funzionamento del santuario, la cui destinazione specifica è tuttavia problematica da stabilire con certezza[53]. Nel santuario de la Encarnacion del Cerro de la Ermita nella provincia di Murcia, oggetto di esplorazioni approfondite in tempi recenti, sono invece visibili i resti di due edifici templari, il tempio A e il tempio B, il secondo dei quali mostra diverse fasi costruttive databili a partire dal primo quarto del II sec. a.C.

La continuità di culto in questi centri religiosi si inquadra, al pari di altri esempi similari come La Luz, La Serreta, Collado de los Jardines e Coimbra del Barranco Ancho, nel processo di rinnovamento e monumentalizzazione di antichi complessi sacri correlato all'avvio della fase di romanizzazione della Penisola Iberica nel periodo tra l'inizio del II e il I sec. a.C., quando la configurazione religioso-cultuale di tali santuari, risalente almeno al IV-III sec. a.C., subisce un evidente exploit edilizio, conforme al sorgere di nuovi scenari storici e politici.

Un fatto degno di rilievo è, per restare nello specifico dei due contesti citati, il riscontro della presenza assai precoce di caratteristiche costruttivo- tipologiche (muri in *opus quadratum*, templi *in antis*, pavimenti in *opus signinum*) e materiali architettonici che, almeno allo stato attuale della documentazione raccolta, nel medesimo orizzonte cronologico non appaiono ancora attestati neanche nello stesso scalo portuale di Carthago Nova, da cui l'infiltrazione dei modelli avrebbe verosimilmente avuto inizio. Insieme al nutrito gruppo di terrecotte architettoniche recuperate nel santuario di Murcia, formato da lastre di rivestimento e antefisse che mostrano uno stretto parallelismo con materiali recuperati in diversi santuari dell'Italia centrale (Ardea, Pyrgi, Civita Castellana, Lanuvio, Norba, Cosa), databili tra il III e i primi anni del I sec. a.C., anche l'adozione di capitelli ionici di tipo diagonale sembra indicare una precisa tendenza, che si raccorda perfettamente con la tradizione dell'architettura templare degli ultimi due secoli della Repubblica, e che in Italia si riflette per l'appunto

---

52 Cfr. Ramallo 1992, 253-266; Ramallo 1993, 120-139; Ramallo 1997, 253-266 con riferimenti bibliografici precedenti. Cfr. schede A8-A9.

53 Queste strutture possono identificarsi da una parte come locali di servizio e di abitazione per il personale impiegato nel santuario, ma dall'altra anche come veri e propri *thesauroi*, dove venivano deposti *ex voto* ed offerte preziose dedicati alla divinità titolare del luogo di culto. Problematica risulta anche la relazione che intercorre tra il luogo di culto ed una serie di abitazioni a pianta rettangolare scavate da T. Chapa sul pendio (cfr. Chapa Brunet 1983, 643-653).

nell'ampia diffusione del tipo ionico-italico. Non è dunque fuori luogo avanzare l'ipotesi di un impiego sistematizzato dell'ordine ionico in questo primo processo di monumentalizzazione dei santuari spagnoli, rispondendo ad un fenomeno analogo a quello che si verifica nella stessa città di Roma e nei vicini santuari italici, dove tra il III e l'inizio del I sec. a.C. predomina lo stesso uso.

Con ogni verosimiglianza, la penetrazione di tali schemi nella Penisola Iberica non può che essere imputabile all'espansione della potenza romana in quest'area, ed allo sforzo di integrazione voluto dalle vecchie realtà cultuali indigene per adeguarsi con "moderni" strumenti formali alla nuova rete di relazioni politiche, religiose e culturali venutesi a creare nel circuito del Mediterraneo[54].

Il santuario de La Encarnacion si configura come uno di quei centri sacri con funzione altamente coagulante che riuniscono intorno a sé la popolazione di una zona frontaliera o di contatto tra la fertile ed ellenizzata Turdetania e le regioni non meno sviluppate del comparto sud-orientale, ponendosi a dominio di tracciati viari di esistenza plurisecolare e di cruciale rilievo che continuano a mantenersi in funzione anche in epoca repubblicana[55]. Ma anche il sito di Montealegre del Castillo, tradizionalmente interpretato come santuario di tipo terapeutico correlato all'esistenza di acque salutari nei dintorni, è stato rivalutato in anni recenti come importante nodo territoriale e politico, in virtù della sua ubicazione lungo il tracciato della via Heraklea, che conduceva ai ricchi giacimenti minerari dell'Andalusia orientale[56]. Al pari di contesti italici ben conosciuti, come il *milieu* sannitico, dunque, la funzione di detti santuari non resta circoscritta alla mera frequentazione a scopo religioso, ma fin dalle origini si arricchisce di altre accezioni che ne specificano la valenza di centri di controllo amministrativo, politico ed economico a tutti gli effetti, che, nel quadro strategico di integrazione delle vecchie realtà indigene, Roma non mancherà di mantenere vivi ed attivi per esercitare la propria egemonia, sfruttando quella che era già una naturale e spiccata vocazione di questi siti[57].

Nei due casi qui presi in considerazione si profila chiaramente l'intrecciarsi di salde relazioni tra le *élites* nobiliari iberiche e gli uomini di potere romani. In diverse circostanze siamo di fronte, in effetti, ad azioni di carattere commemorativo e propagandistico, riflesso di stretti vincoli di alleanza stabiliti tra le popolazioni locali e Roma, nei quali si osserva da un lato la realizzazione di interventi evergetici di notevole spessore - come la monumentalizzazione di luoghi di culto venerandi - per attrarre nell'orbita clientelare romana le oligarchie indigene, dall'altro il compiacimento di queste stesse oligarchie - entrate a far parte, attraverso lo strumento potentissimo del patronato, della cerchia delle grandi famiglie dei generali vittoriosi[58]-, di presentarsi

54 Cfr. Ramallo 1993, 117-146.

55 Ramallo 1993, 120.

56 Ruano 1988, 253-273; Ramallo 1997, 255-257.

57 Cfr. Ramallo 1993, 117-146.

58 Come attesta, per esempio, l'episodio dei funerali di Emilio Paolo - che aveva operato in diverse occasioni in territorio iberico -, al quale parteciparono molti ispanici (Kleine Pauli s.v. *Aemilius,* n. 22). Per questa interpretazione del modo di rappresentarsi delle aristocrazie spagnole romanizzate, cfr. Zanker 1976, 581-606; Torelli 1997, 99-106. Per le tavole di patronato, cfr. per esempio ILLRP 1067, ILS 6096, 6097, 6098, 6101, 6102.

fedeli a Roma fin nel loro aspetto esteriore, come indicano in maniera emblematica le statue di *palliati* provenienti sia dal Cerro de La Ermita che dal Cerro de los Santos[59], affiancate ad altre che ritraggono invece i *maiores* abbigliati nei costumi più classici della tradizione iberica.

In una prospettiva di carattere prettamente cultuale-religioso, proprio uno degli *ex voto* rinvenuti nel santuario de La Encarnacion merita un richiamo poiché reca una dedica in caratteri latini alla Dea Caelestis, divinità che le attestazioni autorizzano a considerare come una corrispondenza romana della punica Tanit[60] e che confermerebbe l'esistenza di luoghi di culto connessi al *pantheon* fenicio-punico o greco anteriormente alla conquista romana, come indicato sia da diverse fonti scritte[61], sia dai dati archeologici che emergono grazie alle ricerche su campo[62]. Pur non essendo possibile associare con certezza dei precisi teonimi ai luoghi di culto, come S. Ramallo giustamente sottolinea siamo indubbiamente di fronte ad una religiosità connotata da spiccate valenze ctonie, relazionate alla fecondità della terra, che si manifesta nella rinascita ciclica e stagionale della vegetazione, molto frequente in tutti gli ambiti culturali mediterranei, e che nello specifico contesto iberico potrebbe essere adeguatamente rappresentata da un culto come quello di Demetra e Kore, ben attestato anche in ambito punico, come sta ad indicare la sua ufficializzazione a Cartagine nel 396 a.C.

Un aspetto che esige di essere rimarcato riguarda il limpido parallelismo che è possibile istituire con il contesto offerto in sincronia dalla nostra Penisola. Questo processo di "pietrificazione" di vecchi santuari indigeni della regione ispanica, alcuni di affermata tradizione, non è diverso, in fin dei conti, da quello che possiamo seguire in diverse zone dell'Italia centro-meridionale in concomitanza con l'espandersi dell'egemonia politica di Roma, che rafforzò e potenziò a proprio vantaggio il nesso con le oligarchie locali che le avevano giurato fedeltà[63].

Una situazione che permette di cogliere sensibili omologie rispetto alla Spagna è offerta proprio dall'area sannitica già sopra richiamata, dove tra lo scorcio del III ed il secolo seguente si constatano i fermenti di un profondo rinnovamento ed una vivace attività costruttiva, le cui ragioni trovano soddisfacente spiegazione in un preciso fatto di natura politica, l'alleanza dei Sanniti Pentri con Roma durante il conflitto annibalico[64]. La scelta dei Pentri di schierarsi a favore dei Romani, infatti, fu verosimilmente premiata con atti di evergetismo che confluirono nel potenziamento edilizio di complessi con valore pubblico e sacrale, a fronte delle penalizzazioni subite

---

59 Per Cerro de los Santos, cfr. Ruiz Bremon 1989, con bibliografia precedente.

60 Per la diffusione del culto della dea Caelestis in Italia, cfr. Cordischi 1990, 161-200.

61 Tra cui fondamentale è Strabone (Str. III, IV). Cfr. anche Pl. *N.H.* XVI, 79, 216.

62 A questo proposito, è interessante quanto è dato osservare nel santuario betico di Torreparedones, che mostra intense relazioni di tipo strutturale e cultuale con l'ambiente punico, dalla planimetria del complesso templare, alla tipologia degli *ex voto*, alla colonna con capitello foliato che doveva essere un vero e proprio elemento sacralizzato intorno a cui ruotavano le procedure di culto. Su questo santuario, cfr. in part. Morena Lopez 1989.

63 Parallelamente, nelle regioni meno sviluppate culturalmente, dove si producono i primi insediamenti di coloni romani (Sabina), si registra la nascita di santuari con edifici templari di tipo etrusco-italico, che assolvono alla funzione di centri organizzativi, politici ed economici. Cfr. Torelli 1983, 241.

64 Analogia rilevata già da Ramallo 1997, 253-266.

dalle altre popolazioni sannitiche, ree di aver parteggiato per i Cartaginesi[65]: la prima fase del tempio A di Pietrabbondante, così come quello di Schiavi d'Abruzzo, si inquadra con coerenza nel panorama storico delle ricostruzioni post-annibaliche.

IV.3 Architettura residenziale

E' senz'altro nel campo dell'edilizia privata che, tra tutti i manufatti di provenienza nota, si trova contestualizzato il maggior numero di esemplari ionico-italici inseriti nel regesto. Di rilevante pregnanza in questo ambito risultano da una parte i siti siciliani di Solunto e Monte Iato, dall'altra Pompei.

Senza avere la pretesa di trattare qui in maniera sistematica un così vasto argomento come quello concernente l'edilizia domestica italica, soprattutto nel periodo turbinoso e per certi versi "nevralgico" di apertura alle mode ellenizzanti, sarà comunque opportuno evidenziare alcuni aspetti che l'analisi della documentazione fa emergere in primo piano. Innanzi tutto sembra proporsi quale binomio pressoché costante il legame tra l'impiego dell'ordine ionico-italico e la struttura del peristilio. Se le datazioni riferite dall'*equipe* svizzera che indaga a Monte Iato devono considerarsi valide, tale associazione, con un discreto margine di anticipo rispetto a Pompei (dove le cronologie non consentono, invero, di risalire ad epoche anteriori all'inizio del II sec. a.C.), parrebbe manifestarsi e consolidarsi, significativamente direi, nella cuspide occidentale della Sicilia, in un'area in cui fin da epoche molto antiche era in atto un continuo amalgama di culture, che si confrontavano interagendo profondamente l'una con l'altra. Le componenti punica ed elima avevano qui potuto attingere precocemente ai modelli culturali greci facendoli propri, per arrivare di fatto ad un'atmosfera di *koinè* culturale che precede quella romano-italica nel resto della Penisola, saggiandone in anteprima i contenuti.

Il caso di Solunto, pur con tutti gli interrogativi che si porta dietro, parla da sé. Posizionata strategicamente sulle pendici del monte Catalfano, presso l'odierna località di Santa Flavia, mentre finora non è stata identificata alcuna testimonianza riferibile all'insediamento fenicio-punico arcaico menzionato dalle fonti antiche[66], la Solunto oggi conosciuta mostra un impianto urbano che deve considerarsi frutto della ricostruzione seguita alla seconda spedizione di Dionisio I nel 368 a.C.[67]. Nella planimetria della città si osserva l'applicazione di un tipico piano regolatore di età tardoclassica derivante da modelli greci, verosimilmente della Ionia asiatica, come quelli di Priene, Cnido e Cos, e riscontrabile anche in altri siti siciliani, da Monte Iato a Tindari, ad Eraclea, Gela, Agrigento, probabilmente anche a Segesta e Taormina.

Il centro urbano venne rifondato, dunque, verso la metà del IV sec. a.C., in un momento in cui, dopo le distruzioni perpetrate dai Siracusani, l'epicrazia punica era di

---

[65] La Regina 1976, 229.

[66] Secondo Tucidide (Thuc. VI, 2, 6) il luogo sarebbe stato occupato dai Fenici al momento della prima colonizzazione greca, insieme a Mozia e Palermo.

[67] Sordi 1980, 215-217, 224-225 (cfr. D.S. XIV, 48, 4-5; 78, 7). *Sikanie* 1985, 598-611.

nuovo ben solidamente instaurata nella Sicilia occidentale; eppure, fatto assai significativo, in un clima permeato dall'acceso antagonismo con Siracusa, i Cartaginesi, preoccupandosi di ricostruire la città in un luogo per sua natura fortificato e quasi inaccessibile, adottarono in tutta evidenza uno schema urbanistico d'impronta greca, dando ragione del fatto che anche tutto il settore nord-occidentale della Sicilia, per tradizione terra di culture non greche, nel corso del IV secolo fu interessato anch'esso da un vivace *iter* di ellenizzazione[68].

La presenza in città di una forte *enclave* ellenica è confermata dal rinvenimento di iscrizioni in lingua greca e dalla presenza della magistratura annuale denominata *amphipolia Dios Olympiou*, che riproduce proprio l'istituzione eponima siracusana introdotta da Timoleonte e diffusa anche a Centuripe ed Akrai, ben nota filiazione della metropoli corinzia[69].

L'influenza esercitata dalle esperienze greche, rilevabile nel campo dell'architettura in generale, con particolare riferimento ad alcuni motivi decorativi[70], è segnatamente percepibile nell'edilizia residenziale, che risponde perfettamente ai modelli diffusi nella stessa epoca in tutto il bacino del Mediterraneo, e tradisce molti punti di contatto con alcune tipologie documentate sia in Occidente, a Pompei, che in Oriente, in centri come Delo e Priene.

Osservando una netta differenziazione che ben si giustifica con la pertinenza a classi sociali diverse, mentre le case poste all'ingresso della città, a sud-est della via dell'Agorà, presentano piante irregolari con una distribuzione priva di ordine e risultano non dotate del peristilio[71], la maggioranza delle abitazioni a nord-ovest del suddetto asse stradale si impostano, invece, sulla tipica planimetria ellenistica contraddistinta da un ampio cortile porticato centrale, intorno a cui si dispongono, raggruppati per categorie funzionali, stanze di soggiorno e vani di servizio. Per quanto rintracciare le originarie collocazioni dei capitelli soluntini non sia impresa facile, poiché mancano resoconti precisamente valutabili dei ritrovamenti e soltanto pochi di essi sono stati lasciati *in loco*, in alcune strutture abitative è accertata l'esistenza di un piano superiore, di solito in corrispondenza del peristilio, caratterizzato da un secondo ordine di colonne di minori dimensioni collegate reciprocamente mediante un parapetto decorato a losanghe e scandito a sua volta da piccole semicolonne o pilastrini[72]. Proprio in

---

68 Cfr. Kokalos 4, 1958; Sordi 1980, 215-217, 224-225; Coarelli 1979,157-178. Notizia estremamente utile nel cogliere le dinamiche di questo interscambio culturale, che già si prefigura alla stregua di una *koinè ante litteram,* si ricorderà che proprio a Solunto nel 307 a.C. si insediò, con l'assenso dei Cartaginesi, un gruppo di mercenari greci abbandonati da Agatocle in Africa dopo il fallimento della sua spedizione.

69 Per l'*amphipolia* a Solunto, cfr. *Sikanie* 1985, 609. Per Siracusa, cfr. D.S. XVI, 70, 6; per Akrai, cfr. La Parola del Passato 6, 1951, 68-75, n.1, ll. 5-9; per Centuripe, cfr. IG XIV, 574.

70 Von Sidow 1984, 292, 300-303, 310.

71 Villa 1984, 5.

72 Lo schema dei plutei lapidei a chiusura parziale degli intercolumni, documentato anche in alcune pitture di II stile, è una tipologia ampiamente diffusa, tanto è vero che si riscontra un po' ovunque in tutto il mondo ellenistico: in Grecia, da Sicione, ad Epidauro, a Delo. Nella stessa Sicilia, oltre che a Siracusa, ad Halaesa e Mineo, è a Monte Iato che troviamo esempi molto significativi inseriti nelle case a peristilio 1 e 2; in Campania la testimonianza più nota, per la sua completezza, è costituita dalla Casa Sannitica di Ercolano, in cui è l'atrio ad articolarsi su un doppio livello, il superiore dei quali, scandito da colonne ioniche, presenta una transenna di questo tipo. Per la Sicilia, cfr. per esempio, Cultrera 1943, 84, fig. 44;

situazioni di questo genere è riscontrabile l'uso combinato di ordini architettonici sovrapposti, il dorico in basso, lo ionico-italico nella porzione alta del colonnato[73].

Avremo modo di ritornare fra poco su questo specifico aspetto anche in riferimento all'edilizia pompeiana; ma converrà spendere ancora qualche parola sull'argomento puntando l'attenzione su un altro sito cruciale del *milieu* siciliano, Iaitas.

Nel corso di annuali campagne di scavo che si svolgono a Monte Iato ormai dagli anni '70, il *team* svizzero dell'Università di Zurigo ha riportato alla luce, tra le altre cose, diverse strutture abitative risalenti al periodo ellenistico, di cui almeno tre risultano provviste di un peristilio impostato su due livelli, intorno al quale si dispongono i vari ambienti, aggregati secondo un criterio funzionale in zone di rappresentanza, di soggiorno e di servizio[74]. Quella che finora ha fornito l'insieme di dati più completo ed esaustivo, non solo perché con i suoi 665 m^2 di estensione sembra essere per grandezza la più notevole residenza di Iaitas, ma anche perché la più antica ed una delle meglio conservate tra quelle finora note in Sicilia, rappresentando in qualche misura un paradigma da seguire per la comprensione delle altre, è la casa a peristilio 1, che gli scavatori ritengono sia stata costruita verso la fine del IV sec. a.C. o immediatamente dopo, subendo parziali rifacimenti nel corso del II sec. a.C., prima di finire distrutta nel secondo quarto del I sec. d.C.[75]. In essa un settore di sicura pregnanza è costituito dal trittico di stanze di rappresentanza dotate di un piano superiore sul lato settentrionale del peristilio, formato da una grande esedra distila cui appartiene la coppia di splendidi capitelli ionico-italici A719 e A775 (S20) - associati a capitelli a sofà come coronamento delle ante[76]-, ai lati della quale si collocano due vani da banchetto (*andrones*)[77]. Definita in modo convenzionale con il termine "Flügeldreiraumgruppe"[78], tale strutturazione tripartita, che riscontriamo identica anche nella più piccola casa a peristilio 2 della stessa Monte Iato, nonché in altri contesti abitativi di più modesto risultato, da Morgantina alla Magna Grecia, tradisce, come gli editori hanno opportunamente sottolineato, forti connessioni con l'edilizia pubblica e privata di ambito macedone[79]. Infatti proprio nell'ala meridionale del palazzo reale di

---

Carettoni 1961, 311, fig. 51; Coarelli 1980, 375; per Ercolano, cfr. Maiuri 1958, 201, figg. 157-159, tav. XVIII.

73 Per Solunto, cfr. per esempio: peristilio tetrastilo d dell'isolato 5, peristilio c dell'isolato 7, peristilio dodecastilo b dell'isolato 4 (con Ci 152 relativo all'ordine superiore; cfr. n. 3).

74 Casa a peristilio 1, casa a peristilio 2, casa S1. Si vedano i periodici resoconti di scavo in SicA, nonché Dalcher 1994; Fuchs 1997, 45-48 in part. per la casa 2; Isler 1996, 252-256; Isler 1997, 29-35.

75 Dopo Isler 1981, 65-72, e Isler 1983, 24-32, si rimanda all'edizione definitiva del complesso a cura di Dalcher 1994 e Brem 2000.

76 Dalcher 1994, 59-60, 77-78, tavv. 29, 69. Le ante dell'esedra a pianterreno erano doriche. Una medesima configurazione si rileva anche nella casa a peristilio 2 della stessa Monte Iato. Altri esempi di capitelli a sofà in Sicilia sono documentati a Solunto (cfr. Villa 1988, 50-52, 127-128, nn. 198-199, 134 n. 126), a Siracusa (NS 1905, 381-402, in part. 389, fig. 7), ad Akrai (Bernabò Brea 1956, 138, nn. 8-10, tav. XXVI, 2-3), nonché a Morgantina (Casa della Cisterna ad arco: cfr. Tsakirgis 1985,128-129, n. 61-1339).

77 Cfr. Dalcher 1994, 155 ss.

78 Cfr. Heermann 1986, 345-362, 526-527.

79 Dalcher 1994, 129-150; Isler 1996, 252-256. Per Morgantina il confronto con l'architettura macedone era già stato proposto da B.Tsakirgis (Tsakirgis 1985, 391-392, 464-465).

Aigai, così come a Pella (*insulae* I,1 - Casa di Dioniso -, I,3, I,5 - Casa di Elena -, IV e palazzo), nonché nel più tardo *anaktoron* di Demetrias, si contano esemplificazioni di questo schema[80], che - ben noto all'architettura sacra sia di matrice greca che etrusco-italica[81] – trova ulteriori conferme della sua fortuna e diffusione nell'edilizia funeraria, trasferendosi dal comparto della Grecia settentrionale all'area daunio-apula, dove un inequivocabile termine di riferimento, tanto sul fronte strutturale che dal punto di vista delle espressioni decorative, è costituito dall'ipogeo della Medusa di Arpi[82].

Secondo quanto lo scavo del contesto di Monte Iato ha permesso di appurare, il peristilio a doppio livello della casa 1, con la canonica successione costituita dell'ordine dorico a chiusura del pianoterra e lo ionico a coronamento del primo piano, si colloca sulla scia dei sopradetti modelli palaziali. Sottolineando che trattasi, senza alcun dubbio, di una manifestazione tutto sommato rara nell'area occidentale di edilizia residenziale di alto rango, ascrivibile ai ceti più abbienti della comunità, la tanto dibattuta cronologia intorno al 300 a.C. attribuita all'abitazione dagli archeologi elvetici[83], se è riconosciuta come possibile se riferita all'impianto originario, tende ad essere rigettata da uno schieramento di studiosi qualora la si intenda correlata alla datazione del peristilio con il suo sontuoso corredo di decorazione architettonica, che non potrebbe risalire, a detta di questa seconda linea di lettura, ad una fase anteriore al II sec. a.C.[84]. L'obiezione è che, in caso contrario, saremmo di fronte ad un esempio abbastanza anomalo di architettura domestica che denoterebbe, in un distretto sostanzialmente periferico come questa parte della Sicilia, la precocissima adozione di nuovi modelli, in perfetta concomitanza con le prime manifestazioni del genere negli ambiti storico-geografici culturalmente più brillanti e propositivi[85]. Vero è che la sovrapposizione dei due ordini dorico e ionico non risulta documentata in ambito greco prima dell'ultima decade del IV sec. a.C., nella tomba macedone di Lefkadia e nella porta urbica di Zeus ed Era a Thasos[86]; ma questo fatto non costituisce di per sé ragione sufficiente ad escludere che di lì a poco, una volta rielaborata nei prospetti monumentali delle maestose dimore dinastiche dei principi macedoni, tale configurazione non possa essere stata riproposta in ambito privato anche in comprensori, se così possiamo dire, più defilati, ma da sempre dimostratisi

---

80 Heermann 1986, 345 ss., 526 ss.; Nielsen 1994, 82, fig. 41; Höpfner 1996, 1-43, in part. 9-17; Brands 1996, 62-72; Siganidou 1996, 144-147; Marzolff 1996, 148-163.

81 Murlo, zona F dell'acropoli di Acquarossa, santuario di Mefitis a Rossano di Vaglio, Heraion del Sele, acropoli di Halieis, Samotracia, Priene.

82 Cfr. Mazzei 1995.

83 Ribadita pienamente, dopo Dalcher 1994, da Brem 2000, in part. 104.

84 Isler 1987, 30. Cfr. Von Sydow 1984, 245, 313-314, 350, n. 20; Lauter Bufe 1987, 26, n. 39, 74-76; Wilson 1990, 73-76, 87 n. 24. Si veda *supra*, cap. III.1a.

85 Così ritiene Wilson 1990, in part. 75-76. Analoghe le considerazioni espresse da Von Sydow 1984, in part. 245-350 (per le cornici del peristilio, che secondo la seriazione compilata dallo studioso sarebbero da inquadrare verso il 180 a.C.) e da Lauter-Bufe 1987, 26, 74-76 (in relazione all'esemplare di capitello corinzio italico del lato est del peristilio, riconducibile secondo la studiosa al periodo compreso tra la fine del III e il primo quarto del II sec. a.C.; di esso non è chiara la pertinenza).

86 Per Thasos, Martin 1968; Miller 1982, 152-171. Per le facciate delle tombe macedoni: cfr. Ginouves 1993, 147 ss., 154 ss., 178 ss. Per Lefkadia, cfr. Bacchielli 1983, 13-37; Bacchielli 1984, 55-58. Per i palazzi reali macedoni di Aigai, Pella e Demetrias, cfr. in part. Heermann 1986; Brands 1996, 62-72; Siganidou 1996, 144-147; Marzolff 1996, 148-163.

particolarmente solleciti ad accogliere gli stimoli culturali provenienti dalla Grecia. Accettando pertanto l'evidenza di un intervento di rinnovamento dell'abitazione collocabile nel corso del II sec. a.C., in linea con quanto è verificabile anche in altri centri come Solunto e Lilibeo[87], non credo che si possa negare con troppa risolutezza un'appartenenza del peristilio e del doppio ordine di colonne in corrispondenza dell'ala con la *suite* tripartita alla fase originaria della casa 1 di Monte Iato[88]. Ed in accordo con Isler e Dalcher su questo punto, è mia opinione che gli accuratissimi capitelli ionico-italici dell'esedra possano riflettere un momento cronologico piuttosto alto, dove si attua, in un felice esito sperimentale, un originale miscuglio di *genera* con valore di *unicum*, quasi un "numero zero" rispetto alle soluzioni più o meno simili, anch'esse ispirate al corinzio ed alquanto effervescenti, riscontrabili ad est nel distretto siracusano,.

Come rileva il Lauter, nella ricca abitazione ietina, che denota in ogni particolare un considerevole livello artistico (come, per l'appunto, è sufficiente ad attestare da sola l'alta qualità esecutiva delle membrature architettoniche, ben sintetizzabile nell'immagine del pregevolissimo capitello A719), sembra che prenda avvio, in modo forse ancora appena accennato, il passaggio dal concetto di peristilio come elemento autonomo a quello di spazio interno all'abitazione, inserito a pieno titolo nell'economia funzionale dell'edificio. Ed un ambiente cruciale in questo allestimento è costituito *sine dubio* dal salone centrale, affacciato sul porticato ed affiancato dai due locali di dimensioni minori comunicanti con esso.

Proprio la posizione dominante e l'abbondanza di dettagli decorativi riconducibili ad uno standard qualitativamente molto alto (per stucchi, rivestimenti parietali e pavimenti)[89] permettono di attribuire alla fastosa trilogia di stanze a doppio livello uno specifico ruolo di rappresentanza e di esaltazione della figura del proprietario, esplicata proprio grazie alla loro destinazione primaria di vani di ricevimento e di banchetto.

Tale tipologia di ambienti fa capo ad uno schema assai diffuso, seppur con diverse denominazioni, nell'edilizia domestica greca e orientale, da Delos a Priene ad Olinto, trovando non a caso significativi elementi di comparazione in alcune grandi architetture palaziali e dinastiche, a cominciare dalla fase protoellenistica. L'attestazione più antica della serie sembrerebbe costituita, in effetti, dagli *andrones* A e B di Labraunda, progettati dall'architetto Piteo nel santuario di Zeus su incarico del satrapo Mausolo (377-352 a.C.) e del fratello Idrieo[90]. Illustre esempio è, poi, con quello del palazzo di

---

[87] Cfr. Von Sydow 1984, 350-357, nn. 21-22, 48-49; Tsakirgis 1985, 48; Lilibeo 1984, 104. Per Solunto, cfr. Tusa 1985, 607, che vorrebbe ricondurre le abitazioni al IV sec. a.C.

[88] Un elemento forte a sostegno di questa tesi può essere il doppio strato pavimentale del lussuoso vano soprastante la stanza 16, in cui il mosaico a tessere bianche si sovrapponeva ad un primo piano di calpestio in calce e pietrisco fine di colore rossiccio, analogo a quello della stanza 11, poggiante direttamente sulla roccia tenera: cfr. Isler 1981, 66-68.

[89] Da ultimo cfr. Brem 2000.

[90] Peraltro, proprio in questo contesto, sia nei due *andrones* che negli *oikoi*, si riscontra una delle prime attestazioni certe dell'uso di caratteri architettonici misti dorici e ionici, nonché - molto interessante come possibile elemento da evidenziare a sostegno di una datazione "alta" della casa a peristilio 1 di Iaitas, visto che se ne riscontra qui l'applicazione (cfr. Dalcher 1994, 56) - lo schema a quattro triglifi per intercolumnio del fregio dorico (*andron* B e, probabilmente, anche *andron* A). Sugli *andrones* A e B e gli

Pella, lo sfarzoso salone designato come *andron* che si apre sul lato meridionale del grande peristilio della reggia di Vergina, affiancato da due ambienti laterali[91]. Con tale vocabolo si intende, in sostanza, la sala della casa greca adibita allo svolgimento del banchetto ed alle riunioni conviviali, come afferma esplicitamente Senofonte (*enta to deipnon en*)[92]; certamente, in quanto stanza più importante del quartiere maschile, è anche, e soprattutto, luogo di ospitalità e di ricevimento, in cui si mostra e si dichiara in tutta la sua pregnanza il rango del proprietario. A detto termine, adottato per le abitazioni di Olinto, è stato preferito dagli scavatori di Delo quello di *oecus*, ma entrambi si usano, in fin dei conti, per designare una stanza che possiede le funzioni di rappresentanza sopra evidenziate[93]. In ogni caso si coglie in queste sistemazioni una sorta di archetipo "nobile" di un tipo di triclinio costituito dalla tripartizione degli ambienti, disposti in fila e comunicanti tra loro, che, richiamandosi agli schemi dell'architettura rappresentativa regale ben stigmatizzati dai contesti macedoni, confluisce nella tradizione dei *non Italicae consuetudinis oeci, quos Greci Cyzicenos appellant* (Vitr. *De Arch.* VI, 3, 10), introdotti sistematicamente anche nell'architettura romana a partire dalla prima età imperiale, come dimostra la stessa dimora del Palatino[94].

La voce *exedra*, dal canto suo, sposta in qualche misura l'attenzione dal fronte del privato - per quanto, beninteso, i contesti di Labraunda e Vergina non siano certamente da considerare in tal senso, essendo costruzioni dichiaratamente connesse alla sfera del potere regale - alla dimensione del pubblico: codificabile anch'esso come stanza di soggiorno della casa interamente aperta sul lato d'ingresso (talvolta è indicato così il vano in fondo alla *pastas*)[95], questo ambiente denota senz'altro un legame privilegiato con la struttura del porticato, come garantisce l'osservazione di due ben precise categorie di edifici pubblici che nel periodo ellenistico offrono stretti paralleli. Una è l'area per i banchetti pubblici discussa dal Börker, il quale riconosce negli edifici del Pompeion di Atene e dell'Asklepieion corinzio due modelli strutturali di riferimento per

oikoi di Labraunda, cfr. Hellström 1985, 153-165; Hellström 1988, 70-74; Hellström 1996, 164-169. Cfr. anche Isager 1994; Pensabene-Barresi 2003, in part. 191.

91 Cfr. Nielsen 1994, 82, fig. 41; Höpfner 1996, 1-43, in part. 9-17.

92 Xenoph. *Sym.* 1, 13; Aristoph. *Eccl.* 676; Plut. *Sul Demon di Socrate*, 31; Aisch. *Agam.* 244; *Choeph.* 712; Hdt. I, 34; Vitr. *de Arch.* 6, 7, 3-5. Cfr. Olynthus VIII, 171-185; Olynthus XII, 193, 454

93 Per Olinto, cfr. Olynthus VIII, 172. Nelle abitazioni olintie l'*andron* è la principale stanza dell'*andronitis*, il quartiere prettamente maschile da cui le donne sono escluse secondo Vitruvio (Vitr. VI, 7, 5), che possiede una piattaforma costruita leggermente elevata da terra che gira intorno alle pareti della stanza. La decorazione è spesso elaborata (stucchi, pitture) e la parte centrale del pavimento è frequentemente occupata, ad Olinto come a Pella, da raffinati mosaici a ciottoli. Per Delo, cfr. Delos VIII, 169. Il termine *oecus* designa anch'esso la sala più importante dell'abitazione delia, che spesso corrisponde alla stanza del banchetto maschile; spesso si associa a questo termine la referenza specifica e descrittiva del numero di *klinai* che in essa erano contenute. Gli *oeci* delii sono di dimensioni più ampie degli *andrones* di Olinto e rispetto a questi, tendenzialmente a pianta quadrata, assumono una forma allungata.

94 Per gli *oeci Cyziceni*, cfr. Gros 1997, 940-941.

95 Eur. *Or.* 1448-1450; Xenoph. *Mem.* 2, 8, 9; Poll. 1, 79; Poll. 7, 123; *De Arch.* VI, 7, 3; Vitr. *De Arch.* VII, 3, 4; Galen. 14, 18. Stanze di questo tipo sono piuttosto diffuse a Delo, ed anche a Priene nella casa XXXIII, mentre non sembra così ad Olinto: cfr. Delos VIII, 119, 178 ss.; Olynthus VIII, 209-210; Olynthus XII, 202.

i rituali collettivi di banchetto e sacrificio della *polis*[96]; in entrambi gli allestimenti, il grande peristilio è costantemente abbinato a sale da convivio, ed è verosimile ritenere che i portici in tali contesti rappresentassero un percorso da compiere come passeggiata che facilitava la conversazione aiutando nel contempo la digestione[97].

Ma direi che si rivela particolarmente cogente il secondo termine di confronto, che chiama in causa l'osservazione di una categoria di edifici permeata nel mondo antico di alte funzioni, oltre che fisiche, educative e spirituali: il ginnasio[98].

L'*exedra* - per usare la definizione di Rebuffat "piéce donnant, directement ou quasi directement sur le pérystile, caracterisée par la largeur de sa baie d'entrée et à défaut par la richesse de son aménagement"[99] - risponde in maniera calzante alle caratteristiche di un'area per insegnare, scrivere e riflettere, attigua al portico, adatto ad ospitare, dal canto suo, discussioni ed esercizi di retorica; l'area centrale del peristilio serviva invece come *palaestra*, insieme allo *stadion* e al *loutron*. Grazie alle molte iscrizioni riferite agli allievi che fruivano di quegli spazi, nel *gymnasium* ellenistico di Priene l'esedra può convincentemente essere identificata con l'*ephebeion* di cui parla Vitruvio[100], enfatizzando, dunque, un chiaro vincolo di natura educativa e culturale tra la funzione dell'ambiente e la sua collocazione nella struttura complessiva, che vale come regola anche in altri consimili edifici: il ginnasio di Mileto ripropone il medesimo schema, mentre in quello di Delo si osservano non una ma ben tre esedre con colonne *in antis* destinate ad accogliere i giovani frequentatori con i loro maestri[101]. A questi si potrà poi aggiungere l'altrettanto puntuale termine di paragone rappresentato dalla palestra di Olimpia[102], che, per inciso, possiede elementi molto interessanti anche sotto il profilo materiale della decorazione architettonica: come si è già fatto presente, nell'entrata meridionale trova infatti impiego un tipo di capitello ionico diagonale con grande motivo acantiforme inserito tra le volute, che attesta peculiari contaminazioni con le varianti ioniche e corinzie distintive della produzione italica[103].

Credo però che sia opportuno proseguire ora il discorso recuperando ulteriori spunti di riflessione dall'esplorazione del quadro pompeiano dove, al pari di quanto è emerso dal complesso contesto siciliano (che per adesso resta cronologicamente abbastanza fluttuante), risulta evidente il sorgere di *cruces* e questioni che attendono ancora di essere dibattute e risolte, intrecciandosi per lo più intorno alla convivenza/interazione di uno schema abitativo profondamente radicato nel tessuto connettivo italico con le nuove suggestioni architettoniche giungenti dal mondo ellenistico. Una semplice considerazione preliminare sarà sufficiente per comprendere e definire meglio i termini del problema, mettendo a fuoco nel contempo le diversità con il comparto siciliano:

---

96 Börker 1983. Per il Pompeion, cfr. Hoepfner 1976; per l'Asklepieion, cfr. Corinth XIV, tav. C.

97 Cfr. Coulton 1976, 43 ss., 86 ss., 221 ss. con riferimenti biliografici e letterari.

98 Per un'analisi dettagliata, si veda, in part. lo studio di Delorme 1960.

99 Rebuffat 1969, 662.

100 Vitr. *de Arch.* V, 11, 2.

101 Daux 1966, 127 ss.; EAD XXVIII, 1970, 34 ss.; 59 ss.

102 Olympia II, 113 ss.

103 Olympia II, 119, tav. LXXV, 4; Weickert 1944, 209; EAA Atlante, tav. 333, fig. 34.

nell'isola le tipologie edilizie private sembrano orientarsi fin dall'origine verso schemi locali oppure verso modelli greci, tanto che, in base ad un rilevamento statistico, le case con planimetria "doppia", composta cioè da atrio e peristilio, attestate in modo frequente nel resto della Penisola, qui arrivano a sfiorare il 5% appena del totale relativo alle abitazioni del periodo ellenistico, e la *domus* ad atrio inizia a conoscere una diffusione più consistente solo con l'istituzione degli insediamenti coloniari del 21 a.C.[104]. Pompei, dal canto suo, città campana pienamente inserita nel *milieu* italico ma da un certo periodo in poi soggetta a recepire un intenso fluire di stimoli stranieri, offre un interessantissimo parametro di studio per indagare le dinamiche dell'introduzione degli ambienti di matrice ellenistica nella struttura tradizionale romano-italica della casa ad atrio.

Come si è già detto sopra, non può naturalmente dirsi questa l'occasione più idonea per una trattazione dettagliata di ciascun monumento, né tantomeno è consentito ripercorrere in maniera sistematica un tema come quello che concerne l'edilizia abitativa, così articolato e denso di sfaccettature; apparirà tuttavia vantaggioso puntare i riflettori su alcuni aspetti peculiari che lo studio della tipologia architettonica in oggetto si trascina necessariamente dietro di sé, rimarcandone almeno due, e confermando per via indipendente con ulteriori convalide il panorama complessivo dell'architettura romano-italica di epoca ellenistica, già in parte analizzato da alcuni importanti studi[105]: da un lato si ripropone la combinazione dell'ordine ionico-italico con il dorico e il corinzio, dall'altro si configura come un fenomeno che ricorre in modo pressoché regolare l'impiego dello stesso ordine in relazione ad ambienti e strutture di indiscutibile ascendenza ellenistica, come il peristilio, l'atrio tetrastilo ed i loggiati.

Dal riepilogo della tabella 4 si evince che nei 22 contesti abitativi pompeiani presi in considerazione[106], le tipologie residenziali, seguendo planimetricamente, nel nucleo principale, soprattutto lo schema classico dell'atrio tuscanico (solo la Casa di M. Epidius Rufus possiede un atrio di tipo corinzio, mentre hanno un unico atrio tetrastilo la Casa dei Ceii e quella della Grata Metallica), presentano quasi sempre la struttura del peristilio come elemento distintivo del complesso edilizio; in cinque abitazioni si osserva la sistemazione del doppio atrio (Casa dell'Argenteria, Casa del Fauno, Casa di Umbricius Scaurus, Casa del Gallo, Casa del Centenario), mentre in altri due contesti (Casa del Fauno e Casa dei Capitelli Colorati) le *domus* disponevano di una coppia di grandi giardini porticati. Nella maggioranza dei casi la presenza di capitelli ionico-italici si contestualizza, dunque, in residenze di livello sociale alto e medio-alto[107] .

E' opportuno sottolineare, in sette abitazioni di forte spessore sociale (Casa dell'Argenteria, Casa di Meleagro, Casa di Pansa, Casa del Fauno, Casa di Umbricius Scaurus, Casa dei Capitelli Figurati, Casa di M. Epidius Rufus), la ricorrenza di capitelli corinzio-italici e a sofà insieme a quelli ionico-italici, rilevabile, seppure più

---

[104] Wilson 1990, 76-77.

[105] Mi riferisco in modo specifico ad *Hellenismus in Mittelitalien* 1976.

[106] Cfr. inoltre la mappatura di tav. 3, dove sono stati inclusi nell'elenco abitativo anche i contesti VI, 1, 22 (edificio di definizione tipologica non definita); VI, 15, 9 (deposito di materiale di scavo di Porta Vesuvio), perché una originaria provenienza da strutture d'abitazione appare molto probabile.

[107] Situazioni "anomale" rispetto a questa tendenza possono considerarsi da una parte la casa del Fauno, dall'altra la piccola abitazione con bottega annessa VI, 13, 16-17.

sfumatamente, anche in alcune situazioni siciliane, da Monte Iato a Solunto, a Tindari[108]. E' pertanto evidente che anche in questo preciso fenomeno si debba vedere il richiamo ad una sorta di "programma", in cui i tipi ionico, corinzio, a sofà convergono insieme in una concezione formalmente assai articolata ma indiscutibilmente unitaria, che li interpreta come *pendant* visivi e componenti di uno stesso organico contesto.

Quando i manufatti sono già stati riposizionati *in situ*, o comunque è consentito risalire con soddisfacenti margini di certezza alla loro primitiva ubicazione, è possibile affermare che essi si collocano di preferenza nel peristilio, talora nel primo piano quando è previsto, nell'atrio tetrastilo, oppure (in un unico caso) nelle *alae*; talvolta potrà trattarsi, invece, di membrature pertinenti a strutture di loggiato affacciato sull'atrio. E' da registrare un dato tecnico relativo a questi apprestamenti: alcuni manufatti, tra cui quelli recuperati nello scavo dell'*agger* presso porta Vesuvio, quelli della Casa del Fauno e quelli della Casa del Centenario, mostrano nella parte mediana di ciascuna delle due facce laterali dei fori e dei tagli che corrono longitudinalmente tra abaco e collarino, giustamente interpretati dal Maiuri come incassi funzionali all'aggancio di telai lignei per la chiusura degli intercolumni mediante battenti in vetro o legno, oppure, più semplicemente, con stuoie o tendaggi[109].

Proprio il motivo dei drappi fluenti appesi alle pareti o come parziale chiusura di porte e finestre, osservabile in alcuni dipinti pompeiani, rimanda verosimilmente ai sontuosi *aulaea* caratteristici delle residenze ellenistiche, che nell'immaginario collettivo d'età tardo-repubblicana assurgevano a simboli della *luxuria asiatica*.

[108] Altrettanto significativa è la forma del capitello ionico con soluzione laterale a calici, usato in Grecia soprattutto a coronamento delle semicolonne. Si ricordino in particolare gli esemplari della Palestra di Olimpia, in cui gli steli dei due calici contrapposti si intrecciano fra loro (cfr. Vallois 1966, 202). Sull'origine del tipo, che sembrerebbe da ricondurre all'area macedone, cfr. Michaud 1977, 112, e nota 1; Dyggve 1960, 233, n. 47. Si veda anche Weickert 1944, 205-219. Per un esemplare da Pompei, cfr. A4.

[109] I tagli degli esemplari di Porta Vesuvio conservati nella Casa VI, 15, 9 erano già stati segnalati dallo stesso Maiuri (Maiuri 1929, 268-269, nn. 75-77). Oltre che nella Casa del Fauno (Fiorelli 1875, 157), ed in quella del Centenario (Jashemski II, 1993, 244, n. 506), i fori per il fissaggio di tende e stuoie tra gli intercolumni sono stati rilevati anche nella casa I, 7, 10-12-19 (Jashemski II, 1993, 41, n. 41) e nella casa di Meleagro (Jashemski II, 1993, 137, n. 254).

Tabella 4 - Pompei. Edifici privati a carattere residenziale in cui si rileva la presenza di capitelli ionico-italici (dislocazione e combinazione con il corinzio-italico)

N.	*DOMUS*	**TIPOLOGIA della *domus***	**LIVELLO SOCIALE**	**CRONOLOGIA**	**CAPITELLI**		
					IONICO-ITALICI	CORINZIO-ITALICI	A SOFA'
2-3	Casa di Pansa (VI, 6, 1)	Atrio tuscanico + peristilio + *hortus*	Alto	140-120 a.C.	Peristilio Cenacolo		Portale d'ingresso
4	Casa dell'Argenteria (VI, 7, 20-21)	Doppio atrio (tuscanico+ tetrastilo) + peristilio	Alto	Seconda metà II sec. a.C.	Atrio tetrastilo	Vestibolo Cenacolo	
5	Casa di Meleagro (VI, 9, 2)	Atrio tuscanico + peristilio	Alto	Seconda metà II sec. a.C.	Cenacolo del tablino (?)	*Oecus* corinzio	
6	Casa del Centauro (VI, 9, 3-5)	Atrio tuscanico + peristilio	Alto	Seconda metà II sec. a.C.	Peristilio 9 (secondo ordine)		
7-9	Casa del Fauno (VI, 12, 5)	Doppio atrio (tuscanico+ tetrastilo) + doppio peristilio	Alto	Inizio II sec. a.C.	Peristilio 1 Peristilio 2 (secondo ordine) o cenacolo dell'atrio	Atrio tetrastilo Esedra 37	Portale d'ingresso
0	Casa di Gavius Proculus (VI, 13, 16-17)	Atrio tuscanico + *viridarium* + *caupona*	Medio-basso	II sec. a.C.	Cenacolo del tablino (?)		
1	Casa di Pompeius Axiochus (VI, 13, 19-12)	Atrio tuscanico + *viridarium*	Medio	II sec. a.C.	Cenacolo al di sopra del *viridarium*		
2	Casa degli Scienziati (VI, 14, 43)	Atrio tuscanico + peristilio	Medio-alto	Inizio I sec. a.C.	Peristilio		
4	Tintoria di Ubonius (Casa 14) (VII, 2, 11)	Atrio tuscanico + peristilio	Medio-alto	140-120 a.C.	Peristilio		
5	Casa dei Capitelli Colorati (VII, 4, 31-51)	Atrio tuscanico + doppio peristilio	Alto	Seconda metà II sec. a.C.	Peristilio 18		
6	Casa dei Capitelli Figurati (VII, 4, 57)	Atrio tuscanico + peristilio	Alto	120 a.C.	Peristilio t		Portale d'ingresso (capitelli figurati)
7	VII, 6, 7-8	Atrio tuscanico + peristilio		Inizio I sec. a.C.	?		
8	Casa di Umbricius Scaurus (VII, *ins. occ.* 13)	Doppio atrio tuscanico + peristilio	Alto	Seconda metà II sec. a.C.	Peristilio 18	Tablino 9	
9	Casa del Cinghiale I (VIII, 3, 8)	Atrio tuscanico + peristilio	Medio-alto	Inizio II sec. a.C.	Peristilio		
0	Casa del Gallo (VIII, 5, 2)	Doppio atrio tuscanico + peristilio	Medio-alto	Inizio I sec. a.C.	Peristilio		
1	VIII, 5, 9	Atrio tuscanico + portico		II sec. a.C.	Portico		
2	Casa della Calce (VIII, 5, 28)	Atrio tuscanico + peristilio		62-79 d.C.	Peristilio		
3	Casa del Cenacolo (V, 2, h)	Atrio tuscanico + *viridarium*	Medio	Metà II sec. a.C.	Cenacolo dell'atrio d		
4	Casa di M. Epidius Rufus (IX, 1, 20)	Atrio a peristilio + *hortus*	Alto	II sec. a.C.	*Alae* (n) e (g)		*Alae* (n) e (g)
5	Casa del Centenario (IX, 8, 1-7)	Doppio atrio tuscanico + peristilio	Alto	Seconda metà II sec. a.C.	Peristilio (secondo ordine)		
7	Casa dei Ceii (I, 6, 15)	Atrio tetrastilo + *viridarium*	Medio	Seconda metà II sec. a.C.	*Viridarium*		
6	Casa della Grata Metallica (I, 2, 28)	Atrio tetrastilo + *viridarium*	Medio	Seconda metà II sec. a.C.	Atrio tetrastilo		

Le fonti letterarie descrivono completamente rivestiti da ricche telerie il salone delle udienze del palazzo degli Attalidi a Pergamo così come il peristilio del grande padiglione fatto edificare da Tolomeo II[110]. A partire dal tardo II sec. a.C., gli *aulaea* divennero, perciò, uno degli ornamenti più usati per esprimere il lusso nelle abitazioni romane d'età tardo-repubblicana, senza alcun dubbio per l'alto valore evocativo che essi avevano della *tryphè* ostentata nelle corti ellenistiche[111]. Usate certamente anche per svolgere compiti pratici, per esempio quello di protezione dalla polvere o dalla luce, il valore spiccatamente decorativo ed ornamentale dei lussuosi drappeggi ellenistici verrà riproposto dai tendaggi sistemati negli intercolumni dei peristili delle case appartenenti alle *élites* romano-italiche, con l'intento certamente non secondario di citare, grazie a tali apprestamenti "di persiana memoria", lo sfarzo e la potenza della reggia orientale, concedendo al *dominus* l'occasione di indossare le vesti fittizie di piccolo dinasta[112].

Ma al di là dei singoli dettagli ed artifici decorativi, un fatto di sicura rilevanza è che, in definitiva, l'attestazione delle membrature architettoniche che qui segnatamente ci interessano è sempre riscontrabile in settori della casa che marcano la scelta di seguire indirizzi innovativi rispetto alla tradizione rappresentata da altri ambienti.

Ed è proprio nello speciale favore di cui gode lo schema del quadriportico che si riconosce la grande forza espletata dall'area campana nell'assimilazione di alcuni modelli originariamente estranei alla *italica consuetudo*[113], adattandoli all'abitazione privata di ambito urbano ed evidenziando nei proprietari la manifesta volontà di rappresentarsi in vesti fisiche e spirituali dichiaratamente filoelleniche.

Possiamo quindi riallacciarci all'argomento che avevamo poc'anzi lasciato in sospeso, vale a dire quello concernente il peristilio e la combinazione o sovrapposizione degli ordini architettonici nello schema della *porticus pensilis*, per ridiscuterne le linee alla luce degli esempi pompeiani, cercando di circoscrivere ancor più origini, modelli e profilo della committenza. E per fare questo, non si può che prendere le mosse da un contesto tra i più studiati della città vesuviana, la Casa del Fauno, che, pur costituendo un *unicum* per le sue indubbie caratteristiche di eccezionalità, fornisce importanti indizi d'interpretazione trasferibili dal piano particolare al generale. Un dato di primaria rilevanza, degno di essere valorizzato, è la netta distinzione non solo cronologica, ma anche formale dei due porticati, che si snodano, con modalità del tutto distinte tra loro, alle spalle del nucleo abitativo convenzionalmente raccolto intorno all'atrio tuscanico. Ma converrà procedere con ordine.

---

[110] Per i tendaggi dell'*aula regia* del palazzo reale pergameno, cfr. Serv. *Georg.* III, 25: *Aulaeis velis pictis, quae ideo aulaea dicta sunt, quod primum in aula Attali regis Asiae, qui populum Romanum scripsit heredem, inventa sunt.* Per gli arazzi del padiglione di Tolomeo II, si veda la descrizione di Callixenos di Rodi in Athen. V, 196 c. Cfr. Nielsen 1994, 133-135, fig. 70; Pesando 1997, in part. 124-125. Cfr. D.S. XVII, 16, 4 e XVII, 35, 1 per l'origine persiana di quest'uso.

[111] A titolo di esempio, si tenga a mente l'episodio riportato da Sallustio (Sall. *Hist.* II, 70) della cena di Metello Pio presso il questore di Spagna C.Urbinus. Sull'episodio, cfr. Coarelli 1983, 215-217.

[112] L'importanza dell'esposizione degli *aulaea* ha avuto nella decorazione della casa romana è stata messa in luce da Wallace Hadrill 1994, 23.

[113] Cfr. quanto sottolinea Gros (Gros 1978, 25).

Dopo l'esempio più antico di *hortus* trasformato in giardino colonnato, costituito dalla Casa di Sallustio, databile verso la fine del III secolo a.C.[114], in cui comunque si coglie già il proposito di rendere solidali in un insieme organico abitazione e spazio verde retrostante, all'inizio del II sec. a.C. è la Casa del Fauno che subisce una trasformazione radicale, nel corso della quale il vecchio giardino viene sostituito da un peristilio ionico di ventotto colonne in tufo di Nocera, a supporto di una trabeazione dorica[115]. Per quanto non sia così agevole indicare in un preciso monumento la fonte d'ispirazione, nella nuova sistemazione non può passare sotto silenzio la volontà di riproporre e sfruttare, fin nella commistione degli ordini, le molteplici suggestioni provenienti da schemi costruttivi messi a punto nella Grecia e nell'Oriente ellenistici, da Mileto a Pergamo alla stessa Atene, sia in ambito privato che in ambito pubblico[116].

La grande abitazione, che occupa l'intera *insula* 12 della *regio* VI, per un'estensione che si aggira intorno ai 3000 mq[117], più che essere assimilata a dimore di uso privato, è stata, con ragione, ripetutamente comparata per sfarzo e dimensioni alle sedi regali del potere macedone, da Pella a Palatitza, a Demetrias, o ancora, all'altrettanto magnificente Palazzo delle Colonne di Tolemaide, nella Cirenaica romana, che mostrano degli sviluppi planimetrici, in parte simili, intorno a porticati di analogo peso[118]. Tali paragoni rivelano importanti elementi utili a sondare nel profondo motivazioni e modi di inserimento del peristilio nell'architettura domestica vesuviana: in ciascuno dei grandi palazzi sopra menzionati, infatti, il peristilio si configura come un vero e proprio fulcro intorno a cui ruota il complesso architettonico, parte integrante dell'abitazione che serve a coordinare e raccordare le differenti aree, secondo un modello che Räder intende come articolazione in diverse unità funzionali[119].

Preso atto di queste dinamiche di "agglutinamento" intorno a settori reciprocamente distinti in ordine ad usi e valenze - che resta un principio molto spesso valido anche nell'edilizia pompeiana -, il primo peristilio della casa del Fauno, probabilmente il più antico della città, mantiene ancora le caratteristiche di una struttura "altra" rispetto al *focus* tradizionale dell'abitazione, ad essa attiguo ma per il resto quasi un'entità a se

---

114 In questa casa si osserva, in uno spazio severamente limitato dalle costruzioni vicine, il primo esperimento di trasformazione dell'antico *hortus* in un'area porticata con colonne di calcare, stuccate in una fase posteriore, che forma un angolo retto dietro al tablino. Grimal nota che questa disposizione attesta dall'origine un legame diretto tra colonnato e giardino, poiché lungi dallo svilupparsi in maniera autonoma, quella si modella sull'altro, al fine di integrarsi meglio nell'ordine complessivo dell'abitazione. Cfr. Grimal 1969, 207 ss., 213 ss.

115 Grimal 1969, 213 ss.; Gros 1978, 26.

116 Per Pergamo, cfr. il portico del santuario di Atena, su cui Gruben 1966, 404 ss. Per Mileto, cfr. Knackfuss 1908.

117 Lo stesso meccanismo di ampliamento di un'abitazione a scapito delle altre più piccole nel medesimo isolato si riscontra anche a Priene, per esempio, dove è documentato un fenomeno di espansione dei ricchi proprietari nei propri quartieri proprio per costruire un peristilio. Le case di Pergamo che sono molto simili ai cd. "palazzi" e sembrano risalire al tardo II sec., hanno uno spazio domestico organizzato anch'esso intorno al cortile porticato.

118 Per le dimore macedoni, cfr. Pandermalis 1976, 387 ss.; Walter-Karydi 1996, 56-61; Siganidou 1996, 144-147; Brands 1996, 62-72; Marzolff 1996, 148-163. Per il Palazzo di Tolemaide, cfr. Pesce 1950; Lauter 1971, 149-178; Nielsen 1994, 144-151, 284-286.

119 Sulla base di fonti epigrafiche e letterarie, lo studioso distingue da un lato delle aree di ricevimento e dall'altra aree che servivano come zone di soggiorno privato o cucine e servizi: cfr. Räder 1988, 316-368.

stante, tanto è vero che una sola stanza si apre affacciandosi sul colonnato; i principali ambienti di soggiorno restano, invece, piazzati tutti nel settore dell'atrio, e la loro disposizione è deliberatamente improntata allo schema della casa tradizionale[120].

Con tutta la straordinaria enfasi di cui è depositario, l'unico ambiente che a questo stadio dell'evoluzione della Casa si affaccia con un ingresso sul peristilio, è il salone quadrangolare da cui proviene il celebre mosaico di Alessandro e Dario nella battaglia di Issos. La collocazione, così come il fatto che la stanza presenti in facciata due colonne poste su un plinto, situa tipologicamente l'ambiente nella categoria delle esedre, "salles situées sous un portique, dont la façade était ornée d'une colonnade *in antis*"[121]. Nella fattispecie, dunque, come Dickmann ha messo in luce, se da un lato è indubitabile l'influenza giocata dai modelli palaziali - ed un richiamo specifico va per un verso all'architettura reale macedone, per l'altro a Tolemaide -, d'altro canto sarà proprio in direzione dei monumenti pubblici delle città ellenistiche che le testimonianze sembrano spingere[122].

Lo schema del quadriportico associato all'*exedra* ricalca e traspone consapevolmente in una dimensione privata il valore dei *gymnasia* ellenistici, accentuando fin dall'inizio del II sec. a.C. la precisa volontà dei ceti aristocratici, non solo romani ma anche italici, di presentare se stessi come Greci, intenti a trasformare i propri spazi di residenza in luoghi di spirito e *paideia* greca[123], pur restando attenti, nel contempo, a preservare un necessario equilibrio rispetto alla *italica consuetudo* della casa ad atrio[124].

Come poi suggerisce Pesando, tale trasposizione, che nella Casa del Fauno appare, di fatto, una vera "citazione" planimetrica, assume in alcuni dei contesti palaziali da cui la dimora pompeiana prende ispirazione un significato totalmente funzionale: è il caso della *basileia* di Pella, dove il peristilio V è in rapporto con gli apprestamenti idraulici di un *balaneion*[125], oppure del Palazzo di Alessandria, un settore del quale era definito con il nome di Palestra[126].

La concezione planimetrica decisamente significante ed evocativa da cui nasce il peristilio più antico della Casa del Fauno può, a sua volta, considerarsi paradigmatica in relazione ad almeno altri due casi di abitazioni di alto tenore che nella fase ellenistica disponevano di un'unica esedra affacciata sul portico[127].

Come è stato di recente evidenziato con la pubblicazione della Casa del Granduca (VII, 4, 56) e dei Capitelli Figurati (VII, 4, 57), originariamente il peristilio

---

[120] Fatto già notato dal Gros (Gros 1978, 26 ss.).

[121] Delorme 1960, 325 ss.; Settis 1973, 671 ss.

[122] Dickmann 1997, 124 ss.

[123] Cfr. in part. la testimonianza di Plaut. *Most.* 22, 64. Per questo argomento, si veda Neudecker 1988, 8 ss.

[124] La stessa tendenza appare in una scala minore nella prima fase della Villa dei Misteri, quando, una volta lasciato il portale voltato, si accedeva ad un peristilio di sedici colonne a due ordini sovrapposti, che precedeva il nucleo principale dell'abitazione, ripartito intorno al tradizionale atrio. Sul legame tra passeggiate pubbliche e portici privati, cfr. Grimal 1969, 213 ss.

[125] Nielsen 1994, 92, tav. 19; Siganidou 1996, 147.

[126] Nielsen 1994, 131, 170.

[127] Queste *domus*, la VII, 4, 31-51 e la VIII, 3, 8-9, sono tra i contesti in cui si registra anche la presenza di capitelli ionico-italici.

settentrionale della vicina Casa dei Capitelli Colorati, detta anche di Arianna (VII, 4, 31-51), eccezion fatta per i piccoli *cubicula*, prevedeva per i suoi abitanti una sola stanza di ricevimento, l'esedra 56 (nessuno degli altri vani a sud ed ovest del portico sembra infatti essere stato costruito prima del I sec. a.C.)[128]. Una situazione analoga è restituibile per la *domus* sotto l'ala occidentale delle Terme della via Stabiana, che secondo l'Eschebach doveva constare di un peristilio e una sola piccola esedra priva di colonne *in antis*[129]. Altro termine di confronto che denota un medesimo impianto, per quanto vi siano elementi planimetrici tali da presupporre qui una risistemazione delle strutture, è la Casa del Cinghiale I (VIII, 3, 8-9), che ripropone anch'essa in modo esplicito l'assetto del peristilio minore della VI,12. In essi la particolarità saliente è costituita proprio dalla ricca stanza al centro di uno dei lati del quadriportico, completamente aperta su di esso ma non accessibile per altre vie se non quella del porticato stesso[130].

Non sembrerebbe, pertanto, che tali corti colonnate, con la loro intrinseca caratterizzazione di spazi intimi ed isolati, siano nate come aree deputate fin da subito allo svolgimento del *convivium*, ma piuttosto si confà maggiormente loro una funzione di luoghi di relax interdetti al mondo esterno, per passeggiate e dialoghi svolti nella più completa intimità tra i soli proprietari ed i loro invitati più cari; si nota, in altre parole, che gli ospiti dovevano essere accompagnati ed introdotti qui in maniera deliberata e volontaria, entrando in uno spazio molto riservato e selettivo della casa.

Le fonti letterarie rendono sufficientemente conto del modo e degli scopi con cui questi peristili erano usati. Il termine *ambulatio* fu spesso impiegato dagli scrittori latini ed usualmente riferito al camminare passeggiando di giorno o di sera[131]; ma è altresì chiaro che al più tardi verso la fine della Repubblica esso già stava a contrassegnare anche la parte fisica dell'abitazione in cui si svolgeva la passeggiata, cioé il peristilio o l'area verde[132]. La testimonianza di Cicerone, che lega direttamente l'*ambulatio* a discussioni di alto livello tra amici e a meditazioni filosofiche[133], contribuisce ad accentuare sul piano ideale la coincidenza del binomio architettonico *peristylium-exedra* con quanto si conosce delle attività praticate nelle comparabili strutture ellenistiche[134].

La novità è dunque costituita dal luogo di passeggiata inserito nello stile di vita e nella dimensione della residenza urbana, con tutte le sue sfaccettature di aspetti pubblici, visibilità, decoro, ostentazione di rango e ricchezza. Ed è proprio questa la gamma di accezioni che si giunge a valorizzare con quella che potremmo in qualche misura definire come la "seconda tipologia" (che rispecchia in sostanza anche una successione cronologica) dei peristili pompeiani, nella quale cioè, si punta ad accentuare con forza la valenza rappresentativa del luogo in funzione dell'esaltazione del livello

---

128 Staub-Gierow 1994.

129 Eschebach 1975, 82-117.

130 L'esposizione dell'esedra completamente aperta sul portico è confermata da Varrone (Varr. *R.R.* 3, 5, 8) e Vitruvio (Vitr. *de Arch.* VI, 7, 3; VII, 9, 2).

131 Cic. *de Orat.* 3, 121; Gell. 11, 3, 1; Cic. *ad Q. fr.* 3, 2, 3; Cic. *Att.* II, 4, 7; Cic. *Brut.* 3, 10.

132 Cic. *dom.* 116; Cic. *Tusc.* 4, 7; Cic. *ad Q. fr* 3, 1, 1-5.

133 Cic. *de Off.* 1, 114; Cic. *Att.* 1, 18, 1; Cic. *de Orat.* 1, 28.

134 Cfr. Settis 1973, 662 ss.

sociale del proprietario. Ed ancora una volta sarà utile ritornare all'esempio della Casa del Fauno.

Hoffmann ha dimostrato che il peristilio più grande della residenza, quello settentrionale, fu aggiunto al resto del nucleo abitativo non prima dell'ultimo ventennio del II sec. a.C., ed è precisamente in questo stesso momento che vennero costruite anche le stanze nello spazio di raccordo fra i due cortili[135]. Mentre il primo quadriportico continuava a mantenere le sue caratteristiche originarie di ampio luogo appartato ed isolato - potremmo dire una specie di "esilio dorato" del proprietario -, il secondo nasce con peculiarità tali da differenziarsi sensibilmente rispetto al precedente: quattro stanze di soggiorno, di cui tre aperte tramite grandi ingressi lungo il lato meridionale, consentivano, infatti, il ricevimento di numerosi ospiti per intrattenimenti di ampio respiro.

Assistiamo, quindi, non soltanto ad un notevole incremento planimetrico e volumetrico degli spazi complessivi pertinenti all'abitazione grazie alla monumentalizzazione del vasto settore prima occupato dall'*hortus*, ma anche ad un sostanziale cambio di rotta nella gestione delle funzionalità della casa: se, precedentemente a questo assetto, le stanze deputate al ricevimento principale erano quelle in fondo all'atrio - il *tablinum* con i due *triclinia* laterali -, aperte con grandi finestre verso l'area verde retrostante ma non direttamente comunicanti con essa se non sul fronte visivo, con la costruzione del secondo peristilio è legittimo affermare che il ruolo del settore rappresentativo è assunto in larga parte dagli ambienti che si affacciano su di esso.

La soluzione di raccordo tra primo e secondo giardino porticato che, per forza di cose, a questo punto diventa ineludibile è costituita da due stretti passaggi diretti, posizionati agli angoli sud-est e nord-est del peristilio più antico; si osserva poi un lungo corridoio di disimpegno, un *mesaulos*, che costeggia il lato orientale dello stesso portico, ma è separato da quest'ultimo per mezzo di un muro, e permette di raggiungere il grande peristilio dall'atrio tetrastilo senza l'obbligo di passare attraverso la serie di vani intermedi. Questo tipo di passaggio, che funge da filtro di comunicazione tra i due peristili ma costituisce anche un diretto trait d'union tra il secondo peristilio e l'atrio tetrastilo, è chiaramente rintracciabile in altre abitazioni di decisa matrice ellenistica, come nella Casa del Labirinto e in quella del Centenario, che presentano anch'esse la peculiarità di una configurazione a doppio atrio, il primo tuscanico e di grandi volumi, sul quale si incentra l'attività di rappresentanza e delle pubbliche relazioni, l'altro tetrastilo e di più modeste dimensioni, adibito ad assolvere funzioni orientate alla dimensione del privato. Proprio il nesso che si instaura, in virtù del profondo asse longitudinale, tra due nuclei, quali il peristilio e l'atrio tetrastilo, che esulano, con le loro caratteristiche, dalle forme più canoniche dell'"abitare italico", è un dato estremamente esplicativo riguardo alla progettazione delle sfere d'uso .

Il deferimento di uffici spiccatamente conviviali ed ospitali alla zona del peristilio si può ravvisare anche nel primo quadriportico della Casa dei Capitelli Colorati, e sebbene la fase originaria della storia edilizia pertinente alla *domus* non sia ancora del tutto chiarita[136], è ad ogni modo possibile porre l'accento su alcuni elementi certi. L'esedra

---

135 Cfr. Hoffmann 1986, 493-495; Gros 1987, 42.

136 Descoeudres 1994, 55 ss.

22, il cubicolo 26 e il triclinio 28 devono essere appartenuti al primo impianto del peristilio, confermando che nel corso del II sec. a.C. la corte colonnata più piccola era già interpretata come area ricettiva. D'altra parte la situazione del 79 d.C. testimonia un tablino con apertura orientata verso il giardino, due corridoi laterali e due cubicoli (16 e 17) rivolti in direzione della stessa area porticata. E' chiara l'indicazione di un basilare mutamento verificatosi proprio nel corso del II sec. a.C., che nell'esercizio del ruolo di area principale dell'abitazione ha portato ad un "passaggio di testimone" dall'atrio al porticato.

Il peristilio diventa, quindi, un secondo nucleo "calamita" della casa urbana, indipendente e parallelo a quello convenzionale dell'atrio, e diversi altri esempi, in aggiunta a quelli sopra citati possono essere chiamati a suffragare il verificarsi di tale fenomeno[137]. Nella possibilità o preclusione di accedere al quartiere elitario del peristilio, si coglie, in realtà, lo stabilirsi di un ben preciso gioco dialettico di potere ed autorità tra proprietario e ospite, al pari di quello tra interno ed esterno, che implica una concezione dell'abitazione come esperienza *in progress*, fatta di sequenze gradualmente conquistate e vissute.

Fra i contesti presi in esame qualche parola a parte merita di essere spesa in riferimento alla Casa di Epidio Rufo (IX, 1,20 detta anche dei Diadumeni), una delle poche *domus* riconducibili ad età repubblicana aperta direttamente su un grande atrio di tipo corinzio[138], che riproduce in sostanza il modello del peristilio, denunciando "più di ogni altra dimora di Pompei la volontà degli originari proprietari di eleggere come modello abitativo la più alta espressione dell'edilizia privata ellenistica"[139].

Il Lauter, ripercorrendo la storia edilizia dell'abitazione, ha giustamente individuato nell'assetto ultimo della grande dimora il prodotto di una fusione di più abitazioni attigue; tuttavia attribuisce l'iniziativa della "prepotente" trasformazione ad un influente colono sillano, mentre la decorazione architettonica dell'edificio sembra per la gran parte riferibile alla fine del II-inizi del I sec. a.C.[140].

Affacciata lungo il lato nord di via dell'Abbondanza posizionandosi su un insolito podio soprelevato rispetto alla quota del marciapiede e reso accessibile tramite due piccole rampe di scale situate agli estremi della facciata, la lussuosa abitazione ripropone una soluzione riscontrabile in alcuni esempi di edilizia residenziale classica ed ellenistica di Thasos, dove il dislivello tra piano d'ingresso delle case e piano stradale può superare anche il metro[141]. All'interno risulta degna di rilievo la presenza delle due ampie *alae* collocate al centro di ciascuno dei lati lunghi del portico, che a dire

---

137 Cfr. Dickmann 1997, 131 ss.

138 Cfr. VI, 5, 4; VI, 8, 21 (Casa della Fontana Grande, atrio secondario dell'abitazione di età sannitica, in seguito entrato a far parte della *fullonica* VI,8,20); VI, 9, 6 (Casa dei Dioscuri, atrio principale); IX, 1, 20 (Casa dei Diadumeni o di Epidio Rufo); VII, 4, 31-51 (Casa dei Capitelli Colorati, peristilio settentrionale nella fase più antica). Le abitazioni con cortile centrale tendono a diventare più frequenti successivamente, quando assumono spesso un carattere plurifamiliare.

139 Pesando 1997, 261.

140 Lauter 1975, 152; Pesando 1997, 261-262.

141 Pesando 1997, 259 e nota 45.

il vero sarebbe più opportuno definire esedre, gli accessi alle quali sono scanditi da una coppia di colonne, sormontate da eleganti capitelli ionico-italici[142].

Ancora una volta è chiaro come lo sfarzoso allestimento di questa casa tragga ispirazione dagli schemi palaziali ellenistici, dove di frequente si riscontra la presenza di esedre monumentali affacciate su grandiosi peristili. E questo troverebbe un'ancora più esauriente ragion d'essere se i proprietari fossero da riconoscere, come sembrerebbe, negli esponenti di un ramo della *gens* Epidia, famiglia sannitica originaria di Nuceria e legata nella sua genealogia mitica alla figura divinizzata del fiume Sarno, che continuò ad esercitare un ruolo rilevante anche dopo la fondazione della colonia[143] .

Come giustamente è stato notato, con ogni probabilità anche nella fase più arcaica della Casa dei Capitelli Colorati (VII, 4, 31-51) il grande peristilio settentrionale che dà su via della Fortuna doveva svolgere le funzioni di un atrio corinzio[144].

Nella stessa temperie cronologico-culturale si assiste all'introduzione di una nuova tipologia di atrio, quello tetrastilo, che si aggiunge all'antico atrio tuscanico in alcune delle grandi abitazioni, come la Casa del Fauno e la Casa dell'Argenteria (atrio tetrastilo ionico con ingresso scandito, nella sua parte interna, da due colonne *in antis* di ordine corinzio), mentre altre ne adottano lo schema nell'unico ingresso di cui dispongono, come, per esempio, si osserva nella Casa dei Ceii e nella Casa della Grata Metallica[145].

Vitruvio, nella sua trattazione, menziona questo tipo di sistemazione a seguito del monumentale atrio corinzio, evidenziandone *utilitas* e *firmitas*[146], due qualità che avranno senz'altro favorito la scelta dello schema tetrastilo nelle ristrutturazioni delle abitazioni dopo il terremoto del 62 d.C., circostanza che aveva arrecato non pochi danni a molte strutture; l'inserimento di colonne intorno all'impluvio garantiva, in effetti, maggior sicurezza agli edifici, soprattutto in rapporto alla stabilità dei piani superiori[147]. Ma in realtà questo particolare assetto rientra nella gamma di ambienti di tradizione ellenistica, e può considerarsi una sorta di variante ridotta del cortile "alla greca"[148]. In otto casi di abitazioni risalenti nella loro prima fase edilizia al II sec. a.C. l'atrio tetrastilo si configura, a conferma di quanto appena detto, come espressione di esigenze decorative piuttosto che statico-strutturali, tanto è vero che le colonne sono coronate da capitelli ionici (I, 2, 28, Casa della Grata Metallica; VI, 7, 21, Casa dell'Argenteria), o corinzi (I, 8, 17, Casa dei Quattro Stili; V, 2, i, Casa delle Nozze d'Argento; VI, 11, 9, Casa del Labirinto, atrio principale; VI, 12, 5, Casa del Fauno, atrio secondario; IX, 14, 4, Casa di Obellius Firmus, atrio principale).

---

142 A Pompei è documentato soltanto un altro esempio di *ala* con accesso scandito da colonne *in antis*, nella casa VIII, 2, 14.

143 Pesando 1997, 261 con riferimenti bibliografici

144 Pesando 1997, 130 ss., e 257.

145 Altra attestazione di capitelli ionico-italici in un atrio tetrastilo si rileva nella cd. Villa di Tigellio a Cagliari (cfr. scheda n. 164).

146 Vitr. *De Arch.* VI, 3, 1: *Tetrastyla sunt, quae subiectis sub trabibus angularibus columnis et utilitatem trabibus et firmitatem praestant, quod neque ipsae magnum impetum coguntur habere neque ab interpensivis onerantur.*

147 Evans I, 1980, 21.

148 Evans I, 1980, in part. 30-34.

L'impatto monumentale è giustificato dal fatto che in tre delle abitazioni a doppio ingresso, in cui il consueto atrio tuscanico si trova associato al tetrastilo, quest'ultimo, piuttosto che essere interpretato come uno spazio privato della casa, *ex contrario* può considerarsi alla stregua di un quartiere di ricevimento, dove anche il linguaggio architettonico deve modularsi in base alle finalità rappresentative assolte dall'ambiente stesso, aderendo quanto più possibile a parametri di *elegantia* e di sfarzo[149].

E' conveniente a questo punto aprire una parentesi, per far riferimento ad alcuni passaggi dell'opera vitruviana, peraltro già opportunamente valorizzati[150], che ci aiutano a comprendere meglio quanto si è detto. Il trattatista, infatti, si sofferma ampiamente su concetti, immagini ed esempi che permettono di risalire a quella che è la sua idea di *auctoritas*. Certamente una componente determinante della strutturazione architettonica sono le colonne, che insieme alla presenza di frontoni e statue, conferiscono agli edifici una dignità "regale": *quod tragicae deformantur columnis et fastigiis et signis reliquisque regalibus rebus*[151]. A questi elementi si sposa sempre l'idea delle grandi dimensioni, come riporta chiaramente un altro ben noto passaggio, che insiste sulle caratteristiche più tipiche delle dimore nobiliari: *vestibula regalia alta, atria et peristylia amplissima, silvae ambulationesque laxiores*[152]. Come Coarelli puntualizza[153], si legge tra le righe lo stabilirsi di un'implicita quanto chiarissima analogia tra grandi residenze private ed edifici di carattere pubblico, assimilazione che trova una sua *ratio* nel fatto che le abitazioni dei *nobiles* sono spesso sede di *publica consilia et privata iudicia*[154].

Alcuni passaggi di autori antichi ci portano a conoscenza di apprestamenti eccezionalmente fastosi in *domus* appartenenti a personaggi di alto rango, come quelle *in Palatio* dell'oratore Crasso o di Emilio Scauro[155]. Le *columnae insigni magnitudine*

---

149 Sui doppi atrii delle case sannitiche, Lauter 1975, 147. Cfr. anche Pesando 1997.

150 Cfr. Gros 1989, 126-133; Coarelli 1989, 178-187.

151 Vitr. *De Arch.* V, 7, 9.

152 Vitr. *De Arch.* VI, 5, 1-2.

153 Coarelli 1989, 178-187.

154 Ed è ovvio che in questa affermazione si riconosca uno specifico rilievo al confronto con le basiliche.

155 Per le *columnae Hymettiae in porticu domus* di Crasso, cfr. Plin. *N.H.* 17, 1-6; Val. Max. 9, 1, 4. Per l'atrio tetrastilo della casa di Scauro, cfr. Plin. *N.H.* 36, 5-7; Quint. 4, 13, 40; Asconius *In Scaur.* 23-24. I due riferimenti letterari sono stati messi giustamente in relazione da Coarelli con il carico commerciale trasportato dalla nave partita dal Pireo e naufragata nel mare tunisino, al largo di Mahdia (Coarelli 1996, 312-326). Che si tratti di un carico commerciale e non di preda bellica ascrivibile al sacco di Silla, è provato dal fatto che i manufatti marmorei sono freschi di fabbricazione con bozze di protezione nei capitelli e nelle basi di colonna, mentre i fusti di colonna non sono scanalati. Il relitto conteneva un notevole quantitativo di elementi in marmo pentelico (o imettio) e in bronzo, la cui datazione alla fine del II sec. a.C. è confermata anche dallo stile delle sculture e delle ceramiche ritrovate a bordo (cfr. Fuchs 1959; Fuchs 1963). Per quanto non vi siano certezze sulla destinazione finale di questi materiali, si possono avanzare due ipotesi in proposito: costruzione privata di alto livello, come una grande villa suburbana, oppure edificio pubblico, per esempio la *scaenae frons* di un edificio temporaneo per spettacoli, come quella del teatro di Scauro descritta da Plinio (Pl. *N.H.* 36, 5, 114-115, 189), a tre ordini sovrapposti di 360 colonne con statue, tavole dipinte, arazzi e mosaici (va puntualizzato a questo riguardo che le colonne di Mahdia possono raggrupparsi, per l'appunto, in tre moduli diversi, confortando l'eventualità dell'impiego in un fronte architettonico ad ordini sovrapposti: cfr. CRAI 1911, 556-565; CRAI 1913, 469-481). Sicuramente, però, al di là dell'una o dell'altra alternativa possibile, i reperti, dalle

di marmo luculleo che ornavano l'*atrium amplissimus* tetrastilo della casa di Scauro, provenienti da un edificio pubblico e tornate, a chiusura del loro "viaggio", ad arricchire un altro monumento pubblico - furono infatti prelevate da Augusto per ornare la regia del Teatro di Marcello - danno la misura, anche fisica direi (vista la loro altezza intorno agli 11 m!), delle significative osmosi che si verificano nello spazio abitativo tra la sfera del pubblico e quella del privato, quando si ha a che fare con le grandi *domus* della *nobilitas* repubblicana, che sono, certo, residenze di privati cittadini, ma non di meno luoghi in cui, esercitando più o meno lecitamente funzioni in fin dei conti pubbliche tra le mura di un'abitazione privata, si saldano alleanze e si strutturano egemonie politiche e sociali.

Le testimonianze letterarie cui si fa sopra riferimento si coniugano in maniera perfetta con i dati archeologici restituiti da Pompei; anche qui sono infatti riconoscibili le tracce dell'interferenza, chiamiamola così, del pubblico nel privato e del loro quotidiano convivere nelle grandi residenze cittadine dei notabili sanniti. E tra i segni di questa dialettica rientra a pieno titolo la forma architettonica dell'atrio tetrastilo che, se nella residenza palatina di Scauro arriva a rivestirsi di caratteri di assoluta eccezionalità, diventando nell'immaginario collettivo "l'atrio tetrastilo *par excellence*", d'altro canto anche nella stessa Pompei si presenta, in certi casi, con un apprestamento particolarmente lussuoso ed ornato, che ben si accorda a quei concetti di *decor* e *auctoritas* che Vitruvio associa ai *communia loca* delle dimore gentilizie.

E questo è stato ben messo in luce da H. Lauter e F. Pesando a proposito della Casa dell'Argenteria[156], *domus* di proporzioni medio-grandi affacciata sulla centrale via di Mercurio della *regio* VI, nella quale la presenza di almeno altri due elementi autorizza ad interpretare il raccolto ma raffinatissimo atrio tetrastilo ionico nella prospettiva di uno spazio orientato alle relazioni del padrone di casa con l'esterno, dunque a suo modo "pubblico": un *thyroron* che assume quasi l'aspetto di *propyleon*, in maniera del tutto simile a quanto si osserva nella Casa del Magistrato a Morgantina[157], ed un elegante *cenaculum* scandito da semicolonne corinzie, collocato al di sopra del vano a nord-ovest dell'atrio ma aperto forse anche sulla retrostante *porticus triplex*, accessibile attraverso una rampa di scale posta in asse con l'ingresso[158].

Interessante è poi riscontrare l'innescarsi di veri e propri fenomeni di emulazione che si producono tra casa e casa nei confini di uno stesso quartiere: per rammentare solo un esempio, sembrerebbe che, sulla base di recenti indagini condotte dalla Soprintendenza Archeologica di Pompei, anche la Casa di Meleagro, il cui ingresso è posto lungo via di Mercurio proprio di fronte a quella dell'Argenteria, nella fase di II-I sec. a.C.

---

preziose componenti architettoniche marmoree ai letti con *appliques* di bronzo, confermano un nesso preciso tra questo tipo di ricercate produzioni e la committenza romana, che il confronto con le testimonianze letterarie sulla casa di Crasso (Pl. *N.H.* 17, 1-6; 36, 7 e 114. Val. Max. 9, 1, 4) consente di mettere pienamente in luce.

156 Lauter 1975, 149; Pesando 1997, 254.

157 Pesando 1997, 186-187.

158 Secondo quanto riporta Varrone (Varr. *L.L.* 5, 162), in ambito propriamente romano il tablino avrebbe previsto come copertura l'impiego di tavolati per ottenere dei solai a terrazzo, sfruttati nella stagione estiva per mangiare all'aperto; tale usanza avrebbe favorito poi l'abitudine di istituire *cenacula* sui piani superiori attorno all'atrio. La designazione del *cenaculum* come sala da pranzo (in Pl. *N.H.* 12, 10) si accorda con la derivazione del termine da *cena*.

disponesse di un *cenaculum* sovrastante l'area del tablino, di tipo analogo a quello allestito nell'altra dimora. Ora, proprio il dato relativo all'esistenza di questa loggia nella Casa di Meleagro risulta di non poco conto nell'aiutarci a ricontestualizzare in una collocazione pienamente compatibile il piccolo capitello ionico-italico in tufo attualmente irreperibile ma segnalato a suo tempo nella casa dal Napoli[159].

Il motivo strutturale del loggiato al piano superiore degli ambienti rivolti verso l'atrio o verso il peristilio è, in effetti, un altro elemento che riscuote visibilmente grande successo nell'edilizia domestica caratterizzante il distretto vesuviano, concedendo spazi applicativi d'elezione a quel gioco, così apprezzato nel periodo ellenistico, di commistione e sovrapposizione di ordini diversi, secondo uno schema ben collaudato nelle facciate monumentali di *stoai* ed altri edifici a carattere pubblico o palaziale. Fatto cenno sopra alle primitive ricorrenze di tal genere in area tasio-macedone, il rimando alle architetture microasiatiche, specie milesie e pergamene, con le "filiazioni" attalidi di Atene, si configura poi come un passaggio obbligato[160].

I confronti con la documentazione archeologica esistente permettono di asserire che tale sistemazione, scenograficamente molto valida, trovò ben presto sedi propizie di sviluppo nelle aree occidentali, dalla Sicilia alla Campania, al Lazio, all'Etruria[161], "contagiando" diffusamente il settore dell'edilizia privata, nell'ambito della quale, dall'uso inizialmente circoscritto alle classi sociali più alte si passò poi ad un impiego abbastanza esteso nel ceto medio-borghese, in risposta alle volontà di una committenza pratica e concreta, ma altrettanto intenzionata ad imitare, nei ridotti spazi a sua disposizione, lo stile di vita delle aristocrazie mediterranee. A gradi diversi e del tutto trasversalmente rispetto al target economico-sociale, appare comunque tangibile in questa soluzione lo specifico proposito di coniugare una nuova e "moderna" sensibilità estetica alla precisa volontà da parte dei proprietari di accrescere, attraverso il ricorso ad una vera e propria *imagérie* architettonica del potere, la propria autorità personale, il proprio carisma ed il livello di influenza sociale raggiunto, arrivando solo in circostanze del tutto straordinarie ai vertici di esagerazione spaziale che contrassegnano la Casa del Fauno e poche altre dimore.

In sede di comparazioni relative ai motivi decorativi della grande dimora a peristilio 1 di Iaitas, si è già richiamato alla memoria un contesto particolarmente eloquente in virtù della sua completa ricostruzione, pur con i limiti derivanti da una netta distanza

159 Il capitello non è attualmente più rintracciabile *in loco*. Per la probabile esistenza di un cenacolo, cfr. Pesando 2002, 141-145.

160 Specifico riferimento a monumenti quali il *bouleuterion* di Mileto, il tempio R nell'*agora* superiore ed il *temenos* di Athena Polias nella stessa Pergamo, o le imponenti *stoai* ateniesi di Eumene II (197-159 a.C.) e Attalo II (159-138 a.C.).

161 Benché le notizie siano, allo stato attuale, piuttosto disorganiche, un elemento ricorrente di tali allestimenti architettonici è costituito dalla balaustra a losanghe (oppure, in alternativa, a squame sovrapposte), sia in pietra che in stucco. Per la Sicilia (oltre a Monte Iato, si registrano attestazioni a Solunto, Lilibeo, Halaesa, Siracusa, Centuripe): cfr. Coarelli 1980, 375, 378; Villa 1988; Lilibeo 1984, 155; Carettoni 1961, 310-311, fig. 51; Cultrera 1943, 83, fig. 44. Per l'area laziale (santuario della Fortuna Primigenia a Palestrina; Casa dei Grifi sul Palatino, Roma) cfr. Fasolo-Gullini 1953, 150-152, tav. XXI, 5; Rizzo 1936, 11, figg. 11-12. Per l'Etruria (Cosa), cfr. AJA 1973 1969, 305, tav. 8.6.

cronologica, geografica e sociale, la cd. Casa Sannitica di Ercolano (V, 1)[162]. In entrambi i casi la restituzione del prospetto colonnato del piano superiore - nella prima pertinente al peristilio, nella seconda all'atrio tuscanico - mostra la stessa ritmica scansione e gli stessi elementi compositivi (colonne, pilastrini, parapetti intagliati a losanghe) che riconosciamo, ovviamente in scala ben più imponente, in un ben noto esempio come la *stoa* di Attalo ad Atene[163].

Alcune ricerche hanno puntualmente indagato le componenti architettonico-decorative dei cenacoli pompeiani, il cui modello strutturale è derivato indubbiamente dalla casa ellenistica[164]. Si nota in primo luogo che, mentre nelle case ercolanesi i capitelli seguono l'ordine canonico di colonne e semicolonne, a Pompei, dando vita ad una delle tante soluzioni ibride che vengono a crearsi nell'architettura pubblica e privata della città, la maggioranza dei cenacoli predilige l'impiego di colonne (o semicolonne) a modulo ionico in singolare associazione con il caratteristico capitello di tradizione locale a semplice sagoma cubica in tufo, usato anche per inquadrare i portali esterni delle abitazioni con esempi di particolare bellezza ed eleganza[165]. Oltre che dai maestosi contesti aristocratici delle *domus* del Fauno e di Pansa, nonché - a giudicare dai manufatti accatastati ancora in un angolo del peristilio - dalla Casa del Centauro, una testimonianza sicura riguardo all'esistenza di un loggiato di completo ordine ionico con impiego di capitelli ionici quadrangolari proviene dalla ben più dimessa abitazione 2, h della regio V, nella quale, con un effetto alquanto simile alla visione offerta dalla Casa Sannitica ercolanese, il colonnato insiste sulla fronte meridionale dell'atrio, in corrispondenza del sottostante tablino. Probabilmente, però, molte altre *domus* potevano presentare nella loro fase originaria analoghi assetti, che a causa di successive trasformazioni, come quelle occorse, per esempio, nella sopra ricordata Casa di Meleagro, non sono più facilmente riconoscibili. Ancora a proposito di questo contesto, una semplice considerazione sull'esemplare ionico-italico permette, poi, di aggiungere conferme a quanto già prospettato in alcuni contributi: credo infatti che non debba giudicarsi casuale che le misure fornite dal Napoli per questo pezzo coincidano, significativamente, con quelle dei capitelli della Casa del Centauro, nonché con le dimensioni di diversi altri reperti: anche grazie a tale raffronto è legittimo, dunque, conferire pieno sostegno all'ipotesi che avesse preso piede in età tardo-ellenistica una produzione seriale di elementi architettonici di questo tipo a carico di ateliers locali che, come suggerisce Hoffmann, forse ricevevano i pezzi già sbozzati, impegnandosi a

162 Si tratta di una *domus* ad atrio tuscanico risalente al II sec. a.C., che ha conservato numerose parti dell'originaria decorazione in primo stile, con stucchi policromi che intendono restituire l'immagine di una parete isodoma con alto zoccolo ed ortostati, imitando marmi rari e preziosi ed introducendo, secondo una tendenza eclettica tipica del periodo ellenistico, note di colore "barocco" nella muratura a blocchi regolari di rigore classico. Quella che qui ci interessa in particolar modo è la sistemazione della zona superiore dell'atrio, dove si osserva un esempio di finto loggiato a pilastrini con balaustra, in grado di aumentare virtualmente lo spazio, conferendo all'insieme una sensazione di lussuosità ed eleganza. Per la Casa Sannitica, cfr. Maiuri 1958, 197-206; De Vos 1982, 295-296. Più recentemente Clarke 1991, 85-93; De Albentiis 1990, 161-162.

163 Confronti assai interessanti si rilevano per esempio con le abitazioni I, 1 (Casa di Dioniso), I, 3, I, 5 (Casa di Elena), IV di Pella, per cui si veda in part. Walter-Karydi 1996, 56-61.

164 McSpadden Sutherland 1990; Pirson 1997, 165-182; Pirson 2000.

165 Sui portali con capitelli cubici, cfr. in part. Maiuri 1958a, 209 ss.

rifinirne *in loco* alcune parti prima di immetterli nel circuito commerciale[166]: la scelta del tufo grigio di Nocera come supporto lapideo, nonché l'adozione dell'unità metrica corrispondente al piede osco, analogamente agli esemplari corinzio-italici[167], sono due fattori che convalidano, insieme ad una cronologia nell'ambito del II sec. a.C. per il grosso della produzione, la presenza di botteghe lapicide specializzate, operanti certamente nei confini della Campania.

Merita anche precisare che quando i loggiati non erano realizzazioni fittizie, costituendo cioè soltanto eclatanti quinte scenografiche[168], talvolta i locali al piano superiore, che nelle piccole case andavano ad estendere utilmente la superficie abitabile a vantaggio degli stessi proprietari o dei loro schiavi, nelle grandi abitazioni potevano essere trattati come unità a se stanti rispetto al nucleo centrale e concessi in affitto, tanto è vero che spesso è stata rilevata la presenza di rampe di scale indipendenti che conducevano dalla strada direttamente a quegli appartamenti. E si badi bene che questo tipo di soluzione abitativa non era sempre e necessariamente destinata a gente di basso status sociale, se è vero che in una delle più grandi proprietà di Pompei, l'*insula Arriana Polliana* (VI, 6), i muri esterni della *domus* ad atrio e peristilio con ampio *hortus* retrostante, conosciuta come Casa di Pansa, portavano inscritti al momento della tragedia del 79 alcuni annunci relativi a diversi tipi di alloggio pronti ad essere dati in locazione nell'isolato[169], da case vere e proprie a semplici botteghe con piccoli locali soprastanti (*pergulae*), nonché *cenacula* che l'aggettivo *equestria* designa evidentemente come appartamenti di pregio per clientela di un certo rango.

E' infine opportuno, prima di passare ad altro argomento, dedicare alcune battute alla costa nordafricana, dove importanti "sintomi" della *koine* mediterranea si manifestano non solo, come vedremo più dettagliatamente nel paragrafo successivo, nel campo funerario, ma per l'appunto anche nella dimensione degli schemi abitativi e delle relative panoplie architettonico-decorative. Le due città di riferimento in tal senso sono Utica e Cartagine.

Riguardo ad Utica, una delle più arcaiche fondazioni fenicie d'Occidente, l'impianto dell'ultima fase punica (III-II sec. a.C.), seguendo uno schema ortogonale noto contemporaneamente nei quartieri marittimi e della Byrsa meridionale a Cartagine, non fu soggetto a metamorfosi radicali dopo il 146 a.C., quando, risparmiata dai vincitori, la

---

166 Hoffmann 1983, 111. Come lo studioso osserva, proprio l'ampia diffusione di ambienti come porticati o *cenacula* venne a determinare un notevole fabbisogno di colonne che era divenuto così esteso da richiedere una produzione in serie, l'unica che potesse soddisfarlo. Da questo punto di vista trova buona giustificazione il cospicuo numero di peristili e cenacoli di ordine dorico, dato che i capitelli dorici potevano essere prodotti al tornio in grandi quantità a fronte di un impegno economico relativamente modesto. Diverso è invece il discorso relativo ai capitelli ionici e corinzi, che richiedevano la manodopera di maestranze più qualificate, necessitando di più passaggi lavorativi.

167 Per gli esemplari corinzio-italici, cfr. in part. Cocco 1977.

168 Visto che non sono rilevabili tracce di rampe di scale per accedere ad un piano superiore, sarebbe questo per esempio il caso del loggiato della Casa del Fauno, se esso, come sembra probabile in riferimento ai reperti conservati ed alle questioni di ordine statico, era allestito nel settore dell'atrio (cfr. Hoffmann 1982, 35-41; Pesando 1997, 96-98).

169 CIL IV, 138. Per i *cenacula* della Casa di Pansa, estesi al di sopra di buona parte del peristilio, cfr. Overbeck-Mau 1884, 328; Richardson Jr. 1988, 123; De Albentiis 1989, 77-82, per un commento in relazione alle strutture archeologicamente identificabili.

città divenne capitale della nuova Provincia d'Africa[170]. Alcuni reperti ascrivibili ad abitazioni di un certo tenore già nella fase di II sec. a.C. - fra cui la Maison de la Cascade, che nel periodo imperiale finirà per estendersi su una superficie di più 1000 mq, contravvenendo alle originarie divisioni dell'*insula* primitiva e dotandosi di uno splendido peristilio-*viridarium* sul quale si affacciavano ampi *oeci* -, sono testimonianza diretta dell'esistenza di classi piuttosto agiate e "colte", orientate a seguire anche qui mode e gusti comuni al resto del mondo mediterraneo. Il livello delle ricerche, purtroppo, lascia spazio a numerose questioni irrisolte in ordine all'epoca di introduzione, in un ambito già fortemente ellenizzato quanto a forme ed espressioni artistiche, del tipo di capitello ionico-italico (comprese le varianti locali più o meno rapportabili ad esso). Però la tendenza a ricondurre quest'uso allo stabilirsi del potere di Roma e all'arrivo dei coloni romani, per quanto comprensibile, sembra, alla luce delle situazioni maggiormente investigate nella vicina Cartagine, una posizione da sostenere con prudenza, se non altro per evitare di cadere in un eccessivo appiattimento del quadro storico dell'area.

A Cartagine, invero, la realtà dei fatti mostra una grande vitalità che fu stroncata proprio dalla spietata offensiva romana. Diventata oggetto di indagini sistematiche da parte di missioni tunisine, europee ed americane finalizzate a conoscerne e preservarne il triplice volto punico, romano e bizantino, la città si configura fin dallo scorcio del IV sec. a.C. come una vera metropoli, degna capitale di quello che nel corso dei secoli era diventato un grande impero talassocratico[171].

Un sensibile exploit edilizio del centro punico si coglie proprio nel periodo corrispondente alla sua ultima fase di vita, più specificamente nella prima metà del II sec. a.C., quando interventi di notevole impegno coinvolgono l'area del porto militare con la zona costiera (il cd. "quartiere di Magone", abitato fin dalla media fase punica da personaggi di alta estrazione sociale) ed il versante sud della collina di Byrsa (il cd. "quartiere di Annibale"), dove si impianta *ex novo* un altro quartiere residenziale con case di medio tenore, regolato dalla suddivisione ortogonale degli isolati secondo canoni urbanistici ormai universalmente adottati[172]. Nel corso degli scavi archeologici sono emersi, tra gli altri elementi di decorazione architettonica, anche alcuni esemplari di capitelli ionici a quattro facce nei quali si leggono, indubbie, alcune convergenze con la serie ionico-siciliana, determinate in primo luogo dalla presenza di palmette verticali, oltreché dall'uso di stucco e pittura policroma, che denotano esecuzioni accurate, consone ad ambienti di un certo prestigio[173].

Ora, se riguardo alle attestazioni di capitelli ionico-italici uticensi è legittimo sospendere in qualche modo il giudizio cronologico, essendo tutto sommato

---

170 Nel terzo quarto del I sec. a.C. vengono costruiti i nuovi quartieri ricavati a spese delle necropoli ricalcando lo stesso tipo di lottizzazione dei quartieri precedenti; al di là delle mura, a S ed O dell'abitato, vengono costruiti un teatro, un circo e forse anche un piccolo anfiteatro, sfruttando le depressioni del rilievo costiero.

171 Un quadro riassuntivo molto chiaro per la Cartagine punica e la Cartagine romana si legge nei contributi di S. Lancel e P. Gros in *Mégapoles méditerranéennes* 2000, rispettivamente 506-533, 534-544.

172 Utile riesame delle strutture residenziali della città punica ora in Tang 2005, in part. 72-106.

173 Ad esempio, l'esemplare n. 169 ripropone, seppure con qualche lieve differenza, relativa soprattutto alle proporzioni, lo stesso schema riscontrabile nei capitelli del Kbor Klib (n. 170).

comprensibile proiettarli in un orizzonte ormai romano, i manufatti cartaginesi della Byrsa, dal canto loro, proprio in virtù degli avvenimenti storici, sembrano reclamare piena indipendenza rispetto ad una eventuale funzione di Roma nell'aver concorso alla diffusione dei tipi, denunciando, al contrario, un ruolo autonomo ed attivo di scambio e ricezione dei modelli all'interno di una rete di contatti internazionali nel circuito marino occidentale, in cui, per la verità, con la sua spiccata vocazione di "trading centre" la colonia tiria si muoveva, completamente a suo agio, già da tempi antichissimi[174]. Senza uscire dall'ambito di studio affrontato nella presente trattazione, emblematici segnali di questa trama sono da ritenere i tre capitelli figurati - particolarmente vicini tra loro nelle forme seppure tutti e tre decontestualizzati, e dunque estremamente parchi di informazioni -, di Utica, Heraclea Minoa e Nora.

IV.4 Architettura funeraria

La categoria degli edifici a carattere funerario, rappresentata in questo studio da diverse ricorrenze, è un altro terreno d'indagine che mette ben a fuoco la strettissima comunione di tipo artistico creatasi nell'intero circuito del Mediterraneo fin dalla prima epoca ellenistica, coinvolgendo anche il comparto nordafricano punico-numidico e libico[175].

Un significativo punto di partenza per questo ambito di riflessione è offerto dal sepolcro agrigentino noto con il nome di "Tomba di Terone", la cui costruzione, scartando la proposta insostenibile di De Miro, che opta per una datazione al II sec. d.C. in considerazione di analogie con il mausoleo di San Gregorio di età antonina, e quella del Marconi, che lo collocava nel corso del I sec. a.C.[176], deve verosimilmente essere integrata nel panorama artistico-architettonico e cronologico del III sec. a.C., come suggerisce con buoni argomenti Coarelli[177]: pensare ad una data nel corso della prima metà del secolo, precedentemente alla presa di Agrigento del 262 a.C. sembra la soluzione più logica e rispettosa del quadro storico. Posto immediatamente all'esterno della linea delle mura urbiche in corrispondenza della Porta Aurea, il monumento

---

174 Intense e precocissime relazioni commerciali sono documentate tra Cartagine e l'*emporion* euboico di Pithecussai, nonché con la penisola iberica meridionale. Riguardo al ruolo attivo di Cartagine nel Mediterraneo Occidentale, basti pensare all'input dato dalla città alla diffusione dei pavimenti in cocciopesto con disegni di tessere e in tessellato, prontamente accolti in Sicilia (per esempio ad Heraclea Minoa) e nel Lazio (a Fregellae): una sintesi in Tang 2005, 171-173.

175 Tomba di Terone ad Agrigento (prima metà III sec. a.C.) (n. 29); tombe pompeiane (metà I sec. a.C.-metà I sec. d.C.) (nn. 88-93); mausoleo di Puteoli (I sec. a.C.) (n.100); tomba dei Curii ad Aquileia (età giulio-claudia) (n. 154); tomba della Cristiana a Tipasa (A38); mausoleo B di Sabratha (A39).

176 De Miro 1980, 1, 577-579; Marconi 1929, 125-126. In riferimento a quanto sostiene De Miro, varrà semmai la pena evidenziare l'aspetto del conservatorismo architettonico ad Agrigento, dove il metodo di costruzione, impiegando nel corso del tempo larghi blocchi squadrati di tufo giallo locale, non permette di cogliere sostanziali cambiamenti dal periodo arcaico alla tarda antichità. In questo caso non è certo nella struttura e nella tecnica costruttiva, ma semmai nelle rifiniture e nella decorazione delle membrature architettoniche, come modanature e capitelli, che si potrà percepire l'eventuale divario cronologico.

177 Coarelli 1980, 171; cfr. Bonacasa 1996, 263, che ritiene il monumento una costruzione greca .

presenta quella commistione tra dorico e ionico riscontrabile in una lunga lista di edifici dell'epoca ellenistica, compreso l'Oratorio di Falaride nella stessa Agrigento, per quanto, attraverso la comparazione delle modature che ornano le basi dei due monumenti, emergano tra di loro notevoli differenze.

Un chiaro nesso formale e cronologico si instaura tra il mausoleo acragantino ed una serie di costruzioni funerarie di considerevole *éclat* monumentale, dislocate dalla Numidia alla Tripolitania lungo la fascia costiera nordafricana, e sommariamente raggruppabili nella serie dei "mausolei a torre"[178]. In tale collegamento si coglie una soddisfacente conferma dei reciproci influssi instauratisi tra le diverse tradizioni architettoniche dell'area occidentale[179]. Molte sono le problematiche ancora aperte concernenti le rotte precise su cui si muovono e si distribuiscono questi influssi; tuttavia appare indiscutibile che, qualunque sia stato il ruolo specifico di ciascun centro e le direzioni seguite in un senso o nell'altro, due vertici essenziali di questo immaginario "poligono mediterraneo" sono da riconoscere nella Sicilia e nell'Egitto tolemaico[180], segnatamente nella fitta trama di rapporti tra Siracusa ed Alessandria, che vissero certamente un momento di grande intensità durante la fase ieroniana, ma forse si erano già innescate prima, al tempo di Agatocle e della sua guerra d'Africa.

Volgendo dunque lo sguardo alla regione maghrebina e procedendo in un itinerario ideale da ovest verso est, la prima area interessata da visibili fenomeni di acculturazione nel periodo ellenistico è quella numidico-mauretana, dove, poiché le fonti letterarie riferibili a quest'epoca sono molto rare, la parte più considerevole delle testimonianze, fatta eccezione per il santuario di Chemtou e gli scarni resti architettonici della Cherchel di Juba, è rappresentata, per l'appunto, dall'edilizia funeraria[181] .

Proprio le testimonianze archeologiche relative ai contesti tombali in questa zona lasciano trasparire in modo assolutamente limpido una dimensione profondamente ellenizzata delle stirpi regali numide, e la loro integrazione a pieno titolo nella *koinè* culturale mediterranea imperniata su modelli di matrice greca. Soprattutto due sono i mausolei dinastici a pianta circolare che si pongono in rilievo per le loro eccezionali dimensioni, il Medracen ed il cd. "Tombeau de la Chrétienne": giunti fino a noi in buono stato di conservazione, in essi risalta la funzione funeraria e d'apparato, conferita da un'imponenza rimasta inalterata nel corso del tempo, tale da farne delle vere e proprie "insegne del potere".

Di specifico interesse in questa sede, per la presenza di capitelli ionici diagonali, è la Tomba della Cristiana, a Kbor-er-Roumia presso Tipasa, sulla costa algerina. Su un basamento quadrato che misura 63 m di lato, si eleva, tangente a quest'ultimo, una crepidine circolare a tre livelli che regge la costruzione, circondata da sessanta semicolonne ioniche, tra le quali si inseriscono in facciata quattro falsi ingressi. La copertura a gradoni termina con una piattaforma all'altezza di 32,40 m che, come nel similare monumento del Medracen, supportava una piramide o un elemento scultoreo.

---

[178] Cfr. Bonacasa 1996, 263-264.

[179] Cfr. Fedak 1990, 125-126.

[180] Un possibile luogo di mediazioni sembrerebbe essere stata Creta, dove non a caso è attestato il ritrovamento di capitelli corinzi ellenistici di tipo italico, analoghi agli esempi siciliani. Cfr. Rizzo 1984, 151-175.

[181] Cfr. Rakob 1979, 145-171; Rakob 1983, 325-348; Coarelli-Thébert 1988, 761-818.

La galleria che conduce alla camera funeraria si apre nella copertura, in asse con la falsa porta orientale, e non conduce direttamente alla stanza interna, ma descrive un'ampia curva parallela al perimetro del tumulo, prima di piegare con un angolo netto per guadagnare l'anticamera e la cella interna, situata in asse con l'entrata.

Tra le peculiarità, con l'eliminazione degli elementi egittizzanti si registra l'uso dell'ordine ionico a rimpiazzare quello dorico[182]. In base ai criteri stilistici (capitelli ionici diagonali, dentelli alloggiati sull'architrave delle false porte, sima ionica), sulla scorta del confronto con contesti di ambito italico, sembra legittimo datare il monumento in un periodo compreso tra la fine del II sec. a.C. e i primi decenni del successivo al più tardi, tenendo in considerazione la possibilità di un eventuale "ritardo" provinciale che, sia esso dovuto a problemi di trasmissione dei modelli oppure ad un gusto arcaizzante dei committenti[183], tende comunque a risolversi nell'epoca di Juba II[184]. In termini dinastici il monumento dovrebbe quindi rapportarsi al regno di Bocchus I o a quello del figlio Bocchus II, sovrani mauretani che assorbirono progressivamente i contermini potentati numidi. E' a questo che fa con ogni verosimiglianza allusione Pomponio Mela quando segnala nell'area l'esistenza di un *monumentum commune regiae gentis*[185].

Tanto il Medracen quanto la Tomba della Cristiana risultano pienamente comprensibili nella pregnanza del loro valore solo se collocati virtualmente nell'ottica delle dinastie indigene del Sahel, contermini dell'Africa punica. Sia lo schema monumentale che i motivi decorativi adottati sono in questo senso elementi altamente indicativi della cosciente rottura rispetto alla tradizione architettonica anteriore di matrice autoctona, e dell'orientamento da parte delle committenze aristocratiche berbere verso scelte architettoniche ed artistiche, ma anche ideologiche, in linea con ciò che si

---

182 E' questa una delle differenze rispetto al Medracen, che invece presenta modanature e architrave a motivi egittizzanti e semicolonne di ordine dorico. Situato immediatamente a nord dell'*Aurasius mons*, nel cuore del territorio algerino governato dalla potente tribù dei Massili, il Medracen, con un diametro di circa 59 m per un'altezza di 18,50 m, si imposta con una parete cilindrica su un basamento a due livelli; la parete è scandita da sessanta colonne doriche, che sostengono una cornice a gola egizia; tra le colonne sono alloggiate tre false porte dotate di un architrave anch'esso a motivi egittizzanti. La copertura, in forma di cono a gradoni, termina in una piattaforma misurante 11,40 m di diametro, sulla quale si innalzava con tutta probabilità un elemento verticale piramidale oppure, in alternativa, un gruppo scultoreo. Il tumulo nasconde e protegge al suo interno una stanza accessibile tramite un corridoio lungo il quale sussistono vestigia di installazioni ad uso cultuale. Relativamente alla datazione di questo monumento, in base ai criteri stilistici si può affermare che siamo in presenza di una delle attestazioni più antiche dell'architettura monumentale numida, ma il contesto storico non sembra consentire di risalire comunque ad una datazione troppo alta nel corso del III sec. a.C.: oltre alla forma architettonica, che implica di per sé fervide relazioni culturali con altri ambiti regionali del Mediterraneo, un tale mausoleo dinastico non può essere concepito fuori dal quadro dell'affermazione del potere regale massile alla fine del III sec. a.C., sotto il governo di Gaïa, il primo sovrano con cui la dinastia esce finalmente dalle ombre della leggenda e diventa storia, o, più probabilmente, durante la prima metà del II sec. a.C., con suo figlio Massinissa, il cui lungo regno, instauratosi stabilmente dopo la vittoria sul rivale Siface (re dei Massesili alleato di Cartagine), e durato più di mezzo secolo, corrisponde in effetti, alla vera creazione della potenza massile. Alla stessa figura viene rapportato, con buoni argomenti, anche il Kbor Klib (cfr. scheda n. 170, ed *infra*)

183 Rakob 1979, 125 nota 8.

184 Pensabene 1982, 69 ss.

185 Pomp. Mela VI.

realizzava nel resto del Mediterraneo; si assiste, in altre parole, alla messa a nudo di una ferma determinazione nel voler rivestire di un "manteau d'origine étrangèr" i monumenti emblemi del potere locale, per piegare la propria immagine agli indirizzi della cultura egemone di stampo greco, ed includere il proprio regno nel novero delle dinastie che governavano il mondo ellenistico mediterraneo[186].

Sebbene tenga ancora gelosamente nascoste tra le pieghe della propria struttura le risposte a numerosi interrogativi[187], a partire dal mistero della sua stessa funzione (monumento di culto, monumento funerario, monumento celebrativo), anche il Kbor Klib, attraverso quanto raccontano le vestigia superstiti, adotta indiscutibilmente tale linguaggio, fatto di un intenzionale "compromesso" tra tradizioni epicorie e apporti di chiara matrice greca o grecizzante - come ha messo in rilievo l'analisi dettagliata effettuata da N. Ferchiou[188]-, che dà luogo ad una soluzione di notevole impatto.

Sia la selezione delle forme - si deve ricordare, a questo proposito, che nella tradizione punico-numida non è contemplata in origine la categoria architettonica della tomba a tumulo colonnato - che le tecniche usate spesso implicano, non a caso, l'intervento congiunto di architetti ed artigiani greci ed *ateliers* africani. La natura e la portata dell'impronta greca nelle espressioni architettonico-artistiche locali è stata ben evidenziata, del resto, anche dagli studi del Lezine[189]: i modelli classici sono per un verso filtrati dall'area fenicia, ma altrettanto certamente si dovrà tener conto, come si è detto sopra, di rapporti più o meno diretti instaurati con la Sicilia, che sembra aver costituito un polo di referimento essenziale, come dimostrano al tempo stesso metrologie e decorazioni architettoniche[190].

A ragione F. Rakob puntualizza che questi notevolissimi monumenti, siano essi santuari o, ancora più spesso, mausolei, scaturiti da un vivace rapporto dialettico instauratosi tra committenza regale ed artisti di estrazioni geografiche e culturali eterogenee, si configurano come un'attestazione di architettura aulica senza precedenti in una frangia marginale dell'Occidente antico. La loro immagine diventa per i sovrani locali strumento concreto di una svolta radicale sul piano internazionale, improntata, al pari di quella degli altri monarchi ellenistici, ad un'autentica *imitatio Alexandri*[191].

Muovendo ancora verso oriente lungo la striscia litoranea del Nord-Africa, un quadro generale della Tripolitania nell'arco di tempo compreso tra il II sec. a.C. ed il I sec. d.C. attraverso una serie di monumenti di Oea, Leptis Magna e Sabratha è stato indagato da A. Di Vita, che, insistendo sull'influsso considerevole qui esercitato da

---

186 Coarelli-Thebert 1988

187 Rakob 1979, 131-132.

188 Cfr. Ferchiou 1990, 45-97. Da ultimo, di veda anche Ross 2005

189 Lezine 1960.

190 Per le forme decorative architettoniche e per il ruolo della Sicilia, cfr. Von Sydow 1979 e Von Sydow 1984.

191 Rakob 1983, 325-348. Sul carattere di modello giocato dalla "Tomba" di Alessandro nella sua versione del III sec. a.C., dopo Thiersch 1910, 55-97, si veda Coarelli 1980, 308; Coarelli 1988, 76; Coarelli-Thebert 1988; Coarelli 1997, 591-602, specialmente in riferimento al Mausoleo di Augusto. Per una recente revisione critica della tradizione letteraria sul *Sema*, in relazione alla "necropoli reale" di Alessandria, cfr. Mavrojannis 2003, 435-473.

Alessandria, rivendica la necessità di considerare questo distretto come un comparto geograficamente e storicamente separato dal resto della Provincia Romana d'Africa[192].

Anche a Sabratha un ruolo preponderante in termini di rappresentatività ed affermazione politico-civile da parte delle classi sociali più ricche ed influenti è assolto dai monumenti funerari che, altrettanto complessi e sfarzosi rispetto alle tombe berbere, nelle loro dimensioni così come nella studiata ricerca ottico-coloristica, accentuata dall'inserimento di apparati scultorei a rilievo e a tutto tondo, a differenza dei tumuli numidi sopra menzionati non dovrebbero essere definiti come mausolei *tout court*, poiché per motivi di ordine statico non constano al loro interno di camere sepolcrali, ma piuttosto si avvicinano con la loro funzione di segnacoli monumentali spesso culminanti a piramide alla classe della stele, che in ambito semitico di età ellenistica tende ad essere identificata essa stessa con il defunto.

Per ciò che concerne il mausoleo B[193]- il più grandioso del suo genere ed il più antico stratigraficamente datato della Tripolitania (primi decenni del II sec. a.C.), allineato con la fronte orientale ad una delle vie che da SO portavano al centro della città -, nella sua realizzazione giocarono un peso determinante le richieste del facoltoso committente che, forse, pretese addirittura un mutamento del progetto iniziale in corso d'opera. Pensato da un architetto punico e realizzato da maestranze puniche, convertendo in un linguaggio proprio i modelli esistenti nelle grandi città del mondo ellenistico, l'edificio dichiara, mediante la presenza di numerosi elementi - dal motivo della falsa porta alle decorazioni con gli urei ed il disco solare -, il richiamo esplicito all'Egitto ed al ruolo propulsore di Alessandria nella diffusione delle più recenti correnti artistiche[194], senza però trascurare influssi più marcatamente sicelioti, come la folta palmetta centrale dei capitelli ionici del primo piano.

Analogamente a quanto notato per la Tripolitania, anche nella vicina Cirenaica è evidente la stessa determinante autorità artistica esercitata da Alessandria, che si riflette sia nell'architettura palaziale - il Palazzo delle Colonne e la Roman Villa - sia in quella funeraria, come denunciano chiaramente alcuni importanti sepolcri, con facciate non scevre da chiare "citazioni" macedoni, come la tomba S 201 e la tomba detta "delle Cariatidi", per le cui cronologie, mentre Bacchielli si orientava verso il lasso di tempo compreso tra fine del II sec. a.C. ed inizi del successivo, in base alla tipologia delle membrature architettoniche - e nel secondo caso delle figure femminili con funzione di cariatidi scolpite a raffinato ornamento della facciata rupestre -, potrebbe forse ritenersi legittimo risalire indietro addirittura al III sec. a.C.[195].

---

192 Di Vita 1983, 355-376.

193 La caratteristica struttura impostata su pianta esagonale con tre lati lineari e tre concavi verrà imitata pochi anni dopo dal mausoleo di Siga, tumulo gentilizio del re Vermina (201-191 a.C.), figlio e successore di Siface: cfr. Rakob 1979, 149-156.

194 Cfr. Di Vita 1968, 7-84; Di Vita 1983, 355-376.

195 Per la Roman Villa e il Palazzo delle Colonne di Tolemaide, cfr. Pesce 1950; Lauter 1971, 149-178. Per l'architettura cirenaica, dopo Stucchi 1974, 89-117 e Stucchi 1975, cfr. Bacchielli 1980, 11-34; Bacchielli 1980a, 317-341. Alle elaborate architetture funerarie macedoni si ispirano i sepolcri delle necropoli ellenistiche di Alessandria, collocabili cronologicamente tra fine IV e primo III sec. a.C.: cfr. Adriani 1963-1966, 28-30, 110-120; Fedak 1990, 95, 114, 129-130. Per capitelli ionici a quattro facce derivanti da contesti tombali alessandrini, cfr. Pensabene 1993, 338-339, nn. 114-116, tav. 18. Cfr. *supra*, cap. I.

Tornando all'ambito italico della fase tardo-repubblicana, è in area campana, nella necropoli di via Celle a Puteoli che si segnala la presenza di un grande mausoleo a due piani, il primo dei quali presenta un movimentato prospetto a sezione absidale con colonne a trabeazione ricurva. Lo stesso schema architettonico si replicava nelle cinque nicchie ricavate al di sopra del tamburo semicircolare. Nonostante il pessimo stato di conservazione, sono stati recuperati i *disiecta membra* della decorazione architettonica del livello superiore, tra cui la preziosa testimonianza di una semicolonna angolare con capitello ionico a quattro facce e un residuo della trabeazione, nonché parte della parete di fondo di una delle nicchie decorata dal motivo della finta porta a stucco[196]. Il sepolcro, che doveva appartenere ad un eminente personaggio della città nel periodo tra fine II e I sec. a.C., costituisce uno dei primi edifici funebri campani dove si trova applicato lo schema architettonico di un fronte colonnato con trabeazione ricurva ed inflessa, secondo una composizione ispirata ai monumenti di estrazione orientale[197]. Tale condivisione e scambio di modelli, peraltro, trova in Puteoli un fertile terreno di sviluppo, vista la spiccata propensione di questa "piccola Delo" ad intrattenere redditizi traffici commerciali e finanziari con le città ed i porti dell'Egitto e dell'Asia Minore.

A Pompei la testimonianza dell'uso di capitelli ionico-diagonali in edifici funerari, stando ai dati raccolti, è noto a partire dalla metà del I sec. a.C. in alcune tombe della necropoli di Porta Nocera, appartenenti ad alcuni tra gli esponenti più in vista della seconda generazione di coloni. I sepolcri in questione rientrano tutti nella tipologia dell'edicola su alto podio, per lo più nello schema prostilo distilo o tetrastilo[198]. Con la loro rilevante massa strutturale ed un apparato decorativo di forte visibilità, costituito dalle statue della coppia di coniugi, talvolta insieme al figlio, queste tombe sottolineano di solito l'estrazione gentilizia dei proprietari[199], anche se non mancano casi di riferimento al ceto libertino, che in età tardo-repubblicana ed imperiale tende comunque ad adottare per la propria celebrazione *post mortem* - e non solo - gli stessi criteri in uso presso le aristocrazie.

Nel corso del I sec. d.C. sono datate, in base ai riferimenti onomastici forniti dalle iscrizioni, la tomba degli Istacidii sulla via dei Sepolcri e quella a *schola* di Aesquilia Polla nella necropoli di Porta di Nola. Specialmente il *monopteros* degli Istacidii, che sappiamo peraltro essere stati gli ultimi proprietari della Villa dei Misteri[200], mostra caratteristiche comuni ad una nutrita schiera di monumenti funerari distribuiti in varie località lungo l'intero asse della Penisola - dalla Sicilia (Lilibeo), alla Campania (Pompei, S. Maria Capua Vetere), all'Italia centrale (Casal Rotondo, Guidonia, Terni, Sestino), al nord-est (Altino, Aquilieia) - nella quale rientra a buon diritto anche il più o

---

196 Maiuri 1932-33, 236-240; De Franciscis -Pane 1957, 15-17, figg. 31-35; De Caro - Greco 1981, 49-50.

197 L'uso di mausolei di una certa imponenza, caratterizzati cioé da consistenti strutture esterne, è un fatto relativamente tardo nel corso della Repubblica, non anteriore alla fine del II sec. a.C. (cfr. Coarelli 1972, 36-106).

198 D'ambrosio-De Caro 1983, con riferimenti bibliografici

199 Cfr. per esempio, tra il materiale schedato, i nn. 88 e 90.

200 Della Corte 1954, 349-351.

meno coevo sepolcro aquileiese a cuspide appartenente alla *gens* dei Curii[201], che non è passato inosservato come valido punto di riferimento concernente i legami della locale architettura funeraria con l'Oriente[202]. Del resto, se vogliamo rimanere nell'ambito estremamente circoscritto di questa stessa ricerca, le assonanze con un esempio come il Mausoleo B di Sabratha sono palesi[203]. Per inciso, credo che possa ritenersi di una qualche pertinenza il rimando al passaggio diodoreo in cui si legge la descrizione del magnifico carro appositamente allestito per ricondurre in patria il feretro del Macedone[204]: accanto alla straordinaria forza simbolica irradiata dal modello del mausoleo circolare di Alessandria, anche il baldacchino sostenuto da membrature di ordine ionico, in qualche modo cristallizzazione della tenda funebre di matrice orientale, esplica nel contesto di questo specifico avvenimento tutte le valenze paradigmatiche che ne arricchiscono l'essenza, legittimandone il perpetuarsi per molti secoli nel panorama degli schemi costruttivi funerari.

Le testimonianze appena sopra citate, contribuendo a dimostrare la persistenza di tali tipologie fino all'età giulio-claudia, danno inoltre piena attestazione dei numerosi episodi di attardamento nelle inclinazioni artistiche che si verifica negli strati della borghesia provinciale, italica e provenzale ben oltre la fine della Repubblica. E' possibile osservare il suddetto fenomeno anche nell'area nordafricana, dove, attenuatasi la svolta classicista promossa dal potere augusteo, con il primo periodo imperiale prenderà corpo tra le *élites* locali e gli stessi coloni la predilezione per un ritorno alle forme connesse alla tradizione ellenistica ed al substrato dei gusti popolari, le stesse che erano considerate ormai superate dalle tendenze dell'arte ufficiale[205]. A proposito di questo preciso argomento, interessanti sono le considerazioni di N. Ferchiou riguardo all'adozione dei modelli greci da parte delle maestranze africane: a prescindere dalla capacità tecnica, i lapicidi appaiono molto influenzati dalla propria sensibilità personale, assai più pronta a cogliere i valori decorativi che la sintassi o la struttura degli ordini classici. Per questo, se da una parte, in una generale propensione al conservatorismo, si assiste ad un'attardata persistenza di certe espressioni formali, dall'altra il vocabolario architettonico dell'area nordafricana si presenta piuttosto libero da vincoli, vuoi per la creatività individuale e l'indubbia originalità delle rielaborazioni, vuoi in conseguenza di eventuali scarse competenze degli artigiani nella riproduzione dei modelli[206].

---

201 Gli elementi architettonici dell'edificio funerario furono rinvenuti nel 1883 in località Colombara e successivamente ricomposti nel giardino del Museo (Cavalieri Manasse 1978, 83). Sui Curii, la *gens* proprietaria della tomba, cfr. Calderini 1930, 372-373.

202 Cfr. per esempio Quaglino Palmucci 1977, 165-183.

203 Il modello del mausoleo a pianta triangolare con pareti concave si ritrova anche a Cosa, nella tomba E1 (F. Brown, *Cosa I. History and Topography*, in MAAR XX, 1951, 102, figg. 105-106, tomba E1).

204 D.S. XVIII, 26-27; cfr. Müller 1905, 38 ss.

205 Ferchiou 1989, 487-494. Riguardo al tema dell'integrazione tra coloni romani e popolazioni provinciali - accomunati dal gusto ellenisticizzante un po' arretrato, che il classicismo ufficiale augusteo non poté cancellare, cfr. Ferchiou 1989, 492 (con il riferimento al discorso dell'imperatore Claudio a favore dei notabili della Gallia Comata per essere ammessi al Senato, la cui trascrizione fu ritrovata a Lione nel 1526).

206 Ferchiou 1989, 489.

V

NOTE CONCLUSIVE. L'ELLENIZZAZIONE DELLE FORME IN AMBITO ITALICO: APPUNTI PER UN QUADRO STORICO-ARCHEOLOGICO

Alla luce dei dati discussi nelle pagine precedenti, penso che vi siano ormai spunti sufficienti per evidenziare qualche altra considerazione, prima di chiudere, almeno in questa sede, la materia che è stata oggetto d'indagine.

Per quanto il bilancio che se ne trae non pretenda di ritenersi a tutti gli effetti compiuto e definitivo, essendo comprensibilmente destinato ad evolversi in subordine al progresso delle ricerche e ad ulteriori acquisizioni di reperti da integrare nell'elenco delle vestigia già recuperate, la documentazione materiale offerta dal campione di capitelli ionico-italici qui catalogati prospetta, tuttavia, un panorama abbastanza vasto e rappresentativo della classe, provvisorio, certo, ma fondato su solide basi. E' pertanto consentito avanzare alcune osservazioni sul fronte generale, illustrando linee di tendenza che risulteranno, almeno lo speriamo, un piccolo ma stimolante contributo a sostegno di un quadro storico-archeologico maggiormente definito e per altri versi già abbondantemente scandagliato da insigni specialisti.

Lo studio tipologico, ma soprattutto, quando ciò si è reso possibile, contestualizzato dei manufatti censiti voleva perseguire alcuni obiettivi, tra cui la determinazione del momento in cui il tipo viene a diffondersi nella Penisola, le aree di distribuzione con le "fisiologiche" differenziazioni stilistiche, cronologiche e geografiche, il grado e le modalità di persistenza dello stesso tipo nel corso del tempo, nonché la derivazione storico-geografica degli eventuali modelli ed i relativi vettori di espansione.

Per ciò che concerne le questioni cronologiche, si può affermare senza troppe riserve che quasi tutta la produzione ionico-italica *stricto sensu*, nella Penisola come nelle altre zone in cui se ne attesta la presenza, viene a concentrarsi nell'arco di tempo tra il III (con punte che possono risalire indietro fino allo scorcio del IV sec.) e l'inizio del I sec. a.C., individuando il termine ultimo della sua vitalità nella fase della guerra sociale, momento a partire dal quale, simultaneamente al pressoché totale eclissarsi di certe esperienze peculiarmente ellenistiche - come è il caso dei capitelli figurati - acquista un moto sempre più accelerato il processo di ritorno verso le forme artistiche della classicità, che segnerà un'*acmè* nel periodo del Principato augusteo.

E' anche vero che permane, allo stato attuale delle conoscenze, l'estrema difficoltà di incardinare in un'intelaiatura di cronologie assolute le seriazioni tipologiche più o meno individuate, processo che in molti casi non può avvenire se non in termini puramente indicativi: dai materiali soluntini a quelli aquileiesi, la definizione di datazioni circoscritte in numerose circostanze è, purtroppo, una prospettiva non ancora facilmente accessibile, vincolata alla completa estraneazione dei pezzi rispetto a qualsivoglia altra componente architettonica cui erano correlati negli originari contesti di provenienza. E questa nostra incapacità di datare precisamente i manufatti attraverso parametri obiettivi diventa un intralcio tanto più grave alla loro intelligibilità qualora si intenda, a ragione, tener conto anche di anticipazioni e/o attardamenti tipologico-stilistici che è possibile si verifichino in seno a qualsiasi produzione. Proprio per questo, nel corso della trattazione è sembrato opportuno accordare maggior spazio alla trattazione dei manufatti contestualizzati rispetto a quelli completamente avulsi dalle primitive appartenenze.

Ma procediamo con ordine nel ribadire quanto lo studio ha contribuito a far emergere con chiarezza.

Nella condivisione di una comune struttura a quattro facce con volute in diagonale, appare assolutamente corretto cogliere all'interno della classe ionico-italica una triplice distinzione, rispondente alle (sotto)tipologie A, B e C, già a suo tempo stigmatizzate dalla Casteels[1].

Sulla scorta dell'ideale "sovrapposizione" di queste distinzioni formali alle aree di diffusione ad esse pertinenti, è poi possibile intercettare, almeno a titolo di ipotesi, traiettorie differenziate di propagazione e sviluppo dei prototipi dal sud verso il nord della Penisola. Mentre il tipo C, assai modestamente attestato, induce a ravvisare contatti tra l'Etruria e l'area apula e lucana, del resto palesemente suggeriti anche dalla distribuzione dei capitelli di tipo figurato, chiamando in causa da una parte il ruolo di Taranto come vettore principale per il passaggio di certe esperienze artistiche elleniche in ambito italico, dall'altra i nessi dell'ambiente indigeno con quello macedone-epirota[2], nel tipo B, da parte sua, affiora in superficie, altrettanto limpida, una funzione essenziale espletata dalla Sicilia nella codificazione dello schema-base, senza escludere anche in questo caso, fra le altre, precise relazioni con le medesime regioni adriatiche della sponda orientale, nonché connessioni con Etruria e Campania[3].

Le considerazioni sulle dinamiche storiche che animano i rapporti tra le diverse compagini politico-culturali possono contribuire, seppure in linea generale rispetto alla specificità dell'argomento, ad intendere meglio le spiccate congruenze formali e cronologiche degli esemplari etrusco-sicelioti del tipo ionico-italico, rispetto alle produzioni delle officine pompeiane e nord-italiche, appartenenti ad una "seconda generazione" già proiettata, sembrerebbe, al ripristino di certi canoni classicheggianti (elemento macroscopico discriminante di questa corrente è la disposizione orizzontale delle palmette, cui si associano il più delle volte volute con spire avvolte su se stesse in un unico piano ortogonale). Del resto, anche senza la certezza di riuscire a dare tutte le risposte ai numerosi interrogativi che la ricerca costantemente risveglia, è uno sforzo che va necessariamente tentato quello di leggere le espressioni materiali nel tessuto connettivo da cui fluiscono; "in altre parole, è fallace pensare di comprendere l'origine e lo sviluppo di una forma al di fuori del suo contesto storico"[4].

---

[1] Casteels 1976-1977. Cfr. *supra*, cap. III.

[2] Per il quadro storico-archeologico dei rapporti tra Italia meridionale e versante transadriatico nel corso del IV sec. a.C., cfr. da ultimo il XLIII Convegno di Studi sulla Magna Grecia, incentrato sulla figura di Alessandro il Molosso (*Alessandro il Molosso* 2004).

[3] E' sufficiente pensare all'intensa attività svolta nell'isola a partire già dalla fine del V secolo, da mercenari delle *poleis* tirreniche meridionali e della *mesogeia* campana (in particolare Tarquinia e Capua), inizialmente al servizio dei contingenti militari greci e poi, in successione, per tutto il III secolo fino alla II guerra punica al seguito delle truppe romane: Torelli 1981, 257; Toynbee 1981, in part. 479-505.

[4] Gros 2001, introduzione.

Ovviamente, per più di una ragione non si profila cosa facile e scontata seguire *ab initio,* passo passo, con la speranza di recuperare almeno alcune delle connessioni storiche, l'*iter* di elaborazione e diffusione della tipologia, che peraltro, al pari della declinazione italica del corinzio, si configura come una produzione tutto sommato abbastanza contenuta sia nei numeri sia nel suo dispiegamento geografico, tanto da potersi misurare a scala quasi regionale. Eppure è innegabile la presenza di un motivo di fondo che, nonostante lo sviluppo essenzialmente autonomo ed "italico", invita a cercarne le fonti tra i meandri della prima *koinè* ellenistica, in quel clima di intensa comunione culturale-artistica, mai verificatasi prima ad un livello così capillare e ramificato, che pervase l'intero bacino mediterraneo fino al Ponto Eusino e all'Asia Minore a partire dalle straordinarie imprese che videro protagonista Alessandro Magno.

E' anche vero che una delle caratteristiche più rivoluzionarie del fenomeno *koinè* è costituita, rispetto al passato, dall'accentuazione della riproduzione seriale e della standardizzazione, che interessa proprio i capitelli come una delle più genuine espressioni artigianali-artistiche del periodo. Sarà altresì da tenere in conto che, per lo meno da un certo momento in poi, i tipi di maggior successo hanno comprensibilmente assecondato, nelle rispettive distribuzioni areali, il gusto corrente e le mode del momento, finendo per mettere in ombra eventuali significati ideologici intrinseci, in origine, all'una o all'altra forma; e questa notazione risulta ovviamente valida anche in riferimento alla classe ionico-italica, come attesta in tutta chiarezza l'apprezzabile quantità di reperti censiti nell'area vesuviano-flegrea, soprattutto nella Pompei della fase osca ma anche in seguito, presenti non solo nelle case della ricca borghesia ma altresì in alcuni contesti di tenore sociale più basso, che intendevano imitare, negli esigui spazi a loro disposizione, il fasto delle grandi dimore signorili.

Nonostante le difficoltà appena espresse nel definire le vie di provenienza della classe di elementi architettonici in questione, è impossibile trascurare, per i suoi corollari semantici ed ideologici, la trama di connessioni che si evidenzia in modo assolutamente palese dall'osservazione di quello che, a prescindere dagli eventuali molteplici influssi che potrebbero aver concorso a determinare i "percorsi italici" del tipo, è l'impianto di base del capitello ionico-italico con le quattro facce ornate da volute, derivante da una morfologia elaborata in Grecia e presente *in nuce* nel tempio bassitano di Apollo Epikourios.

La regione peloponnesiaca, da sempre una delle aree della Grecia più brillanti e vitali in campo artistico, fra la fine del V e il IV sec. a.C. dette spazio, segnatamente nell'ambito dell'architettura, alla maturazione di una gamma di esperienze strutturali e decorative di notevole livello, fra cui si annovera lo stesso capitello ionico diagonale[5], che presero poi piede nel periferico comparto macedone. In una temperie di profonda crisi di tutto ciò che fino a quel momento aveva rappresentato la norma e la tradizione, mentre Atene si vedeva sfuggire di mano l'antico primato di "scuola della Grecia"[6] ed il *focus* delle grandi innovazioni non risiedeva più in quelle città che erano state considerate per secoli la culla privilegiata della cultura, a partire dalla seconda metà del IV secolo il mondo assisteva, con l'emergere dall'oscurità dell'astro nascente incarnato

5 Cfr. Roux 1961 per Bassae.

6 Cfr. Thuc. II, 41, 1. Per un interessante contributo sulla crisi delle egemonie nel IV sec. a.C. e l'ascesa al potere di Filippo II, letti in una prospettiva "diodorea", si veda da ultimo, Bearzot-Landucci 2005, in part. 67-103 (contributo di G. Parmeggiani).

dal regno macedone, all'ascesa repentina di centri di potere alternativi rispetto a quelli del passato; da subito essi scrissero nuove pagine di storia, e non solo in termini politici ma, *lato sensu*, nel campo dell'intera cultura occidentale, senza trascurare di offrire il proprio autentico apporto anche agli sviluppi dell'architettura, con l'elaborazione, sulla scia di suggestioni e di ispirazioni nate proprio nel Peloponneso, di soluzioni originali tese ad esaltare, facendo ricorso ad un linguaggio di sicuro impatto visivo e di grande comunicazione metaverbale, la ricchezza, il prestigio e il carisma dell'istituzione regale.

Sintomatica è l'apparizione di "ibridi architettonici", connotati da una provocatoria, quasi irriverente, mescolanza degli ordini canonici, che - negativamente giudicata, al pari di ogni altra mistione, etnica, sociale o culturale che fosse, nella Grecia dalla classicità -, si applica ora con una sorta di spirito rivoluzionario a tipologie edilizie intimamente correlate all'ordinamento politico-sociale della Macedonia, specialmente palazzi, porte e tombe monumentali[7]. Come è stato evidenziato[8], la spiccata preferenza accordata in tali contesti allo ionico nella veste peculiare da questo assunta nel distretto greco meridionale fa leva su una serie di motivazioni ideologiche e propagandistiche: nonostante, infatti, gli stessi Greci considerassero la Macedonia una terra di *barbaroi*, le popolazioni macedoni-epirote rivendicavano con forza le proprie ascendenze elleniche, *maxime* le casate reali - con la più potente in testa, quella degli Argeadi -, che proclamavano di affondare le rispettive radici gentilizie nei lontani periodi del mito, ostentando l'appartenenza alla progenie di Eracle o di Zeus e riallacciandosi in questo modo alle specificità della sovranità divina di epoca micenea[9].

Gli scavi di Pella così come, non ultime, le scoperte di Palatitsa e Lefkadia, hanno messo in rilievo la notevole *verve* creativa propria delle attività costruttive in cui furono impegnati gli architetti e gli artisti che lavorarono nell'*entourage* della corte macedone, ed appare specialmente utile in questa sede sottolineare che è per l'appunto nei propilei del complesso palaziale di Aigai che si rende possibile scorgere un interessante campione dell'impiego di capitelli ionici diagonali; ma anche nella casa della Fontana e nella *stoa* del porto a Perachora, edifici che legano il loro nome agli interventi compiuti da Demetrio Poliorcete nell'area del santuario corinzio, si rileva l'uso della medesima tipologia[10]. Tali esempi hanno, dunque, tutta l'aria di un preziosissimo "preludio", già carico di contenuti sia di natura formale che ideologica, ai manufatti della produzione ionico-italica.

Sta di fatto che, pur con tutti i dovuti *distinguo* rispetto agli archetipi ed alle numerose formulazioni che lo ionico a quattro facce assumerà a seconda dei tempi e delle dislocazioni spaziali - e per stimare questo nelle sue reali proporzioni sarà

[7] L'esempio più antico a scala monumentale di questa mescolanza sarebbe quello costituito dai protoellenistici *andrones* A e B del santuario di Zeus a Labraunda, edificati intorno alla metà del IV sec. a.C. dagli Ecatomnidi Mausolo ed Idrieo (sulla funzione di queste strutture, cfr. in part. Hellström 1996, 164-169). Per le referenze bibliografiche sull'argomento, cfr. *supra*, cap. IV. Per alcune sintesi sulle architetture macedoni menzionate, cfr. Miller 1982, 152-171; Ginouves 1993; Andronikos 1994; Des Courtils 1999, 357-374.

[8] Marinatos 1970, 45-52; Tomlinson 1983, 285-289.

[9] Cfr. in part. Marinatos 1970, 45-52.

[10] Per Vergina, cfr. in part. Heuzey-Daumet 1876; Andronikos 1961; Rhomaios 1953-54, 141-150. Per la *stoà* del porto a Perachora, cfr. Coulton 1964, 100-131, in part. 114-116 e 126, figg. 7-8, tav. 24 per il capitello. Cfr. anche la descrizione in Roux 1961, 346-347. Per la Casa della Fontana e le connessioni peloponnesiaco- macedoni, cfr. le osservazioni di Tomlinson 1983, 285-289.

sufficiente rinviare alla vastissima gamma di sfumature che "colorano" in maniera sorprendentemente vivace la classe in area nordafricana -, anche nella diffusione della categoria italica si percepiscono, *sine dubio,* alcuni richiami sui quali vale la pena tentare di far luce, e che non possono essere vagliati a fondo né adeguatamente ponderati se non presupponendo a monte quel nucleo di esperienze colte ma coscientemente eterodosse rispetto alle convenzionali forme della classicità, che portano, per così dire, il "sigillo" della Macedonia.

E' in questa nuova sede di potere e cultura sorta quasi dal nulla in una frangia marginale dell'Ellade, che trovarono infatti un clima propizio di elaborazione e sviluppo alcune "giovani" tipologie, prima del loro propagarsi negli altri comparti del Mediterraneo, evidentemente percepite come parte di un lessico artistico-culturale di prestigio alternativo ai moduli classici, che le *élites* aristocratiche dominanti scelsero di adottare, mirando alla deliberata, "programmatica" emulazione di un autorevole *paradigma.* Come i dati raccolti, in definitiva, tendono ad illustrare, il capitello ionico a quattro facce si rivela, da questo punto di vista, un caso assolutamente emblematico ed esemplare, che fornisce un'apprezzabile occasione per penetrare a fondo, attraverso un elemento-spia che ne sottende altri ben più grandi, quei complessi fenomeni di acculturazione che vanno sotto i nomi di "ellenizzazione" e "romanizzazione".

Il quadro reale della documentazione storico-archeologica è, in verità, infinitamente meno lineare di quanto gli stereotipi associati, per comodità, a tali definizioni non siano inclini a lasciarci intendere. L'attuale linea di studi tende in qualche misura a correggere quella prospettiva ormai superata che vorrebbe vedere nelle situazioni storiche di incontro fra le culture mediterranee la contrapposizione, come in un'immaginaria strutturazione concentrica impostata su traiettorie univoche, tra un centro altamente evoluto emanante arte e pensiero - il mondo greco – e delle periferie nettamente inferiori sul piano socio-culturale, spesso fiaccamente disponibili nei confronti degli influssi che giungono dall'esterno.

In realtà, le ricerche dimostrano con sempre maggiore frequenza che le interazioni sono varie e si muovono lungo molteplici canali di trasmissione, sulla base di dinamiche che, se da un lato si dipartono da linguaggi complessi e prestigiosi, frutto di tradizioni culturali fortemente sedimentate e razionalizzate - in questo senso superiori -, dall'altro giungono non di rado ad essere assimilati in modo cosciente e propositivo, tale da mostrarsi in grado di mutare gli impulsi ricevuti con l'originalità dello spirito locale. Nei meccanismi di acculturazione, perciò, la permeabilità di determinate forme del pensiero piuttosto che di certe manifestazioni della cultura materiale viene ad assumere, in ultima analisi, i tratti di una comunicazione, se non proprio paritaria, certamente attiva e vivace tra interlocutori analogamente motivati. Così, accanto a fenomeni che tradiscono effettivamente la superficialità di contatti approssimativi, arrestatisi ai livelli di facciata e per questo fautori di esiti finali dissonanti, se ne contano altri che, al contrario, scaturiscono da relazioni di tipo osmotico e bilaterale: in questo caso si verificano integrazioni che, individuando raramente nella Grecia propriamente detta la fonte diretta di tale processo, riescono a raccordare i diversi elementi in un fecondo percorso di comprensione intima e globale, ben distante da automatiche appropriazioni di fattori formali e stilistici riamalgamati secondo formule sterili nei significati e prive di consequenzialità rispetto ai prototipi. Diversi sono gli intermediari che entrano in gioco (Fenici, Punici, Greci, Romani) e distinte le connotazioni che possono arricchire uno stesso linguaggio di *nuances* differenziate a seconda delle strutture sociali che lo adottano, valutandone con accurate operazioni di selezione l'idoneità nel dar corpo a concetti ed espressioni coniati *ad hoc* in funzione dei rispettivi sostrati comunitari e delle rispettive committenze.

Dovendo, a questo punto, tirare le somme riguardo alle qualità peculiari della tipologia ionico-italica ed al posto da questa occupato rispetto alla penetrazione dei modelli ellenistici in Italia, un fattore che, nella sua forte pregnanza, non può passare sotto silenzio riguarda l'irrompere di Roma nella scena politica mediterranea ed il suo contatto iniziale con l'Ellenismo. E' dunque conveniente, sulla scia di quanto si è appena detto, richiamare rapidamente l'attenzione sul dibattito che ha visto di recente l'emergere di posizioni scettiche, quando non proprio negative, intorno al concetto classico di "romanizzazione".

Alla luce delle testimonianze archeologiche disponibili, è senz'altro vero che il panorama delle modalità che portarono ad una diffusa ed incontestabile *koinè* romano-italica già nel periodo medio-ellenistico non consente più di appiattire con troppa disinvoltura le diverse esperienze locali e regionali in funzione di una schiacciante ed omnicomprensiva supremazia esercitata da Roma a tutti i livelli, né avalla l'idea di un asservimento culturale coatto e sanguinoso, derivante in modo meccanico dalla sottomissione politico-militare (che, per forza di cose, almeno in parte coatta e sanguinosa lo fu!); il fenomeno assume, certamente, dei tratti di notevole articolazione e complessità, ben al di sopra di quanto le stesse fonti letterarie di stampo romanocentrico, nella loro intrinseca faziosità, lascino trapelare. Pur tuttavia, se può considerarsi cosa saggia ammettere l'esistenza di gradazioni diverse manifestatesi nel corso della progressiva attuazione del processo, in subordine ad una discriminante di basilare importanza che va individuata nelle gerarchie sociali ed economiche, d'altro canto negare, come pure si è detto, la veridicità della romanizzazione come lento, talora sicuramente anche tortuoso, percorso omogeneizzante, fattore concretamente attivo e determinante nelle dinamiche di acculturazione che ebbero come scenario la Penisola dal IV sec. in poi, rappresenta una sostanziale mistificazione del reale quadro storico[11].

Alcune riflessioni qui di seguito riportate, che, con la tradizione letteraria, rinviano a date ed eventi ritenuti decisivi dalle referenze antiche così come dalla storiografia moderna, saranno di qualche ausilio per puntare ad un migliore apprezzamento del discorso nel suo complesso. Il doppio interrogativo nel quale potremmo tentare di cristallizzare il problema può essere questo: quando Roma viene a "toccare con mano" per la prima volta le esperienze ellenistiche? E qual'è, in quel momento, il livello della sua "sensibilità culturale"? Ecco che non è dato prescindere, pertanto, dall'avvalersi di una minima definizione storica dei rapporti intrattenuti dalla città con le altre entità politico-culturali coeve, prime fra tutte Taranto e la Sicilia, contesti in cui la nuova fenomenologia culturale era già sviluppata ad alto livello, sia dal punto di vista socio-economico che storico-artistico, innervandosi nel profondo di tre anime contermini -

---

[11] Sul tema della romanizzazione intesa come un processo profondo di unificazione culturale dell'Italia cominciata ben prima della Guerra sociale, si vedano, tra gli altri, Brunt 1971, Harris 1971, Salmon 1982, *Colonizzazione* 1988, Torelli 1999, David 2002. Per i recenti approcci orientati a scardinare la lettura più tradizionale, cfr. in part. Guldager-Nielsen-Nielsen 1993, Mouritsen 1998, Terrenato 1998, Keay-Terrenato 2001.

quella greca, quella punica e quella indigena – impegnate, senza via di scampo, in un perenne ma altresì stimolante faccia a faccia.

V.1 *Polis hellenis*

Appare di per sé un fatto incontrovertibile che in seno ai movimenti di propagazione dei nuovi valori, che condussero anche nella nostra penisola ad una spiccata omogeneità di esperienze, un'importante attività di mediazione debba essere riconosciuta a Siracusa, che, tra IV e III sec. a.C., in un periodo che scelse fra i temi politici prioritari la lotta della grecità d'Occidente contro l'endemico, sempre pressante pericolo cartaginese, restò in tutta la Sicilia l'unica città greca in grado di esercitare ancora un'incisiva funzione politica e di vantare un'autorità culturale significativa per l'evolversi della dimensione artistica sia dell'isola che del *milieu* mediterraneo. Ed in verità la città conservò fino all'età di Ierone II quella posizione egemonica che le era stata consegnata da Dionisio I quando, nel suo ruolo di *archon Sikelias* prima ancora che come *basileus Syrakosion*, quest'ultimo la trasformò in una potenza a capo di un impero a tutti gli effetti, in grado di interloquire da pari a pari con i centri più importanti del mondo[12].

Dopo le distruzioni perpetrate dai punici ai danni di quasi tutte le *poleis* greche dell'isola - la sola Siracusa, infatti, aveva saputo resistere ai violenti assalti – e gli aspri scontri bellici che animarono il lungo regno del primo dei Dionisii (405-367 a.C.), a partire dagli anni immediatamente successivi alla metà del IV sec. a.C., in risposta alle esortazioni già rivolte da Platone a Dionisio il Giovane[13] la Sicilia tornò a rifiorire grazie all'operato del corinzio Timoleonte, che coordinò la ricostruzione integrale di gran parte delle città e dei piccoli centri distrutti alla fine del V sec. a.C. mentre, come nel resto d'Italia, si assisteva ad un notevole incremento demografico e ad un'ampia diffusione della piccola-media proprietà terriera[14].

Tale fase di brillante rinascenza materiale e culturale, dietro alla quale, come è stato suggerito da S.N. Consolo Langher, potrebbe stendersi nientemeno che la *longa manus* di Filippo II[15], proseguì ancora negli anni in cui gli interessi politici dei Diadochi si intrecciavano e si scontravano reciprocamente nel tentativo di imporre le rispettive egemonie sulla *Libye* da una parte, sulle coste dell'Epiro e Corcira dall'altra. A questo fittissimo intreccio di tattiche a carattere politico-militare e manovre diplomatiche non rimase estranea la Sicilia greca, che proprio in quel momento, sotto la guida di Siracusa, si trasformava in un vero e proprio regno ellenistico, governato da un sovrano animato da ambiziosi progetti, Agatocle, che si pose in diversi frangenti come stimato

[12] Sordi 1980 207-288, in part. 220-224. Cfr. inoltre *Sikanie* 1985, in part. 61-78 (quadro storico a firma di G. Pugliese Caratelli).

[13] Pl. *Epist.* III, 319d; VII, 331e, 332c, 336a, 336d; VIII, 337a-b.

[14] Coarelli 1980, 157-158 con riferimenti bibliografici.

[15] Consolo Langher 1993, 355-356. Tra gli argomenti a sostegno di questa tesi, la studiosa fa un particolare riferimento alle sostanziali affinità riscontrabili tra la lega siciliana promossa da Timoleonte dopo la vittoria del Krimisos del 341 a.C. (D.S. XVI, 82, 4) e la lega di Corinto patrocinata più o meno nello stesso periodo proprio da Filippo II.

interlocutore ed influente alleato, un vero e proprio "ago della bilancia" nel contesto mediterraneo[16]. Tra le altre cose, è legata al nome di questo monarca la smaniosa aspirazione di annientare la potenza cartaginese portando la guerra proprio in casa del nemico, per costituire in Africa un principato. Nel tentativo, poi fallito, di trasformare in realtà questo miraggio, Agatocle trascinò con sé Ofella, che governava la Cirenaica per conto di Tolomeo, andando ad incrinare non poco i delicati equilibri di poteri e spartizioni di cui era stato fatto oggetto il mondo greco dopo la morte di Alessandro, e raccogliendo molti consensi tra le fasce più deboli delle popolazioni greche, che in quello stesso periodo avevano da sopportare in patria una situazione di miseria e povertà, e speravano così che il successo dell'impresa avrebbe consentito loro, attraverso la colonizzazione delle terre più fertili della *Libye* ed il bottino delle ricchezze di Cartagine, un immediato riscatto economico[17].

Al di là di tutte le questioni storico-politiche, che certo diventerebbe improprio sviscerare in questa sede, vale la pena sottolineare che proprio il *polemos* africano di Agatocle, come afferma Diodoro, comportò lo spostamento in massa di un numero ingente di uomini, molti dei quali accompagnati dalle proprie famiglie e dai propri beni: un esercito in marcia che sembrava piuttosto un gruppo di coloni ansiosi di insediarsi quanto prima nei nuovi territori, visti come una sorta di "terra promessa"[18]. Questo evento può aver rappresentato un momento di frizione, ma anche una privilegiata occasione di intensi scambi tra il mondo greco siceliota, quello macedone ed egizio-alessandrino, quello punico e, non ultimo, quello etrusco-italico, come stanno ad indicare le notizie riguardanti proprio l'arruolamento di manipoli di mercenari tirreni, campani e sanniti al soldo del tiranno[19].

In seguito, mentre nella Sicilia orientale, con il dominio siracusano di Ierone II, autoproclamatosi ultimo discendente della dinastia dinomenide[20], fu garantita una certa continuità di sviluppo[21], per lo meno fino al fatidico 211 a.C., l'impresa di Pirro prima e le devastazioni della Prima Guerra Punica poi segnarono per la grecità dell'isola il definitivo tramonto della propria fase aurea, cui si accompagnava sulle scene internazionali la sempre più incombente presenza di Roma e l'esordio della sua "espansione transmarina"[22].

---

[16] De Sensi Sestito 1977, 165-170; Consolo Langher 1980, 311-312, 316-319; Consolo Langher 1993, 345-372; da ultimo Consolo Langher 2000, con ampia serie di riferimenti alle fonti antiche e alla bibliografia moderna. Per interessanti considerazioni sulla figura di Agatocle come monarca ellenistico sulla scia di Alessandro, a partire dalla notizia ciceroniana di una *pugna equestris* dipinta su tavole, compresa nel novero di opere d'arte sottratte da Verre a Siracusa (Cic. *Verr.* 2, II, 122-123), cfr. nello specifico Coarelli 1996, 85-101.

[17] Cfr. D.S. XX, 40, 5-7. Sulle vicende dell'operazione in Africa, cfr. Consolo Langher 1993, in part. 346-353.

[18] D.S. XX, 41, 1. Dopo Consolo Langher 1980, 311 ss. con ampia bibliografia, per una recente sintesi delle problematiche relative al periodo tra Timoleonte ed Agatocle, in riferimento alla storiografia ellenistica, cfr. ora Bearzot-Landucci 2005, 283-325 (contributo di R. Vattuone).

[19] Torelli 1981, 257; Cassola 1986, 77-81. Cfr. da ultimo *Alessandro il Molosso* 2004, in part. il contributo di Tagliamonte sul fenomeno del mercenariato nell'Italia meridionale di IV sec. a.C., 135 ss.

[20] Cfr. Giust. 23, 1-6.

[21] Per il regno di Ierone II, cfr. De Sensi Sestito 1977; Sordi 1980, 277-279; De Sensi Sestito 1980, 345-370; Salmeri 2004, 261-262 con riferimenti bibliografici.

[22] Cfr. Clemente-Coarelli-Gabba 1990, in part. 55-68 (E. Gabba).

Attraverso l'analisi delle relazioni coltivate da Siracusa, rivolte da una parte in direzione di Alessandria e dell'ambito egizio - già particolarmente forti sotto Agatocle, ma non meno intense successivamente, durante il regno di Ierone II[23] -, dall'altra verso l'area transadriatica meridionale corrispondente ad Epiro e Macedonia - anche in questo caso già abilmente patrocinate da Agatocle e proseguite con Pirro -, è possibile ritrovare un bandolo della matassa relativamente a questioni non così facili da districare, tra cui quella concernente l'affluire, nelle zone ricadenti nelle pertinenze dell'*eparchia* cartaginese, di schemi e tipologie di origine greca e greco-orientale, che, si noti bene, non restano confinati all'impiego di isolati manufatti architettonici, ma si estendono ad interi impianti urbani - ed il riferimento a Solunto pare d'obbligo -, mettendo radici, dunque, nel cuore del sistema sociale, per enunciare una sostanziale affinità culturale che solo la discriminante religiosa viene realmente a svigorire. Non mancano, per nostra fortuna, alcune testimonianze di fonti storiche e dati epigrafici inerenti ai rapporti fra Solunto e Siracusa, anche se non è ancora accertato un legame particolarmente stretto fra i materiali dei due centri, tale da indurre gli studiosi ad ipotizzare un apporto determinante di Siracusa oppure la provenienza diretta da essa di alcuni modelli[24]. E' anche vero, ad ogni buon conto, che solo da poco tempo a questa parte si comincia a conoscere qualcosa di significativo della produzione ellenistica siracusana, ed è assolutamente plausibile ritenere che la metropoli corinzia sia stata una effettiva testa di ponte per la veicolazione di certe tendenze artistiche nei contigui territori di dominio punico, lasciando, in ogni caso, spazio ai diversi possibili orientamenti di gusto dei committenti ed alle eterogenee qualità tecniche delle maestranze locali. Nel paragone tra i prodotti della Sicilia orientale e quelli della cuspide occidentale, come si è visto, questo aspetto risulta soddisfacentemente messo a fuoco, anche se un giudizio definitivo sarà ragionevolmente perseguibile soltanto mettendo in cantiere studi comprensivi e sistematici dei reperti esistenti, che delineino meglio la produzione architettonica di età

---

[23] Cfr. Rizzo 1973, in part. 31-43; *Sikanie* 1985, 68-78. Saranno sufficienti da ricordare qui come episodi emblematici di tali relazioni, da una parte il matrimonio di Agatocle con Theoxena, figlia o figliastra di Tolomeo I (Giust. XXIII, 2), dall'altra la costruzione della gigantesca nave Syrakosia, voluta da Ierone II ad imitazione delle simili opere di rappresentanza degli altri sovrani ellenistici e donata dal sovrano all'amico Tolomeo III (Ath. V, 206d- 209e).

[24] Un quadro generale sul repertorio archeologico della Sicilia ellenistica, con specifici riferimenti ad alcuni centri importanti dell'isola è stato redatto da N. Bonacasa in *Sikanie* 1985, 277-347. Nello stesso volume, altrettanto importante il panorama sulle città puniche, ad opera di V. Tusa (*Sikanie* 1985, 577-631). Ulteriori indicazioni in *Alessandria e il mondo ellenistico-romano. Studi in onore di A. Adriani III*, Roma 1984. Recentemente, si veda la sintesi dettagliata di C. Portale in Angiolillo-Portale-Vismara 2005 (soprattutto il cap. IV).

Riguardo a Solunto, per esempio, è stato portato alla luce un emblema raffigurante un astrolabio e realizzato con la tecnica del *vermiculatum*; i contorni del soggetto sono ottenuti con laminette di piombo. Proprio l'uso di questa tecnica abbinata alla scelta del motivo rappresentato inducono a ritenere probabile per questa manifattura un'origine alessandrina (De Vos 1975, 197-199). Con G. Gullini, N. Bonacasa è un convinto assertore del ruolo fondamentale esercitato dall'Egitto tolemaico nell'arte ellenistica siciliana (cfr. Bonacasa 1999, 259-273, con bibliografia precedente).

Il problema di definire con maggior precisione i rapporti di influenza e di derivazione tra i diversi centri ellenistici della Sicilia, in relazione agli elementi architettonici, comunque, rimane ancora sostanzialmente aperto, e su questo tema sarebbe auspicabile che si improntassero i progetti di ricerca nel prossimo futuro, volti all'estensione delle indagini *in situ* ed alla pubblicazione sistematica dei numerosi materiali inediti.

ellenistica nell'isola, abbozzando un quadro cronologico e stilistico-qualitativo relativamente alle botteghe operanti nei diversi centri.

E' nella prima metà del III sec. a.C., dopo la sottoscrizione del trattato di *philia* del 306 a.C. tra Roma e Cartagine che, nel rispetto delle reciproche sfere territoriali d'influenza nell'area del Mediterraneo centro-occidentale, sanciva l'attribuzione dell'Italia ai Romani e della Sicilia ai Punici[25], che si consuma una svolta senz'altro epocale – e non solo per l'isola -, in grado di condurre, nel giro di pochi anni, ad un drastico mutamento del quadro mondiale. Tale "cambio di rotta" è segnato dalla risoluzione – non scevra da problemi di interpretazione costituzionale per gli storici moderni, dacché non è chiaro quale organo della Repubblica (i comizi centuriati, i comizi tributi, il senato) si fece artefice della delibera - che indusse Roma, ad intervenire nell'isola nel 264 a.C., accogliendo, pretestuosamente, la richiesta d'aiuto inoltrata dai Mamertini di Messana per difendersi dalle pesanti pressioni di Cartaginesi e Siracusani[26].

Con i nuovi, audaci orientamenti di espansione ormai esternati a chiare lettere dal governo romano, da questo momento in poi scendeva apertamente in campo una diversa variabile politica, che si configurava come ulteriore e vigoroso elemento propulsore dell'ellenizzazione, dando il via libera ad un processo che a questo punto potremmo ben dire, forse anche più correttamente, di romanizzazione-italicizzazione in quelle regioni del Mediterraneo occidentale come la Penisola Iberica, la Gallia Cisalpina e la Narbonese, dove l'ingresso delle esperienze culturali ellenistiche si verificò, effettivamente, in parallelo con la prima presenza italica e romana. Ma c'è da dire che anche nelle compagini centro-meridionali dell'Italia che, come l'Etruria, indipendentemente ed in orizzonti cronologici assai precoci avevano instaurato fervide relazioni con il mondo ellenico, Roma seppe, direttamente o di rimando, imprimere pesantemente il proprio marchio: mano a mano che il potere dell'Urbe cresceva ed i contatti con l'Oriente si facevano più assidui, si attivavano infatti in seno alle varie comunità indigene meccanismi volontari di *self-romanization*, che acceleravano notevolmente ed in maniera del tutto spontanea i ritmi di una per certi versi inevitabile assimilazione culturale al "sistema" romano, con l'esplicito riconoscimento di un ruolo-guida spettante di diritto alla grande città laziale almeno a partire dai tempi della vittoria su Pirro.

Per ciò che concerne quello che nel vittorioso duello con Cartagine era diventato il primo possedimento extra-italico di Roma, secondo il punto di vista sostenuto da alcuni studiosi è già con gli anni iniziali della Prima Guerra Punica che dovrebbe considerarsi giustificato parlare di una reale "provincializzazione" romana della Sicilia[27], ben prima

---

[25] Liv. IX, 43, 26. Cfr. De Sensi Sestito 1980, in part. 351 con bibliografia.

[26] Sulle responsabilità della guerra e le vicende che ne seguirono, cfr. Clemente-Coarelli Gabba 1990, in part. 55-67 (E. Gabba) e 91-96 (M. Crawford). Il valore "epocale" dell'avvenimento era già stato sottolineato dal Rostovzev (Rostovzev 1910, 229). Sui mercenari di origine campana in Sicilia dopo la morte di Agatocle, cfr. De Sensi Sestito 1980, in part. 345-361. Delle comunità campane esistevano in Sicilia già dalla fine del V sec. a. C., come è noto relativamente alle città di Entella e Nacona, appartenenti all'area di controllo sottoposta a Cartagine (cfr. Clemente-Coarelli Gabba 1990, in part. 58 e nota 15 con bibliografia; si vedano inoltre i riferimenti bibliografici in nota 3).

[27] Kienast 1984, 105-123.

della data del 227 a. C. che sancisce, con l'invio del primo governatore - il pretore G. Flaminio, già promotore della distribuzione viritana di terre nell'*ager Gallicus* -, l'istituzione ufficiale della *provincia*. Secondo altre opinioni, tuttavia, è probabile che anche dopo la firma dell'accordo del 263 a.C. con Ierone II, avente carattere di *amicitia*, Roma non gestisse integralmente le vicende sicule, lasciando le città ancora libere di agire in maniera autonoma[28].

Che ora, a seconda delle diverse posizioni, la *vexata quaestio* penda giuridicamente a favore dell'una o dell'altra delle suddette alternative, questo non incide per nulla su un dato unanimemente condivisibile, ossia il fatto che a partire dalla prima metà del III sec. a.C. Roma si trovò ad intrattenere intensi contatti, come mai fino ad allora aveva avuto occasione di fare, con la cultura ellenistica, sia nelle forme auliche elaborate nel comparto greco che in quelle più corsive ed eclettiche, ma senza meno vivaci e colorite, sviluppatesi nell'area controllata dall'autorità punica. Ed è quindi tutt'altro che illogico pensare che, in una qualche misura, questa frequentazione avesse già potuto interferire sull'evoluzione delle manifestazioni artistiche romane, prima ancora, dunque, di giungere alla data cruciale del 211 a. C., che nel bene e nel male ebbe pure una così grande risonanza.

Sul piano politico-militare, nel corso della stessa *facies* medio-repubblicana Roma non aveva tralasciato di fissare anche una serie di puntelli risolutivi per il consolidarsi del suo potere in Italia. Dopo le vicende di IV sec. a.C., che videro impegnata la città prima a rafforzare la propria supremazia in seno alla Lega Latina e poi a smantellarne l'esistenza nel quadro di un totale assorbimento dei territori pertinenti - previsto, a seconda dei casi, tramite un'annessione diretta (Lavinium, Aricia Lanuvium), con la fondazione di colonie di diritto latino (Ardea, Circeii, Nepet, Norba, Setia, Sutrium), oppure mediante trattati di alleanza bilaterale con singole città (Praeneste e Tibur) -, Roma rivolgeva ora la propria attenzione alla Campania, motivo e terreno degli attriti con i Sanniti (Prima Guerra Sannitica, 343-341 a.C.; Seconda Guerra Sannitica, 326-304 a.C.). Già all'inizio del secolo successivo, con la deduzione di Alba Fucens e Carseoli, era stato annesso anche il territorio degli Equi (nel 299 a.C. venne istituita una nuova tribù nella valle dell'*Anio*, l'*Aniensis*), e Roma usciva vittoriosa dalla dura battaglia di Sentino del 295 a.C. che, determinando la sorte del terzo conflitto sannitico (Terza Guerra Sannitica 298-290), costituiva in sostanza un vero e proprio salvacondotto per il centro-sud, incorporando il Sannio nell'orbita degli interessi romani[29]. *Medio tempore* si rinsaldava il controllo del centro-nord con una sequela di conquiste, alleanze e deduzioni coloniarie che andavano dall'Etruria alla Sabina, dall'Umbria al Piceno fino al corso del Rubicone, fiume che restò non a caso come

---

[28] Per l'accordo, cfr. Pol. I, 16, 9. Sulla scorta di un'iscrizione (IG XVI, 7) e di un gruppo di emissioni monetali nelle serie auree e argentee del periodo 262-241 a.C., la De Sensi Sestito rafforza sul fronte epigrafico e numismatico l'idea dell'esistenza di un *koinon ton Sikeliotan* nel corso del III sec. a.C. (De Sensi Sestito 1980, 351-353 con riferimenti), ritenendo nel contempo che solo nel 241 a.C., vale a dire a conflitto concluso, Ierone divenne *philos kai symmachos* dei Romani. Il Karlsson delinea la possibilità che la lega delle città siciliane fosse concepita analogamente alla struttura federale suggerita da I. Strom per le *poleis* della Campania meridionale prima della conquista romana, che potevano agire indipendentemente da Roma (cfr. il contributo in Guldager-Nielsen-Nielsen 1993, 53-90). Una sintesi efficace sulla complessa questione della *provincia Sicilia*, documentata da una cospicua serie di riferimenti letterari e bibliografici, è redatta da M.Crawford in Clemente-Coarelli-Gabba 1990, 91-99.

[29] Cfr. gli atti del Convegno di Camerino-Sassoferrato 1998, pubblicati in *Battaglia del Sentino* 2002.

elemento di demarcazione fisica del *limes* settentrionale dello stato romano fino alla tarda Repubblica[30]. E' anche interessante rilevare, come peraltro non si è mancato di fare, che almeno dalla fine del III sec. a.C. esisteva un razionale e codificato, a suo modo già unitario, concetto di Italia, non scindibile dalla classificazione di ciò che era considerato per definizione *ager publicus romanus*[31].

Nei termini sopra tratteggiati, la situazione politica sembra lasciare aperto uno spazio tutto sommato abbastanza limitato circa la possibile attivazione di fronti italici pienamente autonomi nel promuovere e gestire lo sviluppo e la diffusione in area occidentale delle nuove avanguardie culturali figlie dell'Ellenismo[32].

Si può forse presumere che, mentre aree come quelle umbro-sabina e piceno-sannitica, ragionevolmente giudicate come territori decentrati dove gli spunti artistici arrivavano solo di rimbalzo, magari attraverso il filtro di molti passaggi, dovettero vivere l'avvento del potere romano come viatico determinante per la loro crescita culturale, *ex contrario* la compagine dell'Italia centrale tirrenica, che sviluppava già da tempi lontanissimi relazioni tali da favorire l'innescarsi di eventuali ingranaggi di ellenizzazione, non percepisse l'esigenza di una intermediazione di Roma, individuando direttamente nelle città magno-greche, massimamente in Taranto, un prezioso agente di scambi e trasmissioni culturali. Alcuni fattori materiali già sopra analizzati, come quelli relativi alla diffusione del capitello figurato, nonché le puntuali analogie stilistico-formali che accomunano una serie di capitelli ionico-italici, danno conforto, nell'opinione di alcuni studiosi, all'ipotesi della formazione di un preciso asse culturale apulo-etrusco, riferibile ad una cd. *koinè* sud-adriatica, nella quale si fusero le esperienze artistiche provenienti da Macedonia ed Epiro con quelle dei centri indigeni e greci della Puglia – a cui, se così è, non rimase peraltro estranea, nel corso di certi eventi, la stessa Sicilia -, e che potrebbe aver preso vita, sulla scorta di un retaggio di frequentazioni "tirreniche" ben insediato nel territorio, senza necessariamente soggiacere al coinvolgimento della parte romana[33].

Come è di per sé sufficiente a dimostrare la diffusione della tipologia architettonica e decorativa degli ipogei monumentali nella Puglia settentrionale, ai quali non si può evitare di accostare per comparazioni dirette quelli famosissimi di Dion, Lefkadia e Vergina, *de facto* i modelli macedoni trovano in quest'area sud-orientale dell'Italia un varco privilegiato per penetrare nella Penisola; ed è altrettanto corretto sostenere che

---

[30] Sulla colonizzazione latina e l'espansione nel resto d'Italia fra IV e III sec.a.C., cfr. Clemente-Coarelli-Gabba 1990, 7-54 con ampia bibliografia di riferimento. In part., si vedano Harris 1971, Coarelli 2000, 195-205, per l'Etruria, l'Umbria e l'*ager Gallicus*; Salmon 1985 per le guerre sannitiche. Sul ruolo cardine svolto da Curio Dentato in questo indirizzo della politica romana, cfr. le referenze bibliografiche a nota 30 del cap. IV.

[31] Clemente-Coarelli-Gabba 1990, 95. Questa pur ancora sfumata idea d'Italia sembra preconizzare il forte concetto della *tota Italia* augustea, che altro non è se non il prodotto finale della storia scritta da Roma nei secoli precedenti (cfr. l'analisi puntuale condotta da Torelli 1999).

[32] Perplessità in ordine al rapporto di trasmissione diretta di espressioni artistiche dalla Magna Grecia-Apulia all'Etruria sono già state manifestate sia in generale che nello specifico: si veda Massa Pairault 1985, *passim*; cfr. già Coarelli in *Caratteri dell'ellenismo nelle urne etrusche* (Atti dell'Incontro di Siena 1976), Prospettiva suppl. 1., Firenze 1977, 119.

[33] Per questa cd. *koinè* sud-adriatica con le sue "propaggini", cfr. in part. Poulsen 1993, 161-170; Guldager-Nielsen-Nielsen 1993, 9, 53-90 (contributo di T. Fischer-Hansen). Per il Sannio, cfr. Guldager-Nielsen-Nielsen 1993, 9.

questa breccia si sia creata in virtù dell'omologa strutturazione sociale dei due contesti, quello macedone-illirico e quello dei centri indigeni italici, governati entrambi da aristocrazie terriere che, per mantenere viva la memoria di appartenenza gentilizia, vogliono sottolineare attraverso architetture di particolare tenore la propria condizione di supremazia e di potere anche dopo la morte.

Tuttavia non va trascurato che, se ancora la Sicilia manteneva la propria libertà e la propria autonomia, ben diverso si delineava, almeno a partire dall'inizio del III sec. a.C. lo statuto delle comunità italiche, le quali erano entrate, se non in via ufficiale certo nella sostanza, a gravitare definitivamente nell'orbita di Roma: già dopo lo scontro con Pirro (280-275 a.C.) e la sottomissione di Taranto del 272 a.C. la città teneva ormai saldamente in pugno le redini del potere di tutto il centro-sud[34], mostrando un'incontrastabile forza coesiva, che si esplicava non solo sul piano militare ma, si badi bene, anche a livello concettuale, attraverso la nevralgica pianificazione di saldi vincoli clientelari con le aristocrazie indigene, che rappresentarono un efficacissimo sistema a garanzia di continuità e potere, segnando un passo essenziale nell'arginare il pericolo di defezioni dai patti di fedeltà[35].

La "sofisticata manipolazione ideologica" che portò Roma alla *leadership* assoluta in un clima progressivamente improntato a privilegiare, per convenienza da tutte le parti, il riconoscimento dei legami e delle affinità piuttosto che gli elementi di eterogeneità (che pure, negli strati socialmente meno elevati della popolazione sussistettero numerosi fino alla guerra sociale), passò inequivocabilmente anche per l'uso mirato di grandi temi mitici come le comuni origini iliache, e di uno strumento non ultimo di propaganda e consenso come l'architettura: tra le tante, si può ravvisare una testimonianza veramente illuminante in tal senso nel tempio repubblicano sotto la basilica paleocristiana di San Leucio a Canosa di Puglia dove, intorno al culto di una Venere "troiana", si raccolgono gli interessi di una solida intesa politica tra classi dirigenti locali daunio-etrusche e *gens* etrusco-romana dei Fabii[36].

In base a queste premesse, sarebbe da considerare un fatto a dir poco singolare che proprio Roma, abilissima propugnatrice di un'accorta politica d'immagine, e consapevole, in tutta evidenza, del ruolo nodale, tanto nella raccolta di adesioni quanto nella stipula di alleanze politico-sociali, di "armi improprie" ma efficacissime come le arti visive, non avesse espresso voce in capitolo di fronte ad una ricezione più o meno fervida e motivata delle recenti creazioni artistiche che viaggiavano lungo le direttrici sud-adriatiche e siceliote, e non avesse tempestivamente indicato, in virtù delle preferenze via via accordate, un metro di paragone ed un canone da imitare per le altre comunità italiche anche sul piano architettonico-artistico.

---

[34] Senza dimenticare lo studio ancora fondamentale di Lévêque 1957, cfr. la sintesi in Clemente-Coarelli-Gabba 1990, 34-38.

[35] Episodio paradigmatico della condotta politica romana che si assicurava forti alleanze con i ceti dirigenti locali attraverso il riconoscimento della cittadinanza e l'affidamento della gestione amministrativa municipale, è l'episodio del 334 a.C. che vide Capua punita con la concessione della *civitas sine suffragio*, mentre, come a Cuma, la classe aristocratica degli *equites* riceveva la piena cittadinanza romana, nonché il privilegio di ricevere una rendita assicurata dalla loro stessa città. Sul sistema di alleanze strutturato da Roma, cfr. Clemente-Coarelli-Gabba 1990, in part. 285-312 (contributi di U. Laffi e E. Campanile).

[36] Cfr. Canosa 1992, 608-619, 620-654 (contributi, rispettivamente, di M. Torelli e P. Pensabene).

Che nel periodo tra IV e III sec. a.C., poi, Roma fosse ben altro che una rozza ed arretrata città provinciale di soldati e contadini, anzi un centro estremamente maturo e predisposto ad accogliere la "grecità", avendo già elaborato una sua forte identità culturale strutturata su modelli propriamente ellenici, questo lo si comprende, alla luce dei miti e dei dati archeologici, anche grazie ad una valutazione più attenta delle fonti storiche. E' in particolare la definizione di Roma come *polis hellenis* coniata nel IV sec. a.C. da un allievo di Aristotele, Eraclide Pontico, a racchiudere in sé l'autentica immagine della città medio-repubblicana che si preparava alla costruzione dell'impero universale coincidente con l'*orbis terrarum*, sfoderando con orgoglio tutte le motivazioni propagandistiche di una meditata *syggeneia* con le *poleis* di Grecia, Magna Grecia e Sicilia fin dai tempi dell'opposizione da queste sostenuta contro le brame espansionistiche del signore di Siracusa Dionisio il Vecchio[37].

All'epoca in cui gli equilibri dello scacchiere politico mondiale si apprestavano a subire ormai irreversibili alterazioni, mentre a dire il vero non è certo se i Romani avessero allacciato corrispondenze diplomatiche con lo stesso Alessandro Magno, come vorrebbe una certa tradizione[38], meno controversa appare la notizia riguardante l'alleanza siglata con Roma dallo zio del Macedone, Alessandro il Molosso, in occasione della spedizione contro Sanniti e Lucani, tra il 334 e il 330 a.C.[39]. Altrettanto rilievo assume l'episodio tradito da Strabone relativamente ad un'ambasceria inviata dal Poliorcete ai Romani, per sollecitare un maggior controllo da parte della stessa Roma nei confronti di Anzio, in seguito ad un imbarazzante atto di pirateria perpetrato a danno dei Greci, per il quale Demetrio aveva mostrato clemenza in nome della comune origine che univa la popolazione dell'Ellade agli "uomini che guidavano l'Italia"[40]. Si coglie in tale affermazione, con il richiamo alle stesse radici, il rispetto ed il riconoscimento "internazionale" della supremazia del *nomen Romanorum* nella Penisola, stigmatizzata in versi dal poeta Licofrone quando fa presagire a Cassandra il potere e la signoria sulla terra e sul mare (*ghes kai thalasses skeptra kai monarchian*) dei discendenti di Enea, che riscatteranno il ricordo di Troia, regalando di nuovo illimitata gloria ai suoi avi[41].

Possono, in sintesi, considerarsi questi gli antefatti che in qualche modo autorizzano ad intendere in una prospettiva genuina e fededegna la lettura della storia di Roma medio-repubblicana restituitaci molto più tardi da Dionigi d'Alicarnasso: secondo una fondamentale reinterpretazione delle *Antichità Romane* proposta da uno scritto di E.

---

[37] Her. Pont., fr. 102 Wehrli = *FGrH* 840 F 23 (= Plu., *Cam.*, 22, 3): cfr. Fraschetti 1989, 81-95; Vanotti 1999, 217-255, in part. 236 ss.; Delcourt 2005, in part. 70-72, in cui si richiama l'attenzione sui rapporti fortemente contrastanti tra le città di Magna Grecia e Dionisio I, che coltivava ambiziose mire espansionistiche verso quest'area. La Delcourt collega proprio alla storiografia filodionigiana (segnatamente ad Alcimos) la diffusione della versione delle origini di Roma che contiene elementi tali da screditare l'iscrizione della città tra le fondazioni greche d'Italia (Delcourt 2005, 72). Un quadro riassuntivo sulla fortuna del mito troiano in Occidente è tracciato da Braccesi 2000, 58-62, al quale si rimanda per ulteriori approfondimenti bibliografici. Per i riferimenti archeologici relativi alla fase medio-repubblicana, cfr. *Hellenismus in Mittelitalien* 1976; Clemente-Coarelli-Gabba 1990, 159-185, 313-364, 631-670; Coarelli 1996, *passim*.

[38] Per la tradizione favorevole, cfr. *FGrHist* 137F31(=Pl. *N.H.* III, 57); *FGrHist* 143F2 e *FGrHist* 144F1 (= Arr. VII, 15, 5). *Contra*, Liv. IX, 18, 6.

[39] Liv. VIII, 17, 9-10; Giust. XII, 2, 12.

[40] Cfr. Str. V, 3, 5 (C232).

[41] Lyc. *Alex.* 1226-1230.

Gabba e nuovamente esaminata di recente dallo studio di A. Delcourt, infatti, lo storico cario presenta Roma non solo come una *città greca* a tutti gli effetti, ma addirittura come la migliore delle città greche d'Italia e la più rispettosa dei valori fondanti dell'Ellenismo, esaltando un intendimento antico dei Romani di dichiararsi al resto del mondo come l'esito ultimo della *paideia* greca[42].

Compiendo allora un passo indietro nella sequenza storica, prima di arrivare agli ultimissimi anni del III sec. a.C., che vedono le brutali sconfitte di Siracusa e Taranto[43], per cercare di recuperare nel repertorio di attestazioni materiali un qualche sia pur appannato riflesso della rete di contatti sovranazionali intrecciatisi fra il IV e il III sec. a.C., non è infondato, a mio parere, affermare che l'uso della tipologia di capitelli ionico-italici nelle fasi edilizie relative a questo stesso lasso di tempo in almeno tre contesti templari dell'area italica centrale - Ara della Regina a Tarquinia, tempio di Trevi nel Lazio, cd. "tempio ionico" di Pietrabbondante -, nonché nella monumentalizzazione degli ingressi urbani relativi ai circuiti murari di Perugia e Paestum, così come in alcune delle abitazioni di Monte Iato, soprattutto nelle fastose residenze a peristilio 1 e 2, assume i toni di vero e proprio *leitmotiv* all'interno di un prezioso nucleo di tasselli da agganciare a quelli già correttamente posizionati nel gioco di ricomposizione del mosaico relativo alla cultura ellenistica italica nel periodo del suo primo *exploit*, confermando il doppio binario - siciliano e sud-adriatico - dei nuovi fermenti artistici con i loro conseguenti riadattamenti in chiave locale.

Roma non rimase inerte di fronte a tali sollecitazioni, comprendendo bene che con la "modernità" di quel linguaggio originale, capace talvolta di vistose deviazioni dal solco della tradizione, esse non erano altro che un "segno dei tempi", raccontando a modo proprio la costituzione di un nuovo ordine, non solo artistico, ma universale. E la prova dell'adesione a questa idea di "nuovo", della cui affermazione ed emanazione in ambito italico non può che essere stata proprio la città di Romolo la maggior artefice, si rende tangibile anche grazie all'uso di partiture ionico-italiche in architetture di rango ufficiale: espressamente riconducibili all'iniziativa del governo centrale sono infatti l'edificio sacro trebano - se è valida, come tutto porta a credere, l'associazione con la figura di Curio Dentato -, e la Porta Marina di Paestum, che si inserisce bene nel quadro dell'istituzione della colonia del 273 a.C. *Sic stantibus rebus*, i citati monumenti di Tarquinia e Perugia non possono che configurarsi come due casi, oserei dire da manuale, di auto-romanizzazione, in cui rileviamo il desiderio delle committenze locali etrusche, ai vertici più alti delle rispettive comunità cittadine, di conformare l'immagine monumentale delle proprie *poleis*, divenute ormai centri satelliti di Roma, alle medesime correnti formali ed artistiche alle quali aveva aderito l'Urbe[44]; lo stesso discorso può essere parimenti riferito al contesto sannitico[45].

---

[42] Per la questione incentrata sulla rivalutazione "storica" di Dionigi d'Alicarnasso, dopo la trattazione fondamentale di Gabba 1996, adesso si veda Delcourt 2005, *passim*.

[43] Clemente-Coarelli-Gabba 1990, in part. 19-38; 79-89 (G. Clemente).

[44] Se riguardo alle porte perugine il dibattito sulla loro datazione lascia ancora spazio ad ulteriori approfondimenti che determinino con maggior precisione l'epoca di costruzione nel lasso di tempo compreso tra il IV e la prima metà del III sec. a.C. (escluderei la tesi del II sec. a.C.), su Tarquinia qualche elemento in più di tipo storico aiuta a confermare la dinamica sopra esposta: è noto, infatti, che dopo la guerra contro Roma del 358 a.C., Tarquinia stipulò con la rivale una tregua che, a differenza di altre città come Volsinii, rinnovò nel 308 a.C. per un altro cinquantennio (Torelli 1981, 256-258). E'

Che si scorgesse nel tipo ionico-italico una cifra distintiva di eleganza e prestigio, questo trova largo riscontro nelle caratteristiche "superiori" degli ambiti d'impiego in cui lo stesso viene ad essere documentato, che da una parte si convogliano verso la sfera sacra di costruzioni a carattere cultuale di grande rilievo, non solo dal punto di vista meramente religioso, ma anche sul fronte ideologico della rappresentatività di valori etnici o politici, come nel caso dei tre santuari centro-italici, dall'altra confluiscono verso quella delle architetture pubbliche di più grande portato simbolico per le istituzioni cittadine, come le porte urbiche, se è vero che, come sentenzia Isidoro di Siviglia, *urbs ipsa moenia sunt* [46]. E in una certa ottica, potrebbe addirittura non apparire fuori luogo l'ipotesi di includere in questo stesso raggruppamento "pubblico" anche la casa a peristilio 1 di Iaitas, che con ogni verosimiglianza doveva appartenere ad un personaggio di alto rango di questo centro dell'entroterra elimo, secondo quanto tende a sottolineare, insieme all'eccellente standard qualitativo degli arredi e delle decorazioni, l'eminenza della posizione occupata dall'edificio, costruito proprio a ridosso del santuario di Afrodite, cui si appoggia per una parte del suo lato sud[47].

V.2. *Luxuria asiatica*

Certamente con la fine della Seconda Guerra Punica, proprio quando poteva dirsi definitivamente archiviata la fase di consolidamento del potere all'interno del territorio peninsulare, si spalancavano per Roma gli orizzonti dell'impero unico mediterraneo, strappato alle mire di Cartagine e destinato a raccogliere le ceneri di un fragilissimo mondo ellenistico, greco ed asiatico, retto da assetti istituzionali troppo precari ed ormai giunto, politicamente parlando, all'orlo del collasso. All'indomani del conflitto annibalico, una catena di eventi storici di cruciale rilevanza, succedutisi a ruota a partire dai primissimi anni del II sec. a.C. determinò, infatti, il pressoché totale smembramento dei regni nati dall'eredità del Macedone, conducendo Roma all'apice della sua autorità e del suo potere in tutta l'*oikoumene*[48].

Mentre il tessuto economico-sociale romano veniva sottoposto a mutamenti di notevole peso, che la guerra contro i Cartaginesi non aveva fatto altro che acuire e rendere definitivi[49], i successi militari in Oriente condizionarono assai profondamente

---

proprio in questo clima, in cui tira vento filoromano, che viene dunque rimonumentalizzata l'area sacra più significativa della *polis*.

[45] Non contrasta con questa eventuale emulazione a livello architettonico di modelli "sponsorizzati" da Roma, il ricorso a maestranze di estrazione tarantina, che sembra di poter evidenziare in base all'analisi dei reperti (cfr. Strazzulla 1972, 43).

[46] Isid. XV, 2, 1.

[47] Cfr. Coarelli-Torelli 1984, 48. Si nota che questa parte del muro perimetrale dell'abitazione diverge dall'andamento rettilineo, per seguire quello della preesistente struttura templare.

[48] Clemente-Coarelli-Gabba 1990, 189-312, con riferimenti bibliografici dettagliati.

[49] Dissolvimento della piccola e media proprietà, estesa migrazione dalla campagna verso la città dei piccoli proprietari spossessati e loro progressiva proletarizzazione, fenomeni che vedono un esatto contraltare nel parallelo incremento delle grandi proprietà a conduzione schiavistica ascrivibili alla classe

anche la dimensione politico-culturale. Essi provocarono su tutti i fronti radicali metamorfosi, che finirono per intaccare i costumi di vita, sollevando, peraltro, questioni di natura morale, con il "divampare" della destabilizzante *luxuria asiatica* - il gusto sempre più esagerato per lo sfarzo e la ricchezza, manifestato anche attraverso un uso eticamente sconveniente delle opere d'arte - tra quella gente che, nei toni accesissimi e strumentali di una certa propaganda politica, dei cui pregiudizi si servirà anche Cicerone, era vissuta fino ad allora semplicemente, abituata alla *rusticana atque inculta parsimonia* secondo il probo *modus vivendi* dei padri, e che si trovava all'improvviso catapultata in un vortice di condotte indecorose e dissolute, dimentiche del bene comune e finalizzate alla sola affermazione individuale[50].

Nelle fonti letterarie come nella *communis opinio*, il momento che per Roma decretò un vero e proprio sconvolgimento culturale, di segno di per sé positivo, corrisponde al trasferimento in città del clamoroso bottino di guerra frutto dell'espugnazione di Siracusa da parte di Claudio Marcello, evento interpretato come *initium mirandi Graecorum artium opera*; espressione, questa, che, in modo quasi paradossale se vista in rapporto alla violenza con cui si consumò il fatto, indica la volontà di scorgere in tale circostanza l'opportunità per l'*Urbs* di aprirsi finalmente ad un "cammino di civilizzazione" scandito da una nuova sensibilità per le raffinatezze e l'eleganza dell'arte, a cui i Romani sarebbero rimasti fino a quel momento estranei[51].

Come si è puntualizzato sopra, i dati storico-archeologici suggeriscono una realtà dei fatti piuttosto distante dalla presunta totale "innocenza" della Roma di IV-III sec. a.C. riguardo all'arte greca, e, a prescindere dai giudizi etici di catoniana memoria che si fanno paladini di un'artificiosa dicotomia tra i costumi genuini e modesti, rozzi ma moralmente retti, del "prima", e quelli privi di regole, raffinati ma moralmente iniqui, del "poi", si schierano invece a favore del riconoscimento di un ruolo tutt'altro che inerte sostenuto dalla città nell'assimilazione ed emanazione della cultura ellenica fin dall'epoca medio-repubblicana[52].

Vero è che dalla presa di Siracusa in poi l'assunzione di uno stile di vita *Graeco more*, sia nella sfera della vita pubblica e religiosa che nella dimensione del privato, divenne un fenomeno in crescita esponenziale. Dal trionfo di T. Q. Flaminino a Cinoscefale nel 197 a.C. alla distruzione di Corinto del 146 a.C., passando per le vittorie degli Scipioni a Magnesia sul Meandro nel 189 a.C., di Cn. Manlio Vulsone in Asia Minore nel 187 a.C. e di L. Emilio Paolo a Pidna nel 168 a.C., la successione incalzante delle conquiste incrementò in misura enorme il ritmo delle occasioni d'incontro tra la nuova *caput mundi* e le significative esperienze artistiche che erano maturate nelle aree del Mediterraneo orientale. Proprio i clamorosi successi inanellati da generali ambiziosi e desiderosi, una volta indossate, a turno, le vesti carismatiche di ultimi eredi di Alessandro, di rafforzare sul piano ideologico i propri strumenti di potere, costituirono

---

senatoria ed equestre, e nella serrata politica che concentra sempre più potere nelle mani di poche famiglie aristocratiche.

50 Liv. XXXIX, 6, 7-9; Plin. *N.H.*, XXX, 148, 34.34; Plin. *N.H.*, XXXIV, 13-14, 47. Cfr. Isager 1993 257-275.

51 Liv. XXV, 40, 1-3; Plu. *Marc.* 21. Cfr. la condanna espressa da Polibio (Pol. IX, 10) sull'atteggiamento tenuto dai Romani in tale vicenda.

52 Cfr. a tale proposito, Clemente-Coarelli-Gabba 1990, 159-185, 313-363, 631-670; Coarelli 1996, *passim*.

l'occasione più propizia e la spinta più efficace per l'instaurazione di un flusso durevole di opere d'arte e l'insediamento a Roma e nei maggiori centri italici di grandi artisti venuti al seguito dei vincitori nei loro trionfali rientri in patria, sorgenti dirette di acculturazione ed ellenizzazione[53].

Nell'Italia di questa nuova fase storica in cui, secondo il celebre passaggio pliniano, *revixit ars*[54], l'area che si caratterizza per una rimarchevole propensione ad accogliere le sollecitazioni sempre più insistenti del mondo greco è senz'altro la Campania, che va ad avvicendarsi in questa sua funzione ricettiva all'ormai snervato comparto magnogreco e siciliano.

Anche se può considerarsi, in fin dei conti, un atteggiamento prudente quello di non scartare *in toto* un eventuale ruolo di tramite che la Sicilia, seppur declassata a *provincia*, potrebbe aver continuato ad esercitare anche nel corso di questa stagione di concreta subordinazione politica, certo è che il *dossier* di riferimenti storico-archeologici restituisce un quadro generale della *facies* romana dell'isola complessivamente molto meno luminoso rispetto alla fase precedente, e la *debâcle* del 211 a.C. sembra suggellare, se non il definitivo annientamento dell'ingegnosità e delle capacità creative, un momento di latenza artistica e di crisi, in seguito alla quale l'immagine e l'importanza dell'isola dovranno necessariamente ricalibrarsi sulla base di differenti parametri[55]. La sua immersione in un "cono d'ombra" è confermata da un fenomeno decisamente eloquente, ossia l'esaurirsi di interventi edilizi ascrivibili ad una committenza di tipo pubblico, innegabile segnale indicatore, questo, di un clima di decadenza, cui però fa fronte, in una sorta di effettivo bilanciamento che può trovare, forse, dei parallelismi nel contesto pompeiano, la vitalità delle commesse nell'ambito privato, grazie all'iniziativa dei ricchi possidenti che costituivano le aristocrazie urbane locali. Non sarà da considerare aliena a questa stessa sfera di attività la partecipazione di un discreto drappello di Romani e Italici, che ricoprivano posizioni di rilievo in qualità di rappresentanti del governo, oppure come banchieri, affaristi e proprietari terrieri. E' Diodoro che ci dà notizia della cospicua presenza nell'isola di *equites* e *negotiatores* nei tempi immediatamente successivi alla distruzione di Cartagine del 146 a.C., quando un'assai lucrosa rete di movimenti finanziario-commerciali fu istituita con Utica, fresca capitale della nuova Provincia d'Africa, e gli altri scali marittimi nord-africani[56] .

Comunque, come si è detto, mentre la centralità della Sicilia si stava sfumando nei contorni di una parabola discendente, a sua volta la Campania - con quella Puteoli ribattezzata, non a caso, come una *Delus minor* - consolidava la propria immagine di

---

[53] Coarelli 1996, in part. 15-84. Lo studioso riporta, fra tanti, l'esempio costituito dagli esponenti della scuola neoattica di Polycles, che si trasferirono a Roma al seguito di Metello Macedonico, realizzando su incarico dello stesso generale le statue di culto per i templi di Giove Statore e Giunone Regina (Pl. *N.H.* XXXVI, 35), racchiusi entro la *porticus* che dal medesimo personaggio politico prendeva il nome (Coarelli 1996, 68, 258-279).

[54] Pl. *N.H.* XXXIV, 52.

[55] Cfr. Coarelli 1980, 371-392; Bonacasa 1985, 277-347; Bonacasa 1996, 139-159; Bonacasa 1999, 259-273; Bonacasa 2002, 3-7.

[56] D.S. XXXIV-XXXV, 2, 3 (FGrHist 87 F 108); cfr. Coarelli 1981, 10; Salmeri 2004, 270-272. Lista prosopografica in Fraschetti 1981, 52-77, con riferimenti bibliografici. In part. per la presenza di Italici a Siracusa, cfr. Liv. XXIX, 1, 15-17; per la presenza ad Halaesa, cfr. CIL X, 7459.

terreno prediletto di relazioni ed intermediazioni tra Roma, l'Italia e la cultura greca, secondo prassi di contatto ed incontro che, del resto, in questo periodo poterono attuarsi direttamente anche sul suolo ellenico, visto il numero ingente di *publicani*, *negotiatores* e *mercatores* romano-italici che intrattenevano rapporti finanziari e commerciali in Oriente, trafficando da uno scalo all'altro del Mediterraneo, massimamente tra Alessandria e Delo[57].

Proprio le grandiose residenze urbane degli esponenti più in vista dell'aristocrazia sannitica pompeiana diventano così l'emblema degli alti livelli di interscambio culturale e dell'agiatezza economica raggiunti nel corso del II sec. a.C. dalle classi dirigenti italiche, soprattutto del Lazio e della Campania, grazie, oltre che allo sviluppo latifondistico, anche al remunerativo *fil rouge* instauratosi con la piccola ma topica isola dell'Egeo.

E' con ogni evidenza all'attivazione dei sopradetti circuiti di contatti orientali che va addebitata la responsabilità dell'incorporazione di una serie di spazi di origine ellenica nello schema abitativo tradizionale romano-italico della casa ad atrio, dai giardini a peristilio dotati di piani superiori alle pompose stanze di ricevimento[58], che contribuirono ad alimentare, a Pompei come a Roma, forme sempre più incontrollate e "politicamente scorrette" di lusso e sfarzosità, con cui, attraverso l'appropriazione ed il trasferimento nella dimensione individuale di codici architettonici pubblici utilizzati ambiguamente come mezzo di affermazione sociale e politica, si esaltava fino all'eccesso la valenza della casa quale immagine-simbolo dello *status* del padrone di casa e della sua smisurata potenza.

Le straordinarie ricchezze convogliate in Italia dal porto di Delo si rivelarono in forme assai articolate di esternazione e di esibizione, concretizzandosi tanto sul versante pubblico che su quello del privato, in ogni caso procurando violenti scossoni al tessuto sociale e spronando coloro che le detenevano ad intraprendere azioni mirate verso quella che potremmo definire come una specie di rivalsa nei confronti di Roma, non soltanto in termini prettamente materiali ed economici - il che non è certo un fattore secondario -, ma anche sul piano della superiorità culturale. Secondo l'acuta lettura della prospera Pompei tardo-sannitica proposta da P. Zanker, esclusi dalla cittadinanza romana, tagliati fuori dalla piena partecipazione al potere e dai privilegi politici, gli esponenti dell'*elite* pompeiana erano liberi di canalizzare tutte le risorse disponibili nell'accrescere le proprie ricchezze[59]; e così, emancipati da vincoli politico-ideologici molto più di quanto non fosse, per forza di cose, la *nobilitas* romana, ancora piuttosto condizionata dai valori della *prisca rusticitas*, i facoltosi uomini d'affari del Vesuvio

---

57 Delo assunse particolare rilievo dopo il 166 a.C., data in cui all'isola fu riconosciuto lo *status* di porto franco affidato all'*epimeleia* ateniese, strappando a Rodi, accusata dal Senato romano di aver parteggiato per Perseo nel corso della Terza Guerra Macedonica, l'ambito primato di crocevia commerciale e finanziario. Su questi traffici commerciali nel Mediterraneo, dopo Hatzfeld 1919, si vedano in particolare gli studi tuttora validi di Wilson 1966; Cassola 1970-71, 305-322; Castren 1975; *Hellenismus in Mittelitalien* 1976; nonché Coarelli–Musti–Solin 1982, e *Les "bourgeoisies"* 1983.

58 Cfr. per esempio Pesando 1997; Dickmann 1997, 121-136; George 1998, 82-100; Dickmann 1999, in part. 125-158.

59 Almeno a partire dal 150 a.C. le famiglie più importanti di Pompei avevano iniziato ad accumulare fortune ingenti, soprattutto grazie al commercio del vino e, in misura più ridotta, dell'olio. Anfore e bolli riconducibili all'area campana documentano l'esportazione di questi prodotti fino in Gallia e in Spagna (Zanker 1993, 32-33).

non incontrarono alcun ostacolo nel coltivare quello che lo studioso tedesco definisce, in modo decisamente intrigante, come il "culto della *luxuria*", rispondendo in questa maniera all'aspirazione che si faceva sempre più insistente di "partecipare alla cultura ellenistica e, quindi, di far parte del mondo"[60].

Alla luce delle notazioni appena riferite, volgendo lo sguardo allo specifico del repertorio archeologico studiato in questa sede, mi sembra che, in virtù delle numerose testimonianze pervenuteci dall'edilizia residenziale vesuviana, per lo più risalenti alla cd. "età del tufo", non si possa fare a meno di vedere attraenti coincidenze meritevoli di qualche riflessione nel fatto che, seppure non numerosi, proprio da Delo provengano alcuni interessanti *comparanda* rispetto ai capitelli ionico-italici del centro campano, i quali, come già puntualizzato, si configurano in termini morfologici sensibilmente differenti dalla serie ionico-siciliana, aderendo, semmai, ad uno schema più conforme ai parametri dello ionico classico, con le due uniche "anomalie" rappresentate dai capitelli della Basilica e dal pezzo adespota figurato conservato nei Granai del Foro[61].

Senz'altro, il monitoraggio degli ambiti d'impiego dello ionico-italico contribuisce a specificare con dettagli di una certa portata il processo che vide le canoniche planimetrie domestiche di *italica consuetudo* aprirsi alle strutture di matrice greca, inquadrando coerentemente queste nuove preferenze estetiche nel panorama generale di tendenze filoelleniche, nelle quali si rispecchiano nuovi comportamenti sociali di stampo principesco, dove il lusso non è ostentazione fine a se stessa ma assume un rilievo ideologico molto forte, e che non mancheranno di esercitare il loro ascendente anche sulle classi medio-borghesi. Particolarmente idoneo a stigmatizzare il concetto appare il portale della *domus* VII, 4, 57 (dei Capitelli Figurati), che proprio nella decorazione figurata dei capitelli posti ad ornamento dell'ingresso svela la ferma adesione del proprietario a quello stesso stile di vita "dionisiaco" così gradito ai monarchi orientali.

L'analisi dei due contesti meglio noti dell'Africa Proconsolare, Utica e Cartagine, sembrerebbe indicare un analogo orientamento ideologico da parte degli esponenti delle classi sociali più abbienti, dimostrando, peraltro, che l'applicazione di questi schemi se, attenendoci al caso uticense, potrebbe essere, con buoni argomenti, messa in connessione con la presenza romano-italica nell'area, grazie alla seconda testimonianza è invece da ritenere concepita con maggior verosimiglianza nell'ambito dello scenario architettonico-artistico marcatamente grecizzante della capitale tardo-punica, a rappresentazione di una civiltà che già da molto tempo viveva in intimo contatto con il mondo greco della Sicilia e del sud-Italia, e che non rimase mai disassata rispetto a certe esortazioni culturali[62]. E pure nel comparto più occidentale dell'Atlante, per quanto è concesso di vedere grazie alle rovine degli imponenti tumuli regali che ancora sopravvivono in terra algerina, è altrettanto indubitabile la sentita partecipazione delle dinastie berbere, numidiche e mauretane, ad una *koinè* che, ben lungi dall'essere mero segno esteriore ancorato ad aride riproduzioni di formule iconiche sgombrate

---

[60] Zanker 1993, 33, 40.

[61] Per la Maison du Lac, cfr. Delos VIII/2, 253, fig. 248. Per la Maison du Diadumene, Delos VIII, 254, fig. 121. Per la Casa II, cfr. Delos XXXVIII, 26-30, fig. 85. Per la Palestra, cfr. Delos XXV, 124 e n. 4. In Delos XXXVI, 339-346, gli autori riprendono criticamente l'esame del materiale a suo tempo studiato dal Vallois, apportando qualche revisione alle precedenti attribuzioni. Cfr. *supra*, cap. I.

[62] Ward Perkins 1970, 14-15 Da ultimo, utili riferimenti anche in Tang 2005.

dell'originario significato, finisce anche in questa *extrema propago*, geograficamente e socialmente assai defilata, per coinvolgere nel profondo le strutture del pensiero, con l'impegnativa rivisitazione in termini grecizzanti di una delle categorie edilizie epicorie di massima valenza per il mantenimento del potere. Quello che, dal canto loro, dichiarano i contesti della *Libyca palus* e della Cirenaica, aree tradizionalmente orientate, specie la seconda, ad assorbire positivamente l'arrivo delle correnti artistiche emanate da Alessandria, rende egualmente palese una medesima propensione.

Tornando ad insistere sul terreno dell'edilizia residenziale di Pompei con qualche ulteriore annotazione, nel corso dei capitoli precedenti si è avuta l'opportunità di menzionare alcuni probabili modelli costruttivi che possiedono i numeri per rappresentare una sorta di forme "pioniere", chiamiamole così, che funzionarono da fonte di ispirazione per talune categorie edilizie entrate a far parte degli elementi costitutivi delle abitazioni nel corso del II sec. a.C.

Senza dubbio, a livello archeologico, il fattore che nei materiali di Pompei costituisce uno stimabile "valore aggiunto" rispetto ad altri nuclei di testimonianze, è la possibilità, in questo sito, di esaminare le concertazioni che, in ossequio a prescrizioni di natura gerarchica, si verificano nell'uso dei *genera*: infatti la nutrita schiera di capitelli ionico-italici censiti si affianca, in diversi casi, ai tipi corinzio-italici e a sofà[63], evidenziando così l'esistenza di *sistemi* architettonico-decorativi piuttosto che la ripresa "scriteriata" di singole partiture avulse dalle loro genuine pertinenze[64]. In altre parole, è fuori discussione che nel momento in cui ha luogo la "trasposizione" del prototipo (sia esso il palazzo, piuttosto che il ginnasio o il prospetto di una porta o di un sepolcro) dalla contestualizzazione originaria per cui venne pensato alla domiciliazione "secondaria" della *domus*, l'architetto, certo, ma prima ancora di lui il suo committente, dedichino uno zelo particolare alla riproposizione vigile e consapevole di un "programma", seguito alla lettera o motivatamente rettificato attraverso specificità ed esigenze personali; in ogni caso la priorità da rispettare è quella di mantenere fede a precise corrispondenze tra gli elementi, che si riscontrano fin nell'attenta selezione dei membri architettonici, razionalmente alternati sulla scorta di ben definiti principi di composizione, capaci di richiamare istantaneamente alla mente e alla vista dell'osservatore l'immagine di complessi pubblici o palaziali di grande monumentalità. E se questo è vero per le sontuose dimore dei novelli *principes* vesuviani dell'ultima fase osca – testimoni per antonomasia la Casa del Fauno e la Casa dei Diadumeni -, tanto più lo sarà per le costruzioni a carattere collettivo, quali la Basilica, il Foro Triangolare, il *temenos* del santuario di Apollo, dove la disposizione degli ordini secondo gradi crescenti d'importanza connessi alle articolazioni spaziali trova condizioni altrettanto significanti per la sua messa in atto[65].

---

[63] Ricordiamo l'origine peloponnesiaca anche per il capitello d'anta a sofà, esemplari della cui tipologia sono stati trovati nel palazzo di Vergina: cfr. Roux 1961, 383-386. Analoga ascendenza va riconosciuta alla semicolonna addossata ad una parete, di cui si contano numerose testimonianze nelle aree di pertinenza macedone: Roux 1961, 393-394; Coulton 1964, 100-131.

[64] Che pure non è escluso possa verificarsi.

[65] Visto che i capitelli ionico-italici più antichi rinvenuti a Pompei sono, ad ora, quelli della Casa del Fauno, databili, in fase con la struttura, all'inizio del II sec. a.C., va rimarcato che, almeno in questo contesto, il fenomeno di assimilazione ed elaborazione dei modelli ellenistici sembrerebbe aver tracciato

Uscendo fuori dal circuito campano per tener dietro alle espressioni dell'ellenismo italico nel resto della Penisola servendoci dello ionico-italico come nostro personale "filo di Arianna", riscontriamo, nella rosa di contesti esaminati, convergenze d'uso che indicano tanto nelle manifestazioni edilizie riconducibili all'*imago urbis* (tempio della Magna Mater sul Palatino) quanto in quelle relative a comunità territoriali organizzate per *pagi* e *vici* (nel Piceno Monterinaldo, nel Sannio Campochiaro), nei monumenti della vita collettiva nelle fondazioni coloniali (basilica di Cosa) così come in quelli di culto delle città consociate (tempio rettangolare dell'acropoli di Tivoli, santuario della Fortuna Primigenia a Praeneste), la partecipazione al compimento di un *iter* comune, che fa perno sull'uso di medesimi "strumenti" d'attuazione, nei quali rientrano, a pieno titolo, *e* lo ionico-italico, *e* la gerarchia degli ordini. Ritorna in primo piano, come a Pompei, la sfera di quei collegamenti orientali in cui furono coinvolti, con i Campani, anche gli esponenti più agiati di diverse altre comunità indigene[66]; ritorna in primo piano, con essi, l'impegno profuso dai notabili municipali, a Palestrina, come a Tivoli, come a Pompei, nell'investire parte degli ingenti capitali derivanti da tali attività in costose imprese edilizie nelle rispettive città d'origine, per la valorizzazione delle proprie tradizioni locali, in una sorta di virtuale competizione con Roma, che in realtà si risolve nell'assunzione di formule imitative, approdando a processi spontanei di "adeguamento alla romanità"[67]; e torna alla ribalta, infine, il ricorso ad uno stesso vocabolario architettonico, quale sistema di segni immediatamente leggibili ed interpretabili che si configurano con ogni evidenza idonei all'espressione di valori comuni, in cui tutte le componenti in gioco intendono riconoscersi.

La sensazione è che si voglia rappresentare in tali allestimenti una specie di auliche "citazioni" rapportate ad illustri precedenti generati in ambiti di elevato livello culturale, evidentemente affrancatisi dall'idea di classico che fino ad un certo momento era stata convenzionalmente accettata ed in grado di formulare codici autonomi ed innovativi di comunicazione architettonico-artistica. Per tutte le stimolanti suggestioni che ne conseguono, ancora una volta meriterà sottolineare che sono diversi gli indizi storici ed archeologici che consigliano di indirizzare ad oriente del *Mare Superum*, verso la compagine settentrionale della Grecia, la ricerca del primo focolaio in cui si originarono i germi responsabili dell'irradiazione di questi nuovi schemi, vale a dire in una regione, la Macedonia, dove, in risposta all'esigenza di creare architetture d'apparato in linea con le prerogative delle forme di potere ivi insediate, si testano, infatti, le prime soluzioni di facciate decorative ad ordini sovrapposti, *ad decorem maiestatis* straordinariamente *perfectae,* e dunque destinate, per questa loro intrinseca attitudine, ad ottenere successivamente largo seguito, contribuendo alla definizione di quella che Gros chiama efficacemente "l'expression plastique du pouvoir"[68].

---

un percorso "a ritroso" rispetto alla norma, essendosi avviato sul fronte dell'architettura privata, per poi estendersi verso la sfera degli edifici destinati alla vita pubblica.

[66] Cfr. per Palestrina, Coarelli 1987, 35-84, in part. 66 con bibliografia. Per corrispondenze e riferimenti in questo senso tra Aquileia e Palestrina, cfr. Strazzulla 1982, 98-138; Strazzulla 1990, 279-304; Strazzulla 1991, 219-234. Riguardo a Pietrabbondante, cfr. *Les Bourgeoisies* 1983, 138 e quadro 2a (M. Gaggiotti).

[67] Cfr. Clemente-Coarelli–Gabba 1990, in part. 189-312 (contributi di E. Gabba, G. Clemente, U. Laffi, E. Campanile).

[68] Gros 1989, 129.

Detto questo, non si vuole escludere la probabilità che anche altre variabili culturali, filiazioni della stessa matrice, con il passare del tempo abbiano interagito sull'impianto-base, contribuendo a delineare ulteriormente schemi e preferenze, e spingendo per l'espansione dei motivi ispiratori in uno o in un altro senso. Per esempio, una via d'indagine che potrebbe riservare ancora fruttuose occasioni di approfondimento guarda all'influenza esercitata da Alessandria sulle limitrofe aree africane di Cirenaica e Tripolitania[69], invitando a recuperare segnali preziosi e circostanziati di tale influenza specialmente negli alzati architettonici del Palazzo delle Colonne di Tolemaide[70].

Nei processi di trasmissione ed acculturazione che riguardano propriamente l'Italia, se l'eventuale apporto di elementi alessandrini può aver avuto un verosimile filtro di passaggio nella Sicilia, non deve certamente essere ignorato il coinvolgimento di un secondo agente, quello pergameno, che per ragioni ideologiche, prima ancora che per questioni di moda, si insinua in profondità tra le pieghe della trama politico-culturale della Roma tardo-repubblicana. Complice la tradizione mitica sulla fondazione troiana della città laziale, fra tutti i potentati ellenistici proprio con la capitale del regno attalide si erano infatti allacciati i legami politici più stretti, culminati nell'istituzione della provincia d'Asia dopo il 133 a.C.

E' a questa stretta *philia* romano-asiatica - suggellata già sul finire del III sec. a.C., in piena guerra annibalica, dall'introduzione del culto della Magna Mater con l'ubicazione del tempio dedicato alla dea nel *sancta sanctorum* della città, il Palatino, prossimo alle più venerande vestigia romulee – che vanno ricondotti i numerosi segni artistico-culturali dell'ellenismo asiano-pergameno che guidarono molte produzioni e realizzazioni romano-italiche, tangibili nel campo delle esperienze figurative, dalla scultura in pietra e terracotta all'artigianato artistico ad uso funerario, ma nondimeno in ambito architettonico. Fra le testimonianze più organiche in tal senso, che non dovettero davvero passare inosservate in questo panorama, sono le *stoai* attalidi di Atene e Pergamo, che a livello formale sintetizzano magistralmente la *ratio* che presiede all'applicazione dei *genera*, costituendo al tempo stesso dei *paradeigmata (eg) basilikou* nel vero senso della parola, da cui non poteva prescindere chiunque volesse dar lustro alla propria immagine e legittimazione alla propria posizione egemonica, tanto sul piano pubblico quanto sul piano privato, sia a Roma che nelle altre città.

In merito al quadro materiale ed ideale così profilato, è quantomai degno di nota che il riflesso della tradizione ionico-italica, che, come più volte precisato, con l'inizio del I sec. a.C. in Italia centro-meridionale, proprio nei luoghi e nei contesti di alto livello che erano stati a suo tempo così solerti ad accoglierla e farla propria, si estingue bruscamente a fronte di un recupero sempre più sollecito di canoni improntati alla grecità classica da parte dei circoli ufficiali, continui invece a sopravvivere nelle manifestazioni dell'architettura africana fino ad età imperiale avanzata (un esempio per tutti Leptis Magna)[71], non diversamente da ciò che si riscontra in relazione alla produzione provinciale della Cisalpina, documentata specialmente dai materiali di Aquileia, dove le "risonanze italiche" non si affievoliscono velocemente, ma anzi, a dire

[69] Per alcuni dati in questo senso, cfr. in particolare Pensabene 1993; Bacchielli 1980; Bacchielli 1980a

[70] Pesce 1950, 24-61. Cfr. anche Lauter 1971, 149-178.

[71] Ward Perkins 1970, cfr. in part. tav. III, 2, 3.

il vero si attardano compiacendosi di forme d'arte di sapore arcaizzante ancora fino alla piena età augustea.

Ma lo stesso fenomeno non manca di contagiare in pieno anche le altre regioni occidentali dell'Impero, la Gallia Narbonese e la Spagna, dove c'era stata già nel II sec. a.C. una colonizzazione romana, prima in forma indiretta e poi diretta, e dove si era sedimentata una cultura figurativa che nel tardo I sec. a.C. assume ormai i tratti di una cultura provinciale con aspetti suoi peculiari. Il grande fervore economico che aveva interessato tanto la Cisalpina che queste aree extra-peninsulari proprio nell'arco di tempo tra la tarda età repubblicana e la prima età imperiale aveva infatti incentivato lo sviluppo di quel ceto "borghese" che perseverava nell'essere fruitore delle stesse formule artistiche medio-italiche - magari meno brillanti e vivide nell'espressività - rimaste in auge tra le cerchie culturalmente elevate del mondo italico fino al II sec. a.C.[72].

***

In conclusione, per tornare con poche battute finali alle valenze di cui si carica il tipo ionico-italico in relazione alle coordinate storico-cronologiche e geografiche della sua massima propagazione, nonché ai livelli sociali e alle basi economiche sottesi ad una simile manifestazione della cultura materiale, in forza delle considerazioni espresse nel corso di questo lavoro, credo che sia del tutto lecito asserire che l'adozione del capitello ionico diagonale ai gradi più alti della piramide sociale nella fascia temporale compresa tra fine IV e II sec. a.C., possa meritare di essere inclusa con fondate argomentazioni nel novero di quegli elementi che tradiscono il deliberato proposito, della collettività come del singolo cittadino – vista la chiara incidenza dei modelli politico-religiosi sulle realizzazioni della grande architettura privata -, di autorappresentarsi attraverso la semantica di un linguaggio architettonico-decorativo unitario che, per quanto mediato dal retroterra locale, "parla greco" nelle forme così come nelle impostazioni mentali da cui si genera, per integrarsi *de iure* nelle scene politico-civili che contano con strumenti d'immagine riconducibili alla sfera del *decus* e dell'*auctoritas*.

Favorendo un'opportunità da sfruttare per la comprensione tanto più profonda di dinamiche complesse e pluridirezionali come quelle sintetizzate dai termini di "ellenizzazione" e "romanizzazione", in cui converge l'adattamento di soggetti culturali distinti in un'articolazione omogenea, secondo una tale prospettiva l'immagine del capitello ionico-italico si lega perfettamente alla funzione precoce ed essenziale di Roma come motore di espansione in Occidente del "nuovo sentire"; funzione che, a partire dall'unificazione della Penisola, ebbe come fine ultimo quello di portare a pieno compimento il processo avviato da Alessandro, con l'imposizione di un unico controllo politico nell'intero bacino del Mediterraneo, al quale non poteva non far eco, con l'instaurarsi di un certo grado di uniformità culturale, l'adesione ad un patrimonio di

[72] Questo livello "medio" viene a mancare in Italia centrale con l'età augustea per la trasformazione dei rapporti di produzione, fenomeno questo, che nella Cisalpina e nella Narbonese si verifica invece un po' più tardi. Lo sviluppo delle cd. "*élites* coloniali", già studiato a livello sovrastrutturale da molti storici, è solo un altro nome che si può dare a questo sviluppo delle forze produttive avvenuto in zone provinciali, il cui retroterra culturale era in esperienze più antiche (intervento di M. Torelli in *Hellenismus in Mittelitalien* 1976, 131, a seguito della relazione di M. Verzar Bass).

valori materiali ed ideali estesamente condivisi, che prendevano le mosse da simboli "alti" di egemonia e cultura, sulla falsariga dei quali le *élites* dominanti locali, per poter restare indenni di fronte al cambiamento, erano obbligatoriamente chiamate a rimodellare le proprie identità[73].

[73] Importanti a questo proposito le puntualizzazioni di T.Hölscher e Coarelli (cfr. Hölscher 1990, 73-84; Coarelli 1996, in part. 15-43), nonché le trattazioni di E. Gabba, G. Clemente e F. Coarelli in Clemente-Coarelli-Gabba 1990, 19-39, 55-68, 159-188. Si veda inoltre Settis 1998, in part. 745-837, 909-963.

APPENDICE A

ESEMPLARI IONICI A QUATTRO FACCE E DI TIPO CANONICO COMPARABILI AL TIPO IONICO-ITALICO

Sicilia

A1. Solunto - Is. 7c, peristilio Tav. XVII, A1
Capitello di colonna
in situ (N. inv. 21934)

Calcarenite fossilifera di colore grigio ("tufo calcareo")
h. tot. cap. 0,105; l. ab. 0,53; d. vol. 0,08; d. base 0,47; h. scam. 0, 01; d. scam. 0,40
Esemplare intero in mediocre stato di conservazione; abrase due volute. Stucco

Il capitello, relativo al rocchio di colonna su cui è poggiato e pertinente con l'esemplare A2 al peristilio della casa 7c, cui appartengono anche due capitelli di ordine dorico, è caratterizzato da un sommoscapo liscio; le volute si presentano piccole e compatte, comprese entro un ideale margine esterno dalla forma rettangolare e piatta. L'avvolgimento delle spire doveva essere indicato dalla modellazione a stucco della superficie; si conservano tracce sia del rivestimento vero e proprio che dello strato di preparazione. Non è presente alcuna decorazione nello spazio tra le volute. Nel complesso la forma appare un po' tozza per la sproporzione tra altezza e larghezza, derivante in particolare dalle notevoli dimensioni del sommoscapo, il cui diametro è di poco inferiore alla larghezza dell'abaco. I lati dell'abaco hanno un andamento leggermente concavo. L'esemplare è classificato dalla Villa come un tipo intermedio tra la serie classica e quella cd. "italica". Viene infatti adottata la disposizione delle volute in diagonale, pur senza l'introduzione di alcun elemento caratteristico della serie italica. La particolarità di un peristilio "misto" dorico-ionico, se da un lato potrebbe spiegarsi come risultato di una pura e semplice riutilizzazione di capitelli pertinenti in origine ad altri contesti, dall'altro può costituire un ulteriore esempio a conferma di questa "moda" tutta ellenistica di associare su piani diversi i due ordini, che ritroviamo abbondantemente diffusa nell'edilizia sia pubblica che privata del resto d'Italia, in modo particolare a Pompei.

Villa 1988, 109, n. 148, tav. XXVI, 5

A2. Solunto - Is. 7c, peristilio Tav. XVII, A2
Capitello di colonna
in situ (N. inv. 21933)

Calcarenite fossilifera di colore grigio ("tufo calcareo")
h. tot. cap. 0,13; l. ab. 0,515; d. vol. 0,09; d. base 0,455; h. scam. 0,018; d. scam. 0,38
Esemplare intero in mediocre stato di conservazione; abrase due volute. Stucco

Capitello con sommoscapo lavorato a venti scanalature, ricoperte dallo stucco. Tipologicamente affine al precedente. Un rivestimento di fine stucco bianco ricopre ancora le volute e l'echino. Il diametro di base corrisponde a quello di alcuni rocchi di colonna disposti intorno al peristilio dove il capitello si trova collocato, ed è pertanto verosimile ritenere che il pezzo, come il precedente, sia un elemento superstite del porticato della casa.

Villa 1988, 109, n. 149, tav. XXVI, 6

Puglia

A3. Taranto Tav. XVIII, A3 a-b
Capitello figurato di colonna (tre quarti di colonna)
Heidelberg - Istituto di Archeologia dell'Università (N. inv. 27/31)

Pietra tenera
h. tot. cap. 0,209; l. max. front. 0,41; d. inf. 0,24 ca.

Il capitello di fabbrica tarantina è di tipo figurato con volute nascenti dal basso secondo lo schema eolico. Il soggetto figurato della faccia principale è costituito da un Eros alato intento a suonare una grossa *syrinx*. Le particolarità che più ci interessa sottolineare in questa sede sono nella porzione frontale la presenza di due rigogliose palmette eptalobate collocate in posizione eretta a fianco della figura divina, mentre in una delle parti laterali il grande fiore che nasce al centro dell'abaco. Questi elementi tradiscono interessanti convergenze stilistiche con la produzione ionico-italica, più specificamente quella siciliana.
Seconda metà IV-III sec. a.C.

Von Mercklin 1962, 56, n. 150, tavv. 252-254; cfr. Klumbach 1937, n. 229, tav. 30

Campania

A4. Pompei - VII, 6, 30
Capitello di colonna

Tufo di Nocera
L'esemplare non è più reperibile *in situ*

L'abitazione mostra un impianto abbastanza articolato, segno dei rifacimenti subiti nel corso del tempo. Questo fatto è dimostrato anche dal reimpiego nel cortile dell'ultima fase di due colonne in tufo rivestite di stucco e colorate (in una si conservano ancora

delle tracce di giallo), che dovevano sostenere capitelli colorati come quello menzionato dal Napoli, attualmente non più rintracciabile *in situ*. L'esemplare descritto in "Pompeiana" presenta volute diagonali con due lati decorati da un fiore a campana, ed è un tipo di notevole interesse, rappresentando una diversa soluzione del capitello quadrangolare, di cui si possono segnalare nella stessa Pompei altri esempi (da aggiungere ai pochi indicati nel lavoro del Weickert in RM 1944, 214 ss.). Tipo di capitello ionico con soluzione laterale a calice floreale di matrice peloponnesiaco-macedone
II sec. a.C.

Napoli 1950, 248. Sul tipo di capitello, cfr. Weickert 1944, 205-219. Per l'abitazione, cfr. NS 1910, 481-486.

A5. Pozzuoli - Area di Baia Tav. XVIII, A5
Capitello di colonna
Pozzuoli – Museo Archeologico dei Campi Flegrei

Tufo
l. 0,46
Esemplare intero in mediocre stato di conservazione

Esemplare di capitello ionico a struttura regolare con due facce a volute e due pulvini laterali. La particolarità del manufatto risiede nella presenza di decorazione figurata, costituita da una testa antropomorfa al centro del canale nella faccia principale; la chiara impronta italica del pezzo risulta poi significativamente enfatizzata dalle due palmette verticali che inquadrano l'elemento centrale.
Von Mercklin 1962, 69-70, n. 182, fig. 341

Veneto

A6. Verona - Arco dei Leoni Tav. XVIII, A6
Capitello di semicolonna
in situ

Esemplare intero in mediocre stato di conservazione (frammentario)

Con la simile porta di Como ed il foro preimperiale di Brescia, l'Arco dei Leoni, risalente nella sua prima edificazione alla metà del I sec. a.C., è una delle poche testimonianze superstiti degli edifici repubblicani delle città nord-italiche. Le porte cittadine dell'Italia settentrionale, in una varietà di forme tutto sommato affini, ripropongono un modello comune costituito essenzialmente da un paio di torri sporgenti che proteggono una o due carreggiate, a volte fiancheggiate da passaggi pedonali più stretti; un cortile interno; un camminamento di guardia con piccole finestre ad arco, funzionale anche all'alloggiamento dei meccanismi di chiusura. Il tipo della porta monumentale ad arco, diffusa sia in Grecia che in Magna Grecia già nel IV secolo (Oiniadai, Velia), prende origine nell'architettura dell'Italia centrale in età medio-repubblicana: a Cosa nel 273 a.C., a Falerii Novi poco dopo il 241 e successivamente a Perugia, dove sono due gli accessi monumentali che seguono tale schema. Ma l'esempio della Porta dei Leoni mostra chiaramente che alla metà del I sec. a. C. esso si trova già diffuso anche nel nord. In particolare, proprio la galleria a balaustra scolpita a coronamento della Porta Marzia è un elemento che riconosciamo sia nella prima Porta dei Leoni a Verona, che nell'Arco di Augusto a Rimini (27 a.C.). La porzione ionico-diagonale dei capitelli d'imposta del monumento veronese, che rientrano nella definizione di ordine composito, trova particolare analogia in due esemplari conservati nel Museo di Nîmes, come sottolineato opportunamente da K. Ronczewski (A7; cfr. Ronczewski 1924, 268 ss.)

Ronczewski 1924, 268 ss.; Kähler 1935; Brands 1988.

Francia e Penisola Iberica

A7. Nîmes Tav. XVIII, A7
Capitello di colonna
Nîmes - Museo Archeologico

Come evidenziato opportunamente da K. Ronczewski, i due capitelli trovano particolare analogia negli esemplari della Porta dei Leoni a Verona (A6), in cui le volute presentano un movimento che produce lo schema di due esse affrontate con due estremità arricciate al centro del canale, come nel tipo "a sofà".

Ronczewski 1924, 268 ss.

A8. Cerro de la Ermita, Caravaca di Murcia - Santuario de la Encarnacion
Capitello di colonna Tav. XVIII, A8
Caravaca - Museo de La Soledad

Il tempio B di Cerro de la Ermita si configura nella sua ultima fase come un edificio ionico ottastilo e pseudoperiptero, con dieci colonne di lato innalzato su un basamento di blocchi rettangolari che serve a livellare le irregolarità della roccia. I fusti di colonna presentano una lavorazione a venti scanalature e capitelli ionici a quattro lati uguali e volute in diagonale che hanno caratteristiche in comune con il tipo ionico-italico. Pianta ed alzato non dovevano essere troppo dissimili da quelli del tempio del Cerro de los Santos (cfr. A9); l'impronta italica di queste costruzioni è evidente oltre che nelle piante e nelle caratteristiche degli elementi architettonici che definiscono l'alzato,

dall'esistenza di un notevole quantitativo di elementi architettonici di rivestimento e di antefisse, in stretta relazione stilistica con l'ambiente etrusco-laziale.
Fine II sec. a.C.

Ramallo 1997, 257

A9. Cerro de los Santos, Montealegre del Castillo di Albacete - Santuario
Capitello di colonna Tav. XVIII, A9

Tra i pochi resti architettonici collegabili con certezza all'edificio templare, *in antis* o con facciata tetrastila, si segnala un capitello ionico trovato nel 1861, caratterizzato da uno stretto abaco a due gradini e da un ampio canale a forma di nastro continuo che unisce le volute, con una fascia di foglie di palma a punta che demarcano la separazione fra fusto e capitello.

Ramallo 1997; cfr. Lezine 1960, fig. 41

Africa settentrionale

A10. Utica - *Insula* I, elemento di reimpiego Tav. XVIII, A10
Capitello di semicolonna

Gres di Cap Bon
h. tot. 0,43; d. fusto 0,45
Esemplare molto danneggiato, completamente assenti le volute. Uso abbondante di stucco.

Esemplare a decorazione figurata antropomorfa Scoperto nel 1957 nel corso dei lavori nell'insula I, reimpiegato fuori contesto in un muro di tarda epoca, il capitello si presenta molto danneggiato. Si riconosce tuttavia al centro della porzione superiore del pezzo una testa femminile con il collo leggermente piegato verso destra ed una acconciatura a "costolature di melone". La protome era inquadrata da volute verticali a sezione convessa di tipo eolico. Uno strato di stucco doveva in origine ricoprire tutta la superficie del capitello, che poggiava su un fusto di colonna con sole otto scanalature ioniche nella parte anteriore, forse perché doveva essere inglobata per il restante in una muratura. Si possono stabilire analogie con prodotti di fabbrica siciliana, come un capitello figurato di Selinunte e l'altro ionico-italico figurato di Heraclea Minoa. Il Lezine, riconoscendo al pezzo uticense in oggetto la maggiore antichità tra quelli figurati recuperati *in loco*, lo data all'inizio del II sec. a.C., confrontandolo con i capitelli figurati del tempio del Foro di Paestum, che a suo avviso apparterrebbero ad una fase posteriore di circa un secolo alla data di fondazione della colonia. In realtà non sussistono argomenti tali per abbassare convincentemente la datazione di questi elementi, che si inseriscono in maniera del tutto organica nella *koinè* etrusco-italica e magnogreca del III sec. a.C.

III - inizio II sec. a.C.

Lezine 1960, 90-91, fig. 49, tav. XIV, 98; Pensabene 1986, 415, fig. 52 c.

A11. Utica - *Domus, oecus corinthius* Tav. XVIII, A11 a-b
Capitello di colonna
Utica - Museo Archeologico

Gres di Cap Bon
h. tot. 0,49; d. 0,58
Esemplare intero in mediocre stato di conservazione. Tracce di stucco

Il capitello, del tipo ionico diagonale con folta foglia acantizzante centrale in ciascuna faccia, mostra interessanti segni di due fasi d'impiego. In fase originale, il capitello doveva avere un collarino segnato da un giro di perle, cui si sovrapponeva una fascia decorata ad ovoli di forma tondeggiante decurtati di un terzo, in seguito martellata. Alcuni aspetti poco chiari relativi ai passaggi della trasformazione, nonché alle diverse possibilità della forma assunta dal capitello originario nella parte alta fra canale ed abaco sono riassunti da Ferchiou 1989. Lezine riteneva che l'esemplare fosse anteriore alla serie ionico-siciliana, ma giustamente la Ferchiou ribadisce che, in generale, è possibile osservare che in uno stesso periodo può essere usata una grande varietà di tipi. Nella fase di reimpiego e rimaneggiamento, il pezzo fu parzialmente ritagliato e ricoperto di un pesante strato di stucco, per essere completamente rimodellato in modo assai raffinato. La parte superiore del fusto fu ornata da un *anthemion* di palmette; al di sopra correva un giro d'ovoli che supportava le volute, fornite di foglie protezionali. Al centro del canale spiccava una grande foglia d'acanto. La cronologia dell'esemplare, dipendente da quella della sala in cui è stato trovato (prima metà del I sec. d.C.), può essere individuata, secondo Lezine e Ferchiou, in epoca augustea.Sia nella prima che nella seconda fase il capitello mostrava comunque la caratteristica di echino e volute posizionati su due registri diversi; tuttavia, se nella versione originaria il canale si mostrava molto curvo nella parte superiore, forse fino al letto di posa dell'abaco, nella modifica successiva si procedette a trasformarlo in una fascia rettilinea sormontata da un abaco di notevole spessore, suddiviso in due registri di decorazione.
1° fase: II sec. a.C. (?) 2° fase: epoca augustea

Lezine 1960, 85-89, figg. 46-47, tav. XIII, 93; Ferchiou 1989, 166-167, V.XII.A.5-V.XII.B.1, fig. 37 a-b, tav. XLIV, d.

A12. Cartagine Tav. XVIII, A12
Capitello di semicolonna
Cartagine - Parco Archeologico

Gres sabbioso giallastro
h. tot. cap. 0,45; l. tot. 0,525; d. som. 0,383
Esemplare intero in mediocre stato di conservazione

Il capitello, intagliato in un gres sabbioso di mediocre qualità, è caratterizzato da volute nascenti dal basso a sezione convessa e disposte seguendo le diagonali dell'abaco. La faccia anteriore è ornata da una rigogliosa foglia assiale, che sale fino al margine superiore dell'abaco, mentre in quelle laterali si osserva uno stelo da cui nasce un fiore semiaperto. Le volute sono ricoperte da foglie protezionali che nascono immediatamente al di sotto dell'abaco. La porzione inferiore del capitello è scolpita con un fregio a *kyma* ionico con ovoli molto allungati, ed è chiusa in basso da un astragalo a perle sferiche e fusaruole. Attribuibile per i dettagli arcaistici, come il nastro convesso dellle volute e le perle sferiche, ad epoca ellenistica, il capitello, se è stato trovato a Cartagine (ed è molto probabile) difficilmente potrà datarsi posteriormente alla data del 146 a.C.
ante 146 a.C.

Lezine 1960, 89-90, fig. 48, tav. XIV, 96, 97.

A13. Cartagine - Santuario punico di Salambô Tav. XVIII, A13
Capitello di colonna

Stesso stile e stessa epoca dei resti architettonici pertinenti all'edificio sulla collina di Byrsa di cui alla scheda 169, si riconoscono in alcuni frammenti provenienti dal piccolo santuario punico di Salambô. Scoperto e pubblicato sommariamente da Carton nel 1929, il contesto è stato riesaminato più recentemente da N. Ferchiou, che evidenzia analogie strutturali, proporzionali e stilistiche con monumenti meglio conosciuti, come il *naiskos* di Thuburbo Maius ed il mausoleo di Thugga, riconducendo la datazione del piccolo luogo sacro a due fasi costruttive, la prima di fine III- inizio II sec. a.C. e la seconda di poco anteriore alla distruzione del 146 a.C. Per quanto concerne i capitelli ionici impiegati, dai lacerti si comprende che doveva trattarsi di esemplari "canonici" a volute e cuscini, con piccolo rosone a sei petali al centro del canale fortemente inflesso; la lunghezza totale della faccia a volute è ripartita in tre parti uguali (due corrispondenti alle volute ed una agli ovoli), come si osserva nei pezzi del carico di Mahdia e in quelli di Thugga. Se alcuni particolari, come l'accentuata curvatura del canale e l'aspetto ampio ed arioso delle volute riconducono ad influenze attiche, la soluzione "a campana" del profilo laterale si inserisce nella scia di esemplari ellenistici che prendono ispirazione da un tipo coniato in area macedone e poi diffuso in diverse aree, dalla stessa Grecia a Pompei (cfr. A4).
Fine III-inizio II sec. a.C.

Cfr. Carton 1929, 5, tav. II, fig. 4; Ferchiou 1987, 15-41, in part. fig. 5.

A14. Mateur - Prov. sconosciuta Tav. XVIII, A14
Capitello di colonna (tav.)

Calcare
Esemplare intero in mediocre stato di conservazione

Il capitello, scolpito in un unico blocco con il sommoscapo della colonna che lo sosteneva, è caratterizzato da una buona esecuzione. Al di sopra dell'astragalo lasciato senza decorazione si osserva l'echino, su cui premono le volute, disegnate da un tracciato abbastanza regolare. Nella ripartizione dei diversi membri compositivi, il canale è assente. Si può rilevare una certa somiglianza con i capitelli tardo-repubblicani dell'arco di Aquino (n.126). Per tale motivo, la datazione alla fine del I sec. d.C. proposta da Ferchiou potrebbe anche essere sensibilmente rialzata.
Metà I sec. a.C.-fine I sec. d.C.

Ferchiou 1989, 158, V.XI.C.2, tav. XL,b.

A15. Thizica — Tav. XVIII, A15 a-c
Capitello di colonna

Calcare a grana fine
h. tot. 0,638; h. tot. cap. 0,33; ab. 0,63x0,62
Esemplare intero in mediocre stato di conservazione

Il capitello presenta una commistione di elementi arcaizzanti e tratti piuttosto tardi. Ispirata a modelli arcaici è la forma dell'echino, alto ed ornato da tre ovoli di forma allungata. Le volute, contratte e grandi dimensioni, si avvolgono intorno ad un occhio costituito da una piccola rosetta, tratto anch'esso di matrice arcaica; l'asse orizzontale che passa per gli occhi si situa al di sopra del *kymation* . Il canale forma una curva molto accentuata nella parte inferiore, sottolineata da un filetto, ed al centro presenta una rosetta stilizzata. L'esemplare può considerarsi, secondo l'analisi puntuale di N. Ferchiou, un'elaborazione piuttosto tardiva ispirata a modelli siciliani.
II sec. a.C.

Ferchiou 1989, 106, V.II.2, fig. 19, b e tav. XIX, b-c

A16. Vallis (Dour Smaine) — Tav. XIX, A16 a-b
Capitello di colonna (tav.)

Calcare bianco a grana fine
h. tot. cap. 0,345; d. 0,38; l. faccia 0,49
Esemplare intero in discreto stato di conservazione

Si tratta di un capitello in cui volute ed echino si trovano collocati su due registri sovrapposti. L'echino presenta un decoro d'ovoli molto allungati a forma di U, che si avvicinano stilisticamente a quelli di certe lastre Campana e del tempio di Apollo Palatino. A centro dello spazio compreso tra le volute soprastanti si inserisce un rosone. L'abaco è costituito da lati accentuatamente inflessi e con spigoli smussati. N. Ferchiou propone per il pezzo una datazione all'epoca giulio-claudia.
Epoca giulio-claudia

Ferchiou 1989, 163-164, V.XII.A1, fig. 35a, tav. XLIV, a

A17. Thuburbo Maius - Piccolo edificio distilo (?) nell'area del Capitolium
Capitello di colonna Tav. XIX, A17 a-c
Tunisi - Museo del Bardo (N. inv.)

Calcare a grana fine di colore bianco-grigio
h. tot. cap. 0,19; d. inf. 0,27
Esemplare intero in buono stato di conservazione

Questo piccolo capitello a volute diagonali, da considerare a buon diritto come l'esemplare più bello della Tunisia antica per la sua armonia, per lo stato di conservazione nonché per la qualità d'esecuzione, appartiene con tutta verosimiglianza ad una cappella distila ubicata nell'area forense, sul tipo del *naiskos* (Lezine 1960, 16-18). Profilato alla base da un giro di perle e fuseruole, presenta un canale inflesso nella parte inferiore ed un echino sottostante decorato da tre ovoli separati da dardi con punta a V. Le volute sono composte da spire larghe e nettamente delineate. Una piccola palmetta a tre lobi fiammati si incunea tra voluta, canale ed echino. Raffinato il motivo delle due fogliette di acanto che si incontrano a coprire gli spigoli delle volute nelle zone angolari. L'abaco presenta quattro facce leggermente concave con spigoli smussati ed è anch'esso decorato da un fregio di ovoli. Caratteristiche da sottolineare sono il filetto che borda la parte inferiore del canale, tratto che si estingue dopo la prima metà del II sec. a.C., e la linea orizzontale che passa per il centro delle volute toccando la parte superiore dell'echino, come negli esemplari di V-IV sec. a.C. Sembra legittimo riconoscere la stessa qualità di esecuzione e la stessa mano di chi realizzò gli esemplari appartenenti al tempietto distilo ricostruito nel Museo, rispetto a cui coincide anche il materiale.
III-prima metà II sec. a.C.

Lezine 1960, 15-16; Ferchiou 1989, 121-122, V.IV.B.1, fig. 34 a, tav. XXVI, a-b

A18. Thuburbo Maius - *Naiskos* Tav. XIX, A18 a-c
Capitello di colonna
Tunisi - Museo del Bardo

Calcare bianco-grigio a grana fine
h. tot. 0, 075
Esemplari interi in discreto stato di conservazione

Il piccolo *naos*, ricostruito al Museo del Bardo, si presenta come un'edicola su alto podio con due colonne ioniche *in antis* sormontate da capitelli ionici diagonali di accurata fattura. La parte superiore del fusto delle colonne scanalate presenta un elegante *hypotrachelion* scolpito con una sorta di *anthemion* a palmette e gemme; al di sopra si osserva l'astragalo a perle discoidali e l'echino decorato con tre ovoli. Il canale inflesso nel margine inferiore è bordato da un filetto. Cronologia e modelli sono

certamenti gli stessi dell'esemplare A17, di cui questi rappresentano una versione ridotta.
III-prima metà II sec. a.C.

.

Lezine 1960, 9 ss.; Rakob 1979, 478, tav. 50; Ferchiou 1989, 123, V.IV.B.2,tav. XXV c

A19. Thuburbo Maius - Tempio di Balaat (dintorni) Tav. XIX, A19 a-b
Capitello di colonna
Tunisi - Museo del Bardo

Calcare
h. tot. cap. 0,33; l. 0,44; d. 0,31
Esemplare intero in buono stato di conservazione

I due capitelli si configurano come riproduzioni qualitativamente più scadenti degli esemplari del piccolo *naos*. Sono intagliati in un unico blocco con il sommoscapo decorato da un fregio di palmette; presentano un astragalo con perle in forma di cilindro e fuseruole a disco, un echino con *kyma* ionico formato da tre ovoli contenuti da sgusci concentrici in ciascuna faccia ed ampie volute profilate che disegnano un canale con la parte inferiore fortemente arcuata. Piccole palmette nascono dalle volute. Il sottile abaco è ornato anch'esso da un fregio ad ovoli. N. Ferchiou ritiene che non sia da escludere una datazione augustea per questi esemplari.
II sec. a.C.

Lezine 1960, 16; Rakob 1979, 480, tav. 51; Ferchiou 1989, 123, V.IV.B.3, tav. XXV, d

A20. Thuburbo Maius - Edicola votiva (?) Tav. XIX, A20
Capitello di colonna

Calcite
Esemplare intero in mediocre stato di conservazione. Completamente danneggiate le volute

Si tratta di un capitello a quattro facce intagliato in un materiale semiprezioso come la calcite, che per le piccole dimensioni doveva verosimilmente appartenere ad una edicola votiva. Al di sopra del sommoscapo, coronato da un giro di perline e fuseruole, si imposta il capitello vero e proprio, di cui sono perse completamente le volute di ridotte dimensioni. L'echino, molto alto, è ornato da ovoli disegnati da incisioni superficiali. Il canale si riduce ad una stretta striscia rettilinea.
Età augustea

Ferchiou 1989, 153-154, V.XI.A.1, tav. XXXVIII b.

A21. Bulla Regia - Dintorni del tempio A Tav. XIX, A21
Capitello di colonna

Calcare bianco
h. tot. cap. 0,405; l. faccia 0,73
Esemplari interi in mediocre stato di conservazione

Si tratta di due esemplari ionici a quattro facce con abaco decorato da un fregio ad ovoli, volute orizzontali e canale molto inflesso. Al centro di questo spazio, in un lato si osserva il "segno di Tanit", negli altri due schematiche palmette verticali, che per la loro grandezza si uniscono in corrispondenza dell'asse centrale del capitello.
I sec. a.C.

Pensabene 1986, fig. 51 b; Ferchiou 1989, V.XII.C.4, tav. XLVI, a-b-c.

A22. Teboursouk Tav. XIX, A22
Capitello di colonna

Calcare (?)
Esemplare intero in discreto stato di conservazione

Esemplare tagliato in un blocco unico con il sommoscapo della colonna; l'echino è decorato da tre ovoli in ciascuna faccia; il canale non è sottolineato dal filetto, e la sua convessità, poco pronunciata verso il centro, si accentua in prossimità delle volute. Una palmetta a tre lobi fiammati nasce tra il canale e la parte alta delle spire sviluppandosi in senso orizzontale. L'abaco presenta una decorazione ad ovoli. Le caratteristiche decorative del capitello sembrano indirizzare la datazione verso la fase tardo ellenistica della produzione di Thugga, durante l'occupazione numida.
Prima metà I sec. a.C.

Ferchiou 1989, 129-130, V.V.4, tav. XXVIII,a.

A23. Thabbora Tav. XIX, A23
Capitello di colonna

Calcare
h. tot. cap. 0,33; d. 0,465
Esemplare intero in discreto stato di conservazione

La parte superiore di questo capitello si inscrive in un parallelepipedo di sezione quadrata, mentre l'echino è relegato alla base della composizione, collocandosi ad un registro inferiore rispetto alle volute. Gli ovoli sono allungati ma troncati nettamente alla loro sommità formando una U, e sono contenuti in sgusci sottili, divisi da lancette. Le volute si arrotolano a serpentina con un tracciato piuttosto inusuale, disegnato da due cordoni che, avvolgendosi in parallelo, delimitano anche lo spazio del canale, la cui porzione inferiore è caratterizzata da una forte curvatura, retaggio arcaico che permane ben radicato nell'area. Elementi come gli ovoli e l'avvolgimento delle volute portano ad indicare per il pezzo una datazione in epoca giulio-claudia.

Epoca giulio-claudia

Ferchiou 1989, 168-169, V. XII.C.3, tav. XLV, c-d

A24. Aubuzza Tav. XX, A24
Capitello di colonna
in situ

Esemplare intero in discreto stato di conservazione

L'esemplare si distingue per il suo volume pesantemente quadrangolare. Il *kyma* ionico con ovoli molto grandi e rotondeggianti si pone ad un livello inferiore a quello delle volute. Queste si avvolgono su se stesse disegnando una spirale regolare. Al di sotto del canale a V si aprono due palmette rivolte verso il basso che sovrastano un rosone. Il motivo floreale si ripete nella parte inferiore di ciascun angolo, dove le volute lasciano un vuoto.

Ferchiou 1989, VI.II. A.1

A25. Maktar Tav. XX, A25
Capitello di colonna
Tunisi - Museo del Bardo

Calcare
h. tot. cap. 0,33; l. faccia 0,43; d. 0,28
Esemplare intero in mediocre stato di conservazione.

Il capitello ionico di Maktar è una delle rarissime testimonianze isolate dell'architettura punico-numidica della città. Si tratta di un pezzo lavorato grossolanamente ma con vigore: l'abaco è decorato da una fila d'ovoli al di sotto della quale due cordoncini in forte rilievo, separati da una depressione, disegnano le volute. La linea che le unisce non è dritta ma fortemente incurvata verso il basso al centro del tracciato a formare una V. Questa è una caratteristica arcaica che si è conservata come tratto saliente del decoro architettonico punico fin nelle manifestazioni più tarde. Un ornamento cuoriforme è inserito al centro dello spazio del canale, al di sotto della punta. L'echino è assente.
II sec. a.C.

Picard 1957, 74, tav. XVI b; Lezine 1960, 78, fig. 43; Ferchiou 1989, 145, V.VIII.G.1, tav. XXXIII d.

A26. Prov. sconosciuta
Capitello di colonna
Kairouan - Grande Moschea (reimpiego)

Calcare

Esemplare intero in discreto stato di conservazione

Si tratta di un capitello a quattro facce e volute diagonali, caratterizzato da un canale convesso ed inflesso alla base, echino privo di decorazione scolpita (fatto che non esclude una sua possibile decorazione pittorica, come opportunamente messo in luce da Martin 1944-45, 370). La convessità del canale, così come l'unico filetto che borda le volute fanno pensare a contaminazioni con la tradizione orientale, mediata dalla Sicilia e dalla Magna Grecia, in particolare Locri. Le volute di ciascuna faccia si posizionano su uno stesso piano, senza seguire il movimento arcuato che si osserva negli esemplari di stampo peloponnesiaco.Meritano di essere sottolineate la qualità di esecuzione e l'eleganza delle volute.
Inizio II sec. a.C.

Ferchiou 1989, 112-113, V.III.3.

A27. Prov. sconosciuta Tav. XX, A27
Capitello di colonna
Kairouan - Grande Moschea (reimpiego)

Calcare
Esemplare intero in mediocre stato di conservazione

L'esemplare, che non presenta delle eccellenti proporzioni, mostra un abaco decorato ad ovoli ed un echino con *kymation* di tre ovoli, di altezza uguale a quella del canale convesso, rettilineo nella porzione inferiore. Assenti le palmette. Le caratteristiche del pezzo, di cui si ignora purtroppo la provenienza, possono rendere plausibile una datazione agli ultimi decenni della Cartagine punica
Prima metà II sec. a.C.

Ferchiou 1989, 128-129, V.V.3, tav. XXVIII,b.

A28. Sfax Tav. XX, A28
Capitello di colonna
Sfax - Grande Moschea (reimpiego)

Calcare
Esemplare intero in discreto stato di conservazione

Esemplare con volute orizzontali ed echino collocati su due registri distinti, con grandi palmette affrontate; il canale assume una forma rettilinea. Non essendo noto il contesto di provenienza e dovendoci affidare solo a criteri stilistici (ovoli disegnati per intero, con sgusci a spigoli vivi, lancette invece che punte di freccia), la datazione sembra orientarsi verso l'epoca giulio-claudia.
Prima metà I sec. d.C.

Ferchiou 1989, 165, V. XII.A.3, tav. XLIV, b

A29. Henchir Sidi Slimane — Tav. XX, A29

Capitello di colonna

Calcare
h. 0,28; l. ab. 0,54
Esemplare intero in mediocre stato di conservazione

L'esemplare presenta la stessa composizione del precedente A28, ma, per quanto si evince anche grazie al disegno conservato, al centro di ciascuna faccia è presente un volto maschile caratterizzato da occhi sporgenti, grandi orecchie e labbra carnose. Nel punto di contatto tra il canale rettilineo e le volute nascono gemme che reggono un piccolo fiore in sostituzione della più consueta palmetta.
Epoca giulio-claudia

Ferchiou 1989, 164-165, V.XII.A.2, fig. 35 b.

A30. Turris Tamalleni — Tav. XX, A30

Capitello di colonna
Deposito dell'antica moschea di Sidi Okba

Gres giallastro
h. tot. 0,37; h. tot. cap. 0,28-0,29; d. inf. 0,42
Esemplari interi in mediocre stato di conservazione

I due esemplari di capitelli ionici diagonali in questione sono caratterizzati da un canale disegnato a punta nella parte centrale inferiore, associato ad un echino ornato di ovoli piuttosto semplificati e volute dalle spire irregolarmente tracciate.

Ferchiou 1989, 149, V.IX.1-2, tav. XXXVIII, a

A31. Turris Tamalleni — Tav. XX, A31 a-b

Capitello di colonna
in loco

Gres fossilifero
Esemplari interi in discreto stato di conservazione

Si tratta di quattro esemplari di capitelli a quattro facce con sommoscapo. La parte superiore dell'*hypotrachelion* è chiusa da un astragalo ornato di perle che supporta un echino bombato e scolpito ad ovoli. Le volute, che occupano ciascuna un terzo della larghezza della faccia, seguono un tracciato non troppo regolare, che forse tradisce la lavorazione da parte di maestranze inesperte. In qualche esemplare l'occhio è chiuso da una rosetta. Al di sopra delle volute, nello spazio rettilineo del canale si osserva il motivo di un nodo erculeo che dà origine a racemi di fogliame insinuantisi tra le volute. La datazione ad età tardo-repubblicana o protoaugustea sembra essere supportata dalla presenza del motivo del nodo erculeo, che in Italia si riscontra impiegato proprio in tale

arco di tempo (cfr. lo studio di M. Verzar, "Frühaugusteischer Grabbau in Sestino", in MEFRA 86, 1974, 396 ss.). Non è dunque irragionevole ipotizzare anche un impiego dei capitelli in un eventuale edificio funerario (visto il valore di questo tema decorativo nella Penisola), ascrivibile ad un esponente di quella classe di *negotiatores* italici che intrattenevano intense relazioni commerciali con l'Africa settentrionale.
Età tardo-repubblicana/protoaugustea

Ferchiou 1989, 160-162, V.XI.E.1.a-d, tavv. XLI, c-d, XLII, a-c.

A32. Gabes — Tav. XX, A32
Capitello di colonna

Calcare
Esemplare intero in discreto stato di conservazione

Il capitello, inscritto in un volume parallelepipedo, è intagliato in un unico blocco con il sommoscapo della colonna cui era destinato. Grosse volute con spire indicate da un pesante cordoncino sono scolpite su tutte e quattro le facce; si segnala l'assenza di canale ed echino. Il tipo può essere ricondotto a modelli locali di epoca giulio-claudia.

Prima metà I sec. d.C.

Ferchiou 1989, 150-151, V.X.2, tav. XXXVI d.

A33. Gabes
Capitello di colonna

Calcare
Esemplare intero in mediocre stato di conservazione

Esemplare simile al precedente ma meno ben conservato. Le differenze che esistono sono attribuibili alla esecuzione non troppo accurata piuttosto che ad una differenza di cronologia.
Epoca giulio-claudia

Ferchiou 1989, 165-166, V.XII.A4, tav. XLIV, c.

A34. Gigthis — Tav. XX, A34
Capitello di colonna
Villa suburbana (dintorni)

Gres
h. tot. 0, 30; d. 0,42
Esemplare intero in mediocre stato di conservazione

Si tratta di un bel capitello a quattro facce; la profondità dei rilievi e l'esecuzione curata dei dettagli fanno pensare che non dovesse essere stuccato, ma solo ricoperto da una leggera ingubbiatura. Ogni faccia reca due grandi volute che si arrotolano intorno ad un occhio chiuso da una rosetta. Al di sotto della stretta fascia rettilinea del canale si trova l'echino decorato ad ovoli che richiamano lo stile arcaico.
Primo quarto I sec. d.C.

Ferchiou 1989, 154-155, V.XI.B.1, tav. XXXIX d.

A35. Gigthis-Villa suburbana Tav. XX, A35
Capitello di colonna
in situ

Calcare
Esemplare intero in discreto stato di conservazione

L'esemplare presenta, al di sotto di un pesantissimo abaco parallelepipedo, un capitello a quattro facce con volute che inquadrano un alto echino dal profilo piatto decorato ad ovoli molto allungati di stile arcaizzante. Delle piccole palmette verticali dovevano essere collocate tra il *kyma*tion e le volute. Difficile è datare l'esemplare, sebbene il contesto archeologico, lo stesso del precedente capitello, porti verso il primo quarto del I sec. d.C.
Primo quarto I sec. d.C. (?)

Ferchiou 1989, 157, V.XI.B.2, tav. XL, a

A36. Gigthis
Capitello di colonna
Esemplare non rintracciabile

Capitello a quattro facce e volute in diagonale posizionate ad un livello superiore rispetto all'echino; la linea del canale segue un andamento molto inflesso.
Età giulio-claudia

Ferchiou 1989, 168, V.XII.C.2, fig. 40, a.

A37. Gigthis Tav. XX, A37
Capitello di colonna
in situ

Calcare
h. 0,28; ab. 0,48x 0,49; d. 0,35
Esemplare intero in discreto stato di conservazione

Nell'esemplare, del tipo canonico con volute e cuscini laterali, si notano in particolare il motivo del grande motivo floreale al centro del canale dalla concavità assai accentuata, e il fregio a *kyma* ionico con ovoli decurtati di un terzo nel registro al di sotto della linea delle volute.

Ferchiou 1989, 167-168, V.XII.C.1, tav. XLV, a-b

A38. Tipasa - Tomba della Cristiana Tav. XX, A38 a-b
Capitello di semicolonna
in situ

Calcare
Esemplari interi in mediocre stato di conservazione

Gli esemplari di semicapitelli che inquadrano l'ingresso del grandioso tumulo sono caratterizzati in particolare da un'accentuata curvatura del canale tra le volute, che si trasforma qui in una V molto aperta. Questo è un tratto che gode di molta fortuna in ambito punico ma deve ricondursi ad influsso greco classico ed ellenistico, dove conducono del resto anche i rapporti proporzionali riscontrabili tra i diversi membri compositivi dei capitelli. Il *kyma* ionico è posto come una sorta di collare ad un registro inferiore a quello in cui sono collocate le volute. L'*hypotrachelion* si presenta ornato da un giro di rosette.
Fine II-inizio I sec. a.C.

Rakob 1979, 140, 151, figg. 62, 67.

A39. Sabratha - Mausoleo B Tav. XX, A39
Capitello di colonna
in situ

Gres sabbioso locale

Individuato nella regio VI di Sabratha, in una zona a sud del Foro originariamente adibita a necropoli, il mausoleo B, a pianta triangolare ed alto circa 23 m, costituisce un buon esempio dell'assorbimento e trasposizione dei modelli ellenistici, segnatamente alessandrini, nella decorazione architettonica punica. Gli esemplari di capitelli ionici quadrangolari del primo livello dell'alzato, scolpiti nella pietra locale e stuccati come il resto della struttura, sono decorati in una maniera particolarmernte fastosa - ancor più di quelli di Byrsa -; tale ricchezza ornamentale li distingue da tutti gli altri pezzi della classe ionico-italica, con la quale tuttavia condividono diversi elementi, primo fra tutti quello delle palmette verticali. N. Ferchiou classifica questi manufatti come appartenenti ad un tipo ionico nella forma particolare e ricca dell'"éolique habillé" (Ferchiou 1989, 194). Il modello del mausoleo a pianta triangolare con pareti concave si ritrova anche a Cosa, nella tomba E1 (F. Brown, Cosa I. History and Topography, in

MAAR XX, 1951, 102, figg. 105-106, tomba E1), nonché ad Aquileia, nel monumento sepolcrale dei Curii (154).
Fine III-inizi II sec. a.C.

Di Vita 1968, 30 e fig. 9a; cfr. Rakob 1979, fig. 70

A40. Leptis Magna - Cisternone del Calcidico — Tav. XX, A40
Capitello di colonna
in loco

Calcare
Esemplare intero in mediocre stato di conservazione

Un esemplare leptitano, datato da Caputo all'epoca giulio-claudia e proveniente dal cisternone del Calcidico, mostra una notevole inflessione del canale, *kyma* composto da ovoli quasi a calotta, sottile astragalo e treccia minuta.
I sec. d.C.

Caputo 1968, 70, tav. XLVI a

A41. Leptis Magna — Tav. XXI, A41
Capitello di colonna
Leptis Magna, fuori da Porta Oea

Calcare
Esemplare intero in discreto stato di conservazione

Allo stesso tipo di capitelli ionici a quattro facce di Leptis ne appartiene anche uno in calcare, con lunghe foglie stilizzate, tese a ventaglio, che spingono in basso il canale rendendolo quasi triangolare; all'angolo che si forma all'incontro delle volute, la parte inferiore è ornata da una tipica foglia simile a palmetta. Fra una treccia in alto e le fuseruole in basso l'echino presenta ovoli decurtati con calotta accentuata.
Prima metà I sec. d.C.

Caputo 1968, 71, tav. XLVII a

A42. Leptis Magna - Area dell'Arco di Marco Aurelio — Tav. XXI, A42
Capitello di colonna
Leptis Magna, fuori da Porta Oea

Calcare
Esemplare intero in discreto stato di conservazione

Un altro capitello ionico in calcare reca un'iscrizione neo-punica incisa nell'alto sommoscapo, ricavato nello stesso blocco lapideo. Si tratta di un esemplare che

dimostra l'appropriazione di modelli "canonici" da parte di personaggi punici romanizzati, secondo Caputo probabilmente in epoca claudia.
Prima metà I sec. d.C.

Bianchi Bandinelli-Vergara Caffarelli-Caputo 1963, 101, fig. 174; Caputo 1968, 71, tav. XLVII b

A43. Leptis Magna — Tav. XXI, A43
Capitello di colonna
Leptis Magna - Museo Archeologico, giardino

Calcare
Esemplare intero in mediocre stato di conservazione

Un ulteriore esempio di capitello ionico a quattro facce, di provenienza ignota, si trova nel giardino del Museo di Leptis. Per quanto assai mutilato (le volute sono perse del tutto), si intuisce un intaglio accurato del *kyma* ad ovoli, del collarino sottostante e del fregio di cirri nella fascia dell'*hypotrachelion.*
Prima metà I sec. d.C.

Caputo 1968, 71, tav. XLVII c.

A44. Leptis Magna - Foro vecchio — Tav. XXI, A44
Capitello di colonna

Calcare
Esemplare intero in buono stato di conservazione

Si tratta di un capitello ionico a quattro facce con abaco sagomato a lati inflessi, echino scolpito a tre ovoli, di cui resta libero solo quello centrale, mentre gli altri due sono parzialmente nascosti dalle palmette che traggono origine dalle volute. Un fregio a treccia orna il sommoscapo, mentre al di sopra dell'echino, al centro del canale si apre un carnoso fiore campaniforme.

Pensabene 1986, fig. 51 d.

A45. Leptis Magna — Tav. XXI, A45
Capitello di colonna
in loco

Calcare
Esemplare intero in mediocre stato di conservazione

Il capitello, piuttosto danneggiato, presenta massicce volute diagonali da cui nascono palmette orizzontali. Il consueto *kyma* ionico decora la fascia dell'echino. L'abaco è caratterizzato da notevole spessore.

Caputo 1968, tav. LII a

A46. Leptis Magna
Capitello di colonna
in loco

Esemplare intero in discreto stato di conservazione

Sebbene la struttura sia quella del capitello ionico canonico, con volute nelle due facce principali e cuscini laterali, questo esemplare presenta l'interessante inserimento delle palmette oblique di tipo italico.

Ward Perkins 1970, tav. 3, fig. 2; cfr. Villa 1988, 33, nota 101.

A47. Leptis Magna - Area del tempio a nord del Foro Tav. XXI, A47
Capitello di colonna
in loco

Esemplare intero in discreto stato di conservazione

Tra i capitelli leptitani, quello ionico con struttura "canonica" rinvenuto nell'area del tempio a nord del Foro si distingue per la sua esuberanza decorativa. Oltre al fregio a *kyma* ionico che ravviva sia l'abaco che l'echino, risulta particolarmente ricca l'ornamentazione che si osserva nell'ampio spazio fortemente inflesso del canale: una grossa foglia a nove lobi si erge in posizione assiale tra due rosette laterali più piccole; al di sotto della curvatura inferiore del canale si sviluppano orizzontalmente le consuete palmette nascenti dalle volute, ed al centro prende posto un altro piccolo motivo floreale. L'echino è posto ad un livello sensibilmente inferiore rispetto a quello in cui si snodano le volute.

Pensabene 1986, fig. 51 c; Ward Perkins 1970, tav. 3, fig. 3.

APPENDICE B

ESEMPLARI RICONDUCIBILI AL TIPO IONICO-ITALICO NELLA PLASTICA MINORE (TERRACOTTA, PIETRA, BRONZO)

B1. Urna cineraria Tav. XXI, B1
"rinvenuta presso la Cecina"
Firenze - Museo Archeologico

Terracotta
h. 0,59

Urna cineraria in terracotta a forma di tempietto tuscanico con quattro pilastri angolari coronati da capitelli ionici a volute diagonali, tetto fastigiato e decorato da antefisse. IV-III sec. a.C.

Milani 1912, tav. 77, 1
Colonna 1986, fig. 397

B2. Perugia - Urna cineraria, tomba dei Cai Cutu, necropoli di Monteluce
Tav. XXI, B2 a-b
Perugia - Museo Archeologico Nazionale, sala ipogea che ricostruisce la tomba dei Cai Cutu (urna n. 8)

Travertino

L'urna in travertino di Larth Cai Cutu, che conserva ancora numerose tracce dello stucco e dell'originaria policromia a prevalenza di rossi, ripropone nella parte frontale un prospetto architettonico pannello centrale inquadrato da due lesene scanalate, sormontate da capitelli ionici. Il coperchio è displuviato a timpano con ornamento di scudo centrale fra rosette. Gli elementi decorativi, più specificamente i capitelli ionici decorati da un grande fiore al centro del canale, mostrano puntuali analogie con alcuni partiti architettonici di strutture reali, segnatamente quelli delle due principali porte perugine, come già notato da Roncalli, il quale proprio per tale ragione, riconosce al cinerario in questione una datazione non oltre la metà del III sec. a.C. (Roncalli 1989, 47, nota 50). Si tratta con ogni verosimiglianza di una delle deposizioni più antiche del sepolcro, che rimase in uso per un lungo periodo tra III e I sec. a.C., ospitando complessivamente ben cinquanta urne.
L'urna di Larth, collocata insieme alla "compagna" n. 2 - anch'essa rivestita di stucco - nella cella di fondo ai lati del sarcofago in arenaria e mai più spostata da questa ubicazione, rientra con l'altra nell'ambito della produzione afferente alla bottega

artigiana che realizzò altresì le urne della *gens* Velimna, titolare del noto ipogeo perugino di Ponte San Giovanni (per la datazione al III sec. a.C. di queste ultime, cfr. le considerazioni riportate da Massa-Pairault 1992, 196-200).
Il gentilizio Cutu è noto in età arcaica solo a Volsinii, fatto che lascerebbe ipotizzare un'ascendenza volsiniese del gruppo familiare, probabilmente trasferitosi a Perugia dopo la caduta di Volsinii nel 264 a.C. per opera dei Romani.
Metà III sec. a.C.

Roncalli 1989, 11-47

B3. Chiusi - Urna cineraria Tav. XXI, B3
Worcester (USA) - Art Museum

Terracotta

In quest'urna in terracotta di produzione chiusina con scena di combattimento. Il campo della raffigurazione, in cui si riconosce una scena di combattimento, è scandito da quattro pilastri sormontati da capitelli ionici con rosetta centrale che sorreggono l'architrave. Lo stile del rilievo richiama il fregio di Magnesia (cfr. Massa Pairault 1985 171, 172, e nota 79)
II sec. a.C.

Brunn- Körte 1870- 1916, III, 187, tav. 127, 9
Riis 1934, 90, n. 7

B4. Volterra - Urnetta cineraria Tav. XXI, B4
Volterra - Museo Archeologico Guarnacci (N. inv. 291)

Alabastro

L'urna, attribuita al Maestro dell'Atelier delle Piccole Patere (Massa Pairault 1985, 208), reca una scena di combattimento tra Lapiti e Centauri, in sintonia con il resto del repertorio orientale cui attinge questa bottega. Il campo della raffigurazione è inquadrato da colonne ioniche scanalate poggianti su basi modanate e coronate da capitelli ionici di tipo italico.
Lo stile del rilievo secondo la Massa Pairault tradisce, a differenza del resto della produzione di urnette volterrane, che si orienta di preferenza verso le scuole dell'asianesimo pergameno-rodio, delle tendenze neoattiche (Massa Pairault 1985, 151, 172 con bibliografia).
Metà II sec. a.C.

Ducati 1927, 492, fig. 578
Riis 1934, 89, n. 13, fig. 14
Massa Pairault 1985, fig. 111

B5. Volterra - Urnetta cineraria Tav. XXII, B5 a-b
Volterra - Museo Archeologico

Alabastro

Frammenti con decorazione di soggetti teriomorfi appartenenti ad un'urna di fattura molto simile alla precedente.
Seconda metà II sec. a.C. (?)

Inghirami 1821, I 1, tav. 16
Riis 1934, 89, n. 14

B6. Volterra - Urna cineraria
Volterra - Museo Archeologico

Tufo

II sec. a.C.

Micali 1810, tav. 24
Riis 1934, 90, n. 4

B7. Tarquinia - Sarcofago Tav. XXII, B7
Vaticano - Museo Gregoriano Etrusco

Peperino

Grande sarcofago in peperino proveniente da Tarquinia, che riporta scolpite scene relative alla saga di Oreste.
II sec.a.C.

Brunn- Körte1870- 1916, I, tav. 80, 11
Riis 1934, 90, n. 3

B8. Reggio Calabria - Tavola di decreto onorifico dalla loc. Collina del Salvatore
Tav. XXII, B8 a-b
Napoli - Museo Archeologico Nazionale (N. inv. MN 112217; neg. MN B2481 / MN B2710)

Bronzo
h. 0,37; l. 0,52

La lamina raffigura la parte frontale di un altare coronato da una cornice aggettante inquadrato lateralmente da due semicolonne con fusto scanalato che sostengono capitelli ionici con palmette verticali di tipo italico. Lo zoccolo di base reca incisa

un'iscrizione in lingua greca il cui testo si riferisce ad un decreto dei Reggini in onore del pretore romano Gneo Aufidio, figlio di Tito, insignito di una corona d'ulivo e della *proxenia*. Nell'intercolumnio sono osservabili quattro fori che servivano ad appendere il decreto, o, altrettanto verosimilmente, per il fissaggio di una corona d'ulivo, che doveva rappresentare per l'appunto, l'onorificenza conferita al personaggio.
Il campo epigrafico si sviluppa in cinque righe, ciascuna lunga 48 cm, con lettere che misurano 4 mm di altezza.
Riguardo alla datazione del documento in oggetto, che il Fiorelli collocava cronologicamente nel I sec. a.C., si può addurre in primo luogo una semplice constatazione a sfavore di tale proposta: essendo l'iscrizione redatta in greco, il *terminus post quem non* per la cronologia del reperto è rappresentato dall'89 a.C., momento che segna in tutta la Penisola l'entrata in vigore del latino come lingua ufficiale; inoltre, le considerazioni onomastico-prosopografiche riportate dal Dittenberger in relazione all'Aufidio insignito di tali onori dai Reggini, non fanno altro che confermare una datazione dell'epigrafe al II sec. a.C., visto che non può trattarsi del pretore Cn. Aufidius citato da Cicerone nelle Tuscolane (Cic. *Tusc.* V, 38, 112), lo stesso *Cn. filius* (e non *T. filius* come nel caso dell'iscrizione reggina) che in IG XII 5, 722 viene menzionato con la carica di propretore d'Asia, ma più verosimilmente di un omonimo di fine II sec. a.C. Tale datazione ha, in realtà, il vantaggio di coniugarsi in maniera molto meno stridente di quella più recente con il tipo dei capitelli, che dopo la guerra sociale, come si è visto, tende a sparire.
Importante per la conoscenza delle istituzioni nelle *politeiai* di Magna Grecia e Sicilia, il reperto reggino trova somiglianze in altre due tavole bronzee, anch'esse conservate nel Museo Archeologico Nazionale di Napoli e provenienti l'una da Agrigento, l'altra da Malta, quest'ultima particolarmente interessante nel confronto perché rappresenta la facciata di un tempietto inquadrato da colonne egittizzanti, richiamando nella tipologia la serie di decreti prossenici di Corcira (IG IX 1, 682-688).
Va detto che il decreto della tavola di Reggio è datato attraverso la carica della pritania, che in qualità di magistratura eponima non è riscontrata altrove in Magna Grecia, mentre è presente con tale funzione nella Grecia occidentale, in Epiro e a Corcira, confermando i contatti tra queste aree ed il sud Italia.
Fine II sec. a.C.

Stornaiuolo 1878, 125-127; Ruesch 1908, 1163; IG XIV, 612; Dittenberger 1914, 715 (Syll. 251); Manganaro 1963, 205 ss.; Turano 1968, 97-108; Costabile 1978, 19-57.

BIBLIOGRAFIA

Adriani 1933-35
A. Adriani, *La nécropole de Moustapha Pasha*, Annuaire du Musée gréco-romain 1933-35

Adriani 1963-1966
A. Adriani, *Repertori d'arte dell'Egitto greco-romano, I-II*, Palermo 1963-1966

Alessandro il Molosso 2004
Alessandro il Molosso e i "condottieri" in Magna Grecia, Atti del XLIII Convegno di Studi sulla Magna Grecia (Taranto-Cosenza, 26-30 settembre 2003), Taranto 2004

Andreae-Kyrieleis 1975
B. Andreae-H. Kyrieleis (edd.), *Neue Forschungen in Pompeji*, Kolloquium Essen 1974, Recklinghausen 1975

Andronikos 1994
M. Andronikos, *Bergina. Hoi Basilikoi Taphoi kai hoi alles archaiotetes*, Athinai 1994

Andronikos-Makaronas 1961
M. Andronikos- Ch. Makaronas, *To Anaktoro tes Berginas*, Athinai 1961

Angiolillo-Portale-Vismara 2005
S. Angiolillo-C. Portale-C.Vismara, *Le grandi isole del Mediterraneo occidentale. Sicilia, Sardegna, Corsica*, Roma 2005

Aquileia 1980
AA.VV., *Da Aquileia a Venezia*, Milano 1980

Bacchielli 1980
L. Bacchielli, *La Tomba delle "Cariatidi" ed il decorativismo nell'architettura tardo-ellenistica di Cirene*, in Quaderni di Archeologia della Libia 11, 1980, 11-34

Bacchielli 1980a
L. Bacchielli, *Un architetto del III sec. a.C. e l'affermazione a Cirene di una nuova architettura dorica: rapporti e differenze con Alessandria*, in Rend. Acc. Naz. Lincei, s. VIII, XXXV, 1980, 317-341

Bacchielli 1981
L. Bacchielli, *L'Agora di Cirene II.1. L'area settentrionale del lato O della platea inferiore*, Monografie di Archeologia della Libia XV, Roma 1981

Bacchielli 1983
L. Bacchielli, *Unità di luogo fra architettura e megalografie nella facciata della grande tomba di Leukadia*, in RendLinc 38, 1983, 13-37

Bacchielli 1984
L. Bacchielli, *Una nuova lettura della facciata della grande tomba di Leukadia*, in Dd'A II,1, 1984, 55-58

Bandelli 2002
G. Bandelli, *Roma e l'Italia centrale dalla battaglia del Sentino (295 a.C.) al plebiscito di Gaio Flaminio (232 a.C.)*, in *Battaglia del Sentino* 2002, 63-80

Barker 1995
G. Barker (ed.), *A Mediterranean Valley: landscape archaeology and Annales history in the Biferno Valley*, London-New York 1995

Barletta 2001
B. Barletta, *The origins of the greek architectural Orders*, Cambridge 2001

Basileia 1996
W. Höpfner-G. Brands (edd.), *Basileia. Die Paläste der hellenistischen Könige*, Internationales Symposion in Berlin 1992, Berlin 1996

Battaglia del Sentino 2002
D. Poli (ed.), *La battaglia del Sentino. Scontro fra nazioni e incontro in una nazione* (Atti del Convegno di Camerino-Sassoferrato, 10-13 giugno 1998), Roma 2002

Bearzot-Landucci 2005
C.Bearzot-F.Landucci (edd.), *Diodoro e l'altra Grecia. Macedonia, Occidente, Ellenismo nella Biblioteca Storica*, Atti del Convegno di Milano, 15-16 gennaio 2004, Milano 2005

Belloni 1958
G.G. Belloni, *I capitelli romani di Milano*, Roma 1958

Bernabò Brea 1956
L. Bernabò Brea, *Akrai*, Catania 1956

Bianchi Bandinelli 1925
R. Bianchi Bandinelli, *Clusium. Ricerche archeologiche e topografiche su Chiusi e il suo territorio in epoca etrusca,* in MAL 30, 1925, 210-578

Bianchi Bandinelli 1929
R. Bianchi Bandinelli, *Sovana*, Firenze 1929

Bianchi Bandinelli- Vergara Caffarelli- Caputo 1963
R. Bianchi Bandinelli- E. Vergara Caffarelli- G. Caputo, *Leptis Magna*, Roma 1963

Bingöl 1980
O. Bingöl, *Das ionische normal kapitell in hellenistischen und römischen Zeit in Kleinasien*, IstMitt suppl. 20, 1980

Bodei Giglioni 1978
G. Bodei Giglioni, *Pecunia fanatica. L'incidenza economica dei templi laziali*, in *Studi su Praeneste*, Perugia 89, 1978, 3-46

Bonacasa 1985
N. Bonacasa, *L'ellenismo e la tradizione ellenistica*, in AA.VV., *Sikanie. Storia e civiltà della Sicilia greca*, Milano 1985, 277-347

Bonacasa 1996
N. Bonacasa, *Influenze microasiatiche nell'architettura della Sicilia ellenistica*, in *Sicilia e Anatolia dalla Preistoria all'età ellenistica*, CAStA XXVI-XXVII, 1987-1988 (1996), 139-159

Bonacasa 1999
N. Bonacasa, *Per una revisione della cultura figurativa ellenistica in Sicilia*, in M.Barra Bagnasco - E. De Miro - A. Pinzone (edd.), *Magna Grecia e Sicilia. Stato degli studi e prospettive di ricerca*, Atti dell'incontro di Studi Messina 1996, Messina 1999, 259-273

Bonacasa 2002
N. Bonacasa, *Introduzione*, in R. M. Carra Bonacasa (ed.), *Tradizione ellenistica nella Sicilia romana: continuità e discontinuità*, Atti del Convegno di Agrigento 2001, Palermo 2002, 3-7.

Bonghi Jovino 1986
M. Bonghi Jovino (ed.), *Gli Etruschi di Tarquinia*, Modena 1986

Börker 1983
C. Börker, *Festbankett und griechische Architektur*, Konstanz 1983

Braccesi 2000
L. Braccesi, *Il mito di Enea in Occidente*, in A. Carandini-R. Cappelli (edd.), *Roma. Romolo, Remo e la fondazione della città*, Milano 2000, 58-62

Brands 1988
G. Brands, *Republikanische Stadttore in Italien*, BAR International, Oxford 1988

Brecciaroli Taborelli 1996-97
L. Brecciaroli Taborelli, *L'officina ceramica di* Aesis (*III sec. a.C. - I sec. d.C.*), in NSc s. IX, VII-VIII, 1996-97, 5 – 250

Brem 2000
H. Brem, *Das Peristylhaus 1 von Iaitas: Wand-und Bodendekoration*, Studia Ietina VII, Montreux 2000

Broughton 1960
T.R.S. Broughton, *The Magistrates of the Roman Republic*, Suppl. 1960

Brunn-Körte 1870-1916
E. Brunn-G. Körte, *I rilievi delle urne etrusche*, Roma 1870-Berlino 1916

Brunt 1971
P.A. Brunt, *Italian Manpower*. 225 B.C. - A.D. 14, Oxford 1971

Butler 1925
H.C. Butler, *Sardis II. The Temple of Artemis*, Leiden 1925

Cagiano de Azevedo 1938
M. Cagiano de Azevedo, *L'arco di Aquino e un disegno di Giuliano da Sangallo*, in Palladio 2, 1938, 41-44

Cagiano de Azevedo 1949
M. Cagiano de Azevedo, *Aquinum*, Italia Romana. Municipi e Colonie, Serie I, IX, Roma 1949

Calderini 1930
A. Calderini, *Aquileia Romana*, Milano 1930

Campagna 2003
L. Campagna, *Un capitello ionico a quattro facce nel Museo Regionale di Messina*, in G. Fiorentini-M.Caltabiano-A.Calderone (edd.), *Archeologia del Mediterraneo. Studi in onore di E. De Miro*, Roma 2003, 167-179

Campagna 2003a
L. Campagna, *La Sicilia di età repubblicana nella storiografia degli ultimi cinquant'anni*, in Ostraka 2003, 7-31

Canosa 1992
R. Cassano (ed.), *Principi imperatori vescovi. Duemila anni di storia a Canosa*, Venezia 1992

Caputo 1968
G. Caputo, *Spigolature architettoniche leptitane III*, in Lybia Antiqua 5, 1968, 69-78

Carettoni 1961
G. Carettoni, *Tusa (Messina). Scavi di Halaesa (seconda relazione)*, in NS 1961, 266-321

Carton 1929
L. Carton, *Sanctuaire punique découvert à Carthage*, Paris 1929

Cassola 1962
F. Cassola, *I gruppi politici romani nel III sec. a.C.*, Trieste 1962

Cassola 1970-71
F. Cassola, *Romani e Italici in Oriente*, in *Roma e l'Italia tra i Gracchi e Silla* (Incontro di Studio, Pontignano 18-21 settembre 196), in Dd'A 4-5, 1970-71, 305-322

Cassola 1986
F. Cassola 1986, *Problemi di storia neapolitana*, in Atti del XXV Convegno di Studi sulla Magna Grecia (Taranto 1985), Napoli 1986, 77-81

Casteels 1976-1977
E. Casteels, *Les chapiteaux ioniques à quatre faces d'Ordona*, in Bulletin de l'Institut historique belge de Rome 46-47, 1976-1977, 13-33

Castren 1975
P. Castren, *Ordo Populusque Pompeianus. Polity and Society in Roman Pompeii*, Acta Istituti Romani Finlandiae 8, Roma 1975

Cavalieri Manasse 1978
G. Cavalieri Manasse, *La decorazione architettonica romana di Aquileia, Trieste, Pola*, I, Padova 1978

Cavalieri Manasse 2002
G. Cavalieri Manasse, *Architetture ellenistico-italiche in Cisalpina: le testimonianze del santuario bresciano*, in F. Rossi (ed.), *Nuove ricerche sul Capitolium di Brescia. Scavi, studi e restauri*, Atti del Convegno di Studi , Brescia Chiesa di S. Giulia, 3 aprile 2001, Milano 2002, 95-116

Chapa Brunet 1983
T. Chapa Brunet, *Primeros resultados de las excavaciones en el Cerro de los Santos (Montealegre del Castillo, Albacete). Campanas de 1977-1981*, in XVI Convegno Nazionale di Archeologia (Murcia-Cartagena 1982), Zaragoza 1983, 643-653

Clarke 1991
J.R. Clarke, *The Houses of Roman Italy. 100 B.C.-A.D. 250. Ritual, Space and Decoration*, Berkeley 1991

Clemente-Coarelli-Gabba 1990
G. Clemente-F. Coarelli-E. Gabba (edd.), *Storia di Roma II. L'Impero mediterraneo. I. La Repubblica imperiale*, Torino 1990

Coarelli 1964
F. Coarelli, *Note sulla topografia extraurbana di Aquino*, in *Saggi di Fotointerpretazione archeologica*, Roma 1964, 51-54

Coarelli 1970
F. Coarelli, *Polycles*, in Studi Miscellanei 15, 1970, 75-89

Coarelli 1972
F. Coarelli, *Il sepolcro degli Scipioni*, in Dd'A 6, 1972, 36-106

Coarelli 1976
F. Coarelli, *Sulla cronologia del tempio della Fortuna Primigenia a Praeneste*, in *Hellenismus in Mittelitalien*, 1976, 337-339

Coarelli 1980
F. Coarelli, *La cultura figurativa in Sicilia nei secoli IV-III a.C.*, e *Dalla conquista romana a Bisanzio*, in E. Gabba - G. Vallet (edd.), *Storia della Sicilia*, II, Napoli 1980, 155-182, 371-392

Coarelli 1981
F. Coarelli, *La Sicilia tra la fine della guerra annibalica e Cicerone*, in A. Giardina - A. Schiavone (edd.), *Società romana e produzione schiavistica, I, L'Italia: insediamenti e forme economiche*, Roma-Bari 1981, 1-18

Coarelli 1983
F. Coarellli, *Architettura sacra e architettura privata nella Tarda Repubblica,* in *Architecture et société de l'archaisme grec à la fin de la République romaine*, Actes du Colloque International, Rome 2-4 déc. 1980, Roma 1983, 193-217

Coarelli 1984
F. Coarellli, *Lazio. Guide archeologiche Laterza*, Roma 1984

Coarelli 1987
F. Coarelli, *I santuari del Lazio in età repubblicana*, Roma 1987

Coarelli 1988
F. Coarelli, *Die Stadtplanung von Caesar bis Augustus*, in *Kaiser Augustus und die verlorene Republik* (Ausstelung im Martin-Gropius-Bau, Antikenmuseum Berlin), Berlin 1988, 68-71

Coarelli 1989
F. Coarelli, *La casa dell'aristocrazia romana secondo Vitruvio*, in *Munus non ingratum*, Proceedings of the International Symposium on Vitruvius de Architectura and the Hellenistic and Republican Architecture, Leiden 1987, Leiden 1989, 178-187

Coarelli 1990
F. Coarelli, *Cultura artistica e società*, e *La cultura figurativa*, in G. Clemente -F. Coarelli -E. Gabba, *Storia di Roma II. L'Impero Mediterraneo I. La repubblica imperiale*, Torino 1990, 159-185, 631-670

Coarelli 1992
F. Coarelli, *Praeneste in età repubblicana. Società e politica*, in *La necropoli di Praeneste. Periodi orientalizzante e medio-repubblicano. Atti del II convegno di studi archeologici*, Palestrina 21-22 aprile 1990, Palestrina 1992, 253-267

Coarelli 1996
F. Coarelli, *Revixit ars. Arte e ideologia a Roma. Dai modelli ellenistici alla tradizione repubblicana*, Roma 1996

Coarelli 1997
F. Coarelli, *Il Campo Marzio. Dalle origini alla fine della Repubblica*, Roma 1997

Coarelli 2000
F. Coarelli, *Il* lucus pisaurensis *e la romanizzazione dell'*ager Gallicus, in C. Bruun (ed.), *The Roman Middle Republic. Politic, religion and historiography c. 400-133 b. C.* (Atti del Convegno Roma, Institutum Romanum Finlandiae, 11-12 settembre 1998), Acta Istituti Romani Finlandiae 23, Roma 2000, 195-205

Coarelli 2001
F. Coarelli, *Il Foro Triangolare. Decorazione e funzione*, in *Pompei Scienza e Società. 250° Anniversario degli Scavi di Pompei*, Atti del Convegno Internazionale, Napoli 25-27 novembre 1998, Milano 2001, 97-107

Coarelli 2002
F. Coarelli, *Ipotesi e documenti sulla conquista romana dell'Umbria*, in *Battaglia del Sentino* 2002

Coarelli 2004, c.d.s.
F. Coarelli, *Perugia e la via Amerina,* in *"La storia e l'archeologia di Perugia nell'antichità"*(Atti del Convegno Internazionale, Perugia, 5-7 febbraio 2004), c.d.s.

Coarelli-La Regina 1984
F. Coarelli-A. La Regina, *Abruzzo Molise. Guide archeologiche Laterza*, Roma 1984

Coarelli–Musti–Solin 1982
F. Coarelli – D.Musti - M. Solin (edd.), *Delo e l'Italia*, Roma 1982

Coarelli-Thébert 1988
F. Coarelli-Y. Thébert, *Architecture funéraire et pouvoir: réflections sur l'héllenisme numide*, in MEFRA 100, 1988, 761-818

Coarelli-Torelli 1984
F. Coarellli-M. Torelli, *Sicilia. Guide archeologiche Laterza*, Roma 1984

Cocco 1975
M. Cocco, *I capitelli corinzio-italici e a sofà di Pompei*, in Andreae-Kyrieleis 1975, 155-158

Cocco 1977
M. Cocco, *Due tipi di capitelli a Pompei: "corinzio-italici" e "a sofà"*, in CronPomp III, 1977, 57-155

Colavitti 2003
A. Colavitti, *Cagliari. Città antiche in Italia 6*, Roma 2003

Colonizzazione 1988
La colonizzazione romana tra la guerra latina e la guerra annibalica (Atti Acquasparta 1987), DArch VI 2, 1988.

Colonna 1985
G. Colonna (ed.), *Santuari d'Etruria*, Catalogo Mostra Arezzo 1985, Milano 1985

Colonna 1986
G. Colonna, *Urbanistica e architettura*, in G. Pugliese Carratelli (ed.), *Rasenna. Storia e civiltà degli Etruschi*, Milano 1986, 369-530

Consolo Langher 1980
S. N. Condolo Langher, *La Sicilia dalla scomparsa di Timoleonte alla morte di Agatocle. La introduzione della "basileia"*, in E. Gabba - G. Vallet (edd.), *Storia della Sicilia*, II, Napoli 1980, 289-342

Consolo Langher 1993
S. N. Consolo Langher, *Macedonia e Sicilia nell'età dei Diadochi e di Agatocle. Linee della politica occidentale di Cassandro, Tolomeo, Demetrio*, in *Ancient Macedonia* V, 1, Papers read at the fifth International Symposium held in Thessaloniki october 10-15, 1989, Thessaloniki 1993, 345-372

Consolo Langher 2000
S.N. Consolo Langher, *Agatocle. Da capoparte a monarca fondatore di un regno tra Cartagine e i Diadochi*, Messina 2000

Cooper 1968
F. A. Cooper, *The Temple of Apollo at Bassae.New Observations on its Plan and Orientations*, in AJA LXXII, 1968, 103 ss.

Cooper 1996
F. A. Cooper, *The Temple of Apollo Bassitas*, Princeton 1996

Cordischi 1990
L. Cordischi, *La Dea Caelestis ed il suo culto attraverso le iscrizioni*, in AC XLII, 1990, 161-200.

Cosa I
F.E. Brown, *Cosa I*, MAAR 20, 1950

Cosa II
F.E. Brown, *Cosa II*, MAAR 26, 1960

Cosa III
F.E. Brown - E. H. Richardson - L. Richardson jr., *Cosa III. The Buildings of the Forum*, MAAR 37, 1993

Costabile 1978
F. Costabile, *Strateghi e assemblea nelle politeiai di Reggio e Messana*, in *Klearchos* 20, 1978, 19-57

Costamagna-Sabbione 1990
L. Costamagna-C.Sabbione, *Una città in Magna Grecia, Locri Epizefiri, Guida Archeologica*, Reggio Calabria 1990

Coulton 1964
J.J. Coulton, *The Stoa by the Harbour at Perachora*, in BSA 59, 1964, 100-131

Coulton 1970
J.J. Coulton, *Greek Architects at Work*, London 1970

Coulton 1976
J.J. Coulton, *The Architectural Development of the Greek Stoa*, Oxford 1976

Crevatin 1975
F. Crevatin, *Note a CIL I^2 2171b = V 2799*, in AqN 45-46, 1974-1975, 159-162

Cultrera 1943
G. Cultrera, *Scoperte nel Giardino Spagna*, in NS 1943, 33-126

Dalcher 1994
K. Dalcher, *Das Peristylhaus 1 von Iaitas. Architektur und Baugeschichte*, Studia Ietina VI, Zürich 1994

D'Ambrosio 1990
I. D'Ambrosio, *Le fortificazioni di Poseidonia Paestum. Problemi e prospettive di ricerca*, in AION ArchStAnt 12, 1990, 71-101

D'Ambrosio-De Caro 1983
A. D'Ambrosio-S. De Caro, *Un Impegno per Pompei. Fotopiano e documentazione della necropoli di Porta Nocera*, Milano 1983

Das Wrack 1994
G. Hellenkemper Salies *et alii* (edd.), *Das Wrack. Der antike Schiffsfund von Mahdia*, Köln 1994

David 2002
J.M. David, *La romanizzazione dell'Italia*, Bari 2002

De Albentiis 1989
E. De Albentiis, *Indagini sull'*insula Arriana Polliana *di Pompei*, in Dd'A 7,1, 1989, 43-84

De Albentiis 1990
E. De Albentiis, *La casa dei Romani*, Milano 1990

De Caro 1986
S. De Caro, *Saggi nell'area del tempio di Apollo a Pompei*, Napoli 1986

De Caro -Greco 1981
S. De Caro - A. Greco, *Campania. Guide Archeologiche Laterza*, Bari 1981

Defosse 1980
P. Defosse, *Les remparts de Pérouse. Contribution à l'histoire de l'urbanisme préromaine*, in MEFRA 92, 1980, 725-791

De Franciscis 1975
A. De Franciscis, *La villa romana di Oplontis*, in *Neue Foschungen in Pompeji*, Recklinghausen 1975, 1-38

De Franciscis - Pane 1957
A. De Franciscis - R. Pane, *Mausolei romani in Campania. Studi di Napoli*, Napoli 1957

De Juliis 1972
E. M. De Juliis, *Ricerche ad Arpi e Salapia*, in XII Convegno di Studi sulla Magna Grecia, Taranto 1972, 389-395

Delbrück 1907-1912
R. Delbrück, *Hellenistische Bauten in Latium*, Berlin 1907-1912

Delcourt 2005
A. Delcourt, *Lecture des Antiquités romaines de Denys d'Halicarnasse. Un historien entre deux mondes*, Bruxelles 2005

Della Corte 1954
M. Della Corte, *Case ed abitanti di Pompei*, Roma 1954

Delorme 1960
J. Delorme, *Gymnasion. Etude sur les monuments consacrés à l'education en Gréce*, Paris 1960

Delos I
G. Leroux, La *Salle Hypostyle*, Exploration Archeologique de Delos I, Paris 1909

Delos II
R. Vallois-G. Poulsen, *Nouvelles Recherches sur la Salle Hypostyle*, Exploration Archeologique de Delos II, Paris 1914

Delos VII, 1
R. Vallois, *Les portiques au Sud du Hieron. I. Le portique de Philippe*, Exploration Archeologique de Delos VII, 1, Paris 1923

Delos VIII,2
J. Chamonard, *Le quartier du Theatre*, Exploration Archeologique de Delos VIII,2, Paris 1924

Delos XXV
J. Delorme, *Les Palestres*, Exploration Archeologique de Delos XXV, Paris 1961

Delos XXVIII
P. Bruneau- C. Vatin - U. Bezerra de Meneses, *L'Ilot de la Maison des Comédiens*, Exploration Archeologique de Delos XXVIII, Paris 1970

Delos XXXVI
P. Fraisse-C.Llinas, *Documents d'Architecture Héllenique et Hellénistique*, Exploration Archeologique de Delos XXXVI, Paris 1995

Delos XXXVIII
G. Siebert, *L'Ilot des Bijoux.. L'Ilot des Bronzes. La Maison des Sceaux. 1. Topographie et Architecture*, Exploration Archeologique de Delos XXXVIII, Paris 2001

De Maria 1983
S. De Maria, *L'architettura romana in Emilia Romagna tra III e IV sec. a.C.*, in *Studi sulla città antica. L'Emilia Romagna*, Roma 1983, 335-381

De Maria 2000
S. De Maria, *Cultura figurativa: la decorazione architettonica*, in M.Marini Calvani (ed.), *Aemilia. La cultura romana in Emilia Romagna dal III sec. a.C. all'età*

costantiniana, Catalogo della mostra 18 marzo-16 luglio 2000, Bologna, Pinacoteca Nazionale, Accademia di Belle Arti, Venezia 2000, 288-300

De Miro 1980
E. De Miro, *Ricerche archeologiche nella Sicilia centro-meridionale*, in Kokalos 26-27, 1980, 561-580

Descoeudres 1994
J.P. Descoeudres, *Pompeii revisited. The life and death of a Roman town*, Sidney 1994

Des Courtils 1999
J. des Courtils, *Thasos, Samothrace et l'architecture macedonienne*, in *Ancient Macedonia VI.* Papers read at the Sixth international Symposium held in Thessaloniki, october 15-19 1996, Thessaloniki 1999, 357-374

De Sensi Sestito 1977
G. De Sensi Sestito, *Gerone II un monarca ellenistico in Sicilia*, Palermo 1977

De Sensi Sestito 1980
G. De Sensi Sestito, *La Sicilia dal 289 al 210 a.C.*, in E. Gabba - G. Vallet (edd.), *Storia della Sicilia*, II, Napoli 1980, 345-370

D'Espouy 1905
H. D'Espouy, *Fragments d'Architecture antique d'apres les releves et restaurations des anciens pensionnaires de l'Academie de France à Rome*, I, Paris 1905

De Vos 1975
M. De Vos, *Pitture e mosaici a Solunto*, in BABesch 50, 1975, 2, 197-199

De Vos 1982
A. e M. De Vos, *Pompei Ercolano Stabia*, Bari 1982

Dickmann 1997
J.-A. Dickmann, *The Peristyle and the transformation of domestic space in Hellenistic Pompeii*, in R. Laurence - A.Wallace-Hadrill (edd.), *Domestic Space in the Roman World. Pompeii and Beyond,* JRA suppl. 22, 1997,121-136

Dickmann 1999
J.-A. Dickmann, Domus frequentata. *Anspruchsvolles Wohnen im pompejanischen Stadthaus*, München 1999

Dinsmoor 1933
W.B. Dinsmoor, *The Temple of Apollon at Bassae*, in Metropolitan Museum Studies IV, 1933, 204-227

Dittenberger 1917
G. Dittenberger, *Sylloge Inscriptionum Graecarum*, III.2, Lipsia 1917

Di Vita 1968
A. Di Vita, *Influences grecques et tradition orientale dans l'art punique de Tripolitaine*, in MEFRA 80, 1968, 7-84

Di Vita 1983
A. Di Vita, *Architettura e società nelle città di Tripolitania tra Massinissa ed Augusto: qualche nota*, in *Architecture et Société de l'archaisme grec à la fin de la République romaine*, Actes du Colloque International organisé par le Centre national de la Recherche scientifique et l'Ecole française de Rome, Roma 2-4 décembre 1980, Coll. EFR 66, Roma-Paris 1983, 355-376

Di Vita 1983a
A. Di Vita, *Camarina 1958. Documenti e note*, in BdA 17, 1983, 31-48

Di Vita 1992
A. Di Vita, *Influenze alessandrine nel mondo greco e punico del Nord-Africa*, in G. Pugliese Carratelli (ed.), *Roma e l'Egitto nell'Antichità Classica*, Il Cairo 6-9 febbraio 1989, Roma 1992

Ducati 1927
P. Ducati, *Storia dell'arte etrusca*, Firenze 1927

Durm 1905
J. Durm, *Die Baukunst der Etrusker und Römer*, Stuttgart 1905

Durm 1914
J. Durm, *Baugeschichte. der Griechen*, Stuttgart 1914

Dyggve 1960
E. Dyggve, Fouilles *de l'acropole 1902 - 1914 et 1952. Le sanctuaire d'Athena Lindia et l'architecture lindienne, Lindos 3, 1*, Berlin-Copenhagen 1960

Eschebach 1975
H. Eschebach, *Die Entdeckung eines Hauser unter den Stabianer Thermen*, in Cron. Pomp. 1, 1975, 82-117

Evangelides 1952
D. E. Evangelides, *E Anaskaphè eis Rodotopi*, in Praktika 1952, 306-325

Evangelides 1952a
D. E. Evangelides, *Anaskaphè eis Kassopen-Prevezes*, in Praktika 1952, 326-362

Evans 1980
M. Evans, *The Atrium Complex in the Houses of Pompeii*, I-II, Diss. Birmingham Univ. 1980

Fasolo-Gullini 1953
F. Fasolo - G. Gullini, *Il Santuario della Fortuna Primigenia a Palestrina*, Roma 1953

Fedak 1990
J. Fedak, *Monumental Tombs of the Hellenistic Age. A Study of Selected Tombs from Pre-classical to the Early Imperial Era*, Phoenix suppl. 27, Toronto - Buffalo - London 1990

Ferchiou 1987
N. Ferchiou, *Deux témoignages de l'architecture religieuse et funéraire de la Carthage hellénistique*, in Studi Fenici 15, 1987, 15-41

Ferchiou 1989
N. Ferchiou, *L'évolution du décor architectonique en Afrique Proconsulaire des dernier temps de Carthage aux Antonins. L'Hellenisme africain, son déclin, ses mutations et le triomphe de l'art romano-africaine*, Talence 1989

Ferchiou 1990
N. Ferchiou, *Le Kbor Klib (Tunisie)*, in Quaderni di Archeologia della Libia 14, 1990, 45-97

Fergola 1988
L. Fergola, *Un capitello ionico-italico da Torre Annunziata*, in RSP 2, 1988, 49-56

Ferron-Pinard 1955
G. Ferron-M. Pinard, *Fouilles de Byrsa: 1953-1954*, in Cahiers de Byrsa 5, 1955, 31-81

Ferri 1941-1942
S. Ferri, *Il problema archeologico di Solunto*, in Le Arti IV, 1941-1942, 250-258

Fiorelli 1867
G. Fiorelli, *Catalogo del Museo Nazionale di Napoli. Raccolta epigrafica I. Iscrizioni greche e italiche*, Napoli 1867

Fiorelli 1875
G. Fiorelli, *Descrizione di Pompei*, Napoli 1875

Fischer-Hansen 1993
T. Fischer-Hansen, *Apulia and Etruria in the Early Hellenistic Period. A survey*, in Guldager-Nielsen-Nielsen 1993, 53-90

Fontana 1997
F. Fontana, *I culti di Aquileia repubblicana. Aspetti della politica religiosa in Gallia Cisalpina tra il III e il II sec. a.C.*, Roma 1997

Forni 1953
A. Forni, *Manio Curio Dentato uomo democratico*, in Athenaeum XXXI, 1953, 170-240

Fraschetti 1981
Fraschetti, Per *una prosopografia dello sfruttamento: Romani e Italici in Sicilia (212-44 a.C.)*, in A. Giardina - A. Schiavone (edd.), *Società romana e produzione schiavistica, I, L'Italia: insediamenti e forme economiche*, Roma-Bari 1981, 52-77

Fraschetti 1989
A. Fraschetti, *Eraclide Pontico e Roma "città greca"*, in AION (Fil) 11, 1989, 81-95

Frova 1975
A. Frova *et alii*, *Il Capitolium e la decorazione architettonica romana di Brescia*, in Atti del Convegno Internazionale per il XIX centenario della dedicazione del *Capitolium* e per il 150° anniversario della sua scoperta, Brescia 27-30 settembre 1973, Brescia 1975, 53-66

Fuchs 1959
W. Fuchs, *Die Vorbilder der neuattischen Reliefs*, JDAI EH 20, 1959

Fuchs 1963
W. Fuchs, *Der schiftsfund von Mahdia*, Tübingen 1963

Fuchs 1997
J. Fuchs, *Das Peristylhaus 2 von Iaitas*, in *Whonbauforschung in Zentral - und Westsizilien* 1997, 45-48

Gabba 1973
E. Gabba, *Esercito e società nella tarda Repubblica romana*, Firenze 1973

Gabba 1996
E. Gabba, *Dionigi e la storia di Roma arcaica*, Bari 1996

Gabrici 1935
E. Gabrici, *Concetto e limiti della romanità in Sicilia nei riguardi dell'arte*, in Atti del III Congresso di Studi Romani 1933, Bologna 1935, I, 282-286

Gaggiotti 1982
M. Gaggiotti, *La basilica*, in AA.VV., *Saepinum*, Campobasso 1982, 126-142

Gaggiotti 1983
M. Gaggiotti, *Tre casi regionali italici: il Sannio Pentro*, in *Les "bourgeoisies"* 1983, 137-150

Gamurrini 1972
G. F. Gamurrini *et alii*, *Carta archeologica d'Italia (1881-1897). Materiali per l'Etruria e la Sabina*, *Forma Italiae* ser. II, Documenti 1, Firenze 1972

Gardiner 1925
E.N. Gardiner, *Olympia. Its History and Remains*, Oxford 1925

George 1997
M. George, *Servus and domus: the slave in the roman house*, in R. Laurence - A.Wallace-Hadrill (edd.), *Domestic Space in the Roman World: Pompeji and Beyond*, JRA suppl. 22, 1997, 15-24

George 1998
M. George, *Elements of the Peristyle in Campanian Atria*, in JRA 11, 1998, 82-100

Ginouves 1992
R. Ginouves, *Dictionnaire méthodique de l'architecture grecque et romaine II. Eléments constructifs et supports, couvertures, aménagements interieurs*, Coll. EFR 84, Roma 1992

Ginouves 1993
R. Ginouves, La *Macedoine de Philippe II à la conquete romaine*, Paris 1993

Giuliani 1964
C.F. Giuliani, *Aquino*, Quaderni dell'Istituto di Topografia antica dell'Univ. di Roma 1, 1964

Giuliani 1970
C.F. Giuliani, *Tibur I*, *Forma Italiae* I, 7, Roma 1970

Gori 1855
F. Gori, *Viaggio pittorico - antiquario da Roma a Tivoli e Subiaco*, Roma 1855

Grimal 1969
P. Grimal, *Les jardins romains*, Paris 1969

Groote 1905
M. von Groote, *Die Entestehung des Jonischen Kapitells und seine Bedeutung für die griekische Baukunst*, Strassburg 1905

Gros 1976
P. Gros, *Hellénisme et romanisation en Gaule Narbonnaise*, in *Hellenismus in Mittelitalien* 1976, 300-311

Gros 1978
P. Gros, *Architecture et société à Rome et en Italie centro-meridionale aux deux derniers siècles de la République*, Bruxelles 1978

Gros 1987
P. Gros, *Architettura e società nell'Italia romana*, Roma 1987

Gros 1989
P. Gros, *L'auctoritas chez Vitruve; Contribution à l'étude de la sémantique des ordres dans le* De Architectura, in *Munus non ingratum*, Proceedings of the International Symposium on Vitruvius de Architectura and the Hellenistic and Republican Architecture, Leiden 1987, Leiden 1989, 126-133

Gros 1992
P. Gros, *Vitruve. De L'Architecture. Livre IV*, Paris 1992

Gros 1995
P. Gros, *La semantique des ordres à la fin de l'époque hellénistique et au début de l'Empire. Remarques preliminaires*, in G. Cavalieri Manasse-E. Roffia (edd.), *Splendida Civitas Nostra. Studi in onore di A. Frova*, Roma 1995, 23-33

Gros 1997
P. Gros (ed.), *Vitruvio. De Architettura*, Torino 1997

Gros 2001
P. Gros, *Architettura Romana. II. I Monumenti pubblici*, Milano 2001

Gruben 1961
G. Gruben, *Zum Artemistempel von Sardis*, in AM 76, 1961, 155-196

Gruben 1966
G. Gruben, *Die Tempel der Griechen*, Münich 1966

Gruben 1989
G. Gruben, *Das älteste marmorne Volutenkapitell*, in Ist. Mitt. 39, 1989, 161-172

Guldager-Nielsen-Nielsen 1993
P. Guldager Bilde, I. Nielsen, M. Nielsen (edd.), *Aspects of Hellenism in Italy: Towards a Cultural Unity?*, Acta Hyperborea 5, Copenhagen 1993

Gullini 1980
G. Gullini, *La cultura architettonica di Locri Epizefiri*, Taranto 1980

Gutierrez 1988
M.A. Gutierrez, *Bases para un estudio del capitel jonico en la Peninsula Iberica*, in BVallad LIV, 1988, 65-113

Gutierrez 1992
M.A. Gutierrez, *Capiteles romanos de la Peninsula Iberica*, Valladolid 1992

Gütschow 1921
M. Gütschow, *Untersuchungen zum korinthischen Kapitell I*, in JDAI 36, 1921, 44-83

Hatzfeld 1912
J. Hatzfeld, *Les Italiens résidant à Délos*, in BCH XXXVI, 1912, 5-218

Harris 1971
W.V. Harris, *Rome in Etruria and Umbria*, Oxford 1971

Hatzfeld 1919
J. Hatzfeld, *Les trafiquants italiens dans l'Orient hellénique*, BEFAR 115, Paris 1919

Heermann 1986
V. Heerman, *Studien zur Makedonischen Palastarchitecktur*, Berlin 1986

Hellenismus in Mittelitalien 1976
P. Zanker (ed.), *Hellenismus in Mittelitalien*, Kolloquium in Göttingen vom 5. bis 9. juni 1974, Abhandlungen der Akademie der Wissenschaften in Göttingen 97, Göttingen 1976

Hellström 1985
P. Hellström, *Architecture Hecatomnide à Labraunda*, in *Le dessin d'architecture dans les sociétés antiques*, Actes du Colloque (Strasbourg 1984), Strasbourg 1985, 153-165

Hellström 1988
P. Hellström, *Labraunda. Mixed Orders in Hecatomnid Architecture*, in Praktika tou XII Synedrio tes klassikes Archaiologias, Athena 1988, 70-74

Hellström 1996
P. Hellström, *The Andrones at Labraynda. Dining Halls for Protohellenistic Kings*, in *Basileia* 1996, 164-169

Hersey 1988
G. Hersey, *The lost meaning of Classical Architecture Speculations on Ornament from Vitruvius to Venturi*, London 1988

Heuzey-Daumet 1876
L. Heuzey-H.Daumet, *Mission archéologique de Macédoine*, Paris 1876

Hispania Romana 1997
J. Arce -S. Ensoli-E. La Rocca, *Hispania Romana. Da terra di conquista a provincia dell'Impero*, (Roma, Palazzo delle Esposizioni, 22 settembre-23 novembre 1997), Milano 1997

Hispania 2002
G. Urso (ed.), *Hispania terris omnibus felicior. Premesse ed esiti di un processo di integrazione*, Atti del convegno internazionale, Cividale del Friuli, 27-29 settembre 2001 (I convegni della Fondazione Niccolò Canussio 1), Pisa 2002

Hoffmann 1982
A. Hoffmann, *Ein Rekonstruktionproblem der Casa del Fauno in Pompeji*, in *Koldewey Gesellschaft Bericht über die 30 Tagung für Ausgrabungwissenschaft und Bauforschung (24-28 Mai 1978)* Colmar-Frankreich 1982, 35-41

Hoffmann 1983
A. Hoffmann, *L'architettura*, in *Pompei 79*, Napoli 1983, 97-118

Hoffmann 1986
A. Hoffmann, *Casa del Fauno VI, 12*, in V. Kockel (ed.), *Archäologische Funde und Forschungen in den Vesuvstädten* II, AA 1986, 443-569

Holmos 1997
R. Holmos, *Forme e pratiche dell'Ellenizzazione nell'Iberia di età ellenistica*, in *Hispania Romana* 1997, 20-30

Hölscher 1990
T.Hölscher, *Römische nobiles und Hellenistische Herrscher*, in Akten des XIII Internationalen Kongresses für Klassische Archäologie (Berlin 1988), Mainz 1990, 73-84

Höpfner 1968
W. Höpfner, *Zum ionischen Kapitell bei Hermogenes und Vitruv*, in AM 83, 1968, 213-234

Höpfner 1996
W. Höpfner, *Zum typus der Basileia und der königlichen Andrones*, in Basileia 1996, 1-43

Höpfner-Schwandner 1986
W. Höpfner-E.L. Schwandner, *Haus and Stadt im Klassischen Griechenland. Wohnen in der klassischen Polis* I, München 1986

Humann-Kothe 1904
G. Humann- J. Kothe, *Magnesie am Meander*, Berlin 1904

Kader 1994
I. Kader, *Republikanische Stadttore: Ein Fall für Poliorketiker?*, in JRA 7, 1994, 329-338

Kähler 1935
H. Kähler, *Die römische Stadttore von Verona*, in JdI 50, 1935, 138-197

Kähler 1942
H. Kähler, *Die römische Torburgen der frühen Kaiserzeit*, in JdI 57, 1942, 1-104

Karlsson 1993
L. Karlsson, *Did the Romans allow the Sicilian Greeks to fortify their cities in the third century BC?*, in Guldager-Nielsen-Nielsen 1993, 31-52

Keay-Terrenato 2001
S. Keay, N. Terrenato, *Italy and the West. Comparative issues in Romanization*, Oxford 2001

Kekulé 1874
R. Kekulé, *Die terrakotten von Sizilien*, Catania 1874

Kerameikos X
W. Höpfner, *Das Pompeion un seine Nachfolgerbauten. Kerameikos X*, Berlin 1976

Kienast 1984
D. Kienast, *Die Anfänge der römischen Provinzialordnung in Sizilien*, in *Sodalitas. Scritti in onore di Antonio Guarino*, I, Napoli 1984, 105-123

Kirchhoff 1988
W. Kirchhoff, *Die Entwicklung des ionischen volutenkapitells im 6 und 5 Jahrundert und seine Entstehung*, Bonn 1988

Kleiner 1990
F.S. Kleiner, Rec. a *Republikanische Stadttore in Italien*, in AJA 94, 1990, 166-167

Kleiner 1992
F.S. Kleiner, *The Trajanic Gateway to the Capitoline Sanctuary of Jupiter Optimus Maximus*, in JdI 107, 1992, 149-174

Klumbach 1937
H. Klumbach, *Tarentiner Grabkunst*, Reutlingen 1937

Knackfuss 1908
H. Knackfuss, *Das Rathaus von Milet*, Berlin 1908

Knell 1968
H. Knell, *Iktinos. Baumeister des Partenon und des Apollontempels von Phigalia-Bassae*, in JdI 83, 1968, 100-117

Koch 1907
H. Koch, *Hellenistische Architekturstucke in Capua*, in MDAI(R) 22, 1907, 381 ss.

Kockel 1983
V. Kockel, *Die Grabbauten vor dem Herkulaner Tor in Pompeji*, Mainz 1983

Krauss-Herbig 1939
F. Krauss-R. Herbig, *Der korintisch-dorische Tempel am Forum von Paestum*, Berlin 1939

Jashemski II, 1993
W.F. Jashemski, *The Gardens of Pompeii, Herculaneum and the Villas destroyed by Vesuvius II*, New York 1993

Johannowsky 1976
W. Johannowsky, *La Campania*, in *Hellenismus in Mittelitalien* 1976, 267-289

Inghirami 1821
F. Inghirami, *Monumenti Etruschi o di Etrusco nome*, Badia Fiesolana 1821

Isager 1993
J. Isager, *The hellenisation of Rome.* Luxuria *or* liberalitas*?*, in Guldager-Nielsen-Nielsen 1993, 257-275

Isager 1994
J. Isager (ed.), *Hekatomnid Caria and the Ionian Renaissance*, Acts of the International Symposium at the Department of Greek and Roman Studies Odense University, Halicarnassian Studies 1, 1994

Isler 1981
H.P. Isler, *Monte Iato: l'11a campagna di scavo*, in SicA 14 , fasc. 46-47, 1981, 65-72

Isler 1983
H.P. Isler, *Monte Iato: la 13a campagna di scavo*, in SicA 16, fasc. 52-53, 1983, 24-32

Isler 1987
H.P. Isler, *Grabungen auf dem Monte Iato 1986*, in AK 30, 1987, 25-33

Isler 1993
H.P. Isler, Monte Iato: la 22a campagna di scavo, in SicA 26, fasc. 81, 1993, 7-30

Isler 1994
H.P. Isler, *Monte Iato: la 23a campagna di scavo*, in SicA 27, fasc. 84, 1994, 7-34

Isler 1994a
H.P. Isler, *Grabungen auf dem Monte Iato 1993*, in AK 37, 1994, 31-42

Isler 1996
H.P. Isler, *Einflüsse der makedonischen palastarchitecktur in Sizilien*, in *Basileia* 1996, 252-256

Isler 1997
H.P. Isler, *Monte Iato - L'abitato di epoca ellenistica*, in *Whonbauforschung in Zentral - und Westsizilien* 1997, 29-35

Isler 1999
H.P. Isler, *Monte Iato: la 29a campagna di scavo*, in SicA 32, fasc. 97, 1999, 5-34

Isler 2002
H.P. Isler, *Monte Iato: la 31a campagna di scavo*, in SicA 35, fasc. 100, 2002, 5-30

Italici 1990
Italici in Magna Grecia. Lingua, insediamenti e strutture, Atti del Convegno di Acquasparta 1986, Venosa 1990

Lamboley 1982
J.L. Lamboley, *Les hypogées indigénes apuliens*, in MEFRA 94, 1982, 91-148

La Regina 1976
A. La Regina, *Il Sannio*, in *Hellenismus in Mittelitalien* 1976, 223-251

La Rocca-De Vos 1981
E. La Rocca, M. De Vos, *Guida Archeologica di Pompei*, Verona 1981

Lauter 1971
H. Lauter, *Ptolemais in Libyen*, in JdI 86, 1971, 149-178

Lauter 1975
H. Lauter, *Zur Siedlengstrucktur Pompejis in Samnitischer Zeit*, in Andreae-Kyrieleis 1975, 147-152

Lauter 1976
H. Lauter, *Die Hellenistischen Theater der Samniten und Latiner in ihrer Beziehung zur Theaterarchitektur der Griechen*, in *Hellenismus in Mittelitalien* 1976, 413 ss.

Lauter 1979
H. Lauter, *Bemerkungen zur späthellenistischen Baukunst in Mittelitalien*, in JdI 94, 1979, 390-459

Lauter 1986
H. Lauter, *Die Architektur des Hellenismus*, Darmstadt 1986

Lauter Bufe 1972
H. Lauter Bufe, *Zur Kapitellfabrikation in spätrepublikanischer Zeit*, in RM 79, 1972, 323-329

Lauter Bufe 1987
H. Lauter Bufe, *Die Geschichte des Sikeliotisch-Korinthischen Kapitells. Der sogenannte italisch-republikanische typus*, Mainz am Rhein 1987

Les "bourgeoisies" 1983
A. Cebeillac Gervasoni (ed.), Les *"bourgeoisies" municipales italiennes aux IIe et I er siecles av. J. Chr.*, Centre J. Berard, Institut Français de Naples 7-10 decembre 1981, Paris 1983

Lévêque 1957
P. Lévêque, *Phyrros*, Paris 1957

Lezine 1956
A. Lezine, *La maison des chapiteaux historiés à Utique*, in Karthago VII, 1956, 1-38

Lezine 1960
A. Lezine, *Architecture punique*, Paris 1960

Lezine 1968
A. Lezine, *Carthage-Utique. Etudes d'architecture et d'urbanisme*, Paris 1968

Lilibeo 1984
C.A. Di Stefano, *Lilibeo. Testimonianze archeologiche dal IV sec. a.C. al V sec. d.C.*, Palermo 1984

Lippolis 1994
E. Lippolis (ed.), *Catalogo del Museo Archeologico III, 1. Taranto. La necropoli: aspetti e problemi della documentazione archeologica dal VII al I sec. a.C.*, Taranto 1994

Lippolis-Mazzei 1984
E. Lippolis-M. Mazzei, *L'età imperiale*, in M. Mazzei (ed.), *La Daunia antica dalla preistoria all'altomedioevo*, Milano 1984, 253-314

Lissi 1961
E. Lissi, *La Collezione Scaglione a Locri*, in ASMG n.s. IV, 1961, 75 ss.

Luni 2003
M. Luni (ed.), *Archeologia nelle Marche. Dalla Preistoria all'Età Tardo-antica*, Firenze 2003

Maiuri 1929
A. Maiuri, *Studi e ricerche sulla fortificazione di Pompei*, in MAL 33, 1929, 114-297

Maiuri 1932-33
A. Maiuri, *Pozzuoli - Colombari di "Via Celle"*, in Bd'A 26, 1932-33, 236-240

Maiuri 1941
A. Maiuri, *Saggi negli edifici del Foro di Pompei*, in NS 1941, 371-404

Maiuri 1942
A. Maiuri, *Saggi negli edifici del Foro di Pompei*, in NS 1942, 253-320

Maiuri 1942a
A. Maiuri, *L'ultima fase edilizia di Pompei*, Napoli 1942

Maiuri 1944-45
A. Maiuri, *Pompei. Saggi nella Casa della Fontana Grande e in altre case pompeiane*, in NS 1944-45, 130-159

Maiuri 1945
A. Maiuri, *Introduzione allo studio di Pompei*, Napoli 1945

Maiuri 1952
A. Maiuri, *Gli* oeci *vitruviani nella casa pompeiana ed ercolanese*, in Palladio 1952, 1-8

Maiuri 1958
A. Maiuri, *Ercolano. I nuovi scavi (1927-1958)*, Roma 1958

Maiuri 1958a
A. Maiuri, *Portali con capitelli cubici a Pompei*, in RAAN 1958, 203-218

Mallwitz 1962
A. Mallwitz, *Cella und Adyton des Apollontempels in Bassae*, in AM 77, 1962, 140-177

Mallwitz 1972
A. Mallwitz, *Olympia und seine Bauten*, München 1972

Manganaro 1963
G. Manganaro, *Tre tavole di bronzo con decreti di* proxenia *del Museo di Napoli*, in Kokalos IX, 1963, 205-220

Marconi 1929
P. Marconi, *Agrigento. Arte e topografia*, Firenze 1929

Marella Vianello 1947
M. Marella Vianello, *Roma, in Antichità* I, 1947, 19-23

Mari 1993
Z. Mari, *Anio Vetus*, in *Lexicon Topographicum Urbis Romae*, vol. 1 A-C, Roma 1993, 44-45

Marinatos 1970
Sp. Marinatos, *Mycenaean Elements within the royal houses of Macedonia*, in *Ancient Macedonia* I, Papers read at the First International Symposium held in Thessaloniki, August 26-29 1968, Thessaloniki 1970, 45-52

Martelli 2002
A. Martelli, *Per una nuova lettura dell'iscrizione Vetter 61 nel contesto del santuario di Apollo a Pompei*, in Eutopia n. s. II, 2, 2002, 71-81

Martin 1944-45
R. Martin, *Chapiteaux ioniques de l'Asclepieion d'Athenes*, in BCH LXVIII-LXIX, 1944-45, 340-374

Martin 1955-56
R. Martin, *Problemes des origines des ordres à volutes*, in Etudes d'Archeologie Classique I, 1955-56, 117-132

Martin 1965
R. Martin, *Manuel d'architecture grecque. Materiaux et techniques*, Paris 1965

Martin 1968
R. Martin, *Sculpture et peinture dans les façades monumentales au IVe s. av. J. Chr.*, in RA 1968, 171-18

Martin 1970
R. Martin, *L'architecture de Tarente*, in Atti di Taranto X, 1970 (1971), 311-340

Martin 1971
R. Martin, *Le monument des Nereides et l'architecture funeraire*, in RA 1971, 327-337
Martin 1973
R. Martin, *Compléments à l'étude des chapiteaux ioniques de Délos*, in Etudes déliennes, BCH suppl. 1, 371-398

Martin 1982
R. Martin, *Sur l'origine des décors en stuc dans l'architecture hellenistique*, in *Rayonnement grec. Hommages à Charles Delvolye*, Bruxelles 1982, 247-262

Martin-Lezine 1959-1960
R. Martin-A. Lezine, *A propos des éléments architecturaux de Mahdia*, in Karthago X, 1959-1960, 151 ss.

Marzolff 1996
P. Marzolff, *Der Palast von Demetrias*, in *Basileia* 1996, 148-163

Massa Pairault 1985
F. H. Massa Pairault, *Recherches sur l'art et l'artisanat étrusco-italiques à l'époque hellénistique*, Roma 1985

Massa Pairault 1992
F.H. Massa Pairault, *Iconologia e politica nell'Italia antica*, Milano 1992

Mavrojannis 2003
Th. Mavrojannis, *La tradizione letteraria sul* Sema, *la topografia e i modelli sepolcrali della "necropoli reale" di Alessandria*, in ASAtene 81, s.III, 3, tomo I, 2003, 435-473

Mazois 1812-1838
F. Mazois, *Les ruines de Pompei*, Paris 1812-1838

Mazzei 1995
M. Mazzei, *Arpi. L'ipogeo della Medusa e la necropoli*, Bari 1995

Mazzolani 1969
M. Mazzolani, *Anagnia, Forma Italiae*, Regio I, vol. 6, Roma 1969

Mégapoles méditerranéennes 2000
C. Nicolet -R. Ilbert - J.Ch. Depaule (edd.), *Mégapoles méditerranéennes. Géographie urbaine rétrospective*, Actes du colloque organisé par l'Ecole Française de Rome et la Maison meditérranéenne des sciences de l'homme, Rome 8-11 mai 1996, CollEFR 261, Paris-Roma 2000

Mercando 1976
L. Mercando, *L'Ellenismo nel Piceno*, in *Hellenismus in Mittelitalien* 1976, 160-172

Merlin-Poinssot 1957
A. Merlin-L. Poinssot, *Elements architecturaux trouvés en mer près de Madhia*, in Karthago 7, 1956, 69-82

Mercklin 1962
E. von Mercklin, *Antike Figuralkapitelle*, Berlin 1962

Mertens 1984
D. Mertens, *Magna Grecia, Epiro e Macedonia. Nota introduttiva per l'architettura*, in Atti Taranto 1984, 431-445

Mertens-Lambrechts 1991
J. Mertens-R. Lambrechts, *Comunità indigene e problemi della romanizzazione nell'Italia centro-meridionale*, Bruxelles 1991

Micali 1810
G. Micali, *Antichi monumenti per servire all'opera intitolata "L'Italia avanti il Dominio dei Romani"*, Firenze 1810

Michaelis 1899
A. Michaelis, *Pompeiana*, in RM 14, 1899, 193-212

Michaud 1977
J.P. Michaud, *Le temple en Calcaire. Fouilles de Delphes II*, Paris 1977

Milani 1912
L.A. Milani, *Il R. Museo Archeologico di Firenze*, Firenze 1912

Miller 1982
S.G. Miller, *Macedonian Tombs: Their Architecture and Architectural Decoration*, in B. Barr-Sharrar-E.N. Borza (edd.), *Macedonia and Greece in Late Classical and Early Hellenistic Times*, Studies in the History of Art 10, Washington 1982, 152-171

Mirabella Roberti 1961
M. Mirabella Roberti, *Il Capitolium repubblicano di Brescia*, in Atti del VII Congresso Internazionale di Archeologia Classica II, Roma-Napoli 1958, Roma 1961, 347-373

Mouritsen 1998
H. Mouritsen, *Italian unification. A study in ancient and modern historiography,* London 1998.

Morena Lopez 1989
J.A. Morena Lopez, *El santuario iberico de Torreparedones. Castro del Rio-Baena (Cordoba)*, Cordoba 1989

Müller 1905
K. Müller, *Der Leichenwagen Alexanders des Grossen*, Leipzig 1905

Mustilli 1950
D. Mustilli, *Botteghe di scultori*, marmorarii, *bronzieri e* coelatores *in Pompei*, in *Pompeiana*, Napoli 1950, 206-229

Muzzioli 1970
M.P. Muzzioli, *Praeneste. Pars Altera, Forma Italiae, Regio* I, vol. 8, Roma 1970

Napoli 1950
M. Napoli, *Il capitello a quattro facce a Pompei*, in *Pompeiana*, Napoli 1950, 230-265

Neudecker 1988
R. Neudecker, *Die Skulpturenausstattung römischer Villen in Italien*, Mainz am Rhein 1988

Neutsch 1965
B. Neutsch, *Tarentinische und lukanische Vorstufen zu den Kopfkapitelle am italischen Forumtempel Paestum*, in RM LXXII, 1965, 70-80

Nieddu 1981-1985
G. Nieddu, *Elementi di tradizione punica e italica nella produzione architettonica della Sardegna punico-romana*, in Studi Sardi XXVI, 1981-1985 (1986), 93-99

Nielsen 1994
I. Nielsen, *Hellenistic Palaces. Tradition and Renewal*, Aarhus 1994

Noack 1897
F. Noack, in RömMitt XII, 1897, 161 ss.

Olympia II
F. Adler-R. Borrmann-W. Dörpfeld- F. Graeber- P.Graef, *Die Baudenkmäler von Olympia, Olympia. Ergebnisse der vom Deutschen Reich veranstalteten Ausgrabungen* II, Berlin 1892

Olynthus VIII
D.M. Robinson-J.W. Graham, *The Hellenic House. A Study of the houses found at Olynthus with detailed account of those excavated in 1931 and 1934, Excavations at Olynthus* VIII, Baltimore-London 1938

Olynthus XII
D.M. Robinson, *Domestic and Public Architecture. Excavations at Olynthus* XII, Baltimore-London 1946

Onians 1988
J. Onians, *Bearers of Meaning. The Classical Orders in Antiquity, the Middle Ages and the Renaissance*, Cambridge 1988

Ordona V
J. Mertens (ed.), *Ordona V. Rapports et Etudes*, Bruxelles-Roma 1976

Orsi 1902
P. Orsi, *Gioia Tauro (Metaurum). Scoperte varie*, in NS 1902, 126-130

Orsi 1922
P. Orsi, *Reggio Calabria. Scoperte negli anni dal 1911 al 1921*, in NS 1922, 151-186

Overbeck-Mau 1884
J. Overbeck-A. Mau, *Pompeji*, Leipzig 1884

Pace 1945
B. Pace, *Arte e Civiltà della Sicilia antica*, II, Genova 1945

Pace 1947
B. Pace, *Teatri della Magna Grecia*, in Dioniso 1947, 268 ss.

Palmegiani 1932
F. Palmegiani, *Rieti e la regione sabina*, Roma 1932

Pandermalis 1976
D. Pandermalis, *Beobachtungen zur Fassadenarchitektur und Aussichtveranda in Hellenistischen Makedonien*, in *Hellenismus in Mittelitalien* 1976, 387-395

Patroni 1902
G. Patroni, *Ricerche di antichità nella Sardegna*, in NS 1902, 2, 71-82

Patroni 1907
G. Patroni, *Reg. X. Brescia*, in NS 1907, 717-723

Pensabene 1972
P. Pensabene, *Considerazioni sul trasporto di manufatti marmorei in età imperiale a Roma e in altri centri occidentali*, in Dd'A 4, Roma 1972, 317-362

Pensabene 1973
P. Pensabene, *I Capitelli*, in *Scavi di Ostia* VII, Roma 1973

Pensabene 1978
P. Pensabene, *Saggi di scavo sul tempio della Magna Mater del Palatino*, in Quaderni del centro di studio per l'archeologia etrusco-italica 1, 1978, 67-71

Pensabene 1981
P. Pensabene, *Nuove acquisizioni nella zona sud-occidentale del Palatino*, in Archeologia Laziale 4, 1981, 101-118

Pensabene 1982
P. Pensabene, *Les Chapiteaux de Cherchel. Etude de la decoration architectonique*, BAA suppl. 3, Algeri 1982

Pensabene 1986
P. Pensabene, *La decorazione architettonica, l'impiego del marmo e l'importazione di manufatti orientali a Roma, in Italia e in Africa*, in A.Giardina (ed.), *Società romana e impero tardo-antico III: Le merci, gli insediamenti*, Roma-Bari 1986, 285-303

Pensabene 1989
P. Pensabene, *Scavi nell'area del tempio della Vittoria e del santuario della Magna Mater sul Palatino*, in Archeologia Laziale 9, 1989, 54-67

Pensabene 1993
P. Pensabene, *Elementi architettonici di Alessandria e di altri siti egiziani. Repertorio d'arte dell'Egitto greco-romano. Serie C*, III, Roma 1993

Pensabene 2000
P. Pensabene, *Le reliquie dell'età romulea e i culti del Palatino*, in A. Carandini-R. Cappelli (edd.), *Roma. Romolo, Remo e la fondazione della città*, Milano 2000, 74-82

Pensabene-Barresi 2003
P.Pensabene-P.Barresi, *La figura di Piteo architetto tra Vitruvio, Priene e Labraunda*, in G. Ciotta (ed.), *Vitruvio nella cultura architettonica antica, medievale e moderna*, Atti del Convegno Internazionale di Genova 5-8 novembre 2001, Genova 2003, 188-211

Pergamon II
R. Bohn, *Das Heiligtum der Athena Polias Nikephoros. Althertümer von Pergamon II*, Berlin 1885

Pesando 1989
F. Pesando, *La casa dei Greci*, Milano 1989

Pesando 1997
F. Pesando, Domus. *Edilizia privata e società pompeiana fra III e I sec. a.C.*, Roma 1997

Pesando 2002
F. Pesando, rec. a Dickmann J.-A., Domus frequentata. *Anspruchsvolles Wohnen im pompejanischen Stadthaus* (Munich 1999), in RA 2002, 141-145

Pesce 1950
G. Pesce, *Il Palazzo delle Colonne a Tolemaide di Cirenaica*, Roma 1950

Pianu 1981
G. Pianu, *Sardegna. Guide Archeologiche Laterza*, Roma 1981

Picard 1952
C. Picard, *Vestiges d'un édifice punique à Carthage*, in Karthago 3, 1952, 117-126

Picard 1955
C. Picard, *Catalogue du Musée Alaoui. Nouvelle série (Collections Puniques)* I, Tunisi 1955

Picard 1957
G. Ch. Picard, *Civitas Mactaritana*, Karthago 8, 1957

Piranesi 1804-1807
F. Piranesi, *Antiquités de la Grande Grèce aujourdhui Royaume de Naples*, I-II, Paris 1804 – 1807

Pirson 1997
F. Pirson, *Rented accomodation at Pompeii: the evidence of the Insula Arriana Polliana VI, 6*, in R. Laurence-A.Wallace-Hadrill (edd.), *Domestic Space in the Roman World: Pompeji and Beyond*, JRA suppl. 22, 1997, 165-182

Pirson 2000
F. Pirson, *Mietwohnungen in Pompeji und Herkulaneum. Untersuchungen zur Architektur, zum wohnen und sozial und wirtschaftsgeschichte der Vesuvstädte*, Munich 2000

PPM
I. Baldassarre (ed.), *Pompei. Pitture e Mosaici*, I-X, Roma 1990-2003

Pollitt 1986
J.J. Pollitt, *Art in the Hellenistic Age*, Cambridge 1986

Pompei 1981
AA.VV., *Pompei e gli architetti francesi dell'Ottocento*, Napoli 1981

Poseidonia-Paestum I
E. Greco-D. Theodorescu, *Poseidonia-Paestum I. La Curia*, Roma 1980

Poseidonia-Paestum IV
E. Greco, *Poseidonia-Paestum IV. Forum ovest-sud-est*, Roma 1999

Poulsen 1993
B. Poulsen, *Alexander the Great in Italy during the Hellenistic Period*, in J. Carlsen - B. Due - O.S. Due - B. Poulsen, *Alexander the Great. Reality and Myth*, AnalRom suppl. 20, 1993, 161-170

Puchstein 1887
O. Puchstein, *Das Ionische Kapitell*, Berlin 1887

Puig I Cadafalch 1934
J. Puig I Cadafalch, *L'architettura romana a Catalunya*, Barcellona 1934

Quaglino Palmucci 1977
L. Quaglino Palmucci, *Architettura funeraria dell'Asia Minore: rapporti con Aquileia*, in *Aquileia e l'Oriente*, AAA12, 1977, 165-183

Quilici Gigli 1987
S. Quilici Gigli, *Appunti di topografia per la storia di Trevi nel Lazio*, in MEFRA XCIX, 1987, 129-169

Räder 1988
J. Räder, *Vitr. de Arch. VI, 7 und die hellenistischen Wohnhaus - und Palastarchitektur*, in Gymnasium 95, 1988, 316-368

Rakob 1979
F. Rakob, *Numidische Königsarchitektur in Nordafrika*, in H.G. Horn-C.B.Rüger (edd.), *Die Numider. Reiten und Könige nordlich der Sahara*, Köln 1979, 119-171

Rakob 1983
F. Rakob, *Architecture Royale Numide*, in *Architecture et Société de l'archaisme grec à la fin de la République romaine*, Actes du Colloque International organisé par le Centre national de la Recherche scientifique et l'Ecole française de Rome, Roma 2-4 décembre 1980, Coll. EFR 66, Roma-Paris 1983, 325-348

Ramallo 1992
S. Ramallo, *Un santuario de epoca tardo-republicana en La Encarnacion, Caravaca, Murcia*, in Quad ArchRom 1, 1992, 39-65

Ramallo 1993
S. Ramallo, *La monumentalizacion de los santuarios ibericos en epoca tardo-republicana*, in Ostraka II, 1, 1993, 117-146

Ramallo 1997
S. Ramalllo, *Templi e santuari nella Hispania Repubblicana*, in *Hispania Romana* 1997, 253-266

Rebuffat 1969
R. Rebuffat, *Maisons à peristyle d'Afrique du Nord*, in MEFRA 81, 1969, 659-724

Rhomaios 1953-54
K.A.Rhomaios, *Le palais de Palatitsa*, in AE 1953-54, 141-150

Richardson Jr. 1988
L. Richardson Jr., *Pompeii. An Architectural History*, Baltimore 1988

Rigoni 1978
M. Rigoni, *Feltre - Via Cornarotta*, in AN 49, 1978, cc. 255-256

Rigoni 1987
M. Rigoni, *Feltre*, in *Il Veneto nell'età romana*, Verona 1987

Riis 1934
P. J. Riis, *The Etruscan City Gates in Perugia*, in Acta Archaeologica 5, 1934, 65-98

Rizzo 1936
Rizzo, *Le pitture della Casa dei Grifi al Palatino*, Roma 1936

Rizzo 1973
F.P. Rizzo, *La Sicilia e le potenze ellenistiche al tempo delle guerre puniche*, I, Kokalos suppl. III, Palermo 1973

Rizzo 1984
M.A. Rizzo, *Capitelli corinzio-italici da Creta*, in ASAtene LXII, 1984, 151-175

Romanelli 1948
P. Romanelli, *Tarquinia. Tempio dell'Ara della Regina*, in NS 1948, 238-262

Romanelli 1970
P. Romanelli, *Topografia e archeologia dell'Africa Romana*, Torino 1970

Romanisation du Samnium 1991
La Romanisation du Samnium aux IIe et Ier siécles av. J. Chr., Centre J. Bérard, Institut Français de Naples (novembre 1988), Napoli 1991.

Roncalli 1989
F. Roncalli, *Le mura etrusche di Perugia. Il tratto settentrionale ed il problema della datazione*, in *Mura e torri di Perugia*, Roma 1989, 11-47

Roncalli 1990
F. Roncalli, *Nuove osservazioni sulle mura etrusche di Perugia*, in *Die Welt der Etrusker*, Internationales Kolloquium 24-26 Oktober Berlin 1988, Berlin 1990, 81-87

Ronczewski 1923
K. Ronczewski, *Variantes des chapiteaux romains*, in Acta Universitatis Latviensis 8, 1923, 115-171

Ronczewski 1924
K. Ronczewski, *Deux chapiteaux du Musée de Nîmes et le chapiteau de l'Arco dei Leoni à Verone*, in Acta Universitatis Latviensis 9, 1924, 268 ss.

Ronczewski 1927
K. Ronczewski, *Les chapiteaux corinthiens et variés du Musée greco-romain d'Alexandrie*, in Bulletin de la Société Archeologique d'Alexandrie, suppl. 22, 1927, 3-36

Ross 2005
D. Ross, *Kbor Klib and the Battle of Zama. An analysis of the monument in Tunisia and its possible connection with the battle waged between Hannibal and Scipio in 202 BC,* BAR S1399, Oxford 2005

Rossi 2002
F. Rossi (ed.), *Nuove ricerche sul Capitolium di Brescia. Scavi, studi e restauri*, Atti del Convegno di Studi, Brescia Chiesa di S. Giulia, 3 aprile 2001, Milano 2002

Rostovzev 1910
M. Rostovzev, *Studien zur Geschichte des römischen Kolonates*, Leipzig - Berlin 1910

Rostovzev 1933
M. Rostovzev, *Storia economica e sociale dell'impero Romano*, Firenze 1933

Roux 1961
G. Roux, *L'architecture de l'Argolide aux IVe et IIIe siecles a .J.C.*, Paris 1961

Ruano 1988
E. Ruano, *El Cerro de Los Santos. Una nueva interpretacion del Santuario*, in Quad. Univ. Autonoma Madrid 15, 1988, 253-273.

Ruesch 1908
A. Ruesch, *Guida illustrata del Museo Nazionale di Napoli*, Napoli 1908

Ruiz Bremon 1989
M. Ruiz Bremon, *Los exvotos del santuario del Cerro de los Santos*, Albacete 1989

RVAp I
A.D. Trendall-A. Cambitoglou, *The Red-figured Vases of Apulia. Early and Middle Apulian*, Oxford 1978

RVAp II
A.D. Trendall-A. Cambitoglou, *The Red-figured Vases of Apulia. Late Apulian*, Oxford 1982

Salmeri 2004
G. Salmeri, *I caratteri della grecità di Sicilia e la colonizzazione romana*, in G. Salmeri -A. Raggi - A. Baroni, *Colonie romane nel mondo greco*, Minima Epigraphica et Papyrologica. Supplementa III, Roma 2004, 255-307

Salmon 1982
E.T. Salmon, *The making of Roman Italy,* London 1982

Salmon 1985
E.T. Salmon, *Il Sannio e i Sanniti* (trad. it.), Torino 1985

Samothrace X
A. Frazer, *The Propylon of Ptolemy II. Samothrace* X, Princeton 1990

Sannio 1980
AA.VV, *Sannio. Pentri e Frentani dal VI al I sec. a.C.*, Isernia, Museo Nazionale Ottobre-Dicembre 1980, Roma 1980

Schläger 1962
H. Schläger, *Zu den Bauperioden der Stadtmauer von Paestum*, in RM 69, 1962, 21-26

Schläger 1964
H. Schläger, *Zur Frage der Torverschlusse von Paestum*, in RM 71, 1964, 104-111

Schmidt-Colinet 1977
A. Schmidt-Colinet, *Antike Stützfiguren*, Frankfurt 1977

Scrinari 1952
V. Scrinari, *I capitelli romani di Aquileia*, Padova 1952

Serradifalco 1834
D. Lo Faso Serradifalco, *Antichità di Sicilia* I-V, Palermo 1834

Settis 1973
S. Settis, *Esedra e ninfeo nella terminologia architettonica del mondo romano. Dall'età repubblicana alla tarda antichità*, in ANRW 1, 4, 1973, 661-754

Settis 1998
S. Settis (ed.), *I Greci 2. Una storia greca. III Trasformazioni*, Torino 1998

Sgobbo 1930
I. Sgobbo, *Monumenti epigrafici oschi scoperti ad Aeclanum*, in NS 1930, 400-411

Shoe 1952
L.T. Shoe, *Profiles of Western Greek Mouldings*, MAARome 14, Rome 1952

Shoe 1965
L.T. Shoe, *Etruscan and Republican Roman Mouldings*, in MAARome 28, 1965, 1-232

Siganidou 1996
M. Siganidou, *Die Basileia von Pella*, in *Basileia* 1996, 144-147

Sikanie 1985
AA.VV., *Sikanie. Storia e civiltà della Sicilia greca*, Milano 1985

Sisani 2001
S. Sisani, *Aquilonia: una nuova ipotesi di identificazione*, in Eutopia n.s. I, 1-2, 2001, 131-147

Sogliano 1937
Sogliano, *Pompei nel suo sviluppo storico. Pompei preromana*, Roma 1937

Sordi 1980
M. Sordi, *Il IV e III secolo da Dionigi I a Timoleonte (336 a.C.)*, in E. Gabba - G. Vallet (edd.), *Storia della Sicilia,* II, Napoli 1980, 207-288

Spano 1910
V. Spano, *Regione I. Pompei*, in NS 1910, 377-418

Staub-Gierow 1994
M. Staub-Gierow, *Hauser in Pompeji 7. Casa del Granduca (VII, 4, 56) und Casa dei Capitelli Figurati (VII, 4, 57)*, München 1994

Stornaiuolo 1878
C. Stornaiuolo, *Iscrizione greca di Regio di Calabria*, in Bull Inst 1878, 125-127

Strazzulla 1972
M.J. Strazzulla, *Il santuario sannitico di Pietrabbondante*, Roma 1972

Strazzulla 1982
M.J. Strazzulla, Onocles Dindi Tiberi servus. *Note su alcune presenze prenestine ad Aquileia in età repubblicana*, in AC XXXIV 1982, 98-138

Strazzulla 1990
M.J. Strazzulla, *L'edilizia templare ed i programmi decorativi in età repubblicana*, in AA.VV., *La città nell'Italia settentrionale in età romana. Morfologie, strutture e funzionamento dei centri urbani delle Regiones X e XI*, Atti del Convegno organizzato dal Dipartimento di Scienze dell'Antichità dell'Università di Trieste e dall'Ecole Française de Rome, Trieste 13-15 marzo 1987, Coll EFR 130, Trieste- Roma 1990, 279-304

Strazzulla 1991
M.J. Strazzulla, *Rapporti tra Aquileia e l'area medioadriatica repubblicana*, in AAAd XXXVII, 1991, 219-234

Strong 1960
E. Strong, *Some early examples of the composite capital*, in JRS 50, 1960, 119-128

Stucchi 1965
S. Stucchi, *L'Agorà di Cirene I, I lati Nord ed Est della Platea Inferiore*, Roma 1965

Stucchi 1974
S. Stucchi, *L'architettura romana in Cirenaica*, in *Aquileia e l'Africa*, AAAd V, Udine 1974, 89-117

Stucchi 1975
S. Stucchi, *Architettura Cirenaica*, Roma 1975

Sutherland 1990
I. Mc Spadden Sutherland, *Colonnaded* Cenacula *in Pompeian domestic architecture*, Ph.D. Thesis Duke University, 1990

Tang 2005
B. Tang, *Delos, Carthage, Ampurias. The Housing of three Mediterranean Trading Centres*, Analecta Romana Instituti Danici suppl. XXXVI, 2005

Terrenato 1998
N. Terrenato, *The Romanization of Italy: global acculturation or cultural bricolage?,* in TRAC 97. Proceedings of the seventh annual Theoretical Roman Archaeology Conference (Atti Nottingham 1997), Oxford 1998, 20-27.

Theodorescu 1974
D. Theodorescu, *Chapiteaux ioniques de la Sicilie méridionale*, Cahiers du Centre J.Berard I, Napoli 1974

Theodorescu 1989
D. Theodorescu, *Le forum et le temple "dorique-corinthien" de Paestum. Une experience pre-vitruvienne*, in *Munus non ingratum*, Proceedings of the International Symposium on Vitruvius de Architectura and the Hellenistic and Republican Architecture, Leiden 1987, Leiden 1989, 114-125

Todisco 1992
L. Todisco, *Lucerne, Coroplastica, Scultura, Mosaico, Monetazione*, in AA.VV., *Introduzione all'artigianato della Puglia antica dall'età coloniale all'età romana*, Bari 1992, 66-69, 71-137, 197-205, 227-233

Tomei 1981
M.A. Tomei, *Ricerche nel territorio degli Equi: la valle dell'Aniene*, in Archeologia Laziale 4, 1981, 83-90

Tomlinson 1967
R.A. Tomlinson, *False-Façade Tombs at Cyrene*, in BSA LXII, 1967, 241-256

Tomlinson 1983
R. A. Tomlinson, *Southern Greek Influences on Macedonian Architecture*, in *Ancient Macedonia* III, Papers read at the Third International Symposium held in Thessaloniki, September 21-25 1977, Thessaloniki 1983, 285-289

Torelli 1976
M. Torelli, *La situazione in Etruria*, in *Hellenismus in Mittelitalien* 1976, 97-110

Torelli 1981
M. Torelli, *Storia degli Etruschi*, Bari 1981

Torelli 1983
M. Torelli, *Edilizia pubblica in Italia centrale tra guerra sociale ed età augustea: ideologia e classi sociali*, in *Les "bourgeoisies"* 1983, 241-250

Torelli 1997
M. Torelli, *Nuovi Coloni, nuove colonie: schizzo di un modello*, in *Hispania Romana* 1997, 99-106

Torelli 1999
M. Torelli, *Tota Italia: essays in the cultural formation of Roman Italy,* Oxford, 1999

Toynbee 1981
A.J. Toynbee, *L'eredità di Annibale. I-II*, (trad. it.), Torino 1981-83.

Tsakirgis 1985
B. Tsakirgis, *The domestic architecture of Morgantina in the hellenistic and roman periods*, Ann Arbor 1985

Turano 1968
C. Turano, *Note di epigrafia classica* III, in Klearchos 37-40 X, 1968, 100-105

Tusa 1954
V.Tusa, *Capitello figurato ellenistico da Selinunte*, in Bd'A 3, 1954, 261-264

Tzonis Lefaivre 1986
A. Tzonis- L. Lefaivre, *Classical Architecture. The Poetics of the Orders*, London 1986

Vallois 1944
R. Vallois, *L'architetture hellénique et hellénistique à Délos jusqu'à l'éviction des Déliens (166 av. J.-C.)*, I, Paris 1944

Vallois 1966
R. Vallois, *L'architecture hellénique et hellénistique à Délos. Grammaire historique de l'architecture délienne,* II, 1, Paris 1966

Vanotti 1999
G. Vanotti, *Roma* polis hellenis, *Roma* polis tyrrhenis . *Riflessioni sul tema*, MEFRA 111/1, 1999, 217-255.

Villa 1988
A. Villa, *I capitelli di Solunto*, Roma 1988

Vitruvio 2003
G. Ciotta (ed.), *Vitruvio nella cultura architettonica antica medievale e moderna*, Atti del Convegno internazionale di Genova, 5-8 novembre 2001, Genova 2003

Von Sydow 1979
W. von Sydow, *Späthellenistische Stuckgesimse in Sizilien*, in MDAIR 86, 1979, 181-231

Von Sydow 1984
W. von Sydow, *Die hellenistischen Gebälke in Sizilien*, in MDAIR 91, 1984, 239-358

Wacker 1996
C. Wacker, *Das Gymnasion in Olympia. Geschichte und Funktion*, Würzburg 1996

Wacker 1997
C. Wacker, *Wo trainierten die Athleten in Olympia?*, in Nikephoros 10, 1997, 103-118

Wallace-Hadrill 1994
A. Wallace-Hadrill, *Houses and Society in Pompeii and Herculaneum*, Princeton 1994

Walter-Karydi 1996
E.Walter-Karydi, *Die Nobilitierung des Griechischen wohnhauses in der Spätklassischen Zeit*, in *Basileia* 1996, 56-61

Ward Perkins 1970
J.B. Ward Perkins, *From Republic to Empire: Reflections on the Early Provincial Architecture of the Roman West*, in JRS LX, 1970, 1-19

Ward Perkins 1970a
J. Ward Perkins, *Etruscan and Roman Architecture*, Harmondsworth 1970

Weickert 1944
C. Weickert, *West-östliches*, in RM 59, 1944, 205-219

Welter 1941
G. Welter, *Troizen und Kalauria*, Berlin 1941

Whonbauforschung in Zentral - und Westsizilien 1997
H.P. Isler - D. Käch - O. Stefani (edd.), *Whonbauforschung in Zentral - und Westsizilien. Sicilia occidentale e centro-meridionale: ricerche archeologiche nell'abitato* (Zürich, 28 Februar - 3 Marz 1996), Zürich 1997

Wilson 1966
A.J.N. Wilson, *Emigration from Italy in the Republican Age of Rome*, Manchester 1966

Wilson 1990
R.J.A. Wilson, *Roman Architecture in a Greek World: the example of Sicily*, in M. Henig (ed.), *Architecture and Architectural Sculpture in the Roman Empire*, Oxford 1990, 67-90

Wiseman 1971
T.P. Wiseman, *New Men in the Roman Senate*, Oxford 1971

Xanthos III
P. Coupel-P. Demargne, *Le Monument des Nereides. L'architecture. Fouilles de Xanthos III*, Paris 1969

Zanker 1976
P. Zanker, *Zur rezeption des hellenistischen Individualporträts in Rom und in den italischen Stadten*, in *Hellenismus in Mittelitalien* 1976, 581-606

Zanker 1993
P. Zanker, *Pompei. Società, immagini urbane e forme dell'abitare*, Torino 1993

Ziino 1941
V. Ziino, *Introduzione al capitello composito*, in Palladio V, 3, 1941, 97-111

Ziino 1941a
V. Ziino, *Riflessi architettonici italici in Grecia. Studi sul capitello*, in Atti del III Convegno Nazionale di Storia dell'Architettura, Roma 1938, Roma 1941, 39-60

Zorzi 1957
G. Zorzi, La *"Villa di Mecenate" e il tempio di Ercole Vincitore a Tivoli nei disegni di A. Palladio*, in Palladio n. s. 7, 1957, 149-171

TABELLE RIASSUNTIVE DI CORRISPONDENZA TRA LUOGHI E SCHEDE DI CATALOGO

Capitolo II

Regione/Località	**Rif. n. scheda di catalogo**
Sicilia	**nn. 1-46**
Solunto	1-16
Lilibeo	17-19
Monte Iato	20-24
Segesta	25
Heraclea Minoa	26-28
Agrigento	29
Camarina	30
Siracusa	31-33
Palazzolo Acreide	34
Morgantina	35
Centuripe	36-37
Taormina	38
Messina	39
Tindari	40-41
Halaesa	42
Prov. sconosciuta	43-46
Calabria	**nn. 47-48**
Reggio Calabria	47
Gioia Tauro	48
Puglia	**nn. 49-50**
Ordona	49-50
Campania	**nn. 51-104**
Paestum	51-54
Pompei	55-97
Torre Annunziata	100-101
Cuma	102
Mirabella Eclano	103
Benevento	104
Molise	**nn. 105-106**
Pietrabbondante	105
Campochiaro	106

Matarò	161
Sardegna	**nn. 162-164**
Nora	162-163
Cagliari	164
Africa	**nn. 165-171**
Utica	165-167
Byrsa	168-169
Kbor Klib	170
Mahdia	171

Appendice A

Regione/Località	**Rif. n. scheda di catalogo**
Italia	**A1-A6**
Solunto	A1-A2
Taranto	A3
Pompei	A4
Pozzuoli	A5
Verona	A6
Francia e Penisola Iberica	**A7-A9**
Nîmes	A7
Cerro de la Ermita, Caravaca di Murcia	A8
Cerro de los Santos, Montealegre del Castillo di Albacete	A9
Area nord-africana	**A10-A47**
Utica	A10-A11
Cartagine	A12-A13
Mateur	A14
Thizica	A15
Vallis (Dour Smaine)	A16
Thuburbo Maius	A17- A20
Bulla Regia	A21
Teboursouk	A22
Thabbora	A23
Aubuzza	A24
Maktar	A25
Prov. sconosciuta	A26-A27
Sfax	A28
Henchir Sidi Slimane	A29
Turris Tamalleni	A30-A31
Gabes	A32-A33

Gigthis	A34-A37
Tipasa	A38
Sabratha	A39
Leptis Magna	A40-47

<u>Appendice B</u>

Regione/Località	**Rif. n. scheda di catalogo**
Italia	**B1-B8**
Cecina	B1
Perugia	B2
Chiusi	B3
Volterra	B4- B6
Tarquinia	B7
Reggio Calabria	B8

REFERENZE FOTOGRAFICHE

Catalogo

1-16 da Villa 1988, tavv. XXVII-XXIX
17 da Villa 1988, tav. XL, 2, 3, 4
18 da pannello esplicativo esposto presso la sede del Museo Archeologico Salinas di Palermo
19 da Villa 1988, 31, tav. XLI, 2-6
20 da Dalcher 1994, 53-54, 69-70, tavv. 20-22, 55, 56.
21 da Dalcher 1994, 53-54, 69-70, tavv. 21, 55.
22 da Isler 1994 a, 31-42, tav. 8, 6.
23 da Isler 1999, 28-29, fig. 60
24 da Isler 2002, 25, fig. 73.
26 da Villa 1988, tav. XLII, 3
27 da Villa 1988, 31, tav. XLII, 4
28 da Villa 1988, tav. XLII, 5
29 da EAA Atlante, tav. 342, 51
31 Fotografie dell'autore
32 Fotografie dell'autore
33 da Delbrück 1907-1912, fig. 92, 3
34 Fotografie dell'autore
35 da Villa 1988, 31, tav. XLI, 1
36 a) Fotografia dell'autore;
b) da Cultrera 1943, 120, fig. 71
37 a) Fotografia dell'autore;
b) da Cultrera 1943, 121, fig. 72 (cfr. Alinari neg. n. 33365)
38 da Villa 1988, 31, tav. XLII, 1
39 da Campagna 2003, 167-179, figg. 1-2, tavv. I-II
40 Fotografie dell'autore
41 Fotografia dell'autore
42 da Carettoni 1961, 293-294, fig. 32
43 Fotografie dell'autore
44 da Villa 1988, 29, tav. XLI, 1a.
47 da Orsi 1922, fig. 20
49 da Casteels 1976-77, tavv. IV-V
50 da Ordona V, 33-61, fig. 15, tavv. XX, XXIIIa
51 da Casteels 1976-1977, tav. VII a
52 da Poseidonia-Paestum IV, figg. 87, 90.
55 Fotografia dell'autore
56 Fotografia dell'autore
57 a) Fotografia dell'autore;
b) da Mazois 1812-1838, III, tav. XX, 2 (part.)
58 Fotografia dell'autore
59 Fotografia dell'autore
60 a) Fotografia dell'autore;
b) da Pompei 1981, fig. 55
61 Fotografia dell'autore
62 a) da Napoli 1950, fig.18;
b) da Pompei 1981, 227, n. 75
63 Fotografia dell'autore
64 Fotografia dell'autore
66 Fotografie dell'autore
67 a) da Napoli 1950, fig. 19;
b) Fotografia dell'autore;
69 da Napoli 1950, fig. 20
70 Fotografia dell'autore
71 Fotografia dell'autore
72 Fotografia dell'autore
73 da Maiuri 1929, figg. 64-65.
74 da PPM
75 a) da Napoli 1950, fig. 21;
b) Fotografia dell'autore
76 da PPM
78 Fotografie dell'autore
79 Fotografia dell'autore
80 Fotografia dell'autore
81 Fotografia dell'autore
82 da PPM
83 Fotografie dell'autore

84 da PPM
85 Fotografie dell'autore
86 Fotografie dell'autore
87 Fotografia dell'autore
92 Fotografie dell'autore
93 da Spano 1910, fig. 5
94 da Delbrück 1907-1912, fig. 91, 3 (cfr. D.A.I. Roma neg. n. 31.1588)
95 da Napoli 1950, fig. 24
97 Fotografia D.A.I. Roma neg. n. 34.6814
98 da Fergola 1988, figg. 2-3
99 da Maiuri 1958, figg. 157-159, tav. 18.
100 da Maiuri 1932-33, fig. 3
101 Fotografia D.A.I. Roma neg. n. 67.2450
103 da Sgobbo 1930, fig. 6
104 Fotografia D.A.I. Roma neg. n. 80.2291
105 da Strazzulla 1972, tav. 13
107 Fotografia D.A.I. Roma neg. n. 31.2890
108 da Quilici Gigli 1987, figg. 5-6
109 da Villa 1988, tav. XLII, 6 (cfr. D.A.I. Roma neg. n. 79.3833)
110 Fotografia dell'autore (cfr. Cultrera 1943, 122, fig. 75).
111 Fotografia dell'autore (cfr. Cultrera 1943, 122, fig. 76)
112 Fotografie dell'autore
113 Fotografia dell'autore (cfr. Cultrera 1943, 122, fig. 74)
114 Fotografie dell'autore (cfr. Casteels 1976-1977, tav. VI, b)
115 a) da Romanelli 1948, 251, fig. 38 b) da Cultrera 1943, 121-122, fig. 73.
116 Fotografia dell'autore
117 Fotografia dell'autore
118 da Mazzolani 1969, fig. 104
119 da Gamurrini 1972, 216, 232, fig. 147, tav. III
120 da Giuliani 1970, fig. 118
121 da Muzzioli 1970, fig. 81
122 da Fasolo-Gullini 1953, 170, fig. 248, tav. XXIII, 8.
123 da Fasolo-Gullini 1953, 131-132, fig. 198, tav. XIX, 1.
124 da Pensabene 1981, fig. 6, tav. XX, 11
125 da Marella Vianello 1947, tav. 33
126 da Cagiano de Azevedo 1949, fig. 4, tavv. V-VI (cfr. D.A.I. Roma neg. n. 31.2588)
131 da Bianchi Bandinelli 1925, 242, n. 6
132 da Cosa III, fig. 65, tav. 237
133-134 da Riis 1934, fig. 12.
135 a) da Luni 2004, fig. 54;
b) fotografia dell'autore
136 da Mercando 1976, fig. 80
137 da De Maria 1983, tav. XV, 4.
138 da Belloni 1958, tav. 1,1
139 da Belloni 1958, tav. 1, 2
140 da Cavalieri Manasse 2002, fig. 9
143-153 da Cavalieri Manasse 1978, tavv. 1,2-5,2
154 da Cavalieri Manasse 1978, tav. 20, 1
155 Fotografie D.A.I. Roma negg. nn. 1933.1519-20
156 da Ziino 1941, fig. 20 (cfr. D.A.I. Roma neg. n. 1933.1521)
157 da Puig I Cadafalch 1934, 305-306, fig. 337
162 da Von Mercklin 1962, figg. 334-335.
163 da Nieddu 1981-1985, tav. II, 2.
164 da Delbrück 1907-1912, fig. 91,4
165 da Ferchiou 1989, fig. 34, tav. XXVIII, d
166 da Ferchiou 1989, fig. 34 b, tav. XXVIII, c.
168 da Ferchiou 1989, 132-134, V.VI.4 a-b
169 da Ferchiou 1989, figg. 27-30, tav. XXVII, a-c
170 da Ferchiou 1989, figg. 31-33, tav. XXVII, d e XXIX, d
171 da Merlin-Poinssot 1956, figg. 8 a-o, tav. V, fig. 21.

Appendici

A1-A2 da Villa 1988, tav. XXVI, 5-6
A3 da Von Mercklin 1962, 56, n. 150, tavv. 252-254
A5 da Von Mercklin 1962, fig. 341
A6-A7 da Ronczewski 1924
A8 da Ramallo 1997
A9 da Lezine 1960, fig. 41
A10 da Lezine 1960, fig. 49, tav. XIV, 98
A11 da Lezine 1960, figg. 46-47, tav. XIII, 93
A12 da Lezine 1960, fig. 48, tav. XIV, 96, 97
A13 da Ferchiou 1987, fig. 5
A14 da Ferchiou 1989, tav. XL,b.
A15 da Ferchiou 1989, fig. 19, b e tav. XIX, b-c
A16 da Ferchiou 1989, fig. 35a, tav. XLIV, a
A17 da Ferchiou 1989, fig. 34 a, tav. XXVI, a-b
A18 da Lezine 1960, 9 ss.; Ferchiou 1989, tav. XXV, c; Rakob 1979, tav. 50
A19 da Rakob 1979, tav. 51; Ferchiou 1989, tav. XXV, d
A20 da Ferchiou 1989, tav. XXXVIII b
A21 da Ferchiou 1989, tav. XLVI, a-b-c
A22 da Ferchiou 1989, tav. XXVIII,a
A23 da Ferchiou 1989, tav. XLV, c-d
A24 da Ferchiou 1989, VI.II. A.1
A25 da Ferchiou 1989, tav. XXXIII d
A27 da Ferchiou 1989, tav. XXVIII,b
A28 da Ferchiou 1989, tav. XLIV, b
A29 da Ferchiou 1989, fig. 35 b.
A30 da Ferchiou 1989, tav. XXXVIII, a
A31 da Ferchiou 1989, tavv. XLI, c-d, XLII, a-c.
A32 da Ferchiou 1989, tav. XXXVI d.
A34 da Ferchiou 1989, tav. XXXIX d.
A35 da Ferchiou 1989, tav. XL, a
A36 da Ferchiou 1989, fig. 40, a.
A37 da Ferchiou 1989, tav. XLV, a
A38 da Rakob 1979, figg. 62, 67
A39 da Di Vita 1968, 30 e fig. 9a
A40 da Caputo 1968, tav. XLVI a
A41 da Caputo 1968, tav. XLVII a
A42 da Caputo 1968, tav. XLVII b
A43 da Caputo 1968, tav. XLVII c
A44 da Pensabene 1986, fig. 51 d
A45 da Caputo 1968, tav. LII a
A47 da Ward Perkins 1970, tav. 3, fig. 3.
B1 da Milani 1912, tav. 77, 1
B2 Fotografie dell'autore
B3 da Brunn- Körte 1870- 1916, III, tav. 127, 9
B4 da Massa Pairault 1985, fig. 111
B5 da Inghirami 1821, I 1, tav. 16
B7 da Brunn- Körte1870- 1916, I, tav. 80, 11
B8 Neg. MN B2481 / MN B2710

TAVOLE

TAVOLA I

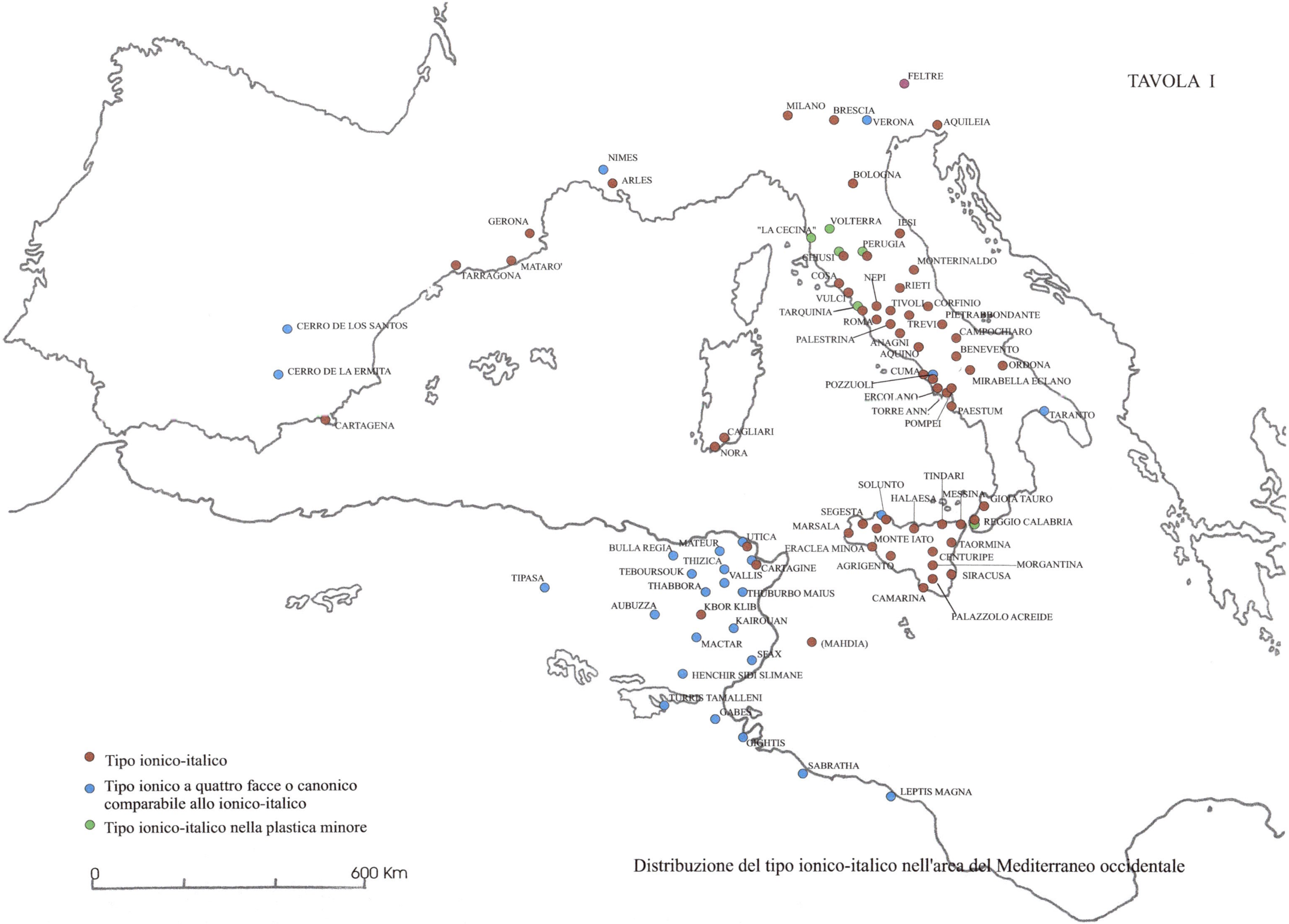

Distribuzione del tipo ionico-italico nell'area del Mediterraneo occidentale

TAVOLA II

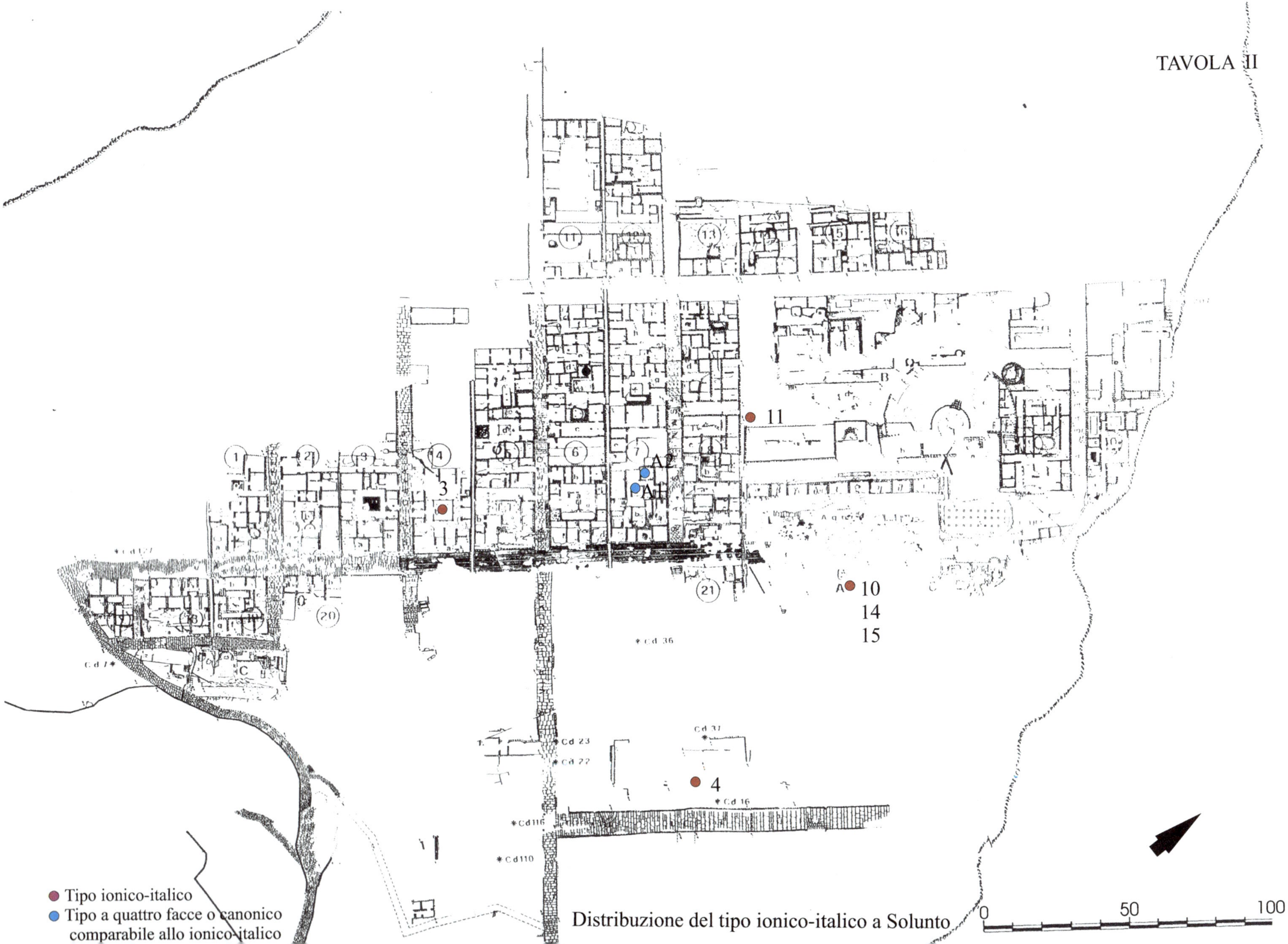

Distribuzione del tipo ionico-italico a Solunto

TAVOLA III

Distribuzione del tipo ionico-italico a Pompei

55. Tempio di Apollo
56. Foro (portico ovest)
57-58. Basilica (propilei, *tribunal*)
59. Odeon (*porticus pone scaenam*)
60. Foro Triangolare (propilei)

61. VI, 1, 22
62/63. VI, 6, 1 Casa di Pansa
64. VI, 7, 20-21 Casa dell'Argenteria
65. VI, 9, 2 Casa di Meleagro
66. VI, 9, 3-5 Casa del Centauro
67-69. VI, 12, 2-5 Casa del Fauno
70. VI, 13, 16-17
71. VI, 13, 19-12 Casa di Pompeius Axiochus
72. VI, 14, 43 Casa degli Scienziati
73. VI, 15, 9 (deposito materiali di Porta Vesuvio)
74. VII, 2, 11
75. VII, 4, 31-51 Casa dei Capitelli Colorati
76. VII, 4, 57 Casa dei Capitelli Figurati
77. VII, 6, 8

78. VII, *ins. Occ.* 13 Casa di Umbricius Scaurus
79. VIII, 3, 8 Casa del Cinghiale
80. VIII, 5, 2 Casa del Gallo
81. VIII, 5, 9
82. VIII, 5, 28 Casa della Calce
83. V, 2, h Casa del Cenacolo
84. IX, 1, 20 Casa di Epidius Rufus

85. IX, 8, 1-7 Casa del Centenario
86. I, 2, 28 Casa della Grata Metallica
87. I, 6, 15 Casa dei Ceii

88-91. Tombe e materiali sparsi (necropoli di Porta Nocera)
92. Tomba degli Istacidii (Via dei Sepolcri)
93. Tomba di Aesquilia Polla (necropoli di Porta di Nola)

TAVOLA IV

01

02

03

04

05

06

07

08

09

10

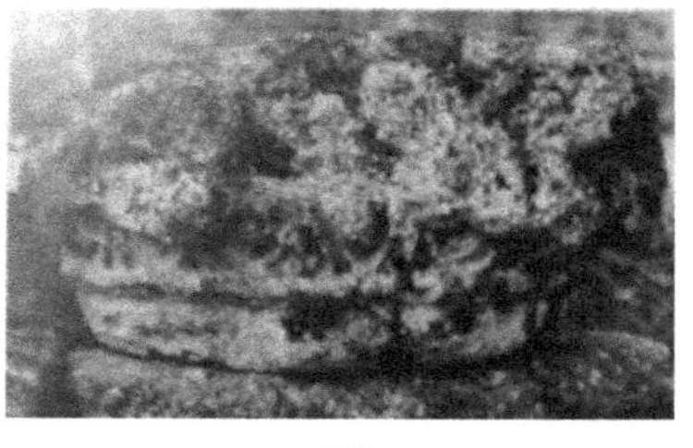
11

12

13

14

15

www.ingramcontent.com/pod-product-compliance
Lightning Source LLC
LaVergne TN
LVHW072249300926
849160LV00018B/1623